嵌入式操作系统内核调度
——底层开发者手册

王　奇　谷志茹　姜日凡　编著

北京航空航天大学出版社

内 容 简 介

《嵌入式操作系统内核调度——底层开发者手册》从程序员的角度设计、编写嵌入式操作系统，实现了内核调度功能。作者按照介绍原理、设计编码、举例验证的顺序逐一介绍各功能的编写方法，为读者理解和应用嵌入式操作系统提供了一种全新的思路。

本手册共分 7 章，第 1 章概述操作系统的基本概念；第 2 章介绍编写操作系统任务调度程序所需具备的基本知识；第 3 章讲解如何编写非抢占式嵌入式操作系统 Wanlix；第 4 章和第 5 章讲解编写实时抢占式嵌入式操作系统 Mindows 的方法；第 6 章讲解在 4 种操作系统下分别编写相同结构的任务调度程序；第 7 章简述进程机制，并使用线程模拟多进程。

本手册可供从事嵌入式开发工作的程序员、高等院校本科生及研究生参考，适合具有一定 C 语言基础的读者阅读。

图书在版编目(CIP)数据

嵌入式操作系统内核调度 ：底层开发者手册 / 王奇，谷志茹，姜日凡编著. -- 北京 ：北京航空航天大学出版社，2015.1

ISBN 978 - 7 - 5124 - 1611 - 6

Ⅰ．①嵌… Ⅱ．①王… ②谷… ③姜… Ⅲ．①实时操作系统 Ⅳ．①TP316.2

中国版本图书馆 CIP 数据核字(2014)第 241355 号

嵌入式操作系统内核调度——底层开发者手册

王 奇 谷志茹 姜日凡 编著

责任编辑 梅栾芳

*

北京航空航天大学出版社出版发行

北京市海淀区学院路 37 号(邮编 100191) http://www.buaapress.com.cn
发行部电话：(010)82317024 传真：(010)82328026
读者信箱：emsbook@gmail.com 邮购电话：(010)82316936
涿州市新华印刷有限公司印装 各地书店经销

*

开本：710×1 000 1/16 印张：29.25 字数：623 千字
2015 年 1 月第 1 版 2015 年 1 月第 1 次印刷 印数：3 000 册
ISBN 978 - 7 - 5124 - 1611 - 6 定价：69.00 元

序

本手册介绍实时嵌入式操作系统内核任务调度的实现方法及相关知识。

部分介绍操作系统的书籍只是从应用的角度讲解操作系统,有些可能连译者自己都没搞清楚,就更不要说让读者明白了,有些甚至是直接翻译操作系统的用户手册就出书了,这样的书籍对于学习操作系统原理来说意义不大。本手册最大的特点是从操作系统结构设计、编写操作系统的角度讲述操作系统内核的调度原理,并结合多个例子演示一个一边设计、一边编码、一边写书的过程,记录了操作系统从无到有的过程,讲解了实现操作系统的基本原理,读者只要了解 C 语言,再对汇编语言和处理器结构稍微有所了解便能看懂本手册。

2005 年 4 月,经历了漫长的学生时代,我终于参加工作了。进入公司后,我选择了做软件,直至今天。刚入公司时软件基础太差,学校里学的知识也仅使我知道一点 C 语言的概念,几乎从来没编写过代码。好在当时所做的项目已过了编码阶段,我的工作就是学习别人的代码并帮助测试、修改问题。现在回想起来,在这平淡的工作过程中有三点对我至关重要:① 正是在这段时间培养了我比较扎实的 C 语言基础,虽不能说学到了很多,但是让我明白了很多最基本的概念,知道了学习的方法;② 正是在这段时间我接触了项目开发的一些流程,参与到历时几年几百人协作的项目开发中,经历了大项目的开发过程,接触到了很多在学校里永远不会接触到的事物,这些经验对我至关重要,虽然只是冰山一角;③ 正是在这段时间让我有机会接触到嵌入式操作系统——VxWorks,尽管只是嵌入式操作系统的一些应用层用法。

工作一年半后我换到了一个小部门,从原有部门做大系统的冰山一角到做麻雀虽小五脏俱全的整个小型嵌入式系统,各有各的难处,但也各有各的好处,这也为我编写本手册提供了必要条件。

在做小系统时有一个问题一直困扰着我:我所做的下位机设备需要与上位机设备通信,上位机下发的消息需要下位机实时回应,并且下位机可能会同时处理多条消息,这样看来,如果有一个嵌入式操作系统解决任务调度问题,那么下位机的设计就会比较方便。但由于我们的小型嵌入式系统硬件资源受到一些限制,主频低、存储空间少,很难找到一款合适的嵌入式操作系统。当时的一些符合硬件资源条件的操作系统要么需要收费,要么不提供源码又没有可靠的服务保障,最不能接受的是资料不全,使用起来非常不方便,因此我在做这些小系统时一直是"裸奔"。"裸奔"是可以搞定一切,但对于系统设计、维护来说代价也是不小的。

后来在一个项目中我放弃了原有的 51 单片机，使用了一款 ARM7 处理器。随着反复查看 ARM 处理器手册并在项目开发过程中对 ARM7 处理器的逐步了解，我意识到实现一个简单的操作系统任务调度功能并没有想象的那么困难，原以为实现操作系统任务调度功能需要深入了解编译器的知识，但我发现只需要使用标准的 C 语言、一些汇编语言和处理器知识就可以实现。

整理一下我当时所处的境况：

（1）迫切需要一个适合小系统的嵌入式操作系统，但没有合适的。

（2）了解了嵌入式操作系统的一些应用层概念。

（3）掌握了 ARM7 处理器的结构、C 语言和汇编语言知识。

（4）找不到一本可以较好地介绍操作系统内核调度的书籍，希望能让更多的人了解嵌入式操作系统内核调度的基本原理，而不仅仅是如何使用。

既然如此，那么我们就开始一起编写具有任务调度功能的两个嵌入式操作系统内核——Wanlix 和 Mindows。

Wanlix 是一个内核非常小的嵌入式操作系统，只有 1 KB 左右（大小与编译器、编译选项等因素有关），功能也非常少，只提供任务切换功能，而且需要主动调用函数切换任务。但是，它确实可以实现任务调度功能，最难能可贵的是它的小巧，非常适合资源特别少但又需要任务切换的小项目。在这个源码开放的时代，Linux、Unix 遍地生根，考虑到我姓王，因此我将它叫作 Wanlix。

Windows 是一种大型 PC 机操作系统，它是分时操作系统，是 PC 机通用操作系统，而我们将要编写的 Mindows 则是一种小型操作系统，是实时的，是用在嵌入式设备上的实时嵌入式操作系统，一切都是与 Windows 相反的，因此这个操作系统就叫作 Mindows！Mindows 具有较多的功能，支持多优先级任务抢占，可以实现任务实时切换，具有信号量、队列等机制，并且可以裁剪掉不需要的功能。

本手册只讲解 Wanlix 和 Mindows 操作系统的内核调度，至于其他的文件系统、内存管理等，由于内容过于庞杂，本人没有能力也没有精力实现，只是在某些章节会作一些浅显的介绍。这两个操作系统提供了源码，有兴趣的读者可以在此基础上自己试着实现其他功能，与他人讨论、交流，共同提高，在此我为大家提供 3 个网址：

主力网站：www.ifreecoding.com

网站论坛：bbs.ifreecoding.com

新浪博客：blog.sina.com.cn/ifreecoding

大家可以登录这些网站下载本手册的源代码、演示录像及参考资料、开发工具等，并可在论坛进行交流。

本手册主要由王奇负责编写，湖南大学谷志茹博士、大连海事大学姜日凡博士参与了部分章节的编写工作。感谢在华为工作时的同事郑朝晖、时峰、马继彬、潘玉园、赵峰、贾国昌、何斌、王继松、赵虎、李佳、张婷婷等对本手册提出了许多宝贵的意见，感谢我的主管张键、袁震等给予工作上的支持,感谢姜英华、曹昌平、喻妍等参与了本书部分文字录入及校对工作。

最后,向那些无偿提供知识的兄弟姐妹们表示敬意! 在编写操作系统过程中,确实遇到了一些问题,正是你们贡献出的宝贵经验才让我得以完成此手册的编写工作。

作　者

2015 年 1 月

嵌入式操作系统内核调度——底层开发者手册

3

前　言

现在有很多介绍操作系统的书籍,介绍操作系统的概念、原理以及用法等,这些书籍对读者学习操作系统有一定的帮助,但也会有不足之处。我一直认为,介绍一种技术的书籍,首先要以最简单的方式让读者明白原理,"哦,原来是这么回事。"然后,再结合例子加以演示,最好可以让读者亲自操作,让读者明白,"哦,原来这么用就可以了。"

一些介绍操作系统的书籍介绍的内容非常多,其中每一个功能都可以写成一本书来介绍,因此,读这样的书只能大概了解,无法深入本质;或者这些书会假设你具备了非常多的知识,否则你根本就不知道这书是在讲什么,如果你是希望入门的读者,那么这个要求就太高了。

本手册正好相反,介绍的内容不多,你看不到操作系统多种功能的介绍,当然,阅读本手册你也会学习到从其他书籍学习不到的知识。本手册只介绍嵌入式操作系统最核心的功能——任务调度功能,非常适合入门学习。这不需要你具备很多有关操作系统的知识,你只要具有程序员的基本功就可以了,只需要你会用 C 语言,如果对汇编语言和处理器也有那么一点了解就更好了,剩下的事情就交给我,我将和你一起将 C 语言和一小部分汇编语言组装成操作系统程序,我们一起运行这段程序,一步步实现与操作系统任务调度有关的多个功能。本手册的目的不是推广手册中的操作系统商用,而是让读者能更好地了解操作系统的基本原理,能够灵活应用。

本手册将按照下面的顺序编写:

◆ 第 1 章举例说明不使用操作系统编程会遇到的困难,然后介绍操作系统的分类、功能。

◆ 第 2 章介绍编写操作系统任务调度所需要具备的基本知识,介绍本手册所使用的几条汇编指令以及所使用的处理器结构。

◆ 第 3 章开始编写操作系统代码,介绍任务调度原理,并使用 C 语言和汇编语言编程,实现 2 个固定任务间的切换,之后再扩展到任意多个任务间的切换,最后再增加一些基本功能,完成 Wanlix 操作系统的编写。作为本章的结束,将使用 Wanlix 操作系统编写一个交通红绿灯控制系统。

◆ 第 4 章开始编写实时嵌入式操作系统 Mindows,介绍实时嵌入式操作系统的调度原理,编写任务钩子、任务删除、信号量、队列等最基本的功能程序。作为本章的结束，将使用 Mindows 操作系统编写一个俄罗斯方块游戏。

◆ 第 5 章继续完善 Mindows 操作系统的功能，增加任务优先级继承、任务轮转调度、栈异常打印、栈统计、CPU 占有率统计等功能，这些功能都是可裁剪的。作为本章的结束，将使用 Mindows 操作系统编写一个嵌入式软件平台。

◆ 第 6 章将分别在 Mindows、μCos、Windows 和 Linux 操作系统下编写任务调度程序，采用相同的程序结构。

◆ 第 7 章简单介绍进程机制，并使用线程模拟多进程。

本手册每增加一个功能，会先对该功能的原理作一番介绍，然后进行结构设计并编写代码实现该功能，最后使用一个例子演示该功能。例子可以在开发板上运行，通过串口和 LCD 显示屏观察该功能的运行效果。在一些章节的最后，还会编写几个嵌入式应用程序，应用编写的操作系统。

通过本手册，不但可以了解嵌入式操作系统的原理并一步步编码实现它，还可以通过本手册中丰富的例子学习操作系统的使用方法，学习在一个项目中如何设计和应用它。

另外，需要说明，我在编写本手册时参考的是其他操作系统的应用层功能，然后自己再反过来设计并实现操作系统内核层功能，因此本手册所实现的操作系统任务调度功能与其他操作系统在细节上可能会有些差异。

由于本人能力有限，工作之余写书，其中疏忽、错误在所难免。编码不易，写书不易，如有问题请读者反馈给我，我将尽力修正，还请大家多多支持！

声明：本人提供 Wanlix 和 Mindows 操作系统的源码，可以免费使用，可以到 www.ifreecoding.com、bbs.ifreecoding.com、blog.sina.com.cn/ifreecoding 网站获取相关的资料，但如果因使用本手册中的代码而带来损失，本人将不承担责任。

目　录

嵌入式操作系统内核调度——底层开发者手册

5.4.2 程序设计及编码实现 …… 309
5.4.3 功能验证 …… 311
5.5 CPU 占有率 …… 316
5.5.1 原理介绍 …… 316
5.5.2 程序设计及编码实现 …… 317
5.5.3 功能验证 …… 322
5.6 发布 Mindows 操作系统 …… 326
5.7 编写基于 Mindows 的嵌入式软件平台 …… 327
5.7.1 嵌入式软件系统结构 …… 327
5.7.2 结构设计 …… 330
5.7.3 应用实例 …… 372

第 6 章 使用不同操作系统编写多任务程序 …… 396

6.1 程序结构介绍 …… 396
6.2 使用 Mindows 操作系统编写程序 …… 397
6.3 使用 μCos 操作系统编写程序 …… 403
6.4 使用 Windows 操作系统编写程序 …… 406
6.5 使用 Linux 操作系统编写程序 …… 418

第 7 章 浅析进程 …… 420

7.1 单进程工作原理 …… 420
7.2 使用单进程模拟多进程 …… 422
7.3 多进程工作原理 …… 436

附录 A Wanlix 操作系统接口函数 …… 439

A.1 接口函数列表 …… 439
A.2 接口函数说明 …… 439

附录 B Mindows 操作系统接口函数 …… 441

B.1 接口函数列表 …… 441
B.2 接口函数说明 …… 442

参考文献 …… 456

第1章

操作系统基础知识

有很多嵌入式设备的资源非常少，几十 K 的 ROM，几 K 的 RAM，实现的功能非常简单，其上运行的程序也非常简单，只需要在一个死循环里按照固定的顺序周而复始地运行就可以了。这种小型系统设备不需要操作系统，也几乎没有合适的操作系统可以运行在资源如此之少的设备上。

当处理器资源越来越丰富，要实现的功能越来越多的时候，我们就会发现软件所做的工作不再只是简单地重复一件事情了，它需要及时地响应外部的输入信号，及时协调自己内部的运行状态，不能只是自顾自地完成自己的工作。它需要不断地与外界交互，及时满足外界的需求，并根据这些需求及时调整自己的状态。

本章将从几个例子开始，说明在没有操作系统的情况下软件编程的不便之处，以帮助读者理解为何要使用操作系统的任务调度功能，并通过介绍操作系统的相关概念使读者对操作系统有一个基本了解，并基于这些知识编写一个非常简单、小巧的非抢占式操作系统内核——Wanlix。

1.1 为什么要使用操作系统

计算机是由一大堆硬件组成的，程序员们为它开发出了各式各样的程序，在这些硬件上面运行这些程序就能实现各种丰富多彩的功能。但这些程序是依赖于操作系统才能运行的，如果没有操作系统的支持，这些程序将一无是处，计算机也将是一堆废铜烂铁。

以 PC 机为例，它所做的任何一件事都与操作系统密不可分。计算机启动时，操作系统会对 CPU、主板、内存、显卡等设备进行初始化，只有经过这些处理，计算机才具有使用的可能性。我们从显示界面与计算机进行互动，这是操作系统将计算机内部的各种信息以图形这种容易理解的方式显示给我们，与我们进行沟通；在计算机上插上 USB 设备时，操作系统会帮助我们安装它的驱动程序并管理这个设备；在计算机上存储文件时，操作系统会自动在硬盘上帮我们寻找一个合适的位置并写入文件数据；上网所看到的信息都需要操作系统经过复杂的协议栈传送过来。操作系统还有很多很多功能，有很多是隐藏在后台运行的，我们甚至都感觉不到它的存在，总之，操作系统用于管理计算机的软硬件，保证计算机能正常工作。

　　计算机如果没有操作系统的支持,那么一个希望在计算机上运行的应用程序就需要自己来管理计算机,这些工作都需要由编写该程序的程序员来完成,那么程序员的工作将不只是编写一个应用程序这么简单,更多的工作将是编写与应用程序无关的管理计算机的程序。任何一个应用程序都需要重复着这样的工作,如果没有操作系统对计算机各种资源的统一管理,这些程序在运行时就会产生冲突,无法在计算机上共同运行。

　　对于小型嵌入式设备来说,它的功能有限,不会使用到很多功能,它很可能没有显示界面,没有内存管理,没有文件管理,没有设备管理,没有协议栈,没有……也许只有一个程序员为之开发程序,也只有一个程序在这个设备上运行。这样的嵌入式设备除了需要为外设编写驱动程序外,剩下的工作主要就是编写应用程序实现产品的功能。这么看来,这种小型嵌入式设备似乎没有使用操作系统的必要。但不要忘了,操作系统除了上述功能外,其最基本的功能是软件调度功能,这在小型嵌入式设备中仍是非常重要的。

　　对于功能特别简单的小型嵌入式设备来说,一般不需要使用操作系统,只需要设计一个 while 死循环就可以实现所有的功能。这种小系统一般没有复杂的外部输入,例如电子表,外部输入只有调节时间的按钮,软件的主要功能也只是读取定时器的数值并显示出来。以伪码的形式描述一个这样的软件结构:

```
int main(void)
{
    while(1)
    {
        1.判断按键输入并执行相关操作
        2.读取定时器数值
        3.刷新液晶屏显示时间
    }
}
```

　　这个小系统的运行过程在大部分时间里是不需要依赖外界输入的,只需要按照软件设定好的顺序周而复始地运行就可以实现所有功能。但如果系统功能再复杂一些,使用上述的软件结构就会显得力不从心。比如说我以前做过一个控制步进电机的小系统,这个系统需要实时接收、处理、返回上位机的命令,软件设计时只使用了一个 while 循环结构,主要分为 3 个部分,分别是消息接收功能、消息处理功能和消息发送功能,先由消息接收功能接收消息,再由消息处理功能处理消息,最后由消息发送功能发送返回的消息,软件结构如下所示:

```
00001    int main(void)
00002    {
00003        while(1)
00004        {
```

```
00005            接收消息
00006            {
00007                  if(接收到一条消息数据)
00008                  {
00009                        对数据进行校验
00010
00011                        if(数据正确)
00012                        {
00013                              置处理消息标志
00014                        }
00015                  }
00016            }
00017
00018            处理消息
00019            {
00020                  if(有需要处理的消息)
00021                  {
00022                        执行消息
00023
00024                        生成返回消息
00025
00026                        置返回消息标志
00027                  }
00028            }
00029
00030            发送消息
00031            {
00032                  if(有需要发送的消息)
00033                  {
00034                        发送消息
00035                  }
00036            }
00037      }
00038 }
```

　　这个软件系统由中断收发消息中的每个字节数据,当接收到一条完整消息时中断就会将接收数据标志置为已收到消息状态,软件在 while 循环里只需要判断该标志就可以了。如果不是已收到消息状态,那么消息接收功能、消息处理功能、消息发送功能就不会执行;如果是已接收到消息状态,那么消息接收功能就开始执行,然后触发消息处理功能执行,再触发消息发送功能执行,完成对一条消息的处理。

　　这其中有一条消息需要控制步进电机连续转动几分钟,在处理这条消息时,软件启动 PWM 驱动电机转动,软件会停留在 00022 行不断查询电机转动的状态,直到几分钟后电机转动完成,软件生成返回消息,再将返回消息由消息发送功能发送给上位机,完成对该条消息的处理过程。但这样一来,软件在处理该消息过程中就无法处理其他消息了,如果希望还能同时处理其他消息,就需要更改此软件结构,要么在 00022 行增加接收、处理、发送其他消息的过程,要么在 00022 行增加标志,临时退出该消息的处理过程,然后重新进入 while 循环里接收、处理、发送其他消息,并根据标志对控制步进电机的消息另作处理,或者使用其他方法。但不管怎么改,都会使软件结构支离破碎,不利于编码和维护。

　　一个理想的解决方法是有多个消息处理单元,并且程序既可以在消息处理单元运行时临时退出,又可以回到消息处理单元接着退出的地方继续运行,这样就可以在控制电机与处理其他消息之间切换而又不破坏上述程序结构,如图 1.1 所示。

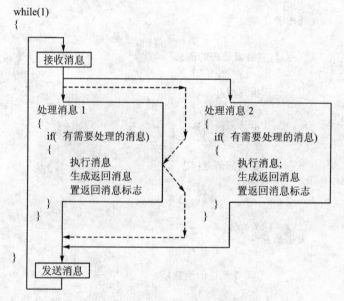

图 1.1　多个消息处理单元执行过程

　　当接收到控制电机的消息时,软件在"处理消息 1"中触发 PWM 开始驱动电机转动,在电机转动期间为了能接收、处理、发送其他消息,软件可以临时退出等待电机转动完成的过程。如图 1.1 中虚线在"执行消息"环节临时退出,从消息处理环节直接跳转到消息发送环节,但由于没有可发送的消息,便经由 while 循环通过"接收消息"、"处理消息 2"和"发送消息"处理其他消息,在下个 while 循环则可以在"接收消息"之后沿虚线直接回到"处理消息 1"中的"执行消息"环节,接着上次退出的地方继续运行。软件就在 while 循环中不断在 2 个消息处理环节中切换,实现同时处理多个消息的功能,这样做不但没有破坏整个程序的结构,而且能够同时处理多个消息。

　　但这样做存在着一个明显的问题,那就是 C 语言的运行方式决定了其无法临时退出一个函数然后又从退出点进入继续运行。C 语言是以函数为单位实现功能的,一个完整的功能会由多个函数共同完成,这些函数只能是一个调用一个串行地执行。在函数中间临时退出而后又能进入的运行方式属于操作系统任务调度的基本概念,这个功能可以使用操作系统实现。使用操作系统的任务调度功能对函数加以管理,可以使得使用 C 语言方便地编写出同时运行多个函数的程序。

从操作系统中函数运行的方式来说,操作系统是对函数运行进行管理的系统,它可以在一个函数还没有运行完时就转而去执行另外一个函数,并且还可以恢复到原来的函数继续运行,这样就可以根据需要及时调整到需要运行的函数来实现其功能。下面以大家熟悉的 Windows 为例来说明任务调度功能。Windows 上运行了很多软件,有办公的、看电影的、玩游戏的等等,太多了。想过没有,它们是如何做到同时运行的? 这些应用程序从宏观上看是在同一台计算机上同时运行的,但从微观上看它们仍是串行运行的。计算机的 CPU(不考虑多核 CPU)每一时刻只能执行一条指令(不考虑流水线),执行很短一段时间之后,操作系统会进行任务调度,CPU 又去运行另外一个应用程序的指令,周而复始地运行。由于 CPU 的速度特别快,因此每个应用程序在很短的时间就可以运行很多次,以人的感觉根本就感觉不到 CPU 在各个应用程序之间切换运行,只能感觉到每个程序都是在连续运行,因此就觉得计算机上的多个应用程序是在同时运行。这就像看电影一样,由于影片的刷新频率快过了人眼的可分辨频率,因此就觉得电影是在连续播放。这就是操作系统的一个非常重要的功能——任务调度功能。

需要说明一点,上述描述中的"任务"其实是"进程",而本手册中实现的"任务"对应于"线程"。本手册主要讲述线程的概念,在本手册最后部分会对"进程"作一个简单的介绍。

对于一个完整的操作系统来说,它会有很多功能,但对于小型嵌入式设备来说,它也许并不需要操作系统具有这么多的功能,多余的功能对它来说是一种负担,会占用并不富裕的系统资源。但无论如何,操作系统的任务调度功能是必备的,它是操作系统赖以生存最核心的功能,本手册将和你一起从零开始,一步步编写操作系统的任务调度功能。

1.2　操作系统的嵌入性和实时性

从不同的角度来看,操作系统可以有很多种划分,比如按与用户对话的界面划分,可分为命令行界面操作系统和图形界面操作系统;按支持用户数的多少,可以分为单用户和多用户操作系统;按功能可以分为嵌入式操作系统和 PC 机通用操作系统;按调度的方式可分为分时操作系统和实时操作系统。操作系统种类繁多,很难用单一标准统一分类,这里不再详细介绍各种操作系统。

本手册所编写的操作系统是应用于嵌入式设备之上的,突出的特性在于嵌入性和实时性,这里将着重介绍一下"嵌入式"和"实时"等概念。

1. 嵌入式操作系统(Embedded Operating System, EOS)

根据 IEEE(The Institute of Electrical and Electronics Engineers,电气与电子工程师学会)的定义,嵌入式系统是控制、监视或者辅助装置、机器和设备运行的装置(devices used to control, monitor or assist the operation of equipment, machinery or plants)。从中可以看出,嵌入式系统是软件和硬件的结合体。按我个人的理解,嵌入式软件就是"嵌入"到硬件中的软件,而"嵌入"到硬件中的操作系统就是嵌入式操作系统。这个"嵌入"是相对 PC 机而言的,PC 机是一个通用的系统,有着标准的外设定义,键盘、鼠标、显示器、显卡、声卡、各种标准的接口、插槽,X86 结构的 CPU,买台计算机功能都差不多,不同的只是性能。而嵌入式设备则五花八门,游戏机、电子称、空调、遥控器等等,什么都有,它们的软硬件系统是针对专一功能开发的,不具备更多的功能,因此可以做到体积小、成本低,不像 PC 机是通用的,有额外多余的设备,可以完成很多功能。

对比一下使用嵌入式系统和 PC 机通用系统开发产品,举个例子,如果要做一个计算器,这里有两个方案:(1)用计算机做,买来计算机,装完 Windows,在运行窗口敲入 calc,可以直接调出计数器软件,功能实现了。优点是开发周期短,而且 PC 机上也有众多的软件可以使用,扩展性强;但缺点也是致命的,成本太高,体积太大,不能指望着每个人都背着计算机去卖货。(2)使用单片机、LED 显示屏等器件自己设计方案开发产品,虽然开发周期相对要长一些,但成本绝对低。再举个例子,如果要开发一种功能丰富的办公系统产品,则最好是基于 PC 机系统开发,键盘、鼠标、显示器、打印机、扫描仪、传真机、摄像头,这些办公常用的输入/输出设备与 PC 机都有标准的接口,可以直接使用,而且 PC 机上丰富的软件可以使开发过程容易很多。如果自己另做一套软硬件,这个工作量就太大了,而且这么大的工作量也会使成本居高不下。

2. 实时操作系统(Real-time Operating System, RTOS)

实时是指及时性。实时操作系统具有实时性,能保证及时作出响应。某些领域对数据采集、处理的实时性要求比较严格,时间上的延误可能会造成灾难性的后果,因此需要软件具有很高的实时处理能力。操作系统是控制软件运行的系统,为实现软件的实时性就需要操作系统具有实时性,实时操作系统可以快速响应外界及内部状态的变化,在严格规定的时间内完成相关工作的调度,具有高可靠性。与之相对的分时操作系统,则按时间片依次逐个调度任务,实时性不高。实时操作系统是一种抢占式操作系统(Preemptive Operating System)。所谓抢占式是指高优先级任务可以抢占正在运行的低优先级任务,处理器转而去执行高优先级任务,由于这种抢占可在高优先级任务就绪后立刻发生,因此保证了操作系统的实时性。

本手册所编写的两个操作系统——Wanlix 和 Mindows 都属于嵌入式操作系统,这两个操作系统在设计时都定位为小型系统的操作系统,因此具有内核小的特点。Wanlix 是非抢占式操作系统,需要由当前运行的任务主动发起任务调度进行任务切换,因此实时性不高。但它的内核非常小,功能也简单,非常适合使用在低端的硬件系统中。Mindows 是一个实时抢占式嵌入式操作系统,支持多种优先级抢占调度,可提供与操作系统任务调度功能相关的多种功能,用户可根据自身需求对 Mindows 功能进行裁剪,具有可裁剪性。

1.3 操作系统功能介绍

操作系统是管理计算机软硬件的控制程序,从功能上看大型操作系统都会包含下面几个方面的功能:进程管理、内存管理、文件管理、设备管理。

高端处理器支持进程机制,在其上运行的操作系统会支持多个进程同时运行,比如我现在正在使用 Word 编写这本手册,同时也打开了浏览器查找资料,这就是 2 个进程。操作系统需要控制各个进程的创建、删除,需要控制进程对资源的访问,需要控制进程间通信,需要控制各个进程的调度运行,这都属于进程管理的范畴。

内存管理对内存分配、权限加以控制,还可以将不同的存储介质、非连续的空间映射为连续的内存空间,这是进程赖以生存的基础。

计算机使用大量的非易失性存储空间存储数据,最常见的就是硬盘。文件管理会按照一定的格式对存储介质进行格式化,建立目录,以文件作为数据的管理单元,控制文件的读写、共享和权限保护等,方便用户管理并保证文件的可靠性。

计算机中有大量的外部设备,例如硬盘、显卡、鼠标、键盘等等,设备管理一般会将设备抽象化,将物理设备抽象成逻辑设备,这样在编程时可以做到与具体的物理设备解耦,方便对设备的管理。

本手册所编写的操作系统定位于小型嵌入式系统,其主要目的在于与读者一起从零开始一步步编写操作系统内核,了解操作系统任务调度的原理并去实现它,因此本手册不会涉及其他的功能,而且这些功能也不适合在小型嵌入式设备上实现,原因是:小型嵌入式设备的资源很少,处理器功能有限,ROM、RAM 还有外设数量都非常少,这些硬件基础的缺陷就限制了操作系统功能的实现。

进程机制是依靠内存管理单元(Memory Management Unit,MMU)实现的,这是一种硬件单元,再配以设计精妙的软件结构才形成了如今普遍使用的进程机制。但小型嵌入式设备的处理器不具备 MMU 功能单元,因此也就无法实现进程机制。本手册所编写的操作系统不支持进程机制,只支持任务机制,可以认为这种机制是进程机制的一种简化版本,即只运行一个进程并且只能运行这一个进程,不支持多进程同时运行,但可以在这一个进程内实现多个任务(线程)。

由于没有了 MMU 的内存管理功能,因此小型嵌入式设备在内存管理方面也显得无能为力,地址转换、映射、保护等诸多功能都无法实现,操作系统所能做的最多也就是从软件层次对内存申请、释放做一些管理。

小型嵌入式设备几乎没有文件的概念,它用来保存永久数据的非易失性存储介质一般是 FLASH、EEPROM 等,容量较小,一般是几 KB 到几百 KB。一般只会保存一个目标程序或一些常量数据,存储在其上的数据没有任何文件格式,因此也就谈不上文件管理功能。

小型嵌入式设备的外设比较少,只有一个程序在使用这些外设,因此只需要对外设直接进行驱动即可,不需要做成复杂的设备管理结构供多个程序同时使用,因此也就不需要设备管理机制。

操作系统的功能多种多样,无法为其下一个准确的定义,很多功能可以是操作系统本身就提供的,也可以是以应用程序的身份后加上的,没有其中的一些功能不能说它不是操作系统。但调度功能是操作系统所必须具备的功能,本手册将只实现任务调度这一个功能。

首先,本手册将介绍操作系统任务切换原理,编写代码实现 2 个任务之间的切换,验证原理的可行性;然后扩展到任意多个任务间互相切换,再为用户封装一个用户入口函数,屏蔽操作系统内部初始化过程;接下来增加任务入口参数功能,可以在任务创建时提供初始参数。到此为止就完成了任务最基本的功能,这些功能也就组成了 Wanlix 操作系统。

接下来,将解决嵌入式操作系统实时性的问题,开始编写 Mindows 操作系统。首先将介绍操作系统任务实时切换优先级调度原理,并编写代码实现实时调度。为方便观察任务切换过程,增加钩子函数功能;为任务能结束运行,增加任务删除和任务自结束功能,并增加任务自动申请任务栈功能。信号量是实现操作系统资源互斥及同步的一种重要机制,本手册将介绍信号量原理并编写 3 种信号量代码;队列是任务间通信的一种重要机制,本手册将介绍队列原理并编写队列代码。

之后为 Mindows 操作系统增加一些可裁剪的功能,程序员可以根据自身需求选择是否编译这些功能。为解决任务实时抢占时带来优先级反转的问题,增加了任务优先级继承的功能;为解决多个同等优先级任务同时运行的问题,增加了同等优先级任务轮转调度功能;为解决程序跑飞时定位困难的问题,增加了打印栈信息的功能;为解决掌握任务使用栈大小的问题,增加了任务栈统计功能。最后,增加了获取任务 CPU 占有率的功能,可以更好地了解 CPU 运行负荷的情况。最后,我将根据自己多年编写嵌入式程序的经验,在 Mindows 操作系统上设计一个通用的嵌入式软件平台,该软件平台可以应用在大部分的嵌入式设备中,减少重复编写软件的工作量。

如果已经弄懂了上述内容,此时你应该对嵌入式操作系统的任务调度机制有了较为深刻的理解。接下来,将在不同的操作系统上编写多任务代码实现同一个功能,它们分别是 Mindows 操作系统、μCos 操作系统、Windows 操作系统和 Linux 操作系统。这些操作系统尽管工作机制各不相同,但通过本手册的学习还是可以帮助我们完成这个工作的。

在本手册的最后,将简单地介绍一下进程的概念,通过对进程的介绍,可以对操作系统的设计有更深刻的了解。

第2章

编写操作系统前的预备知识

通过前面章节的介绍我们对操作系统有了初步了解，但这也只是停留在概念阶段，光有这些知识对于编写一个操作系统来说还是不够的。本章来了解一下编写操作系统所需要的编程知识，涉及到一些汇编语言及处理器的内部结构。如果你没有这方面基础的话，读起来可能会枯涩难懂一些。如果是这种情况的话，建议先粗略读一下，了解原理即可，这对理解后面的编程还是有一些帮助的。等通读本手册之后再回过头来看看，也许就会豁然开朗了。

本章先介绍本手册所使用的处理器内核内部寄存器结构及工作机制，然后介绍与该处理器内核相关的汇编语言以及 C 语言与汇编语言之间的关系，最后再介绍所使用的软件开发环境。

2.1 Cortex-M3 内核的基本结构

我们将在 STM32F103VCT6 处理器上编写操作系统，该处理器是 ST 公司的产品。最高频率为 72 MHz，片上具有 256 KB FLASH 程序空间和 48 KB RAM 内存空间，具有 GPIO、ADC、DAC、RTC、UART、SPI、I²C、USB、CAN、SDIO、TIMER、WDT 等多种外设。

该处理器采用 Cortex-M3 内核。Cortex 内核是 ARM 公司推出的新款处理器内核，其中 M3 系列主要面向低端市场。编写操作系统需要涉及到处理器内核的内部结构，我们首先对此进行了解。

Cortex-M3 内核是 32 位的，32 位线性地址空间统一排列，任何地址都是唯一的，不同的片上资源及外设被分配到不同的地址空间，不同数据结构的指针固定为 4 字节长度，这相对 51 处理器来说方便很多，从用户编程的角度来看入手也比较简单。Cortex-M3 内核采用 Thumb‐2 指令集，支持 16/32 位两种不同长度的指令混合编码。Cortex-M3 架构与 X86 架构一样，支持硬件非字节对齐访问，这与传统的 ARM 处理器内核是不同的。

除了指令集变化之外，Cortex-M3 内核的工作模式也大为简化，从 ARM 内核 7 种模式缩减为两种模式：handler 模式和 thread 模式。Cortex-M3 内核的操作权限也分为两个等级：特权级和用户级。特权级可以访问处理器内部的一切资源，对处理器具有完全的控制权;而用户级则无法访问处理器内部的一些重要寄存器,只能使用程序运行所需的基本资源。handler 模式运行在特权级下,而 thread 模式既可以运行在特权级下也可以运行在用户级下。

处理器复位后会自动进入 thread 模式的特权级,这时程序具有控制处理器的全部权限,可以对处理器进行配置。当处理器配置完毕时,系统应该主动切换到 thread 模式的用户级,放弃控制处理器中重要寄存器的权利,然后将控制权交给应用程序,以防止应用程序意外甚至是恶意地破坏处理器中那些已配置好的寄存器。如果应用程序异常进入中断或正常进入中断,都会自动切换到 handler 模式,在中断服务程序中自动提升为特权级,退出中断后又会恢复为原有的模式和特权等级。处理器模式与操作权限对应关系如图 2.1 所示。

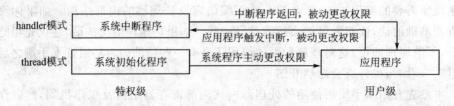

图 2.1　处理器模式与操作权限对应关系

除了中断可以更改程序的特权等级外,还可以通过设置 CONTROL 寄存器的第 0 位从特权级切换到用户级,而从用户级切换到特权级则比较麻烦,必须通过中断才能返回到特权级。如果希望在退出中断后仍保留 thread 模式的特权级,那么就必须在中断所处特权级情况下修改 CONTROL 寄存器的第 0 位。总之,从特权级切换到用户级很简单,而从用户级切换到特权级则必须通过触发中断来实现,这个中断就好比是一个审批部门,掌握着是否给某些程序行使特权的权利。

利用这 2 种特权级可以保护程序更安全地运行。系统程序需要完全控制处理器,需要给它开放特权级权限,而给一般的应用程序只开放用户级权限,这样就算用户级程序出现了错误导致处理器异常,也不会改变处理器关键寄存器的配置。

随着处理器工作模式数量的减少,Cortex-M3 内核寄存器数量也减少了。Cortex-M3 内核只有 18 个寄存器,包括 R0～R12、2 个 R13、R14、R15 和 XPSR 寄存器,其中的某些寄存器还有我们更为熟悉的名字,R13 寄存器也叫作 SP 寄存器,R14 寄存器也叫作 LR 寄存器,R15 寄存器也叫作 PC 寄存器。

其中 R0～R12 可以作为通用寄存器使用,这些通用寄存器用来临时存放数据,供处理器运行程序时使用,可以说在处理器中运行的成千上万条指令几乎都需要使用这几个寄存器来完成各种运算。其中某些寄存器在程序调用时还会有其他专有的功能,比如说 R0～R3 寄存器在程序调用时可以用来传递函数参数和返回值,R12 寄存器在某些情况下可以保存子程序调用的中间值。

SP(Stack Pointer)是栈寄存器,用来指示当前栈的位置。在 Cortex-M3 内核中有 2 个 SP,分别是 MSP 和 PSP,其中 MSP 是处理器缺省使用的栈指针,handler 模式下只能使用 MSP,而 thread 模式下则可以使用 MSP 或 PSP,至于使用哪个则需要在 thread 模式的特权级下对 CONTROL 寄存器的第 1 位进行配置。注意,在程序运行的任何时刻,我们只能看到 MSP 或 PSP 中的一个,这两个栈寄存器不能同时存在。如果你不希望把程序搞得太复杂,完全可以只使用 MSP 这一个栈指针,当然同时使用 MSP 和 PSP 也是有好处的,比如我们可以在用户级的程序中使用 PSP,而在系统中断程序中使用 MSP,这样当用户程序的 PSP 指针被不小心破坏的时候,程序必然会出现错误,引发异常中断,当异常中断发生时,处理器自动切换到了 handler 模式,权限也随之切换到了特权级,栈指针也随之切换到了 MSP,这样处理器就可以在系统中断中使用 MSP 所指向的栈处理这个错误,而不会破坏 PSP 栈中的数据,既可以保存现场数据,也不会因为 PSP 的错误导致系统中断服务程序无法运行。

　　LR(Link Register)是链接寄存器,用来保存跳转后返回的地址。当发生函数调用时,LR 寄存器中保存着函数返回后需要执行的指令地址。Cortex-M3 内核对 LR 寄存器的功能稍微作了一点调整,LR 寄存器在普通函数调用时功能没有发生变化,还是用来存储调用函数后的返回地址,但在中断发生时对 LR 的使用方式发生了变化。Cortex-M3 内核在中断发生时硬件会自动将当前的 R0～R3、R12、LR、PC 以及 XPSR 这 8 个寄存器压入当前栈,中断返回时会自动从栈中恢复这 8 个寄存器。如果进入中断时是在使用 MSP,则将这 8 个寄存器压入 MSP 栈;如果是在使用 PSP,则压入 PSP 栈,但进入中断后就一定是使用 MSP 作为中断所使用的栈。进到中断服务程序后,硬件会自动将一个特殊的值 EXC_RETURN 而不是函数返回地址存入 LR 寄存器中,EXC_RETURN 这个值只能是 0xFFFFFFF1、0xFFFFFFF9 或者 0xFFFFFFFD 这 3 个值中的一个。0xFFFFFFF1 代表中断服务程序将返回到 handler 模式,使用 MSP;0xFFFFFFF9 代表中断服务程序将返回到 thread 模式,使用 MSP;0xFFFFFFFD 代表中断服务程序将返回到 thread 模式,使用 PSP。当中断服务程序返回时,必须跳转到 EXC_RETURN 这个值,而不能直接跳转到中断服务程序返回时的地址。硬件将根据 EXC_RETURN 的值使用对应的模式和栈寄存器,这种方式是设置 CONTROL 寄存器的第 1 位之外的另外一种选择 MSP 或 PSP 的方式。既然 LR 寄存器中没有保存返回地址,那么处理器如何知道中断结束后应该从哪个地址继续运行? 别忘了,在进入中断前,硬件自动向栈中压入了 8 个寄存器,其中的 PC 寄存器中保存的就是中断发生时的下条指令所在的地址,也就是中断返回的地址。因为中断发生是随机的,中断发生时 LR 寄存器中可能保存着中断发生前返回上级父函数的地址,因此这个数值也是需要备份的,由硬件自动压入栈中的 LR 进行保存。简单地说,Cortex-M3 内核的中断机制做了一个二级跳,先将 8 个寄存器数值压入栈,再将代表中断返回后所使用工作模式及栈寄存器的 EXC_RETURN 值存入到 LR 寄存器中,中断退出时会跳转到 EXC_RETURN 值,并从栈中取出压入的 8 个寄存器数值,这样中断在返回时不仅可以找到返回地址,还可以找到中断前所使用的工作模式和栈指针,并且也不需要中断服务程序对接口寄存器作备份了,这点在后面的 2.3 节中会有详细的介绍。

PC(Program Counter)寄存器中存放的是当前所执行指令所在的地址。处理器通过 PC 寄存器找到其需要执行的指令,更改 PC 寄存器就会发生指令跳转,当在 C 语言里调用函数或者产生跳转时,实际上就是通过改变 PC 寄存器的值实现的。Cortex-M3 内核所使用的 Thumb－2 指令是由 16/32 位指令混合组成的,指令需要 2/4 字节对齐,因此指令所在地址的最低位,也就是 PC 寄存器的位 0 位,需要保持为 0。在读取 PC 寄存器时确实如此,但 Thumb－2 指令集与 Thumb 指令集一样,规定在写 PC 寄存器的时候 PC 寄存器的第 0 位必须为 1,以表明当前正在使用 Thumb－2 指令集而不是 ARM 指令集(ARM 指令集 PC 寄存器的第 0 位始终为 0),这个第 0 位中的 1 不是说指令地址是奇地址对齐,而是指明了当前使用的指令集。

Cortex-M3 内核只保留了一个状态寄存器——XPSR,这个寄存器是由多个寄存器复合而成的,如表 2.1 所列。

表 2.1　XPSR 寄存器结构

位/寄存器	31	30	29	28	27	26:25	24	23:20	19:16	15:10	9	8	7	6	5	4:0
APSR	N	Z	C	V	Q											
IPSR												Exception number				
EPSR						ICI/IT	T			ICI/IT						
位/寄存器	31	30	29	28	27	26:25	24	23:20	19:16	15:10	9	8	7	6	5	4:0
XPSR	N	Z	C	V	Q	ICI/IT	T			ICI/IT		Exception number				

其中 APSR 寄存器中存放着程序的状态,程序中的各种条件指令就与这些标志有关。当数据是有符号数时,N 用来区分数据是正数还是负数;Z 用来判断数据是否等于 0;C 是进位标志,产生进、借位时影响的就是这个标志;V 是溢出标志,数据运算过程中产生数据溢出就会更改此标志,某些指令导致数据饱和时就会影响 Q 标志。

IPSR 寄存器中保存着中断号,比如发生了中断 14,那么该寄存器的值就为 14。

EPSR 寄存器中保存着执行程序的状态,其中 T 标志表明当前指令是否是 Thumb－2 指令,ICI/IT 指明某些指令的运行状态。

APSR、IPSR、EPSR 这 3 个寄存器组合在一起就形成了 XPSR 寄存器,既可以使用 XPSR 寄存器的名字整体访问这 3 个寄存器,也可以使用这 3 个寄存器的名字单独访问。

在 STM32F103VCT6 处理器上所运行的程序完全是通过上述这些寄存器进行处理的,无论多么复杂的程序都是通过其 18 个寄存器实现的,只要能合理地修改这些寄存器数值就能控制程序的运行,操作系统就是通过备份、还原、更改这些寄存器来控制程序执行流程,进而实现任务之间的切换。由于 C 语言无法直接访问这些寄存器,因此必须使用汇编语言对这些寄存器进行操作才能实现操作系统的任务调度功能。下节将了解 Thumb - 2 指令集中的一些汇编指令,以便在编写汇编代码时能更好地理解操作系统的任务切换功能。

Cortex-M3 内核支持 255 个中断,但处理器厂商在设计处理器时一般并不会保留这么多的中断,只会使用其中的一部分中断,这些中断绝大多数是可以通过软件修改优先级的,高优先级中断可以抢占正在执行的低优先级中断。除了一些常用的中断外,Cortex-M3 内核还支持一个 PendSV 中断,所谓 PendSV 中断的意思是可阻塞的软中断,它可由软件触发并被其他中断阻塞,直到其他中断执行完再去执行,实时操作系统可以利用它的这个特性解决任务调度中断与其他中断之间的冲突,可以在 PendSV 软中断中实现任务调度,当发生冲突时,PendSV 软中断可以延迟一会,给其他中断服务程序让路。在第 4 章编写 Mindows 操作系统时,将使用 PendSV 软中断实现任务实时调度功能。

2.2　Thumb - 2 汇编语言简介

操作系统任务切换功能最核心的代码需要使用汇编语言来写,Cortex-M3 内核使用的是 Thumb - 2 指令集。本节将介绍编写操作系统时需要使用到的一些 Thumb - 2 指令集汇编指令,但仅限于本手册使用到的部分指令和指令的部分用法,并非全面介绍,有关 Thumb - 2 指令集更详细的信息请读者自行查阅附录 C 中的参考文献 2。

传统的 ARM 处理器可以执行 ARM 指令集或者 Thumb 指令集,其中 ARM 指令集的指令长度固定为 32 位,Thumb 指令集的指令长度固定为 16 位,这就决定了 ARM 指令集执行效率高,而 Thumb 指令集代码密度大。这 2 种指令集的指令不能直接混合在一起使用,只能指定一段程序使用一种指令集编译,如果希望利用这 2 种指令集的优点,就需要对不同的代码段使用不同的指令集进行编译,使用起来比较麻烦。

Thumb - 2 指令集实现了 16/32 位指令混合使用,同时实现了代码的高执行效率和高代码密度,无需像传统 ARM 处理器那样为了在执行速度和代码密度之间寻求一个平衡而在 ARM 指令集与 Thumb 指令集之间切换。为说明这 3 种指令集的特点,将同一段 C 语言代码分别以 ARM、Thumb 和 Thumb - 2 指令集进行编译,得到如下 3 段汇编程序:

1. ARM 指令集

指令地址	机器码	汇编语言			
800e4:	e24dd050	sub	sp, sp, #80	; 0x50
800e8:	e3a00000	mov	r0, #0		

```
800ec:       e58d004c        str     r0, [sp, #76]   ; 0x4c
800f0:       ea000005        b       8010c <main + 0x28>
800f4:       e3a00000        mov     r0, #0
800f8:       e59d104c        ldr     r1, [sp, #76]   ; 0x4c
800fc:       e78d0101        str     r0, [sp, r1, lsl #2]
80100:       e59d004c        ldr     r0, [sp, #76]   ; 0x4c
80104:       e2800001        add     r0, r0, #1
80108:       e58d004c        str     r0, [sp, #76]   ; 0x4c
8010c:       e59d004c        ldr     r0, [sp, #76]   ; 0x4c
80110:       e3500014        cmp     r0, #20
80114:       3afffff6        bcc     800f4 <main + 0x10>
80118:       e3a00000        mov     r0, #0
8011c:       e28dd050        add     sp, sp, #80     ; 0x50
80120:       e12fff1e        bx      lr
```

2. Thumb 指令集

指令地址	机器码	汇编语言

```
800e4:       b094            sub     sp, #80 ; 0x50
800e6:       2000            movs    r0, #0
800e8:       9013            str     r0, [sp, #76]   ; 0x4c
800ea:       e007            b.n     800fc <main + 0x18>
800ec:       2000            movs    r0, #0
800ee:       9913            ldr     r1, [sp, #76]   ; 0x4c
800f0:       0089            lsls    r1, r1, #2
800f2:       466a            mov     r2, sp
800f4:       5050            str     r0, [r2, r1]
800f6:       9813            ldr     r0, [sp, #76]   ; 0x4c
800f8:       1c40            adds    r0, r0, #1
800fa:       9013            str     r0, [sp, #76]   ; 0x4c
800fc:       9813            ldr     r0, [sp, #76]   ; 0x4c
800fe:       2814            cmp     r0, #20
80100:       d3f4            bcc.n   800ec <main + 0x8>
80102:       2000            movs    r0, #0
80104:       b014            add     sp, #80 0x50;
80106:       4770            bx      lr
```

3. Thumb - 2 指令集

指令地址	机器码	汇编语言

```
80100:       b094            sub     sp, #80     ; 0x50
80102:       f04f 0000       mov.wr 0, #0
```

```
80106:      9013        str     r0, [sp, #76]      ; 0x4c
80108:      e008        b.n     8011c <main+0x1c>
8010a:      f04f 0000   mov.w   r0, #0
8010e:      9913        ldr     r1, [sp, #76]      ; 0x4c
80110:      f84d 0021   str.w   r0, [sp, r1, lsl #2]
80114:      9813        ldr     r0, [sp, #76]      ; 0x4c
80116:      f100 0001   add.w   r0, r0, #1
8011a:      9013        str     r0, [sp, #76]      ; 0x4c
8011c:      9813        ldr     r0, [sp, #76]      ; 0x4c
8011e:      2814        cmp     r0, #20
80120:      d3f3        bcc.n   8010a <main+0xa>
80122:      2000        movs    r0, #0
80124:      b014        add     sp, #80            ; 0x50
80126:      4770        bx      lr
```

　　从上面这 3 段功能相同的汇编代码可以大致看出 ARM、Thumb 和 Thumb - 2 指令集的特点,整理后如表 2.2 所列。

表 2.2　ARM、Thumb 和 Thumb - 2 指令集对比

指令集	指令数/条	指令空间/字节	指令特点
ARM 指令集	16	64	全部指令都是 32 位
Thumb 指令集	18	36	全部指令都是 16 位
Thumb - 2 指令集	16	40	16/32 位指令混合组成

　　其中 ARM 指令集的汇编代码全部是 32 位的,每条指令能承载更多的信息,因此它使用了最少的指令完成功能,在相同频率下运行速度也是最快的,但也因为每条指令是最长的而占用了最多的程序空间。Thumb 指令集的汇编代码全部是 16 位的,每条指令所能承载的信息少,因此它需要使用更多的指令才能完成功能,因此运行速度慢,但它也占用了最少的程序空间。而 Thumb - 2 指令集则在这两者之间取了一个平衡,兼有二者的优势,当一个操作需要使用一条 32 位指令完成时就使用 32 位指令,加快运行速度,而当一次操作只需要一条 16 位指令就可以完成时就使用 16 位的指令,节约存储空间。

　　注意,上面这 3 段汇编程序只是一小段 C 程序编译的结果,由于样本数太小,只能大概说明 ARM、Thumb 和 Thumb - 2 指令集的特点。

　　本手册的操作系统使用了下面几种 Thumb - 2 指令集指令,现在来了解一下它们具体的使用方法。

　　数据计算指令:ADD、ADR、SUB。

　　数据搬移指令:MOV、LDR、LDM、STM、PUSH、POP。

　　状态寄存器操作指令:MRS、MSR。

　　逻辑计算指令:AND。

跳转指令:BX、CBZ。

软中断指令:SVC。

◆ ADD

英文 ADD 是"加"的意思,ADD 指令即加法指令,指令格式为:

```
ADD  寄存器, 立即数
```

ADD 指令将寄存器中的数据和立即数相加,并将结果保存到寄存器中,执行加法操作时可以使用 ADD 指令,如:

```
ADD R14, ♯0x40
```

将 LR 寄存器的值与 0x40 相加,并将结果存入到 LR 寄存器中,即:

```
R14 = R14 + 0x40
```

◆ ADR

ADR 也是一种加法指令,英文全拼为 Address to Register,本手册中使用的是 ADR.W 格式,W 表示这条指令编译时被固定编译为 32 位指令,指令格式为:

```
ADR.W 寄存器, PC + 立即数
```

ADR.W 指令将 PC 值和立即数相加,并将结果保存到寄存器中,计算 PC 偏移地址时可以使用 ADR.W 指令,如:

```
ADR.W R14, {PC} + 0x7
```

将 LR 寄存器的值与 PC 寄存器的值以及 0x7 相加,并将结果存入到 LR 寄存器中,即:

```
R14 = R14 + PC + 0x7
```

◆ SUB

SUB 是英文单词 Subtract 的缩写,SUB 指令即减法指令,指令格式为:

```
SUB  寄存器, 立即数
```

SUB 指令将寄存器中的数据减去立即数,并将所得的结果存入到寄存器中,执行减法操作时可以使用 SUB 指令,如:

```
SUB R13, ♯0x40
```

将 SP 寄存器的值减去 0x40,并将结果存入到 SP 寄存器中,即:

```
R13 = R13 - 0x40
```

◆ MOV

MOV 是英文单词 Move 的缩写,可以使用该指令搬移数据,指令格式为:

```
MOV  目的寄存器, 源寄存器
```

MOV 指令将源寄存器中的数据搬移到目的寄存器中,寄存器间数据搬移可以使用 MOV 指令,如:

```
MOV R14, R13
```

将 SP 寄存器的值复制到 LR 寄存器中,即:

```
R14 = R13
```

◆ LDR

LDR 是英文 Load Register 的缩写,该指令可以将内存中的数据加载到寄存器中,指令格式有下面 2 种格式:

```
LDR  目的寄存器, = 常量
LDR  目的寄存器,[源寄存器]
```

第一种格式将常量值存入目的寄存器,第二种格式将源寄存器中数据指向的内存地址中的数据存入目的寄存器,读取数据时可以使用 LDR 指令,如:

```
LDR R0, = gpstrCurTaskReg
LDR R13, [R0]
```

第一条指令中 gpstrCurTaskReg 是一个全局变量,全局变量名对应于它的地址,是一种常量,这条指令将全局变量 gpstrCurTaskReg 的地址存入 R0 寄存器。将全局变量换成函数就可以将函数地址存入到目的寄存器中,也可以换成一个常数,将这个常数存入到目的寄存器中。这条指令意为:

```
R0 = &gpstrCurTaskReg
```

第一条指令执行后 R0 寄存器中存储着全局变量 gpstrCurTaskReg 的地址,第二条指令将 R0 寄存器中数据指向的内存地址中的数据存入到 SP 寄存器中,也就是将全局变量 gpstrCurTaskReg 的值存入到 SP 寄存器中,即:

```
R13 = * R0
```

◆ LDM

LDM 对应的英义是 Load Multiple,LDM 指令是 LDR 指令的增强版,可以将多个连续的数据存入到一组寄存器中,这条指令在栈操作中经常使用,在介绍这条指令前先了解一下堆栈。

堆栈位于内存中,堆和栈是两个概念,用户调用 malloc 等函数申请的内存是从堆中申请的,这块内存使用完后需要由用户自行释放,堆是由用户申请、释放的。程序运行时如果寄存器不够用了,就会使用栈临时保存一些数据,对于 C 语言来说对栈的操作是由程序自动完成的,这是在编译时就确定了的,栈是由程序自动管理的。

栈有空满之分,有增减之分,根据对栈指针不同的操作方式可以有 4 种划分,如图 2.2 所示。栈指针指向栈顶最后一个入栈的位置,此时栈指针指向的栈空间是用过的,是满的,这种栈叫作满栈(Full);栈指针指向栈顶将要入栈的位置,此时栈指针指向的栈空间是没用过的,是空的,这种栈叫作空栈(Empty)。向栈内存储数据时栈指针向着内存地址减少的方向移动,这种栈叫作递减栈(Descending);向栈内存储数据时栈指针向着内存地址增加的方向移动,这种栈叫作递增(Ascending)栈。

综合栈的空满和增减特性,栈可以分为 FD、ED、FA、EA 这 4 种类型。

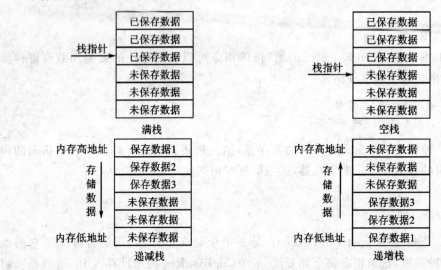

图 2.2　栈的 4 种划分

汇编指令提供了 4 种对栈的操作方式,分别是 DB(Decrement Before)、DA(Decrement After))、IB(Increment Before)和 IA(Increment After)。DB 意为栈指针先减少然后再操作,DA 意为先操作然后栈指针再减少,IB 意为栈指针先增加然后再操作,IA 意为先操作然后栈指针再增加。这 4 种操作方式都可以与 LDM 指令组合,形成 LDMDB、LDMDA、LDMIB 和 LDMIA 指令。我们所使用的处理器是 FD 类型,但我们在使用汇编语言时仍可以使用任何一种方式对栈进行操作,只要保证不同程序接口间符合 FD 类型即可。

有了上述 4 种 LDM 指令,就可以对栈灵活操作了。LDM 有下面两种指令格式,以 LDMIA 为例:

```
LDMIA  源寄存器,{一组目的寄存器}
LDMIA  源寄存器!,{一组目的寄存器}
```

第一种指令格式从源寄存器指定的栈地址开始,将栈中的一组数据存入到目的寄存器组中,从栈取数据的空满和增减特性由 LDM 指令后缀来决定。目的寄存器之间可用“,”分开,也可用“–”表示一个范围的寄存器,具体见下面例子。第二种指令格式除了完成第一种指令格式的功能外,还将源寄存器操作后指向的栈地址保存到源寄存器中,看下面例子:

```
LDMIA R14,{R0 - R3,R12}
```

```
LDMIA R1!,{R4 - R11}
```

第一条指令从 LR 寄存器指向的栈地址中连续取出 5 个 32 位数据分别存入到 R0～R3 和 R12 寄存器中,意为:

```
R0 = *R14
R1 = *(R14 + 4)
R2 = *(R14 + 8)
R3 = *(R14 + 12)
R12 = *(R14 + 16)
```

操作完之后,LR 寄存器的数值不变,仍为操作前的栈地址。

第二条指令从 R1 寄存器指向的栈地址连续取出 8 个 32 位数据存入到 R4～R11 寄存器中,在完成操作后将 R1 寄存器的数值更新为当前指向的栈地址,意为:

```
R4 = *R1
R5 = *(R1 + 4)
R6 = *(R1 + 8)
R7 = *(R1 + 12)
R8 = *(R1 + 16)
R9 = *(R1 + 20)
R10 = *(R1 + 24)
R11 = *(R1 + 28)
R1 = R1 + 32
```

◆ STM

STM 对应的英文是 Store Multiple,可以将一组寄存器中的数据存入到栈中,它的功能正好与 LDM 相反。同样,STM 也有 4 种操作方式:STMDB、STMDA、STMIB 和 STMIA,分别与 LDM 对应。

指令格式如下所示,以 STMIA 和 STMDB 为例:

```
STMIA  目的寄存器,{一组源寄存器}
STMDB  目的寄存器!,{一组源寄存器}
```

第一种指令格式将源寄存器组内的数据存入目的寄存器所指向的栈内连续空间,在栈内存入数据的空满和增减特性由 STM 指令的后缀来确定。源寄存器之间可用“,”分开,也可用“-”表示一个范围的寄存器,具体见下面例子。第二种指令格式除完成第一种指令格式的功能外,还将目的寄存器操作后指向的栈地址保存到目的寄存器中,看下面例子:

```
STMDB R13,{R0}
STMIA R13!,{R0 - R1}
```

第一条指令将 R0 存入 R13 指向的栈空间,意为:

```
*(R13 - 4) = R0
```

操作完之后,R13 的数值不变,仍为操作前的栈地址。

第二条指令将 R0 和 R1 寄存器中的数据存入到 SP 指向的栈空间,在完成操作后将 SP 寄存器的数值更新为当前指向的栈地址,意为:

```
* R13 = R0
* (R13 + 4) = R1
R13 = R13 + 8
```

◆ PUSH

PUSH 指令可以将寄存器组中的数据压入栈中,其指令格式为:

```
PUSH {一组寄存器}
```

PUSH 指令其实就是如下指令的简写:

```
STMDB SP!, {一组寄存器}
```

◆ POP

POP 指令可以将数据从栈中弹出到寄存器中,与 PUSH 指令功能相反,其指令格式为:

```
POP {一组寄存器}
```

POP 指令其实就是如下指令的简写:

```
LDMIA SP!, {一组寄存器}
```

◆ MRS

MRS 是英文 Move to Register from Special Register 的缩写,它可以将 XPSR 寄存器中的数据保存到通用寄存器中,格式为:

```
MRS  寄存器, XPSR
```

下面使用 MRS 指令将 XPSR 寄存器中的数据保存到 R0 寄存器中:

```
MRS R0, XPSR
```

即:

```
R0 = XPSR
```

◆ MSR

MSR 是英文 Move to Special Register from Register 的缩写,它可以将通用寄存器中的数据保存到 XPSR 寄存器中,格式为:

```
MSR XPSR, 寄存器
```

下面使用 MSR 指令将 R0 寄存器中的数据保存到 XPSR 寄存器中:

```
MSR XPSR, R0
```

即:

```
XPSR = R0
```

◆ AND

AND 指令顾名思义，就是英文 And"与"操作的意思，指令格式为：

```
AND 目的寄存器，源寄存器
```

AND 指令将源寄存器中的数据和目的寄存器中的数据进行"与"操作，并将结果存入到目的寄存器中，执行"与"操作时可以使用 AND 指令，如：

```
AND R0, R1
```

即：

```
R0 = R0 & R1
```

◆ BX

BX 是英文 Branch and Exchange 的缩写，是"跳转并改变状态"的意思，指令格式为：

```
BX 寄存器
```

BX 指令除了可以跳转到目的寄存器指向的地址外，还可以改变处理器运行的指令集，在传统的 ARM 结构内核中，可以使用该指令实现在 ARM 指令集与 Thumb 指令集之间切换，但由于 Cortex-M3 内核只支持一种 Thumb-2 指令集，因此它只剩下了跳转功能，如：

```
BX R14
```

这条指令会使程序跳转到 LR 寄存器中数据所指向的地址继续运行。

◆ CBZ

CBZ 是英文 Compare and Branch on Zero 的缩写，该指令将寄存器中的数值与 0 作比较，如果相等的话则跳转到常数对应的地址，指令格式为：

```
CBZ 寄存器，常数
```

下面使用 CBZ 指令判断 R0 寄存器中的数值是否为 0，如果是 0 的话则跳转到-BACKUP_REG 地址，其中 __BACKUP_REG 是一个地址常数，如下所示：

```
CBZ R0, __BACKUP_REG
```

即

```
if(0 == R0)
{
    goto __BACKUP_REG
}
```

◆ SVC

SVC 是英文 Supervisor Call 的缩写，与传统 ARM 结构中的 SWI 指令一样，是软中断指令，格式为：

```
SVC  立即数
```

调用该指令会触发一次软中断，如：

```
SVC #0
```

这条指令将产生一次软中断，并将立即数 0 存入指令中，这个立即数可以作为软中断号使用，软中断服务程序可以通过这个立即数区分不同的软中断服务。

指令先介绍到这里，下面再来看看如何编写汇编函数。

本手册所使用的编译器以函数名作为函数的开始，但并没有结尾标志，这是因为汇编语言相邻的指令与指令之间没有严格的约束关系，从任何一条指令都可以开始执行，组成函数的指令也可以分散在任何位置，因此也就无需指明函数的结尾了，只需要通过函数名找到函数的第一条指令，按照代码编写的逻辑关系执行就可以实现函数的功能。

下面是使用汇编语言编写的一个函数——MDS_TaskOccurSwi：

```
MDS_TaskOccurSwi

    SVC    #0              ;触发 SWI 软中断
    BX     R14             ;函数返回
```

在我们使用的编译器里，"；"代表汇编语言的注释符，与 C 语言中的"//"是一样的效果，它之后的所有语句都被认为是注释，例如上面汇编函数中，分号后面的汉字就全部被注释掉了。

2.3　函数间调用标准

编写操作系统时，我们将使用到汇编语言和 C 语言，汇编语言用来编写与寄存器相关的代码，C 语言则用来完成其余的大部分功能，这就涉及到汇编语言与 C 语言之间的函数接口问题。那么 C 语言函数、汇编函数之间是如何传递参数和返回值的呢？函数在执行过程中是如何使用栈的？它们需要遵守什么规则？本节将了解这方面的内容。

如果我们不是在编写操作系统而只是编写正常的 C 函数，那么就不需要关心函数调用的细节，因为 C 编译器会遵守一定的函数调用规则将 C 源代码编译成二进制代码，针对同一处理器内核的不同类型编译器都会遵守相同的规则，以便各种编译器编译出来的程序可以链接到一起生成最终的可执行文件。在 ARM 内核上这个规则就是 AAPCS——Procedure Call Standard for the ARM Architecture，即附录 C 中的参考文献 3。现在，我们编写操作系统需要改变 C 函数标准的运行方式，但仍必须遵守这个规则，这样才能与编译器编译出来的代码配合使用。

AAPCS 对 ARM 结构作了一些标准定义，在这里我们只重点介绍函数调用部分，如表 2.3 所列。AAPCS 为 ARM 的 R0～R15 寄存器作了定义，明确了它们在函数中的职责。

表 2.3　AAPCS 关于 ARM 寄存器的定义

寄存器	别　名	特殊名	使用规划
R15	—	PC	程序计数器
R14	—	LR	链接寄存器
R13	—	SP	栈指针
R12	—	IP	子程序内部调用的暂存寄存器
R11	v8	—	变量寄存器 8
R10	v7	—	变量寄存器 7
R9	v6	SB / TR	平台寄存器 该寄存器的含义由平台标准定义
R8	v5	—	变量寄存器 5
R7	v4	—	变量寄存器 4
R6	v3	—	变量寄存器 3
R5	v2	—	变量寄存器 2
R4	v1	—	变量寄存器 1
R3	a4	—	参数/暂存寄存器 4
R2	a3	—	参数/暂存寄存器 3
R1	a2	—	参数/结果/暂存寄存器 2
R0	a1	—	参数/结果/暂存寄存器 1

对于 32 位及其以下的 RM 处理器来说，函数调用时的规则如下：

① 父函数与子函数间的入口参数依次通过 R0～R3 这 4 个寄存器传递。父函数在调用子函数前先将子函数入口参数存入 R0～R3 寄存器中，若只有一个入口参数则使用 R0 寄存器传递，若有 2 个入口参数则使用 R0 和 R1 寄存器传递，以此类推。当超过 4 个参数时，其余的入口参数则依次压入当前栈通过栈传递。子函数运行时，其将根据自身参数个数从 R0～R3 或者栈中读取入口参数。

② 子函数通过 R0 寄存器将函数返回值传递给父函数。子函数返回时，将返回值存入 R0 寄存器，当返回到父函数时，父函数读取 R0 寄存器就可以获得子函数的返回值。

③ AAPCS 规定，发生函数调用前由父函数备份 R0～R3 寄存器中有用的数据，若没有有用的数据则可以不处理，然后才能调用子函数，以防止父函数保存在 R0～

R3 寄存器中有用的数据在子函数使用这些寄存器时被破坏。因此，无论父函数是否通过 R0～R3 寄存器向子函数传递入口参数，子函数都可以直接使用 R0～R3 寄存器，无需考虑改写 R0～R3 寄存器会破坏父函数存储在它们中的数值，子函数返回时也无需恢复其中的数值。

④ R4～R11 寄存器为普通的通用寄存器。AAPCS 规定，发生函数调用时，父函数无需对这些寄存器进行备份处理，若子函数需要使用这些寄存器，则由子函数负责备份（需要使用哪个就备份哪个），以防止破坏父函数保存在 R4～R11 寄存器中的数据。子函数返回父函数前需要先恢复 R4～R11 寄存器中的数值（使用了哪个就恢复哪个），恢复到父函数调用子函数这一时刻的数值，然后再返回到父函数。

⑤ R12 寄存器在某些版本的编译器下另有他用，在函数调用时需要备份，它的用法等同于 R0～R3 寄存器。

⑥ R13 寄存器是栈寄存器（SP），用来保存栈的当前指针，函数存储在栈中的数据就是通过这个寄存器来寻址的。函数返回时需要保证 SP 指向调用该函数时的栈地址。

⑦ R14 寄存器是链接寄存器（LR），用来保存函数的返回地址。父函数调用子函数时，父函数会将调用子函数指令的下一条指令地址存入到 LR 寄存器中，当子函数返回时只需要跳转到 LR 寄存器里的地址就会返回父函数继续执行。父函数调用子函数将子函数返回地址存入 LR 寄存器前，LR 寄存器中保存的可能是父函数返回它的父函数的地址或其他有用数据，因此需要先备份 LR 寄存器然后才能调用子函数。

⑧ R15 寄存器是程序寄存器（PC），正在执行的指令所在的地址就存储在 PC 寄存器中，更改 PC 寄存器的数值就会执行这个数值所对应的地址中的指令。

⑨ XPSR 寄存器是状态寄存器，某些指令会影响到状态寄存器，其他的指令会根据状态寄存器中的状态作出不同的处理。编译器在编译时就确定了函数间的调用关系，因此函数间调用不会破坏保存在 XPSR 寄存器中有用的状态，函数调用时不需要保存 XPSR 寄存器。

⑩ 编译器在编译时就确定了函数间的调用关系，它会使函数间的调用遵守第③、④条规定。但编译器无法预知中断服务函数何时调用，因此被中断的函数无法提前对 R0～R3 寄存器进行备份处理，这就需要在中断服务函数里对它所使用的 R0～R11 寄存器进行备份（需要使用哪个就备份哪个，硬件会自动备份 XPSR 寄存器）。但 Cortex-M3 内核对比传统的 ARM 内核作了一些改进，Cortex-M3 内核发生中断时硬件会自动将 R0～R3、R12、LR、PC 以及 XPSR 这 8 个寄存器备份到栈中，因此 Cortex-M3 内核的中断服务函数就不需要进行额外的备份了，只有传统的 ARM 内核需要作这些备份。

只看上述这些规则显然不容易理解，下面将通过几个例子对这些规则进行讲解，以加深对这些规则的理解。我们在编写操作系统代码时也会结合实际应用情况作详细的讲解,然后再回过头来看这些规则就比较容易理解了。

例 2.3.1 由父函数 TestFunc1 调用子函数 TestFunc2,父函数向子函数传递 6 个入口参数,数值分别是 1～6,子函数将这 6 个参数相加并将结果返回给父函数,父函数再将子函数返回的结果＋7 作为返回值返回。其中父函数使用汇编语言编写,子函数使用 C 语言编写。

注意,下面这些例子并没有采用最优的编程方式,这些例子只是为了说明函数间调用时的接口问题,因此里面会有一些冗余的操作。

例 2.3.1

```
00001    TestFunc1
00002
00003        PUSH {R4 - R5}
00004    LDR R0, = 1
00005    LDR R1, = 2
00006    LDR R2, = 3
00007    LDR R3, = 4
00008    LDR R4, = 5
00009    LDR R5, = 6
00010        PUSH {R4 - R5, R14}
00011        BL TestFunc2
00012        ADD R0, ＃7
00013        ADD SP, ＃8
00014        POP {R14}
00015        POP {R4 - R5}
00016        BX R14
00017    char TestFunc2(char p1, char p2, char p3, char p4, char p5, char p6)
00018    {
00019        return p1 + p2 + p3 + p4 + p5 + p6;
00020    }
```

TestFunc1 函数在 00003 行使用 PUSH 指令将 R4 和 R5 寄存器压入栈中,这是因为接下来会使用到 R4 和 R5 寄存器,为避免破坏 R4 和 R5 寄存器中的数据,先将它们保存到栈中,这符合规则④的规定。而接下来也会使用到 R0～R3 寄存器,但却没有对它们进行压栈处理,这是因为它们作为接口寄存器可以直接使用,无需压栈,这符合规则③的规定。

00004～00009 行分别对 R0～R5 寄存器赋值,破坏了它们原有的数值。

00010 行,将 R4、R5 和 LR 寄存器压栈,这是因为 R4 和 R5 是函数的第 5 和第 6 个入口参数,需要使用栈传递,这符合规则①的规定。此处让 LR 寄存器入栈是因为后面将调用 TestFunc2,而 TestFunc2 函数的返回地址将被存入到 LR 寄存器中,为防止 LR 寄存器中现有的数值被破坏,此处需要先将 LR 寄存器压栈,这符合规则⑦的规定。

00011 行,调用 TestFunc2 函数,此时前 4 个入口参数已经存储在 R0~R3 寄存器中,后 2 个入口参数通过栈传递,这符合规则①的规定。BL 指令在前面没有介绍过,这条指令在编写操作系统时不会使用,此处只简单介绍一下。BL 指令也是一种跳转指令,在跳转前会将执行后的返回地址存入到 LR 寄存器中,然后再进行跳转操作,此处会跳转到 TestFunc2 函数。TestFunc2 函数是 C 函数,它会从 R0~R3 寄存器以及栈中取出 6 个入口参数进行计算,并将计算结果存入到 R0 寄存器中,然后返回到 TestFunc1 函数。

00012 行,TestFunc2 函数的返回值存储在 R0 寄存器中,此行将返回值+7 完成计算,结果仍存放于 R0 寄存器中,等待通过 R0 寄存器返回给上级父函数,这符合规则①的规定。

00013 行,至此,所有的计算已经执行完毕,从此行开始进行现场恢复,需要恢复为进入 TestFunc1 函数前的现场。此行将 SP 向栈顶方向移动 8 个字节,跳过原来存在栈中的 2 个入口参数,此时 SP 指向的栈中存放的是调用 TestFunc2 函数前存入的 LR 寄存器。

00014 行,从栈中弹出 LR 寄存器,将 LR 寄存器恢复到进入 TestFunc1 函数前的数值。

00015 行,此时 SP 指向的栈中存放的是 00003 行压入栈中的 R4 和 R5 寄存器,从栈中弹出这两个寄存器,将它们恢复到进入 TestFunc1 函数前的数值。此时 SP 寄存器也指向了进入 TestFunc1 函数前的栈位置,这符合规则⑥的规定。至此,在 TestFunc1 函数中除了接口寄存器、XPSR 寄存器和 PC 寄存器外,其他的寄存器都已经恢复为进入 TestFunc1 函数前的数值,现场已经恢复,这符合规则③和规则④的规定。

00016 行,此时 TestFunc1 函数已经执行完毕,LR 寄存器中保存的是 TestFunc1 函数的返回地址,只要跳转到该地址就可以返回到 TestFunc1 函数的父函数。此行执行 BX 指令跳转到 LR 寄存器所指向的地址,返回 TestFunc1 函数的父函数,这符合规则⑦的规定,并通过 R0 寄存器将计算结果返回给父函数,这符合规则①的规定。此时 R0~R3 寄存器的数值已经被 TestFunc1 函数修改了,不再是刚进入 TestFunc1 函数时的数值,但 TestFunc1 函数返回其父函数时不需要恢复 R0~R3 寄存器,这符合规则③的规定。

从汇编函数 TestFunc1 的功能来看,其 C 函数原型可以为:

```
char TestFunc1(void);
```

调用 TestFunc1 函数就会得到它的返回结果是 28,与我们所希望的计算结果相同。

例 2.3.2 实现了与例 2.3.1 相同的功能,只不过是父函数使用 C 语言编写,子函数使用汇编语言编写。

例 2.3.2

```
00001    char TestFunc1(void)
00002    {
00003        return TestFunc2(1, 2, 3, 4, 5, 6) + 7;
00004    }
00005    TestFunc2
00006
00007        ADD R0, R1
00008        ADD R0, R2
00009        ADD R0, R3
00010        POP {R1 - R2}
00011        ADD R0, R1
00012        ADD R0, R2
00013        SUB SP, #8
00014        BX R14
```

从汇编函数 TestFunc2 的功能来看,它的 C 函数原型可以为:

```
char TestFunc2(char p1, char p2, char p3, char p4, char p5, char p6);
```

TestFunc2 函数只使用了接口寄存器 R0~R3 参与运算,并不会破坏其他寄存器的数值,因此 TestFunc2 函数并没有备份其他寄存器,这符合规则③和规则④的规定。

执行 TestFunc2 函数时,R0~R3 寄存器及栈中已经存放了 TestFunc1 函数传递过来的 6 个入口参数,00007~00009 行直接使用 R0~R3 寄存器将入口参数 1~4 相加,将结果存放到 R0 寄存器中,这符合规则①的规定。

00010 行,将 TestFunc1 函数存入到栈中的入口参数 5 和入口参数 6 读取到 R0 和 R1 寄存器中,这符合规则①的规定。

00011~00012 行,将入口参数 5~6 与入口参数 1~4 的计算结果相加,得到最终的计算结果,存放在 R0 寄存器中。

00013 行,将 SP 向栈底方向移动 8 个字节。00010 行从栈中取出了 R5 和 R6 寄存器的数据,向栈顶方向移动了 8 个字节,此行将 SP 恢复到进入 TestFunc1 函数时的栈位置。

00014 行,跳转到 LR 寄存器所指向的地址,返回 TestFunc1 函数的父函数。此时 R0 寄存器中存放的是 TestFunc1 函数的返回值,这符合规则②的规定。SP 寄存器也恢复到了进入 TestFunc1 函数时的数值,这符合规则⑥的规定。此时 R0~R3 寄存器的数值不再是刚进入 TestFunc1 函数时的数值,但 TestFunc1 函数返回其父函数时不需要恢复 R0~R3 寄存器,这符合规则③的规定。

调用 TestFunc1 函数,就会得到它的返回结果是 28,与我们所希望的计算结果相同。

例 2.3.3 由父函数 TestFunc1 调用子函数 TestFunc2，父函数有一个入口参数，它不向子函数传递入口参数，父函数将子函数的返回值与其入口参数相加返回给它的父函数。其中父函数使用汇编语言编写，子函数使用 C 语言编写，父函数的 C 函数原型可以为：

```
char TestFunc1(char p1);
```

例 2.3.3

```
00001    TestFunc1
00002
00003        PUSH {R0, R14}
00004        BL TestFunc2
00005        POP {R1, R14}
00006        ADD R0, R1
00007        BX R14
00008    char TestFunc2(void)
00009    {
00010        return 100;
00011    }
```

TestFunc1 函数在 00003 行使用 PUSH 指令将 R0 和 R14 寄存器压入栈中，这是因为它会调用 TestFunc2 函数，R0 作为接口寄存器。父函数在调用子函数前必须备份已保存有用数据的寄存器，此时 R0 中保存着它的入口参数，而 R1～R3 寄存器中的数据则为无用数据，因此只需要备份 R0 寄存器，这符合规则③的规定。TestFunc1 函数调用 TestFunc2 函数的返回地址，会存入到 LR 寄存器中，为防止存放在 LR 寄存器中的 TestFunc1 函数返回其父函数的地址被破坏，此处备份 LR 寄存器，这符合规则⑦规定。

00004 行，调用 TestFunc2 函数，TestFunc2 函数的返回值存放在 R0 寄存器中。

00005 行，从栈中取出备份的 R0 和 R14 寄存器，将 R0 寄存器保存到 R1 寄存器中。

00006 行，将 TestFunc2 函数的返回值 R0 与存储 TestFunc1 函数入口参数的 R1 相加，结果存放在 R0 寄存器中作为 TestFunc1 函数的返回值。

00007 行跳转到 LR 寄存器，TestFunc1 函数返回。

调用 TestFunc1 函数，如果输入 1 作为入口参数，就会发现它返回的结果是 101，与我们所希望的计算结果相同。

上面这 3 个例子说明了普通函数间调用的规则。规则⑩指出传统 ARM 处理器中断服务函数有一定的特殊性，下面将使用汇编语言编写 TestFunc1 中断服务函数来说明这个特性。TestFunc1 函数将完成全局变量 guiTick 自加的功能，如例 2.3.4 所示。

例 2.3.4

```
00001    TestFunc1
00002
00003       PUSH {R0 - R1}
00004       LDR R0，= guiTick
00005       LDR R1，[R0]
00006       ADD R1，#1
00007       STR R1，[R0]
00008       POP {R0 - R1}
00009       BX R14
```

00003 行，使用 PUSH 指令将 R0 和 R1 寄存器压入栈中。规则⑩规定中断服务函数即便是接口寄存器也需要备份，TestFunc1 函数在后面需要使用 R0 和 R1 读取全局变量 guiTick 的数值，因此此处需要先备份 R0 和 R1 寄存器，R2、R3、R12 寄存器没有使用，因此不需要备份。但如果 TestFunc1 函数调用了子函数，不能保证子函数不破坏接口寄存器，这时就需要备份所有的接口寄存器，连带需要备份 LR 寄存器。

00004 行，将全局变量 guiTick 的地址读取到 R0 寄存器中。

00005 行，将全局变量 guiTick 的数值读取到 R1 寄存器中。

00006 行，将全局变量 guiTick 的数值加 1。

00007 行，将计算后的数值保存到全局变量 guiTick 中。

00008 行，准备退出中断服务函数，从栈中恢复 R0 和 R1 寄存器。

00009 行，跳转到 LR 寄存器，退出中断服务函数，发生中断时硬件会自动将返回地址存入到 LR 寄存器中。

通过这几个例子，你应该已经了解了传统 ARM 处理器上函数调用的规则。规则是死的，编程是灵活多样的，如果你能确保子函数不会破坏接口寄存器，那么父函数在调用子函数前也无需备份接口寄存器中有用的数值。只需要记住一点：函数返回前的非接口寄存器和栈状态应该与函数调用前保持一致，接口寄存器由父函数负责，其他寄存器由子函数负责，中断服务函数则需要负责全部的寄存器。

Cortex-M3 内核发生中断时，硬件会自动将 R0～R3、R12、LR、PC 以及 XPSR 这 8 个寄存器压入当前栈，中断返回时会自动从栈中恢复这 8 个寄存器，这个过程对于软件来说是透明的。看到这几个寄存器是不是很眼熟？其中 R0～R3、R12 和 LR 寄存器在函数调用时经常需要备份、恢复。在前面说过，Cortex-M3 内核发生中断时备份的 PC 寄存器是中断服务函数的返回地址，而状态寄存器 XPSR 也是需要在中断服务函数中备份、恢复的。Cortex-M3 内核硬件在中断发生前后会自动入栈/出栈上述 8 个寄存器，因此在中断发生时汇编程序或者 C 编译器就不需要再做重复的工作了，简化了汇编程序和 C 编译器的工作，因此在 Cortex-M3 内核上编写例 2.3.4

就不需要那么繁琐,可以简化为例 2.3.5:

例 2.3.5

```
00001    TestFunc1
00002
00003         LDR R0 , = guiTick
00004         LDR R1 , [R0]
00005         ADD R1 , #1
00006         STR R1 , [R0]
00007         BX R14
```

下面对比一下传统 ARM 内核与 Cortex-M3 内核在普通函数和中断服务函数调用时需要对寄存器做的备份工作,如表 2.4 所列。

表 2.4　传统 ARM 内核与 Cortex-M3 内核函数调用时寄存器备份对比

内　核	子函数	中断服务函数
传统 ARM	R0～R3 和 R12 可以直接使用。若使用其他寄存器,则需先备份后使用	所有寄存器都需要先备份后使用
Cortex-M3	R0～R3 和 R12 可以直接使用。若使用其他寄存器,则需先备份后使用	R0～R3 和 R12 可以直接使用。若使用其他寄存器,则需先备份后使用

可以看出汇编程序和 C 编译器在 Cortex-M3 内核上实现了统一,无论是发生普通子函数调用还是中断服务函数调用,均只需做相同的工作就可以了。

2.4　开发环境介绍

本手册使用的软件开发环境是 Keil MDK4.70。Keil 是德国软件公司 Keil(现已被 ARM 公司收购)开发的嵌入式系统开发平台,Keil 开发平台支持许多厂家的处理器,提供基本的最小软件系统。Keil 开发环境集成了文本编辑器、C 编译器、汇编编译器、链接器等多种工具,并提供仿真调试功能,可使用仿真器在线硬仿真,也可单独使用 Keil 进行软仿真,仿真时有多种调试手段可以使用。本手册所使用的是 MDK4.70 版本,未注册的情况下有 32 KB 程序空间的使用限制,但这并不影响我们的使用。

图 2.3 是开发环境处于编辑状态下的界面,上面是菜单、按钮以及工具栏,左侧是文件列表,下面是编译链接输出结果,右侧的中间部分是代码区域,可以在这里编写代码。

图 2.4 是开发环境处于调试状态下的界面,可以查看程序运行时各个部分的状态。窗口左侧显示的是各个寄存器列表,下侧是各个调试窗口,右边的上面部分是汇编窗口,下面部分是 C 语言窗口。

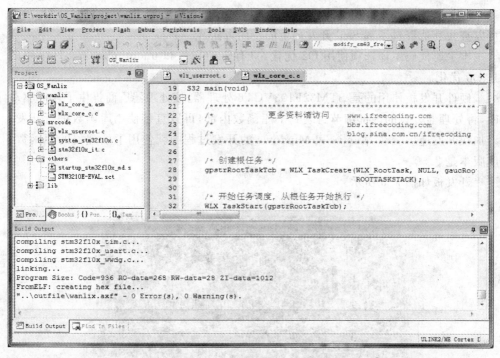

图 2.3　Keil 编辑状态下的界面

图 2.4　Keil 调试状态下的界面

本手册重点在于介绍编写操作系统,这里对开发环境的使用不作过多介绍,读者可以查找其他资料了解 Keil 开发环境的使用方法。

本手册代码编译选项使用 O2 优化,只有驱动文件和 unoptimize.c 文件采用的是 O0 优化。

硬件开发板使用的是 STM32F103VCT6 处理器,该处理器厂商提供了软件驱动库,将处理器外设的内部细节封装到了库函数内部,可以直接使用库函数进行开发,以加快开发速度。在 Wanlix 和 Mindows 的开发过程中就使用了处理器的库函数,库版本是 3.50。

开发板如图 2.5 所示。

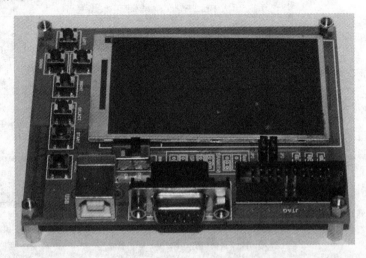

图 2.5　Wanlix & Mindows 开发板

这块开发板很简单,只使用了一个串口、一块液晶屏和几个按键。本手册中的例子会向串口打印数据,将串口连接到计算机上就可以看到这些数据,在一些项目中会使用液晶屏输出图形。

可以在此开发板上运行本手册中的所有代码,如果需要购买开发板,则可登录网站 www.ifreecoding.com、bbs.ifreecoding.com、blog.sina.com.cn/ifreecoding 了解相关信息。在这 3 个网站上也可以免费下载本手册的全部源代码、运行输出截图和视频、使用的开发工具及文档等资源。

第**3**章

编写 Wanlix 操作系统

有了前面章节的铺垫，本章开始编写操作系统。

本章将实现 Wanlix 操作系统，从零起步，首先编写两个固定任务互相切换运行的例子来验证操作系统的任务调度原理；然后再不断地加入其他新功能，由浅入深，一步步将操作系统充实起来。每一个功能的加入都是一个阶段性的成果，读者可以观看演示视频和图片，或在开发板上亲自运行每节的例子。

Wanlix 只提供主动切换任务的功能，是非抢占式操作系统，编写相对简单，作为学习编写操作系统的入门教材是个不错的选择。这也使得它非常小巧，适合在硬件资源少但又需要任务切换的小型嵌入式软件系统中使用。

3.1　Wanlix 的文件组织结构

本手册使用 Keil 作为软件开发环境，我们需要在 Keil 中建立工程，将编写的代码文件加入其中。如果采用默认方式，那么 Keil 自身生成的工程文件、我们编写的代码文件以及编译后生成的文件将混合在一起，显得非常杂乱。为此，需要为 Wanlix 操作系统设计一下文件组织结构，将它的文件存放到不同的目录中以方便管理。并且 Wanlix 也是由多个文件组成的，也需要设计一下这些文件之间的结构关系，将不同的代码放入相应的文件中，使之呈现出条理清晰的软件逻辑关系。

如图 3.1 所示，OS_Wanlix 是整个项目的根目录，下面包含了 wanlix、srccode、others、lib、outfile 和 project 这 6 个目录。与操作系统相关的文件放在 wanlix 目录下，用户文件用来实现产品功能，放在 srccode 目录下，处理器启动文件和工程链接文件放在 others 目录下，处理器的驱动库文件放在 lib 目录下，编译后生成的文件放在 outfile 目录下，与 Keil 相关的工程文件放在 project 目录下。

下面详细介绍各个目录和文件：

（1）wanlix 目录中存放的是操作系统源文件，实现操作系统功能的程序都存放在该目录的文件中。

◆ wanlix.h 文件是操作系统的总头文件，定义了操作系统共用的宏、结构体，供操作系统全部文件使用。它也是操作系统对外的接口文件，用户程序只需要包含且仅需要包含这个头文件就可以使用 Wanlix 操作系统的所有功能。

◆ wlx_core_a.asm 文件是使用汇编语言编写的操作系统内核调度文件,主要完成任务切换时与寄存器相关的操作,操作系统所有与汇编相关的代码都放在这个文件里。

◆ wlx_core_a.h 文件是 wlx_core_a.asm 文件的头文件,被 wlx_core_a.asm 文件包含,wlx_core_a.asm 文件定义的宏、函数可以在该文件中声明,也可以声明 wlx_core_a.asm 文件需要使用的外来全局变量和函数。

◆ wlx_core_c.c 文件是使用 C 语言编写的操作系统内核调度文件,这个文件是操作系统的核心文件,与操作系统调度相关的大部分功能都是在这个文件中实现的。

◆ wlx_core_c.h 文件是 wlx_core_c.c 文件的头文件,被 wlx_core_c.c 文件包含,定义了 wlx_core_c.c 文件使用的宏,声明了 wlx_core_c.c 文件使用的全局变量和函数等。

```
OS_Wanlix
├[wanlix]
│    ├[wanlix.h]
│    ├[wlx_core_a.asm]
│    ├[wlx_core_a.h]
│    ├[wlx_core_c.c]
│    └[wlx_core_c.h]
├[srccode]
│    ├[global.h]
│    ├[device.c]
│    ├[device.h]
│    ├[test.c]
│    ├[test.h]
│    ├[wlx_userroot.c]
│    ├[wlx_userroot.h]
│    ├[unoptimize.c]
│    ├[Retarget.c]
│    ├[stm32f10x.h]
│    ├[stm32f10x_it.c]
│    ├[stm32f10x_it.h]
│    ├[stm32f10x_conf.h]
│    ├[system_stm32f10x.c]
│    └[system_stm32f10x.h]
├[others]
│    ├[startup_stm32f10x_hd.s]
│    └[STM3210E-EVAL.sct]
├[lib]
├[outfile]
└[project]
```

图 3.1　Wanlix 操作系统文件结构

(2) srccode 是用户程序目录,该目录中存放的是用户源代码文件,与操作系统无关。srccode 目录下的文件是与项目直接相关的,用户可根据自身需要增减、修改文件,自行安排。在本手册中会使用这些用户文件编写一些例子,用来演示操作系统的功能。

◆ global.h 文件是用户文件的总头文件,用户文件共同使用的信息被存放到该头文件中,该文件被各个用户 c 文件的 h 头文件包含。该头文件包含了 wanlix.h 文件,以便所有用户文件可以使用 Wanlix 的功能。

◆ device.c 文件是驱动文件,用户编写的驱动程序均放在此文件中,为保证驱动时序不被优化,该文件采用不优化的 O0 编译选项。

◆ test.c 文件中存放的是演示操作系统功能的代码。

◆ wlx_userroot.c 文件中存放的是操作系统与用户程序的接口函数,用户入口程序就存放在该文件中。C 语言的入口函数是 main 函数,在 Wanlix 操作系统里,main 函数将被封装到操作系统内部,用户不可见。操作系统完成初始化后,最后调用该文件中的 WLX_RootTask 函数,将程序控制权交给用户程序。可以认为用户程序是从该文件里的 WLX_RootTask 函数启动的,该函数属于用户代码的一部分,这也是将 wlx_userroot.c 文件存放在 srccode 目录的原因。

◆ unoptimize.c 文件里包含的是不能被优化的代码,该文件采用不优化的 O0 编译选项。

◆ Retarget.c 文件可在该文件中对串口打印函数进行重定位,以便正常使用 C 库里的打印函数。

◆ device.h、test.h、wlx_userroot.h 文件是对应的 c 文件的头文件,仅包含对应的 c 文件所使用的信息。

◆ stm32f10x.h 文件是 STM32F103VCT6 处理器的驱动库头文件,只需要包含该文件就可以使用驱动库的所有功能。

◆ stm32f10x_it.c 文件是驱动库中定义的中断文件,用户需要根据自身需求改写该文件中的中断服务程序,stm32f10x_it.h 文件是 stm32f10x_it.c 文件的头文件。

◆ stm32f10x_conf.h、system_stm32f10x.c、system_stm32f10x.h 文件是驱动库中与处理器相关的文件。

（3）others 目录里存放着与处理器相关的文件,包括处理器启动时所使用的汇编文件 startup_stm32f10x_hd.s 和链接时所使用的链接文件 STM3210E-EVAL.sct。

◆ 在 startup_stm32f10x_hd.s 文件中包含了处理器中断向量表以及处理器的引导程序,由汇编语言编写。

◆ STM3210E-EVAL.sct 文件是整个工程的链接文件,决定了处理器存储空间的分配。

（4）lib 目录中存放的是 STM32F103VCT6 处理器的驱动库,无需用户改写,可以直接使用,使用 O0 优化。

（5）project 目录中存放了所有与 Keil 工程相关的文件,这个目录里的文件我们不用关心,由 Keil 自动生成。

（6）outfile 目录是输出目录,程序编译后生成的所有文件就存放在这个目录里。

为方便理解 Wanlix 和用户文件之间的相互关系,通过图 3.2 作一个说明。

顺着箭头的方向代表"包含"的意思,A→B 表示 A 文件包含 B 文件。

图 3.2 中最上面一行文件是需要用户自己编写代码的文件,这些文件用来实现

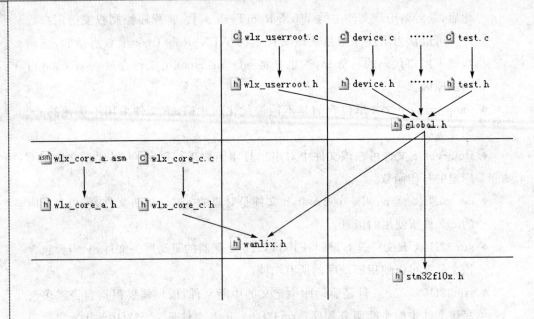

图 3.2　Wanlix 操作系统文件调用关系

用户设计的功能；中间一行是实现操作系统功能的文件，用户不能改写；最下面一行是处理器的驱动库头文件，由处理器厂商提供。左边一列是操作系统文件，中间一列是操作系统与用户的接口文件，右边一列是用户文件。

其中 mds_core_a.asm 文件有点特殊，因为它是汇编文件，无法使用 c 文件中的定义，因此它与 c 文件没有直接关系。它里面的函数是放在 mds_core_c.h 文件中声明供 c 文件使用的。

经过对文件结构的设计，每个 c 文件只需要包含它对应的 h 文件，每个 c 文件的 h 文件都需要包含总头文件，用户文件需要包含 wanlix.h 文件，形成一个树状结构。

后面每节我们都会编写操作系统的一个新功能，都有一套源代码与之对应，存放这些代码的文件使用的就是上面介绍的结构。

3.2　两个固定任务间的切换

从本节开始，开始编写操作系统。

每小节我们都会在前一节的基础上编写一个新功能来完善操作系统，在编写这个功能前，先介绍该功能的原理，然后再考虑如何设计软件并编码实现这个功能，最后通过一些例子验证这个功能。

本节将实现两个固定任务间切换的功能,虽然只能在这两个固定的任务间切换,但这是一个跨越,是从没有操作系统状态跨越到有操作系统状态,改变了 C 程序的正常工作流程,验证了操作系统任务切换的可行性。

3.2.1　原理介绍

在 Cortex-M3 内核上,处理器会使用 R0～R15 外加 XPSR 这 17 个寄存器执行程序指令(暂时只考虑使用 MSP 的情况),当这些寄存器不够用时,就将部分寄存器压栈备份,需要使用备份的数据时再从栈中弹出到寄存器中,这就是普通的 C 程序运行方式。

从上述这段描述可以看到,这些寄存器决定了程序的当前状态,只要我们能控制这 17 个寄存器,就可以控制程序的运行流程。设想一下,当程序运行到一个函数的某个地方时,我们将此时的这 17 个寄存器全部入栈,然后再从栈中恢复这 17 个寄存器,那么程序这时的状态与入栈时的状态是完全相同的,可以推断出程序会继续运行,而不受这 17 个寄存器入栈、出栈的影响。再进一步,当程序运行到函数 1 的某个地方时,我们将此时的这 17 个寄存器全部入栈,将程序跳转到函数 2 的开始地址,如果函数 2 没有入口参数,根据 2.3 节中学习到的知识可以知道此时将运行函数 2。当程序运行到函数 2 的某个地方时,再将此时代表函数 2 运行状态的这 17 个寄存器全部入栈,然后再从栈中恢复已压入的函数 1 的这 17 个寄存器,那么此时应该就恢复到函数 1 在入栈时刻的状态。中间执行函数 2 的过程对于函数 1 来说是不可见的,可以推断出程序会继续运行函数 1。当函数 1 执行一段时间后再将函数 1 的当前寄存器入栈,恢复函数 2 已入栈的寄存器数值,那么程序就会继续运行函数 2。经过如此处理,程序应该就可以在这两个函数之间不停地切换运行了,如图 3.3 所示。

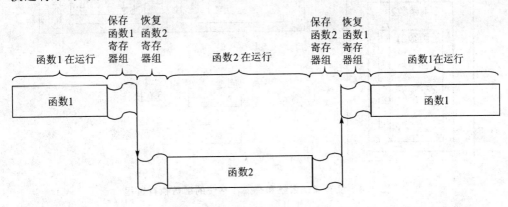

图 3.3　两个函数交替运行切换过程

上面描述的这个过程就是操作系统的任务切换过程,即所谓的上下文切换(Context Switch)。任务切换过程就是操作系统不断地备份、恢复不同任务寄存器的过程,备份、恢复任务寄存器就是操作系统实现任务切换功能的基本原理。不过上述描述中忽略了一个问题,即没有说明不同函数需要使用不同栈才能切换运行。如果函数 1 与函数 2 都使用同一个栈,那么它们在运行时会破坏另一方在栈中已保存的数据,导致程序跑飞。解决这个问题的方法也很简单,只需要使用两个不同的栈就可以了,在函数切换时对栈也进行切换。这里说的两个栈不是前面介绍的 MSP 和 PSP,在本手册里只使用了 MSP,但可以将 MSP 指向不同的栈空间实现对多个栈的处理,具体实现方法请查看 3.2.2 小节中的程序设计。

　　嵌入式操作系统是以任务为执行单元的,任务是使用一个函数创建的,没有操作系统的函数和操作系统中创建任务的函数没有什么大的区别,主要区别在于操作系统可以使用一些技巧使以任务形式存在的函数可以互相切换运行。当然,为了实现这个功能,还需要为创建操作系统的函数增加一些额外的属性,将函数变成任务,这个将会在 3.3 节中进行讲述。如图 3.4 所示,左侧的主函数 1 和主函数 2 没有使用操作系统,各个函数是串行运行的;右侧部分使用了操作系统,将主函数 1 和主函数 2 分别创建为任务 1 和任务 2,这时候程序就可以在函数间切换运行了。

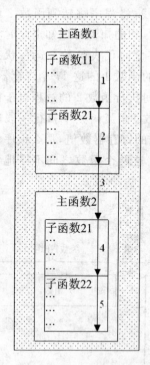

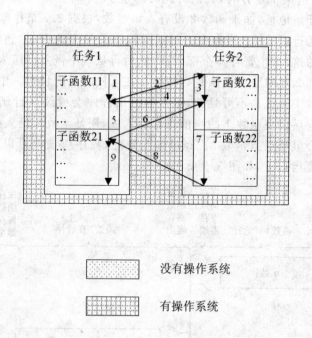

没有操作系统

有操作系统

图 3.4　没有操作系统和有操作系统的函数执行过程

　　操作系统中任务间切换的速度非常快,远远超过了我们可以感知的程度,因此从宏观来看,操作系统可以实现多个任务同时运行,但从微观来看,每一时刻只有一个任务在运行。从操作系统调度的角度来看,这些任务之间没有任何联系,每个任务就是一个相对独立的功能单元。我们可以将几个不相关的功能分别用不同的任务来实现,使用操作系统为每个功能建立一个任务,每个任务只重点关心自己的功能,这样设计会使得整个程序结构显得清晰简单,至于任务间交替运行的功能,就交由操作系统实现了。

3.2.2　程序设计及编码实现

通过上面的讲述,我们已经清楚了任务切换原理,接下来就来设计程序实现这个原理,实现任务切换功能。

我们需要设计一个任务切换函数 WLX_ContextSwitch,用它实现任务上下文切换,进而实现任务切换。本节实现两个固定任务间的切换功能,在任务 1 里调用 WLX_ContextSwitch 函数时,它就会备份任务 1 的寄存器组恢复任务 2 的寄存器组,然后开始运行任务 2。当在任务 2 里调用该函数时它就会备份任务 2 的寄存器组恢复任务 1 的寄存器组,然后开始运行任务 1。

任务切换过程会涉及到对寄存器的操作,由于 C 语言无法直接对寄存器编程,因此 WLX_ContextSwitch 函数需要使用汇编语言编写,该函数的 C 语言原型为:

```
void WLX_ContextSwitch(STACKREG * pstrCurTaskStackRegAddr,
                       STACKREG * pstrNextTaskStackRegAddr);
```

其中第一个参数是备份寄存器组数据所使用的地址,该函数使用汇编语言将当前正在运行的任务的寄存器组中的数据备份到第一个参数所指向的地址空间。第二个参数是恢复寄存器组数据所使用的地址,该函数使用汇编语言从第二个参数所指向的地址空间中恢复即将运行的任务的寄存器组中的数据。

C 语言从 main 函数开始执行,使用编译器为其准备的栈,main 函数直接或间接调用的其他函数都会一直延续使用这个栈。操作系统中的每个任务都是从一个函数开始运行的,任务直接或间接调用的函数也都将使用这个任务的栈。为了使多个任务运行时互不干扰,需要为不同的任务准备不同的栈,在创建任务时就需要为任务指定其所使用的栈空间。

SP 寄存器是栈寄存器,函数会将 SP 寄存器所指向的地址当作栈空间使用,因此我们可以通过控制 SP 寄存器来达到控制任务栈的目的。只需要在任务运行前将任务栈的首地址存入到 SP 寄存器中,任务运行时就会自动使用这个栈了。

任务栈可以指定了,但栈空间如何获取呢?我们可以定义一个全局变量数组,编译器会在内存中保留一段空间存放这个数组,那么这段内存空间就由我们说了算了。将数组的高地址存入 SP 寄存器中(我们所使用的处理器是满递减栈,栈从高地址开始),也就确定了任务栈。

任务有了自己的栈,任务切换备份数据时就可以将寄存器备份到自己的栈中,Cortex-M3 内核是递减栈,可以考虑在栈顶留出一部分空间专门用来备份寄存器,栈

的其余空间才作为函数运行时的栈功能使用。定义如下一个结构体,将它指向栈的顶端,用它来存放任务切换时的寄存器组数值:

```
typedef struct stackreg
{
    U32 uiR4;
    U32 uiR5;
    U32 uiR6;
    U32 uiR7;
    U32 uiR8;
    U32 uiR9;
    U32 uiR10;
    U32 uiR11;
    U32 uiR12;
    U32 uiR13;
    U32 uiR14;
    U32 uiXpsr;
}STACKREG;
```

这个结构里没有定义 R0～R3 寄存器,这是因为任务切换函数 WLX_ContextSwitch 会使用 R0 和 R1 寄存器传递 2 个入口参数,这 2 个参数与切换前的任务状态不相关,因此不需要备份。在任务中调用 WLX_ContextSwitch 函数任务相当于是父函数,WLX_ContextSwitch 函数是子函数,根据前面 2.3 节中的介绍,父函数调用子函数时由父函数负责对 R0～R3 寄存器进行备份,因此任务在调用 WLX_ContextSwitch 函数时 R2 和 R3 寄存器已经由任务自动备份过了,就不需要在栈中重新备份。PC 寄存器在任务切换时也不需要备份、恢复,Wanlix 操作系统本着简单小巧的原则,也没有在 STACKREG 寄存器组中为其准备空间。

以后章节随着操作系统功能的不断完善,会在栈顶端存放任务的更多属性,为此,引入 TCB 的概念,在操作系统里这是一个非常重要的概念。TCB 是 Task Control Block 的缩写,意为任务控制块,与任务有关的重要信息会被存放在 TCB 里,它对控制任务起着重要的作用。TCB 是一个结构体,每个任务都拥有一个 TCB,可以把与任务控制相关的结构放到 TCB 中,因此此处将上面定义的任务栈寄存器组 STACKREG 存放在 TCB 中,到目前为止,TCB 中只有一个 STACKREG 结构,定义如下:

```
typedef struct w_tcb
{
    STACKREG strStackReg;
}W_TCB;
```

TCB 位于任务栈的最顶端,如图 3.5 所示。

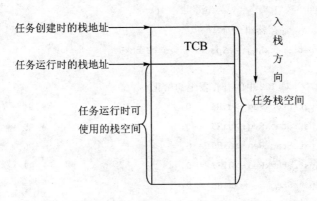

图 3.5　TCB 在栈中的位置

　　备份、恢复寄存器的位置已经解决了,下面需要解决的是如何开始执行一个任务。在 C 语言中函数名就是函数的首地址,从这个地址开始,存放着函数的指令,我们只需跳转到这个地址就可以执行这个函数,因此开始运行一个任务只要跳转到代表这个任务的函数名即可。从栈及函数调用关系来看,每个任务函数都相当于是第一个运行的函数,而不是由其他函数调用才运行的,任务函数不需要从其他函数继承任何信息,因此 XPSR 寄存器不需要有任何状态。需将 STACKREG 结构中的 XPSR 寄存器初始化为空状态,以便任务开始运行时任务切换函数可以从 STACKREG 结构中的 XPSR 中恢复 XPSR 寄存器的数值,任务不继承任何状态,从空状态开始运行。R0~R12 寄存器里面的数据也没有任何用,将其全部初始化为 0 即可。SP 寄存器指明了任务栈地址,需将任务栈地址存入到 STACKREG 结构中的 SP 中,当任务开始运行时任务切换函数可以从 STACKREG 结构中的 SP 恢复 SP 寄存器的数值,任务运行时就可以使用它的栈了。LR 寄存器中保留的是函数返回地址,可以将任务函数的地址存入到 STACKREG 结构中的 LR 中,当任务开始运行时,任务切换函数可以从 STACKREG 结构中的 LR 恢复 PC 寄存器的数值,程序发生跳转,开始运行新任务。

　　经过上面的设计,已经勾画出操作系统实现两个固定任务间任务切换功能的结构。下面将结合代码详细解释这其中主要部分的设计。首先从任务初始化函数 WLX_TaskInit 入手,该函数用来初始化任务运行前的状态,也就是用来初始化任务栈中的 STACKREG 结构,具体代码如下:

```
00017    W_TCB * WLX_TaskInit(VFUNC vfFuncPointer, U32 * puiTaskStack)
00018    {
00019        W_TCB * pstrTcb;
00020        STACKREG * pstrStackReg;
00021
00022        /*  对于递减栈, TCB 放在栈顶  */
00023        pstrTcb = (W_TCB * )((U32)puiTaskStack - sizeof(W_TCB));
```

```
00024
00025        /* 寄存器组地址 */
00026        pstrStackReg = &pstrTcb->strStackReg;
00027
00028        /* 对 TCB 中的寄存器组初始化 */
00029        pstrStackReg->uiR4 = 0;                      /* R4 */
00030        pstrStackReg->uiR5 = 0;                      /* R5 */
00031        pstrStackReg->uiR6 = 0;                      /* R6 */
00032        pstrStackReg->uiR7 = 0;                      /* R7 */
00033        pstrStackReg->uiR8 = 0;                      /* R8 */
00034        pstrStackReg->uiR9 = 0;                      /* R9 */
00035        pstrStackReg->uiR10 = 0;                     /* R10 */
00036        pstrStackReg->uiR11 = 0;                     /* R11 */
00037        pstrStackReg->uiR12 = 0;                     /* R12 */
00038        pstrStackReg->uiR13 = (U32)pstrTcb;          /* R13 */
00039        pstrStackReg->uiR14 = (U32)vfFuncPointer;    /* R14 */
00040        pstrStackReg->uiXpsr = MODE_USR;             /* XPSR */
00041
00042        /* 返回任务的 TCB 指针 */
00043        return pstrTcb;
00044   }
```

每一行代码前面带阴影的数字是代码在源文件中的行号,读者可以在对应章节的源文件中找到这些代码。

00017 行,定义函数。函数返回值是 W_TCB * 类型,即任务的 TCB 指针。由于 Cortex-M3 内核是线性地址空间,也就是说每个内存地址都是唯一的,因此每个任务栈的地址也就是唯一的,每个 TCB 的地址也是唯一的,我们就可以使用 TCB 指针来代表不同的任务,将任务与它的 TCB 绑定到一起。

入口参数 vfFuncPointer 是创建任务所使用的任务函数,任务从这个函数开始运行,其中 VFUNC 类型是任务函数的类型,定义如下:

```
typedef void              (*VFUNC)(void);
```

除此之外,本手册还作了如下定义,用来定义各种基本类型的变量:

```
typedef char              U8;
typedef unsigned short    U16;
typedef unsigned int      U32;
typedef signed char       S8;
typedef short             S16;
typedef int               S32;
```

入口参数 puiTaskStack 是这个任务所使用的任务栈指针,由于 Cortex-M3 内核是满递减栈,因此这个参数需要指向栈顶的满栈指针。

00023 行,从任务创建时的栈地址向下偏移,在栈顶保留出 TCB 的空间,获取任务运行时的栈地址,将其存入 pstrTcb 变量中,可以参考图 3.5。

00026 行,获取 TCB 中 STACKREG 寄存器组结构在栈中的位置。

00029～00037 行,任务刚创建时 R4～R12 寄存器中数据为无效值,此处将 STACKREG 结构中的 R4～R12 寄存器全部填 0。

00038 行,将任务运行时使用的栈地址存入到 STACKREG 结构中的 SP 中。

00039 行,将任务函数地址存入到 STACKREG 结构中的 LR 中,任务切换函数会从其中取出任务函数地址开始运行。

00040 行,为 STACKREG 结构中的 XPSR 赋初值,其中 MODE_USR 宏定义如下:

```
#define MODE_USR          0x01000000
```

前面说过,XPSR 寄存器在任务初始化时是空状态,参照表 2.1 可以看到,XPSR 寄存器的 bit24 T 标志代表着 Cortex-M3 内核使用的是 Thumb-2 指令集,需要始终为 1。其余位为可变的状态位,全部置为 0,代表 XPSR 寄存器为空状态。

00043 行,TCB 初始化完毕,返回任务 TCB 指针。

现在我们就可以使用 WLX_TaskInit 函数在 main 函数里初始化本节演示的 2 个固定任务,代码如下:

```
gpstrTask1Tcb = WLX_TaskInit(TEST_TestTask1, TEST_GetTaskInitSp(1));
gpstrTask2Tcb = WLX_TaskInit(TEST_TestTask2, TEST_GetTaskInitSp(2));
```

其中 TEST_TestTask1 和 TEST_TestTask2 函数是创建 2 个任务的函数,全局变量 gpstrTask1Tcb 和 gpstrTask2Tcb 中分别存放着这 2 个任务的 TCB 指针,通过这 2 个 TCB 就可以找到这 2 个任务的 STACKREG 结构。TEST_GetTaskInitSp 函数是获取任务栈顶地址的函数,它的代码如下:

```
00084    U32 *  TEST_GetTaskInitSp(U8 ucTask)
00085    {
00086        if(1 == ucTask)
00087        {
00088            return (gauiTask1Stack + TASKSTACK);
00089        }
00090        else //if(2 == ucTask)
00091        {
00092            return (gauiTask2Stack + TASKSTACK);
00093        }
00094    }
```

其中 gauiTask1Stack 和 gauiTask2Stack 是全局变量数组,当作任务栈使用,TASKSTACK 宏定义是数组大小,这 2 个数组定义如下:

```
U32 gauiTask1Stack[TASKSTACK];
U32 gauiTask2Stack[TASKSTACK];
```

TEST_GetTaskInitSp 函数可以获取到 TEST_TestTask1 和 TEST_TestTask2 任务的栈顶地址。

现在任务已经构造好了,只等着切换任务了。

在任务切换前程序还是处于传统的 C 函数调用状态,使用的仍是系统分配的栈,需要从非操作系统状态切换到操作系统状态,即从 main 函数跳转到第一个任务 TEST_TestTask1 中。我们已经准备好了 TEST_TestTask1 任务,现在只需要将 TEST_TestTask1 任务 STACKREG 结构中已经初始化好的寄存器组数值恢复到处理器的寄存器组中,然后跳转到 TEST_TestTask1 函数就可以开始运行 TEST_TestTask1 任务,实现软件状态的切换了。

为了完成这个工作,需要编写下面的函数:

```
00084   void WLX_TaskStart(void)
00085   {
00086       STACKREG * pstrNextTaskStackRegAddr;
00087
00088       /* 即将运行任务寄存器组的地址 */
00089       pstrNextTaskStackRegAddr = &gpstrTask1Tcb->strStackReg;
00090
00091       /* 更新下次调度的任务 */
00092       guiCurTask = 1;
00093
00094       /* 切换到任务状态 */
00095       WLX_SwitchToTask(pstrNextTaskStackRegAddr);
00096   }
```

该函数完成状态切换前的准备工作。

00089 行,获取 TEST_TestTask1 任务 STACKREG 结构的地址,准备将 STACKREG 结构中已初始化好的寄存器组恢复到处理器寄存器组中。

00092 行,将全局变量 guiCurTask 置为 1,表示即将运行 TEST_TestTask 1 任务。

00095 行,WLX_SwitchToTask 函数通过 pstrNextTaskStackRegAddr 变量可以获取到 TEST_TestTask1 任务的 STACKREG 结构的地址,将 STACKREG 结构中的寄存器组数据恢复到处理器寄存器组中,也就是切换到 TEST_TestTask1 任务,从非任务状态切换到任务状态。该函数由汇编语言编写,它的 C 语言原型为:

```
void WLX_SwitchToTask(STACKREG * pstrNextTaskStackRegAddr);
```

其入口参数 pstrNextTaskStackRegAddr 是需要恢复的寄存器组所在的 STACKREG 结构的地址。

接下来,我们看一下 WLX_SwitchToTask 函数的代码,它会将已初始化好的任务寄存器组恢复到处理器的寄存器组中,程序从此就会进入操作系统状态,它的代码如下:

```
00039    WLX_SwitchToTask
00040
00041          ;恢复将要运行任务的栈信息并运行新任务
00042          LDMIA   R0!,{R4 - R12}    ;恢复 R4~R12 寄存器
00043          LDMIA   R0, {R13}         ;恢复 SP 寄存器
00044          ADD     R0, #8            ;R0 指向寄存器组中的 XPSR
00045          LDMIA   R0, {R1}          ;获取寄存器组中的 XPSR 数值
00046          MSR     XPSR, R1          ;恢复 XPSR 寄存器
00047          SUB     R0, #4            ;R0 指向寄存器组中的 LR
00048          LDMIA   R0, {PC}          ;运行首个任务
```

00042 行,R0 寄存器作为本函数的入口参数,传递的是 TEST_TestTask1 任务的 STACKREG 结构的地址,R4 是这个结构中的第一个寄存器,因此 R0 寄存器也就指向了 STACKREG 结构中的 R4。可以看出本行指令是将 STACKREG 结构中的 R4~R12 数值读取到 R4~R12 寄存器中,也就是将 TEST_TestTask1 任务初始化好的 R4~R12 数值写入到 R4~R12 寄存器中,同时将 R0 寄存器指向 STACK-REG 结构中的 SP。

00043 行,将 STACKREG 结构中的 SP 数值读取到 SP 寄存器中。

00044 行,执行本行指令前 R0 寄存器已经指向了 STACKREG 结构中的 SP,本行指令将 R0 寄存器指向 STACKREG 结构中的 XPSR。

00045 行,将 STACKREG 结构中的 XPSR 数值读取到 R1 寄存器中。

00046 行,将 R1 寄存器的数值恢复到 XPSR 寄存器中,也就是将 TEST_TestTask1 任务初始化的 XPSR 数值写入到 XPSR 寄存器中。

00047 行,执行本行指令前 R0 寄存器已经指向了 STACKREG 结构中的 XPSR,本行指令将 R0 寄存器指向 STACKREG 结构中的 LR。

00048 行,目前 STACKREG 结构中已被初始化过的寄存器数值全部写入到相对应的寄存器中,此时只需要跳转到 TEST_TestTask1 函数的开始地址就可以运行 TEST_TestTask1 任务了。执行本行指令前 R0 寄存器已经指向了 STACKREG 结构中的 LR,其值就是 TEST_TestTask1 函数的开始地址,因此只需要跳转到 STACKREG 结构中的 LR 就可以完成向 TEST_TestTask1 函数跳转的操作。本行指令将 STACKREG 结构中的 LR 数值存入 PC 寄存器,跳转到 TEST_TestTask1 任务,完成了切换到操作系统状态的最后一步,开始运行 TEST_TestTask1 任务。

调用 WLX_TaskStart 函数后软件就已经进入到操作系统状态,为了能在 2 个任

务间实现任务切换,还需要编写具有任务切换功能的函数 WLX_ TaskSwitch 和 WLX_ContextSwitch。WLX_TaskSwitch 函数与上面介绍的 WLX_TaskStart 函数比较类似,是为任务切换做准备的;WLX_ContextSwitch 函数与上面介绍的 WLX_ SwitchToTask 函数比较类似,也是使用汇编语言编写的,实现寄存器组备份、恢复功能,这个函数是实现操作系统任务切换功能的最核心函数。

下面先来看看 WLX_TaskSwitch 函数。

```
00051    void WLX_TaskSwitch(void)
00052    {
00053        STACKREG * pstrCurTaskStackRegAddr;
00054        STACKREG * pstrNextTaskStackRegAddr;
00055
00056        if(1 == guiCurTask)
00057        {
00058            /*  当前任务寄存器组的地址  */
00059            pstrCurTaskStackRegAddr = &gpstrTask1Tcb ->strStackReg;
00060
00061            /*  即将运行任务寄存器组的地址  */
00062            pstrNextTaskStackRegAddr = &gpstrTask2Tcb ->strStackReg;
00063
00064            /*  更新下次运行的任务  */
00065            guiCurTask = 2;
00066        }
00067        else //if(2 == guiCurTask)
00068        {
00069            pstrCurTaskStackRegAddr = &gpstrTask2Tcb ->strStackReg;
00070            pstrNextTaskStackRegAddr = &gpstrTask1Tcb ->strStackReg;
00071
00072            guiCurTask = 1;
00073        }
00074
00075        /*  切换任务  */
00076        WLX_ContextSwitch(pstrCurTaskStackRegAddr, pstrNextTaskStackRegAddr);
00077    }
```

这个函数比较简单,将当前正在运行的任务的 STACKREG 结构地址和将要运行的任务的 STACKREG 结构地址传递给 WLX_ContextSwitch 函数,由 WLX_ContextSwitch 函数将处理器寄存器组中当前的数值备份到当前任务的 STACK-REG 结构中,即保存当前运行任务的任务状态,并从将要运行的任务的 STACK-REG 结构中恢复处理器寄存器组的数值,即恢复将要运行的任务的任务状态,实现任务切换功能。

下面来看看这个任务切换功能的最核心函数——WLX_ContextSwitch,它的 C 语言原型为:

```
void WLX_ContextSwitch(STACKREG * pstrCurTaskStackRegAddr,
                       STACKREG * pstrNextTaskStackRegAddr);
```

它的代码如下:

```
00016   WLX_ContextSwitch
00017
00018          ;保存当前任务的栈信息
00019          STMIA   R0!, {R4 - R12}    ;保存 R4~R12 寄存器
00020          STMIA   R0!, {R13}         ;保存 SP 寄存器
00021          STMIA   R0!, {R14}         ;保存 LR 寄存器
00022          MRS     R2, XPSR           ;获取 XPSR 寄存器数值
00023          STMIA   R0, {R2}           ;保存到寄存器组中的 XPSR
00024
00025          ;恢复将要运行任务的栈信息并运行新任务
00026          LDMIA   R1!, {R4 - R12}    ;恢复 R4~R12 寄存器
00027          LDMIA   R1, {R13}          ;恢复 SP 寄存器
00028          ADD     R1, #8             ;R1 指向寄存器组中的 XPSR
00029          LDMIA   R1, {R0}           ;获取寄存器组中的 XPSR 数值
00030          MSR     XPSR, R0           ;恢复 XPSR 寄存器
00031          SUB     R1, #4             ;R1 指向寄存器组中的 LR
00032          LDMIA   R1, {PC}           ;切换任务
```

47

00019 行,R0 寄存器作为本函数的入口参数,传递的是当前正在运行的任务的 STACKREG 结构的地址。R4 是这个结构中的第一个寄存器,因此 R0 寄存器也就指向了 STACKREG 结构中的 R4。可以看出本行指令是将 R4~R12 寄存器中的数值保存到 STACKREG 结构中的 R4~R12 中,同时将 R0 寄存器指向 STACKREG 结构中的 SP。

00020 行,将 SP 寄存器中的数值保存到 STACKREG 结构中的 SP 中,同时将 R0 寄存器指向 STACKREG 结构中的 LR。

00021 行,将 LR 寄存器中的数值保存到 STACKREG 结构中的 LR 中,同时将 R0 寄存器指向 STACKREG 结构中的 XPSR。

00022 行,将 XPSR 寄存器的数值读入到 R2 寄存器中。

00023 行,将 XPSR 寄存器数值保存到 STACKREG 结构中的 XPSR 中。至此,当前正在运行的任务的寄存器已经备份完毕,下面将恢复即将运行的任务的寄存器组数值。

00026~00032 行,代码与 WLX_SwitchToTask 函数的代码非常相似,所不同的是 R1 寄存器作为本函数的入口参数,传递的是即将运行的任务的 STACKREG 结

构的地址,本函数使用 R1 寄存器指向需要恢复的 STACKREG 结构地址,而 WLX_SwitchToTask 函数使用 R0 寄存器指向需要恢复的 STACKREG 结构地址,其他部分几乎完全相同。这部分代码就不再介绍了,请参考 WLX_SwitchToTask 函数中的说明。

至此,我们已经完成了两个固定任务切换的全部代码,下面将使用这些代码测试两个固定任务间的切换功能。

3.2.3　功能验证

首先,需要在 main 函数里创建两个测试任务:TEST_TestTask1 和 TEST_TestTask2,然后再进入操作系统状态进行任务切换。这两个测试任务运行时会向串口打印切换过程,同时会在开发板的 LCD 显示屏上显示任务切换过程,main 函数代码如下:

```
00015   S32 main(void)
00016   {
00023       /* 初始化软件 */
00024       DEV_SoftwareInit();
00025
00026       /* 初始化硬件 */
00027       DEV_HardwareInit();
00028
00029       /* 创建任务 */
00030       gpstrTask1Tcb = WLX_TaskInit(TEST_TestTask1, TEST_GetTaskInitSp(1));
00031       gpstrTask2Tcb = WLX_TaskInit(TEST_TestTask2, TEST_GetTaskInitSp(2));
00032
00033       /* 开始任务调度 */
00034       WLX_TaskStart();
00035
00036       return 0;
00037   }
```

00024 行,初始化一些全局变量,这些全局变量与开发板的 LCD 显示屏相关,有关 LCD 的驱动代码这里不作介绍。

00027 行,对处理器硬件进行初始化,主要是对串口和 LCD 硬件进行初始化,将通过串口打印的字符和 LCD 显示的图形来观察这两个测试任务的切换过程。

00030~00031 行,创建两个测试任务,对这两个测试任务进行初始化。

00034 行,切换到操作系统状态。

main 函数比较简单,它调用的函数在前面都详细讲解过,在这里把 main 函数代码贴出来,是为了让读者了解操作系统的启动过程,即需要先创建任务,然后再调用 WLX_TaskStart 函数切换到任务状态。

　　下面来看看这两个测试任务——TEST_TestTask1 和 TEST_TestTask2 的代码。为了能看出任务切换的效果,将这个任务设计成死循环,反复执行"打印信息—>延迟—>任务切换"这 3 个过程。我们可以通过串口打印的字符和 LCD 显示的图形来判断是哪个任务在运行,这两个任务的代码如下:

```
00044    void TEST_TestTask1(void)
00045    {
00046        while(1)
00047        {
00048            /* 任务打印信息 */
00049            DEV_TaskPrintMsg(1);
00050
00051            /* 任务运行 1 s */
00052            TEST_TaskRun(1000);
00053
00054            /* 任务切换 */
00055            WLX_TaskSwitch();
00056        }
00057    }
00064    void TEST_TestTask2(void)
00065    {
00066        while(1)
00067        {
00068            /* 任务打印信息 */
00069            DEV_TaskPrintMsg(2);
00070
00071            /* 任务运行 2 s */
00072            TEST_TaskRun(2000);
00073
00074            /* 任务切换 */
00075            WLX_TaskSwitch();
00076        }
00077    }
```

　　DEV_TaskPrintMsg 函数有两个功能:一是向串口打印任务运行的字符串信息,二是将任务运行的信息以图形的形式显示在 LCD 显示屏上。它的入口参数是任务编号。TEST_TaskRun 函数用来模拟任务运行时所花费的时间,实际上就是一个时间延迟函数,入口参数是运行时间,单位是 ms。WLX_TaskSwitch 函数用来进行任务切换。

　　按照我们的设计,TEST_TestTask1 任务应该先运行,向串口打印"Task1 is running!";等待 1 s 后,TEST_TestTask1 任务会切换到 TEST_TestTask2 任务,

TEST_TestTask2 任务向串口打印"Task2 is running!";等待 2 s 后,TEST_TestTask2 任务会再切换到 TEST_TestTask1 任务……如此周而复始地运行。同时,还可以在开发板的 LCD 显示屏上看到以图形方式显示的任务切换过程。

编译本节代码,将目标程序加载到开发板中运行,串口输出如图 3.6 所示。

```
Task1 is running! Time is: 0 s
Task2 is running! Time is: 1 s
Task1 is running! Time is: 3 s
Task2 is running! Time is: 4 s
Task1 is running! Time is: 6 s
Task2 is running! Time is: 7 s
Task1 is running! Time is: 9 s
Task2 is running! Time is: 10 s
Task1 is running! Time is: 12 s
Task2 is running! Time is: 13 s
Task1 is running! Time is: 15 s
Task2 is running! Time is: 16 s
Task1 is running! Time is: 18 s
Task2 is running! Time is: 19 s
Task1 is running! Time is: 21 s
Task2 is running! Time is: 22 s
Task1 is running! Time is: 24 s
Task2 is running! Time is: 25 s
Task1 is running! Time is: 27 s
Task2 is running! Time is: 28 s
Task1 is running! Time is: 30 s
Task2 is running! Time is: 31 s
Task1 is running! Time is: 33 s
Task2 is running! Time is: 34 s
```

图 3.6　两个固定任务的串口打印

LCD 显示屏输出如图 3.7 所示。

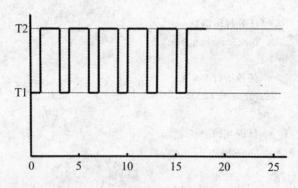

图 3.7　两个固定任务的 LCD 屏打印

通过图 3.6 和图 3.7 可以看到这两个任务在交替运行。还可以登录到 www. ifreecoding. com、bbs. ifreecoding. com 或 blog. sina. com. cn/ifreecoding 网站,下载串口输出视频和 LCD 显示屏输出视频,动态观看这两个任务的运行过程,也可以到上述网站下载本手册中的全部源代码,有关开发板的详细信息也可以在上述网站获取。

从视频中可以看到,TEST_TestTask1 任务运行 1 s 后切换到 TEST_

TestTask2 任务,TEST_TestTask2 任务运行 2 s 后切换到 TEST_TestTask1 任务。这两个任务循环运行,这与我们的设计是完全一致的。在代码里并没有通过函数调用的方式运行 TEST_TestTask1 函数或 TEST_TestTask2 函数,而是采用操作系统创建任务、切换任务的方式运行这两个函数。从普通 C 程序函数调用的角度来看,这两个函数是不会运行的,而且这两个函数之间没有联系,也不会交替运行,但我们确实是通过操作系统实现了这两个函数交替运行,验证了操作系统任务切换原理的正确性。

3.3　多个任务间的切换

上一节我们使用两个固定的任务验证了操作系统的任务切换功能,但这个任务切换是固定死的,只能在这两个任务之间切换,不具备通用性。如果需要增加其他任务,就必须修改操作系统代码,这显然是不可接受的。操作系统作为独立于用户程序的部分,它的内部细节应该不被用户所见,是一个黑盒,应该做到用户不需要修改操作系统代码,只需要修改、调用操作系统提供的接口就可以满足程序开发的需要。因此,本节我们将对上节的操作系统代码作些改动,使其可以支持任意多个任务间的切换,用户使用时不再需要修改操作系统源代码,只需要使用操作系统提供的接口函数,就可以创建多个任务,这样才真正实现了操作系统的独立性。

3.3.1　原理介绍

任意多个任务间切换的原理与两个固定任务间切换的原理是相同的,所不同的是需要操作系统能够识别多个任务而不仅仅是两个固定的任务。上节使用全局变量 gpstrCurTcb 来区分这两个不同的任务,通过该变量找到任务的 STACKREG 结构地址,通过 STACKREG 结构对寄存器组进行备份、恢复。本节将换用一种更好的方式将任务与它们的 STACKREG 结构地址进行关联。

Cortex-M3 内核是线性地址空间,每个任务的 TCB 地址是唯一的,可以使用任务的 TCB 代表该任务,将 TCB 与任务绑定到一起。创建了任务就拥有了 TCB,找到了 TCB 就相当于找到了任务。TCB 里面存放着 STACKREG 结构,找到了 TCB 也就相当于找到了任务的 STACKREG 结构,可以对任务寄存器组进行备份、恢复,通过任务的 TCB 实现在多个不同任务间切换。

3.3.2　程序设计及编码实现

有了上节的基础,只需要作一些小小的改动就可以实现本节的功能。

使用 WLX_TaskCreate 函数替换上节的 WLX_TaskInit 函数,完成创建任务的工作。WLX_TaskCreate 函数比 WLX_TaskInit 函数层次更分明一些,它首先对入口参数进行检查,将用户输入的错误入口参数拒之门外;然后再调用 WLX_TaskTcbInit 函数对新创建任务的 TCB 进行初始化；在 WLX_TaskTcbInit 函数里再调用 WLX_TaskStackInit 函数对任务栈进行初始化，完成任务的创建。代码如下：

```
00016    W_TCB * WLX_TaskCreate(VFUNC vfFuncPointer, U8 * pucTaskStack, U32 uiStack-
         Size)
00017    {
00018        W_TCB * pstrTcb;
00019
00020        /* 对创建任务所使用函数的指针合法性进行检查 */
00021        if(NULL == vfFuncPointer)
00022        {
00023            /* 指针为空，返回失败 */
00024            return (W_TCB * )NULL;
00025        }
00026
00027        /* 对任务栈合法性进行检查 */
00028        if((NULL == pucTaskStack) || (0 == uiStackSize))
00029        {
00030            /* 栈不合法，返回失败 */
00031            return (W_TCB * )NULL;
00032        }
00033
00034        /* 初始化 TCB */
00035        pstrTcb = WLX_TaskTcbInit(vfFuncPointer, pucTaskStack, uiStackSize);
00036
00037        return pstrTcb;
00038    }
```

函数返回值是 W_TCB * 类型，即任务的 TCB 指针。入口参数 vfFuncPointer 是创建任务所使用的函数，pucTaskStack 是创建任务的栈底地址，uiStackSize 是栈大小。该函数比较简单，不再详细介绍，其主要功能是在 WLX_TaskTcbInit 函数中实现的。下面来看 WLX_TaskTcbInit 函数：

```
00047    W_TCB * WLX_TaskTcbInit(VFUNC vfFuncPointer, U8 * pucTaskStack, U32 uiStack-
         Size)
00048    {
00049        W_TCB * pstrTcb;
00050        U8 * pucStackBy4;
00051
00052        /* 创建任务时的栈满地址处存放 TCB，需要 4 字节对齐 */
00053        pucStackBy4 = (U8 * )(((U32)pucTaskStack + uiStackSize) & ALIGN4MASK);
00054
00055        /* TCB 地址即运行时使用的栈开始地址，Cortex 内核使用 8 字节对齐 */
```

```
00056        pstrTcb = (W_TCB *)(((U32)pucStackBy4 - sizeof(W_TCB)) & ALIGN8MASK);
00057
00058        /* 初始化任务栈 */
00059        WLX_TaskStackInit(pstrTcb, vfFuncPointer);
00060
00061        return pstrTcb;
00062    }
```

该函数的入口参数及返回值与 WLX_TaskCreate 函数完全相同。

00053 行,TCB 需要的是 4 字节对齐的结构,而入口参数 pucTaskStack 传进来的栈底地址不能保证是 4 字节对齐,此行计算 4 字节对齐的栈顶地址,用来存放 TCB。其中(U32)pucTaskStack ＋ uiStackSize 是任务创建时的栈顶地址,通过"& ALIGN4MASK"操作,从栈顶向下寻找 4 字节对齐的栈顶地址。其中 ALIGN4MASK 的定义如下:

```
#define ALIGN4MASK              0xFFFFFFFC
```

00056 行,Cortex-M3 内核默认使用 8 字节对齐的栈,此行计算任务运行时所使用的栈顶地址,保证其为 8 字节对齐。(U32)ucStackBy4 ― sizeof(W_TCB)从栈顶减去存放 TCB 的空间,再通过"& ALIGN8MASK"操作,向下寻找 8 字节对齐的地址作为任务运行时使用的栈顶地址。其中 ALIGN8MASK 的定义如下:

```
#define ALIGN8MASK              0xFFFFFFF8
```

这两处计算涉及到 TCB 在栈中的位置,可以结合图 3.5 进行分析。

00059 行,调用 WLX_TaskStackInit 函数对任务 TCB 进行初始化。

```
00070    void WLX_TaskStackInit(W_TCB * pstrTcb, VFUNC vfFuncPointer)
00071    {
00072        STACKREG * pstrStackReg;
00073
00074        /* 寄存器组地址 */
00075        pstrStackReg = &pstrTcb->strStackReg;
00076
00077        /* 对 TCB 中的寄存器组初始化 */
00078        pstrStackReg->uiXpsr = MODE_USR;              /* XPSR */
00079        pstrStackReg->uiR4 = 0;                       /* R4 */
00080        pstrStackReg->uiR5 = 0;                       /* R5 */
00081        pstrStackReg->uiR6 = 0;                       /* R6 */
00082        pstrStackReg->uiR7 = 0;                       /* R7 */
00083        pstrStackReg->uiR8 = 0;                       /* R8 */
00084        pstrStackReg->uiR9 = 0;                       /* R9 */
```

```
00085        pstrStackReg ->uiR10 = 0;                      /* R10 */
00086        pstrStackReg ->uiR11 = 0;                      /* R11 */
00087        pstrStackReg ->uiR12 = 0;                      /* R12 */
00088        pstrStackReg ->uiR13 = (U32)pstrTcb;           /* R13 */
00089        pstrStackReg ->uiR14 = (U32)vfFuncPointer;     /* R14 */
00090    }
```

这个函数与上节的 WLX_TaskInit 函数非常相似,对照前面的代码很容易理解,不再详细介绍。

我们可以使用 WLX_TaskCreate 函数创建 3 个测试任务,并将它们的 TCB 分别保存到各自的全局变量中。

```
gpstrTask1Tcb = WLX_TaskCreate(TEST_TestTask1, gaucTask1Stack, TASKSTACK);
gpstrTask2Tcb = WLX_TaskCreate(TEST_TestTask2, gaucTask2Stack, TASKSTACK);
gpstrTask3Tcb = WLX_TaskCreate(TEST_TestTask3, gaucTask3Stack, TASKSTACK);
```

全局变量 gpstrTask1Tcb、gpstrTask2Tcb 和 gpstrTask3Tcb 中分别保存着 TEST_TestTask1、TEST_TestTask2 和 TEST_TestTask3 任务的 TCB,它们可以代表各自对应的任务。操作系统通过任务 TCB 获取任务的 STACKREG 结构地址。

还需要修改一下任务切换函数 WLX_TaskSwitch,为它增加一个入口参数,用来指明即将运行的任务的 TCB 指针,代码如下:

```
00097    void WLX_TaskSwitch(W_TCB * pstrTcb)
00098    {
00099        STACKREG * pstrCurTaskStackRegAddr;
00100        STACKREG * pstrNextTaskStackRegAddr;
00101
00102        /* 当前任务寄存器组的地址 */
00103        pstrCurTaskStackRegAddr = &gpstrCurTcb ->strStackReg;
00104
00105        /* 即将运行任务寄存器组的地址 */
00106        pstrNextTaskStackRegAddr = &pstrTcb ->strStackReg;
00107
00108        /* 保存即将运行任务的 TCB */
00109        gpstrCurTcb = pstrTcb;
00110
00111        /* 切换任务 */
00112        WLX_ContextSwitch(pstrCurTaskStackRegAddr, pstrNextTaskStackRegAddr);
00113    }
```

该函数的入口参数是即将运行的任务的 TCB 指针。

00103 行,操作系统开始运行后,gpstrCurTcb 全局变量中就一直保存着当前正在运行的任务的 TCB 指针,本行通过该变量获取当前运行任务的 STACKREG 结构地址。

00106 行,通过入口参数获取即将运行的任务的 STACKREG 结构地址。

00109 行,更新全局变量 gpstrCurTcb,保存即将运行的任务的 TCB 指针。之后调用的 WLX_SwitchToTask 函数会将即将运行的任务变为正在运行的任务,通过 gpstrCurTcb 变量就可以获取到正在运行的任务的 TCB 指针了。

00112 行,调用 WLX_ContextSwitch 函数进行任务切换,这个函数与上节没有任何区别。

最后,我们再将 WLX_TaskStart 函数作一下修改,如下:

```
00120    void WLX_TaskStart(W_TCB * pstrTcb)
00121    {
00122        STACKREG * pstrNextTaskStackRegAddr;
00123
00124        /* 即将运行任务寄存器组的地址 */
00125        pstrNextTaskStackRegAddr = &pstrTcb->strStackReg;
00126
00127        /* 保存即将运行任务的 TCB */
00128        gpstrCurTcb = pstrTcb;
00129
00130        /* 切换到任务状态 */
00131        WLX_SwitchToTask(pstrNextTaskStackRegAddr);
00132    }
```

该函数增加了入口参数 pstrTcb,是即将运行的任务的 TCB 指针,该函数使用入口参数代替了上节中固定任务的 TCB 指针。对照上节代码,这个改动很好理解,不再介绍。

经过上面的修改,操作系统就具有通用性了。无论建立多少个任务都无需修改操作系统代码,只需要使用 WLX_TaskCreate 函数创建任务,并获取其 TCB,在切换任务时将希望运行的任务的 TCB 指针作为入口参数,调用 WLX_TaskSwitch 函数就可以进行任务切换了。

3.3.3　功能验证

在测试代码里,我们建立 3 个测试任务:TEST_TestTask1、TEST_TestTask2 和 TEST_TestTask3,并将它们的 TCB 分别保存到全局变量 gpstrTask1Tcb、gpstr-Task2Tcb 和 gpstrTask3Tcb 中,供任务切换时使用。

```
00020    S32 main(void)
00021    {
00028        /* 初始化软件 */
```

55

```
00029        DEV_SoftwareInit();
00030
00031        /* 初始化硬件 */
00032        DEV_HardwareInit();
00033
00034        /* 创建任务 */
00035        gpstrTask1Tcb = WLX_TaskCreate(TEST_TestTask1, gaucTask1Stack, TASK-
             STACK);
00036        gpstrTask2Tcb = WLX_TaskCreate(TEST_TestTask2, gaucTask2Stack, TASK-
             STACK);
00037        gpstrTask3Tcb = WLX_TaskCreate(TEST_TestTask3, gaucTask3Stack, TASK-
             STACK);
00038
00039        /* 开始任务调度 */
00040        WLX_TaskStart(gpstrTask1Tcb);
00041
00042        return 0;
00043    }
00050    void TEST_TestTask1(void)
00051    {
00052        while(1)
00053        {
00054            /* 任务打印信息 */
00055            DEV_TaskPrintMsg(1);
00056
00057            /* 任务运行 1 s */
00058            TEST_TaskRun(1000);
00059
00060            /* 任务切换 */
00061            WLX_TaskSwitch(gpstrTask3Tcb);
00062        }
00063    }
00070    void TEST_TestTask2(void)
00071    {
00072        while(1)
00073        {
00074            /* 任务打印信息 */
00075            DEV_TaskPrintMsg(2);
00076
00077            /* 任务运行 2 s */
00078            TEST_TaskRun(2000);
00079
```

```
00080            /* 任务切换 */
00081            WLX_TaskSwitch(gpstrTask1Tcb);
00082        }
00083  }
00090  void TEST_TestTask3(void)
00091  {
00092      while(1)
00093      {
00094          /* 任务打印信息 */
00095          DEV_TaskPrintMsg(3);
00096
00097          /* 任务运行 3 s */
00098          TEST_TaskRun(3000);
00099
00100          /* 任务切换 */
00101          WLX_TaskSwitch(gpstrTask2Tcb);
00102      }
00103  }
```

这 3 个测试任务都在循环运行,先向串口和 LCD 打印信息,运行一段时间后切换到另外一个任务继续运行。TEST_TestTask1 任务运行时向串口打印"Task1 is running!",代表 TEST_TestTask1 任务正在运行,1 s 后主动切换到 TEST_TestTask3 任务;TEST_TestTask3 任务运行时向串口打印"Task3 is running!",代表 TEST_TestTask3 任务正在运行,3 s 后主动切换到 TEST_TestTask2 任务;TEST_TestTask2 任务运行时向串口打印"Task2 is running!",代表 TEST_TestTask2 任务正在运行,2 s 后主动切换到 TEST_TestTask1 任务,然后如此反复循环。同时,任务切换过程会输出在 LCD 显示屏上。

编译本节代码,将目标程序加载到开发板中运行,串口输出如图 3.8 所示。

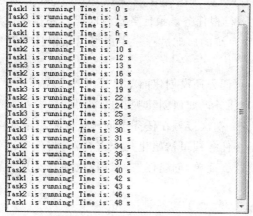

图 3.8　多个任务的串口打印

LCD 显示屏任务切换如图 3.9 所示。

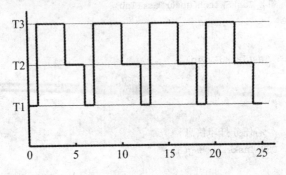

图 3.9　多个任务的 LCD 屏打印

3.4　用户程序入口——根任务

经过上节的修改,Wanlix 操作系统已经可以建立任意多个任务了,但是在操作系统运行之前,必须至少建立一个任务,然后才能调用 WLX_TaskStart 函数从非操作系统状态切换到操作系统状态。这一过程需要由用户在用户程序里完成,相当于使用用户程序来初始化操作系统,这无疑给用户增加了一个限制,也不利于用户使用。

为了解决这个问题,我们提出操作系统根任务的概念。本节将实现操作系统根任务,将操作系统初始化过程屏蔽在操作系统内部,提供根任务作为用户程序的入口。

3.4.1　原理介绍

所谓根任务,即它是所有用户任务的"根",它的地位相当于是 main 函数在 C 语言里的地位。main 函数直接或间接调用了其他函数,而用户创建的所有任务都是由这个根任务直接或间接创建的。

要实现根任务很简单,首先由操作系统在 main 函数里创建根任务,然后调用 WLX_TaskStart 函数运行根任务。根任务运行时操作系统就已经运行起来了,用户程序不需要再考虑操作系统的启动过程。用户可以从根任务开始编写程序,认为根任务就是用户程序的入口。

但这样一来,在用户任务还没创建前就已经进入了操作系统状态,此时用户任务还没有创建。那么用户任务该如何创建呢? 这个问题很容易解决,我们完全可以在根任务中创建用户任务。初次接触在任务中创建任务是不是觉得有点奇怪? 仔细想想,创建任务其实就是在任务栈里初始化几个寄存器,将任务准备好,然后就可以随时参与任务调度了,就这么简单,创建任务的过程放在什么地方都可以,放在任务中当然也是可以的。

3.4.2　程序设计及编码实现

根任务是操作系统对用户的接口任务,在根任务运行前就已经完成了操作系统初始化。初始化操作系统的工作需要屏蔽在操作系统内部,用户不可见,因此需要将 main 函数从 test.c 文件中移到 wlx_core_c.c 文件中,从属于用户代码的 src-code 目录移到属于操作系统代码的 wanlix 目录,将 main 函数初始化操作系统的工作作为操作系统代码的一部分,在 main 函数里完成根任务的创建及切换到操作系统状态。

我们使用 wlx_userroot.c 文件存放根任务的代码。由于根任务作为接口任务,用户可在根任务里编写代码,它属于用户代码的一部分,因此 wlx_userroot.c 文件位于 srccode 目录中。

本节代码改动很小,主要集中在 main 函数及在根任务里创建用户任务。改动点如下:

```
00019   S32 main(void)
00020   {
00027       /* 创建根任务 */
00028       gpstrRootTaskTcb = WLX_TaskCreate(WLX_RootTask, gaucRootTaskStack,
00029                              ROOTTASKSTACK);
00030
00031       /* 开始任务调度, 从根任务开始执行 */
00032       WLX_TaskStart(gpstrRootTaskTcb);
00033
00034       return 0;
00035   }
```

其中 WLX_RootTask 就是根任务,main 函数用来创建根任务,并切换到操作系统状态运行根任务。根任务代码如下:

```
00010   void WLX_RootTask(void)
00011   {
00012       /* 初始化软件 */
00013       DEV_SoftwareInit();
00014
00015       /* 初始化硬件 */
00016       DEV_HardwareInit();
00017
00018       /* 创建任务 */
00019       gpstrTask1Tcb = WLX_TaskCreate(TEST_TestTask1, gaucTask1Stack, TASK-
                               STACK);
00020       gpstrTask2Tcb = WLX_TaskCreate(TEST_TestTask2, gaucTask2Stack, TASK-
                               STACK);
```

```
00021        gpstrTask3Tcb = WLX_TaskCreate(TEST_TestTask3, gaucTask3Stack, TASK-
             STACK);
00022
00023        /* 任务切换 */
00024        WLX_TaskSwitch(gpstrTask1Tcb);
00025    }
```

根任务里的代码与上节 main 函数里的代码完全相同,就是将上节编写的用户代码移植到根任务中。

对比本节和上节代码,本节增加的根任务功能,就是由操作系统先自行创建根任务,然后运行根任务,再在根任务里编写用户代码,做了一个二级跳。这样做代码虽然多了一些,看似麻烦了,其实不然,因为根任务将操作系统细节隐藏了起来,用户不用再去关心操作系统的启动过程,从用户角度来说,使用操作系统变得更简单了。

3.4.3　功能验证

本节使用的 3 个测试任务与上节相同,虽然操作系统实现方法上与上节不同,但任务运行过程却是相同的。

编译本节代码,将目标程序加载到开发板中运行,串口输出如图 3.10 所示。

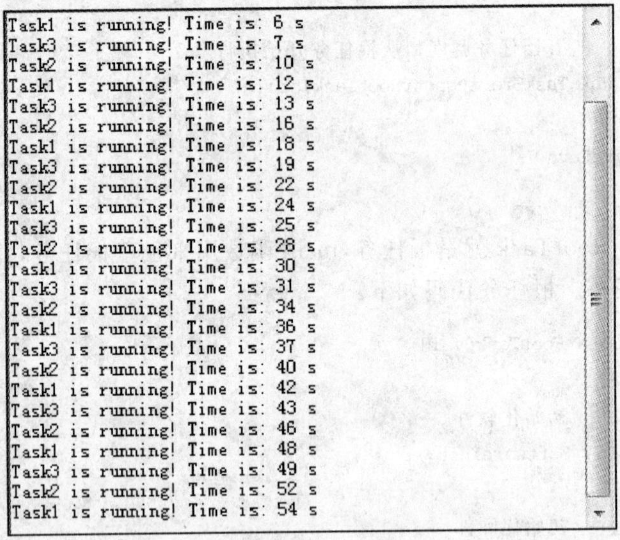

```
Task1 is running! Time is: 6 s
Task3 is running! Time is: 7 s
Task2 is running! Time is: 10 s
Task1 is running! Time is: 12 s
Task3 is running! Time is: 13 s
Task2 is running! Time is: 16 s
Task1 is running! Time is: 18 s
Task3 is running! Time is: 19 s
Task2 is running! Time is: 22 s
Task1 is running! Time is: 24 s
Task3 is running! Time is: 25 s
Task2 is running! Time is: 28 s
Task1 is running! Time is: 30 s
Task3 is running! Time is: 31 s
Task2 is running! Time is: 34 s
Task1 is running! Time is: 36 s
Task3 is running! Time is: 37 s
Task2 is running! Time is: 40 s
Task1 is running! Time is: 42 s
Task3 is running! Time is: 43 s
Task2 is running! Time is: 46 s
Task1 is running! Time is: 48 s
Task3 is running! Time is: 49 s
Task2 is running! Time is: 52 s
Task1 is running! Time is: 54 s
```

图 3.10　使用根任务作为用户入口任务的串口打印

LCD 显示屏输出如图 3.11 所示。

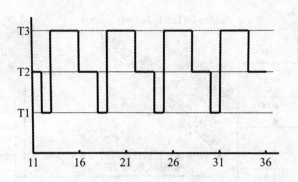

图 3.11　使用根任务作为用户入口任务的 LCD 屏打印

3.5　增加任务入口参数

到目前为止，Wanlix 创建任务所使用的函数都是 VFUNC 类型的，VFUNC 定义如下：

```
typedef void                    (*VFUNC)(void);
```

该类型定义的函数没有入口参数，也就无法为任务传入参数，本节将增加任务入口参数功能，在创建任务时可以将参数传递给任务。

3.5.1　原理介绍

任务是从创建任务所使用的函数开始运行的，因此为任务增加入口参数就是为创建任务所使用的函数增加入口参数。创建任务所使用的函数只有在使用 WLX_TaskCreate 函数创建任务时才被间接调用，因此我们只能为 WLX_TaskCreate 函数增加一个入口参数，由它将这个入口参数传递给创建任务所使用的函数，实现增加任务入口参数的功能。那么，剩下需要解决的问题就是如何将 WLX_TaskCreate 函数的入口参数转换为创建任务所使用函数的入口参数。

从 2.3 节的介绍可以知道，函数的第一个入口参数是由 R0 寄存器传入的，而创建任务所使用的函数的初始值是放在栈中 STACKREG 结构中的，因此，只需要将任务的入口参数也就是 WLX_TaskCreate 函数新增加的任务入口参数在初始化任务栈时存入任务 STACKREG 结构中的 R0 寄存器即可，然后当任务首次运行时，任务切换函数就会将 STACKREG 结构中的 R0 恢复到处理器的 R0 寄存器中，任务就会获得任务入口参数了。为此，还需要在 STACKREG 结构中新增加一个 R0，并且需要修改汇编函数 WLX_SwitchToTask 和 WLX_ContextSwitch 来支持这个功能。

任务入口参数的传递过程如图 3.12 所示。

下面我们将依据这个原理对程序进行设计，实现任务入口参数功能。

嵌入式操作系统内核调度——底层开发者手册

61

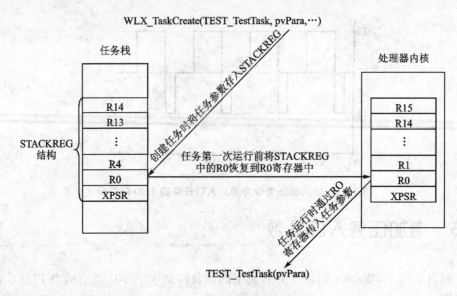

图 3.12　任务参数传递过程

3.5.2　程序设计及编码实现

根据上面的原理,我们需要在 STACKREG 结构体中增加 R0,如下所示:

```
typedef struct stackreg
{
    U32 uiR0;
    U32 uiR4;
    U32 uiR5;
    U32 uiR6;
    U32 uiR7;
    U32 uiR8;
    U32 uiR9;
    U32 uiR10;
    U32 uiR11;
    U32 uiR12;
    U32 uiR13;
    U32 uiR14;
    U32 uiXpsr;
}STACKREG;
```

创建任务的函数 WLX_TaskCreate 依次调用 WLX_TaskTcbInit、WLX_Task-StackInit 函数来完成对 STACKREG 结构的初始化。WLX_TaskCreate 函数新增加的"任务参数"这个入口参数最终也是要写入到 STACKREG 结构中的 R0,因此只需要为上述这 3 个函数分别增加一个入口参数用来传递"任务参数"这个入口参数,

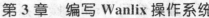

最后由 WLX_TaskStackInit 函数将"任务参数"写入到 STACKREG 结构中的 R0 即可。

为配合任务函数的修改，需要同时将 VFUNC 类型修改为：

```
typedef void                    ( * VFUNC)(void * );
```

使任务函数拥有一个 void * 型的入口参数。

```
00046   W_TCB * WLX_TaskCreate(VFUNC vfFuncPointer, void * pvPara, U8 * pucTaskStack,
00047                        U32 uiStackSize)
00048   {
...     ...
00066       pstrTcb = WLX_TaskTcbInit(vfFuncPointer, pvPara, pucTaskStack, uiStack-
            Size);
...     ...
00069   }
00079   W_TCB * WLX_TaskTcbInit(VFUNC vfFuncPointer, void * pvPara, U8 * pucTask-
        Stack,
00080                        U32 uiStackSize)
00081   {
...     ...
00092       WLX_TaskStackInit(pstrTcb, vfFuncPointer, pvPara);
...     ...
00095   }
00104   void WLX_TaskStackInit(W_TCB * pstrTcb, VFUNC vfFuncPointer, void * pvPara)
00105   {
...     ...
00113       pstrStackReg ->uiR0 = (U32)pvPara;              /* R0 */
...     ...
00125   }
```

这 3 个函数与上节相比几乎没有什么变化，只是多了一个入口参数 pvPara，用来传递任务参数，最后由 WLX_TaskStackInit 函数将入口参数写入到 STACKREG 结构中的 R0。

任务参数是一个 void * 型的指针，如果创建的任务不需要入口参数，则可以在创建任务时将任务参数置为 NULL；如果任务需要多个入口参数，则可以将多个入口参数封装到一个结构体中，将这个结构体的指针作为任务参数即可。

下面我们来修改 WLX_SwitchToTask 和 WLX_ContextSwitch 函数，增加对 R0 寄存器的备份、恢复操作：

```
00040   WLX_SwitchToTask
00041
00042       ;恢复将要运行任务的栈信息并运行新任务
```

```
00043        MOV      R2，R0                    ;将寄存器组地址存入 R2 寄存器
00044        LDMIA    R2!，{R0、R4～R12}        ;恢复 R0、R4～R12 寄存器
00045        LDMIA    R2，{R13}                 ;恢复 SP 寄存器
00046        ADD      R2，#8                    ;R2 指向寄存器组中 XPSR
00047        LDMIA    R2，{R1}                  ;获取寄存器组中的 XPSR 数值
00048        MSR      XPSR，R1                  ;恢复 XPSR 寄存器
00049        SUB      R2，#4                    ;R2 指向寄存器组中的 LR
00050        LDMIA    R2，{PC}                  ;运行首个任务
```

00043 行，本函数需要从任务的 STACKREG 结构中恢复 R0 寄存器，作为任务入口参数传递给创建任务的函数，而此时 R0 寄存器中保存的是 WLX_TaskStart 函数传递给 WLX_SwitchToTask 函数的入口参数。这个入口参数是即将运行的任务的 STACKREG 结构的地址，因此本行指令先将 STACKREG 结构的地址复制到 R2 寄存器中，再利用 R2 寄存器将 STACKREG 结构中的初始值恢复到处理器寄存器组中，以便可以使用 R0 寄存器传递新创建任务的入口参数。

00044 行，对比上节代码，该行指令多恢复了一个 R0 寄存器。R0 寄存器中存储的就是任务入口参数，在 00050 行跳转到任务函数时就会被当作任务入口参数传递给任务。

其余代码与 3.2.2 小节中的 WLX_SwitchToTask 函数非常相似，不再进行说明。

```
00016    WLX_ContextSwitch

00017

00018        ;保存当前任务的栈信息
00019        MOV      R3，R0                    ;将寄存器组地址存入 R3 寄存器
00020        STMIA    R3!，{R0，R4 - R12}       ;保存 R0、R4～R12 寄存器
00021        STMIA    R3!，{R13}                ;保存 SP 寄存器
00022        STMIA    R3!，{R14}                ;保存 LR 寄存器
00023        MRS      R2，XPSR                  ;获取 XPSR 寄存器数值
00024        STMIA    R3，{R2}                  ;保存到寄存器组中的 XPSR

00025

00026        ;恢复将要运行任务的栈信息并运行新任务
00027        LDMIA    R1!，{R0，R4 - R12}       ;恢复 R0、R4～R12 寄存器
00028        LDMIA    R1，{R13}                 ;恢复 SP 寄存器
00029        ADD      R1，#8                    ;R1 指向寄存器组中的 XPSR
00030        LDMIA    R1，{R2}                  ;获取寄存器组中的 XPSR 数值
00031        MSR      XPSR，R2                  ;恢复 XPSR 寄存器
00032        SUB      R1，#4                    ;R1 指向寄存器组中的 LR
00033        LDMIA    R1，{PC}                  ;切换任务
```

00019 行，R0 寄存器作为本函数的入口参数，传递的是当前正在运行的任务的

STACKREG 结构的地址,本行指令先将这个地址复制到 R3 寄存器中,再利用 R3 寄存器将处理器寄存器组中的数值备份到 STACKREG 结构中,以便可以备份 R0 寄存器的原值。

00027 行,R1 寄存器作为本函数的入口参数,传递的是即将运行的任务的 STACKREG 结构的地址,对比上节代码,从 STACKREG 结构中多恢复了一个 R0 寄存器。

其余代码与 3.2.2 小节中的 WLX_ContextSwitch 函数非常相似,不再进行说明。

3.5.3　功能验证

本节的测试任务将通过任务入口参数传递模拟任务运行的时间,创建测试任务的代码如下:

```
00010    void WLX_RootTask(void)
00011    {
00012        U32 uiRunTime1;
00013        U32 uiRunTime2;
00014        U32 uiRunTime3;
00015
00016        /* 初始化软件 */
00017        DEV_SoftwareInit();
00018
00019        /* 初始化硬件 */
00020        DEV_HardwareInit();
00021
00022        /* 创建任务 */
00023        uiRunTime1 = 1000;
00024        gpstrTask1Tcb = WLX_TaskCreate(TEST_TestTask1, (void * )&uiRunTime1,
00025                                    gaucTask1Stack, TASKSTACK);
00026
00027        uiRunTime2 = 2000;
00028        gpstrTask2Tcb = WLX_TaskCreate(TEST_TestTask2, (void * )&uiRunTime2,
00029                                    gaucTask2Stack, TASKSTACK);
00030
00031        uiRunTime3 = 3000;
00032        gpstrTask3Tcb = WLX_TaskCreate(TEST_TestTask3, (void * )&uiRunTime3,
00033                                    gaucTask3Stack, TASKSTACK);
00034
00035        /* 任务切换 */
00036        WLX_TaskSwitch(gpstrTask1Tcb);
```

```
00037    }
```

这段代码将 3 个测试任务的任务参数分别存入 3 个变量,然后将这 3 个变量的指针传递给任务创建函数,3 个测试任务的代码如下:

```
00019    void TEST_TestTask1(void * pvPara)
00020    {
00021        U32 uiRunTime;
00022
00023        /* 通过入口参数获取任务运行时间 */
00024        uiRunTime = *((U32 *)pvPara);
00025
00026        while(1)
00027        {
00028            /* 任务打印信息 */
00029            DEV_TaskPrintMsg(1);
00030
00031            /* 任务运行指定的时间 */
00032            TEST_TaskRun(uiRunTime);
00033
00034            /* 任务切换 */
00035            WLX_TaskSwitch(gpstrTask3Tcb);
00036        }
00037    }
00044    void TEST_TestTask2(void * pvPara)
00045    {
00046        U32 uiRunTime;
00047
00048        /* 通过入口参数获取任务运行时间 */
00049        uiRunTime = *((U32 *)pvPara);
00050
00051        while(1)
00052        {
00053            /* 任务打印信息 */
00054            DEV_TaskPrintMsg(2);
00055
00056            /* 任务运行指定的时间 */
00057            TEST_TaskRun(uiRunTime);
00058
00059            /* 任务切换 */
00060            WLX_TaskSwitch(gpstrTask1Tcb);
00061        }
00062    }
```

```
00069    void TEST_TestTask3(void * pvPara)
00070    {
00071        U32 uiRunTime;
00072
00073        /* 通过入口参数获取任务运行时间 */
00074        uiRunTime = *((U32 *)pvPara);
00075
00076        while(1)
00077        {
00078            /* 任务打印信息 */
00079            DEV_TaskPrintMsg(3);
00080
00081            /* 任务运行指定的时间 */
00082            TEST_TaskRun(uiRunTime);
00083
00084            /* 任务切换 */
00085            WLX_TaskSwitch(gpstrTask2Tcb);
00086        }
00087    }
```

从功能上看，本节的测试任务与上节的测试任务没有区别，只是本节的测试任务使用入口参数替换了上节固定写死的运行时间，因此可以预见到本节的串口和 LCD 打印信息应该与上节是相同的。

编译本节代码，将目标程序加载到开发板中运行，串口输出如图 3.13 所示。

```
Task1 is running! Time is: 0 s
Task3 is running! Time is: 1 s
Task2 is running! Time is: 4 s
Task1 is running! Time is: 6 s
Task3 is running! Time is: 7 s
Task2 is running! Time is: 10 s
Task1 is running! Time is: 12 s
Task3 is running! Time is: 13 s
Task2 is running! Time is: 16 s
Task1 is running! Time is: 18 s
Task3 is running! Time is: 19 s
Task2 is running! Time is: 22 s
Task1 is running! Time is: 24 s
Task3 is running! Time is: 25 s
Task2 is running! Time is: 28 s
Task1 is running! Time is: 30 s
Task3 is running! Time is: 31 s
Task2 is running! Time is: 34 s
Task1 is running! Time is: 36 s
Task3 is running! Time is: 37 s
Task2 is running! Time is: 40 s
Task1 is running! Time is: 42 s
Task3 is running! Time is: 43 s
Task2 is running! Time is: 46 s
```

图 3.13　使用任务参数创建任务的串口打印

LCD 显示屏输出如图 3.14 所示。

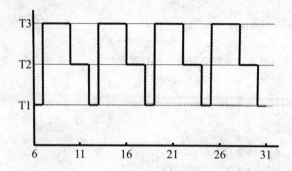

图 3.14　使用任务参数创建任务的 LCD 屏打印

注意,任务入口参数是将参数的地址传递给创建任务的函数,只有当任务运行时才会使用入口参数的数值。如果在任务运行前修改了入口参数中的数值,就会得到错误的结果,例如下面的代码:

```
U32 uiRunTime13;


uiRunTime = 1000;
gpstrTask1Tcb = WLX_TaskCreate(TEST_TestTask1,(void *)&uiRunTime,
                               gaucTask1Stack, TASKSTACK);
uiRunTime = 2000;
gpstrTask2Tcb = WLX_TaskCreate(TEST_TestTask2,(void *)&uiRunTime,
                               gaucTask2Stack, TASKSTACK);
uiRunTime = 3000;
gpstrTask3Tcb = WLX_TaskCreate(TEST_TestTask3,(void *)&uiRunTime,
                               gaucTask3Stack, TASKSTACK);
```

从表面上看,这 3 个任务的入口参数各不相同,但实际上这 3 个任务的入口参数都是 3000。这是因为在创建 TEST_TestTask1 任务时,将变量 uiRunTime 的地址写入到它的 STACKREG 结构中的 R0,此时变量里面的数值是 1000;当创建 TEST_TestTask2 任务时,uiRunTime 变量就被更改为 2000 了;当创建 TEST_TestTask3 任务时,uiRunTime 变量就被更改为 3000 了。然后这 3 个任务才开始运行,这 3 个任务的入口参数都是 uiRunTime 变量的地址,而此时 uiRunTime 变量的数值已经变成 3000 了,因此这 3 个任务从任务参数里获取到的数值都是 3000。

3.6　发布 Wanlix 操作系统

经过 3.2～3.5 节循序渐进的开发,我们已经使 Wanlix 操作系统具备了最基本的任务切换功能。现在我们将暂停对 Wanlix 操作系统的开发工作。Wanlix 操作系统的定位是一个非常小巧的操作系统,只拥有最基本的任务切换功能。Wanlix 操作系统既非抢占调度也非轮询调度,是需要任务主动释放 CPU 控制权切换到其他任务的。可以这么理解,它的每个任务都相当于是没有操作系统状态下的一个 main 函数,可以使用 Wanlix 在多个 main 函数间切换,实现多个功能同时运行。有关嵌入式操作系统更多的功能,将在第 4 章和第 5 章开发 Mindows 操作系统时再增加。

Wanlix 这个小操作系统虽然功能简单,但绝对可以实现任务调度功能,这点对于一个小项目的程序设计来说已经方便很多了。而且更难能可贵的是,它耗费的系统资源是如此之少,bin 格式的目标文件仅仅占用 1 KB 左右的程序空间。当然,这个操作系统目前只能用在一部分 Cortex 内核的处理器上,如果需要在其他处理器上使用 Wanlix 操作系统,就必须修改 wlx_core_a.asm 文件里的函数,处理器的出入栈方式等细节也是需要考虑的。

使用 Wanlix 操作系统还有一个限制:任务不能运行到任务函数结束。任务函数不管是像 TEST_TestTask1 函数那样是个死循环,还是像 WLX_RootTask 函数那样执行后永远不再切换回来继续执行了,一定要保证任务函数永远不能执行完。这是因为如果一个函数执行完,就会通过跳转指令返回到它的父函数,而 Wanlix 操作系统在创建任务时并没有为任务函数提供返回地址,因此任务函数返回时就会出现错误。为了防止出现这种问题,我们创建的每个任务最好都是一个 while 死循环。Wanlix 本着只实现最简单的任务切换功能的原则,这个问题在这里就不解决了,我们将在 Mindows 操作系统中解决这个问题。

另外,任务切换函数 WLX_TaskSwitch 不能在中断中使用。该函数会备份恢复任务的上下文信息,如果在中断中调用该函数,就会破坏中断栈中的数据,导致系统崩溃。

Wanlix 操作系统所提供的接口函数会在附录 B 中列出。

前面几节的程序中不仅包含了 Wanlix 目录下的操作系统程序,而且还在 src-code 目录中使用了一些用户程序,用来演示操作系统的功能。现在我们将操作系统的程序单独整理出来,去掉用户程序,使之仅包含与操作系统相关的文件进行发布。我们以两种形式发布 Wanlix 操作系统,第一种:提供操作系统源代码文件,当用户需要使用 Wanlix 操作系统时需要将用户文件与操作系统文件一起编译。第二种:将操作系统编译成 lib 库文件,不提供操作系统源代码,当用户需要使用 Wanlix 操作系统时,只需要将操作系统 lib 库文件添加进自己的工程进行链接即可使用,同时需要在 global.h 文件中定义根任务的大小,以及在 main 函数中使用 WLX_WanlixInit 函数初始化操作系统,然后就可以在 WLX_RootTask 根任务中编写用户代码了,具体使用方法可以参考 3.7 节中的例子。

Wanlix 的开发到此就告一段落,最后我们为 Wanlix 设定一个版本号,版本号的格式为 Major.Minor.Revision.Build。这个格式的解释如下:Major 是主版本号,当操作系统功能或结构有重大改变时才修改此版本号,比如增加了多个重要功能或者整体架构发生变化；Minor 是子版本号，基于原有功能、结构增加、修改一些功能时修改此版本号；Revision 是修改版本号，当修改 bug，完善一些小功能时就更改此版本号；Build 是编译版本号，每次正式编译时该版本号加 1，一般仅限于内部修改测试，不对外公布。每当上一级版本号变动后，下一级版本号归 0 重新开始。

此次 Wanlix 发布的版本号为 001.001.001.000，只提供任务切换功能，Wanlix 后续若还有发展的话，就在此版本号基础上修改。

本节增加了获取 Wanlix 版本号的函数，如下：

```
00174   U8 * WLX_GetWalixVersion(void)
00175   {
00176       return WANLIX_VER;
00177   }
```

其中，WANLIX_VER 宏定义的就是 Wanlix 的版本号，如下：

```
#define WANLIX_VER            "001.001.001.000"
```

我最原始的计划只是将操作系统代码写到这里，写操作系统的初衷只是因为当时找不到一个适合小型嵌入式设备的操作系统，才萌生了自己写一个具有任务切换功能的操作系统的想法。但当我写到这里，实现了任务切换功能之后，我发现还可以实现操作系统更多的功能，可以讲述更多的原理，可以让更多的人了解操作系统更多的知识，还可以继续写下去。因此，我继续写下去，去编写一个功能更强大、更完善的操作系统——Mindows 操作系统。

在后面的第 4 章和第 5 章将设计 Mindows 操作系统内核，这是一个具有实时抢占性的嵌入式操作系统内核。在编写 Mindows 的过程中，将了解更多有关操作系统的知识，实现操作系统更多的功能！

下面将使用 Wanlix 操作系统编写一个小项目，作为 Wanlix 操作系统在本手册的总结。

3.7　编写交通路口红绿灯控制系统

至此，我们已经实现了一个非常简单、小巧的操作系统——Wanlix，简单到它只具备任务切换这一项任务管理功能，而且需要用户自己主动切换，实时性较差。但无论如何，它确实实现了任务的切换，这是不争的事实，前面打印的例子就可以证明。

本节将使用 Wanlix 开发一个交通红绿灯的控制程序，通过这个稍微复杂的程序来应用 Wanlix 操作系统。

3.7.1　功能介绍

首先，了解一下这个交通红绿灯的功能，然后再设计软件结构、编码，最后在开发

嵌入式操作系统内核调度——底层开发者手册

板上运行,观察结果,展示使用 Wanlix 操作系统开发的第一个嵌入式系统。

　　图 3.15 是本小节所要编写的交通红绿灯控制系统的示意图,该图将在 LCD 显示屏上进行演示。

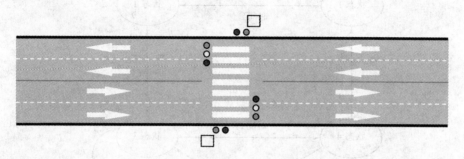

图 3.15　十字路口交通红绿灯示意图

　　图中左右方向是主干道,上下方向是从干道。主干道行驶机动车辆,从干道为行人斑马线。主干道上的车多,通行时间长,从干道行人少,通行时间短,主从干道交替通行。顺着前进的方向看,主干道上的 3 个灯分别是红、黄、绿,从干道上的 2 个灯分别是红、绿。上下的两个方块是行人横跨主干道时的应急按钮,当行人按下应急按钮时,无论主干道处于什么状态,都会变为禁止通行状态,从干道则会变为通行状态,行人可以从从干道通行,过一段时间后主从干道又恢复为正常的交替通行状态。

　　表 3.1 描述了十字路口各个灯的状态。

表 3.1　十字路口状态表

状　态	主干道红灯	主干道黄灯	主干道绿灯	从干道红灯	从干道绿灯
状态 1:主干道通行,从干道停止,20 s	灭	灭	亮	亮	灭
状态 2:主干道将停,从干道将通行,5 s	灭	亮	灭	亮	灭
状态 3:主干道停止,从干道通行,10 s	亮	灭	灭	灭	亮
状态 4:主干道将通行,从干道将停,5 s	亮	灭	灭	灭	闪烁

　　状态 1 持续 20 s,主干道绿灯亮,从干道红灯亮,指示主干道通行从干道禁止通行;此后转换为状态 2 持续 5 s,主干道黄灯亮,从干道红灯亮,指示主干道将禁止通行,从干道将通行;此后转换为状态 3 持续 10 s,主干道红灯亮,从干道绿灯亮,指示主干道禁止通行从干道通行;此后转换为状态 4 持续 5 s,主干道红灯亮,从干道绿灯闪烁,指示主干道将通行,从干道将禁止通行。此后再转换到状态 1,如此周而复始地运行。另外,当行人按下应急按钮时,无论当前处于什么状态,都会转换为从干道通行状态,此后仍按上述 4 个状态循环运行。

　　十字路口状态机如图 3.16 所示。

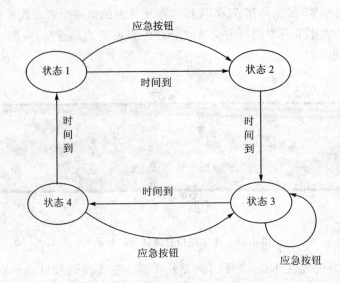

图 3.16　十字路口运行状态切换图

3.7.2　程序设计及编码实现

在任务设计上需要尽可能做到任务间的耦合小,任务之间仅通过少量的接口传递信息。在这个交通灯系统中,可以将其功能拆分成 3 任务:任务 1 用来读取行人按钮的状态;任务 2 用来控制十字路口的状态,并根据十字路口的状态改变各个灯的状态;任务 3 用来将各个灯的状态输出到灯上,这 3 个任务依次循环触发。这样分解的 3 个任务之间的耦合性小,当修改方案,改变十字路口各个灯的控制策略时,只需要修改任务 2 的代码,任务 1 和任务 3 几乎不受影响。

当然,这个系统也可以有其他任务设计方式,但不管如何设计,都应尽量保证各个任务之间层次分明,耦合性要小,避免多个任务互相干扰。比较差的设计是几个任务互相影响,比如一个任务控制主干道的灯,另一个任务控制从干道的灯,每个任务不仅需要考虑到自己如何运行,还要考虑与其他任务的配合。当任务多的时候,这种配合将变得非常复杂,即便功能实现了,对以后的维护、功能修改也将是巨大的考验。

在这个软件系统里,难点在于控制各个灯的状态变化。在所有的十字路口状态中,灯有亮、灭、闪烁 3 种状态,每种十字路口状态中每个灯都有不同的持续时间。为此,可以用一个结构体来表示灯的这些状态:

```
typedef struct crossstatestr
{
    U32 uiRunTime;
    LEDSTATE astrLed[LEDNUM];
```

72

```
}CROSSSTATESTR;
```

其中 uiRunTime 是状态运行的时间，LEDSTATE 是灯状态结构体，LEDNUM 是灯的数量，为每个灯定义一个状态变量。

LEDSTATE 结构体为：

```
typedef struct ledstate
{
    U32 uiLedState;
    U32 uiBrightness;
}LEDSTATE;
```

uiLedState 表示灯的状态：亮、灭或闪烁状态；uiBrightness 表示当灯处于闪烁状态时是亮还是灭。

CROSSSTATESTR 结构体可以表示十字路口的状态，可以使用该结构体定义一个数组来表示十字路口的 4 种状态：

```
CROSSSTATESTR gastrCrossSta[CROSSSTATENUM] = CROSSINITVALUE;
```

其中，宏定义 CROSSSTATENUM 是十字路口状态的数量，宏定义 CROSSIN-ITVALUE 是十字路口各种状态的初始值，gastrCrossSta 变量包含了表 3.1 中各个灯的所有状态。

任务 2 运行时，若发现当前状态的时间已经耗尽，则会取出下个状态的初始值，并根据该状态的参数更改各个灯的状态，任务 3 则会将灯的状态输出到 LCD 显示屏上。十字路口的状态将按照图 3.16 中的状态机进行切换。若行人按键被按下，任务 1 会改变十字路口的状态，然后任务 2 会根据十字路口的状态重新更新各个灯的状态，任务 3 又会将灯的状态输出到灯上，这样就可以完成这个十字路口的软件功能了。

在这个软件系统里，需要根据时间来改变各种状态，可以使用硬件定时器每隔 100 ms 产生一次中断，作为这个软件系统的时间单位。

软件流程如图 3.17 和图 3.18 所示，软件开始运行时，初始化十字路口的各个状态，然后任务 1～3 交替运行，期间发生的定时器中断会更新时间变量计数，任务 1 会根据行人按钮状态改变十字路口的状态变量，任务 2 需要根据十字路口状态变量判断灯的状态是否需要改变，如需改变则改变灯的状态，任务 3 再根据这些灯的状态更新灯的输出。

这个过程比较简单，就不详细介绍代码了，请读者自行阅读源代码。

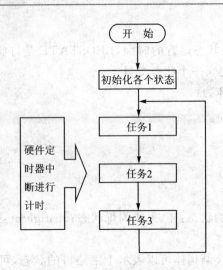

图 3.17　十字路口主流程图

74

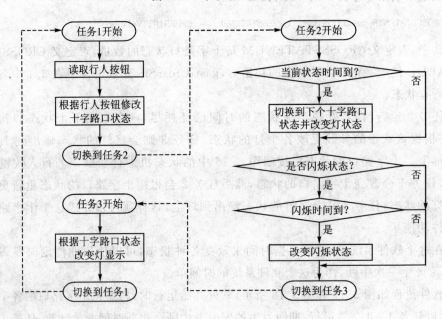

图 3.18　十字路口任务流程图

3.7.3　功能演示

编译本节代码,将目标程序加载到开发板中运行,LCD 显示屏输出如图 3.19 所示。

大家可以到网站去下载本节视频观看这个系统的运行过程,可以看到各个灯按照我们的设计循环亮灭,控制着十字路口的交通。当行人按下应急按钮时,主通道便禁止通行,从干道变为通行状态,可以看到这个小系统实现了我们的设计要求。

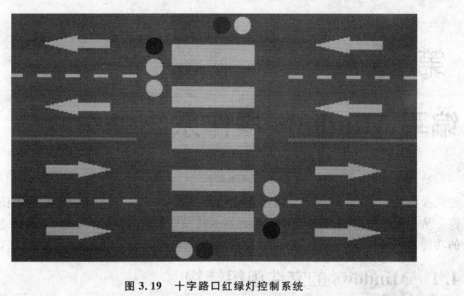

图 3.19　十字路口红绿灯控制系统

　　针对 Wanlix 的两种发布形式,本节的交通红绿灯控制系统分别使用 Wanlix 源代码和库文件做了两个工程,大家可以到网站下载。

第 **4** 章

编写 Mindows 操作系统

第 3 章我们实现了一个简单的操作系统——Wanlix，这个操作系统是一种非抢占式操作系统，需要用户主动调用任务切换函数 WLX_TaskSwitch 来实现任务切换。从本章开始，将编写一个实时抢占嵌入式操作系统——Mindows，它将具备更多的功能。在编写过程中可了解有关操作系统更多的内容。

4.1　Mindows 的文件组织结构

Mindows 操作系统会比 Wanlix 操作系统实现更多的功能，相对 Wanlix 来说要复杂一些，文件也更多一些，因此，需要在 Wanlix 的基础上对文件组织结构作一下调整，使之能更好地适用于 Mindows 操作系统。先来看一下 Mindows 的文件组织结构。

Mindows 的目录结构仍与 Wanlix 类似，有 mindows、srccode、others、lib、outfile 和 project 这几个目录，mindows 目录下存放的是 Mindows 操作系统的文件，其余目录与 Wanlix 中的一致。

Mindows 操作系统的每个 c 文件有 2 个 h 头文件，比如说 mds_core_c. c 文件，它有 mds_core_c_inner. h 头文件和 mds_core_c. h 头文件。带 inner 的头文件是操作系统内部头文件，仅包含操作系统内部使用的信息，不提供给用户使用；不带 inner 的头文件是操作系统的外部头文件，包含可供操作系统和用户使用的信息，提供给用户使用。

除此之外，Mindows 还提供了 mds_mdsdef. h 和 mds_userdef. h 头文件，mds_mdsdef. h 里面包含了操作系统共用的一些信息，mds_userdef. h 里面的信息则是用户可以修改的。由用户根据项目需要自己修改该文件，对 Mindows 操作系统的功能进行自定义。

与 Wanlix 相似，Mindows 也提供一个对用户的接口头文件 mindows. h，mindows. h 是操作系统的总头文件，它包含了所有 c 文件的外部头文件以及 mds_mdsdef. h 和 mds_userdef. h 头文件，用户文件只需要包含 mindows. h 就可使用 Mindows 操作系统的功能。另外，Mindows 还提供了一个对内的总头文件 mindows_inner. h，它包含了所有 c 文件的内部头文件和 mindows. h 文件，并且它也被所有的操作系统 c 文件所包含。

　　参照上面的描述，我们来看看图 4.1 中所画的 Mindows 操作系统文件对应关系。

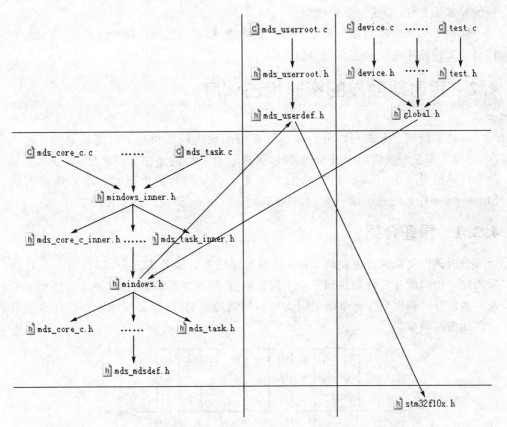

图 4.1　Mindows 操作系统文件调用关系

　　图 4.1 中最上面一行文件是需要用户自己编写的文件，这些文件用来实现用户设计的功能；中间一行是实现操作系统功能的文件，用户不能改写；最下面一行是处理器的驱动库头文件，由处理器厂商提供。左边一列是操作系统文件，中间一列是操作系统与用户的接口文件，右边一列是用户文件。

　　这么设计的初衷是为了将操作系统对内与对外使用的信息分开，将操作系统对外的接口信息都封装到 mindows.h 文件中，用户只需要包含 mindows.h 文件即可使用操作系统的功能。将用户可自行修改的信息封装到 mds_userdef.h 文件中，用户只需要修改 mds_userdef.h 文件即可达到配置 Mindows 操作系统的目的。

　　其中 mds_core_a.asm 文件有点特殊，因为它是汇编文件，无法使用 c 文件中的定义，因此它与 c 文件没有直接关系，它里面的函数是放在 mds_core_c.h 文件中声明供 c 文件使用的。

经过对文件结构的设计,每个 c 文件只需要包含 mindows_inner. h 头文件,mindows_inner. h 头文件会包含各个 c 文件的内部头文件以及 mindows. h 头文件,mindows. h 头文件会包含 mds_userdef. h 头文件、mds_mdsdef. h 头文件以及各个 c 文件的外部头文件,形成一个树状结构。

后面每节都会编写操作系统的一个新功能,都有一套源代码与之对应,存放这些代码的文件使用的就是上面介绍的结构。

4.2　定时器触发的实时抢占调度

操作系统调度方式可以分为基于优先级的抢占调度和基于时间轮询的分时调度,抢占式调度一般应用于嵌入式领域,可以针对某种情形作出快速反应,而大型操作系统一般是在分时调度的基础上又引入了更复杂的调度机制。本章所编写的 Mindows 操作系统属于前一类,本节将介绍 Mindows 调度的基本原理。

4.2.1　原理介绍

分时调度简单来说就是将 CPU 资源按照任务数量分为几份时间片,一个任务运行完一份时间片后就切换到下一个任务运行,周而复始地运行,如图 4.2 所示。复杂一些的分时调度会在此基础上引入更多的调度机制,以保证属性不同的任务能更合理地参与调度。

图 4.2　任务分时调度方式

CPU 资源总量是不变的,当分时操作系统上运行的任务增多时,每个任务所运行的时间就会减少,分时操作系统上同时运行很多任务时,我们就会明显地感觉到每个任务的执行速度变慢了。在 Windows 上同时运行很多大程序时就会有这种体会。

而基于优先级抢占式调度的操作系统则不会出现这种问题。抢占式操作系统中的任务有优先级这个属性,优先级越高的任务就越会被优先执行,优先级低的任务需要等到优先级高的任务执行完毕才能执行。依照优先级抢占的调度方式,即使操作系统上同时运行了很多任务,也会确保优先级高的任务先运行,将需要优先运行的任务优先级设置为高级别,就可以确保任务的实时性,但反过来看,这样做也会降低低优先级任务的实时性。优先级抢占调度方式如图 4.3 所示。

只要能合理地设计不同任务的优先级,就可以使整个系统的响应非常及时。因

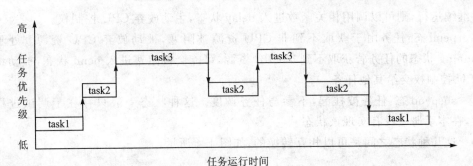

图 4.3　基于任务优先级的抢占式调度方式

此，基于优先级抢占的操作系统具有更好的实时性，是一种实时操作系统，实时性对嵌入式领域来说是非常重要的。

对于分时操作系统来说，操作系统需要计算每个任务的运行时间，任务运行时间结束就切换到下一个任务去运行，根据时间计数就可以实现任务调度。对于抢占式操作系统来说，需要根据任务优先级进行调度，但操作系统何时需要进行由低优先级任务切换到高优先级任务的调度呢？高优先级任务运行的时间具有随机性，操作系统不可能一直轮询检测是否应该发生任务切换，因为这将占用大量的 CPU 资源，但如果能做成像中断那样由中断通知操作系统进行任务调度，就可以解决这个问题了。我们可以使用一个硬件定时器，利用硬件定时器定时产生中断，在中断服务函数里进行任务调度，这个中断叫作 tick 中断。可以看出操作系统调度周期与 tick 周期有关，tick 周期越小操作系统的实时性越好。但 tick 周期也不是越小越好，因为产生 tick 中断时需要进行中断上下文切换和任务上下文切换，这个过程也会浪费时间。如果 tick 周期过小，会使这一过程所占 CPU 资源的比重过大，反而会降低处理器的处理效率；当然 tick 周期也不能过大，过大的 tick 周期会丧失操作系统的实时性。一般这个 tick 周期可以设置为 10 ms，具体数值还需要根据整个系统的整体情况而定。

任务调度时机已经解决了，那么剩下的问题就是如何根据任务优先级进行任务调度。操作系统需要根据任务所处的不同状态对任务进行调度，我们将任务的运行状态分为 running、ready、delay、pend、suspend 几种状态，任务在其生存周期期间可能会在这几种状态之间切换。任务调度发生时，任务状态可能会发生改变，任务状态发生改变时也可能产生任务调度。

running 态：任务获取到 CPU 资源，任务正在运行。任何时刻，系统中只能有一个任务处于 running 状态。

ready 态：任务准备就绪，已经获取除 CPU 资源之外的所有资源。处于 ready 状态的任务如果具有最高优先级，那么再发生任务调度时它就会转换为 running 态。

delay 态：任务主动延迟，放弃 CPU 资源。处于 running 状态的任务若暂时不需要继续运行,则可以调用相关函数进入 delay 状态,主动放弃 CPU 控制权。

pend 态:任务由于获取不到非 CPU 资源被阻塞,被动放弃 CPU 资源。处于 running 状态的任务若获取不到非 CPU 资源,可能会被阻塞进入 pend 状态,被动将 CPU 控制权交给其他任务。

suspend 态:任务被挂起,不参与任务调度。这种状态一般只存在于调试过程中,在本手册中没有实现该状态。

这几种状态之间是可以相互转换的,如图 4.4 所示。

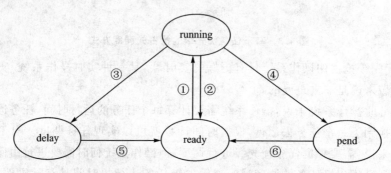

图 4.4　任务状态转换关系图

① ready→running:任务获取到所有资源,包括 CPU 资源,并且在所有处于 ready 态的任务中拥有最高优先级,当发生任务调度时就会由 ready 态转换为 running 态。

② running→ready:出现其他处于 ready 态的更高优先级任务,再次发生任务调度时,当前处于 running 态的任务就会被抢占,丧失 CPU 资源,由 running 态转换为 ready 态。

③ running→delay:处于 running 态的任务暂时不需要运行,调用相关函数主动要求延迟发生任务切换,由 running 态转换为 delay 态,主动将 CPU 资源让给其他任务。

④ running→pend:处于 running 态的任务获取不到非 CPU 资源而被动发生任务切换,由 running 态转换为 pend 态,被动将 CPU 资源让给其他任务。

⑤ delay→ready:任务延迟时间耗尽或者被相关函数唤醒,准备就绪,转换为 ready 态。

⑥ pend→ready:任务阻塞时间耗尽或者任务获取到了被阻塞的资源,准备就绪,转换为 ready 态。

操作系统需要采用两种调度方式实现上述状态转换。一种是依靠 tick 定时器触发的定时调度,在这种调度方式中,任务只会在 ready 态与 running 态之间切换,本节将实现这种调度方式,并实现 ready 态与 running 态间的切换。另一种调度方式是依靠实时事件触发的随机调度,任务可以在上述所有状态间切换,下节将实现第二种调度方式并增加 delay 状态，以及实现 reday、running 还有 delay 态间的切换。在后续章节中会再增加 pend 状态，实现任务在所有状态间切换。下面将对第一种调度方式进行程序设计，编码实现其调度功能。

4.2.2　程序设计及编码实现

根据上面所述原理，需要设计并实现 2 个功能：一个是设计 tick 中断，利用 tick 中断产生任务调度功能；另一个是设计任务优先级抢占算法，实现任务调度功能。我们先来实现 tick 中断功能。

Cortex-M3 内核支持 255 个中断，但芯片厂商在设计处理器时一般并不会支持这么多的中断，只会支持其中的一部分。Cortex-M3 内核的中断支持多种优先级，其中大部分中断的优先级是可以配置的，中断同时发生时先执行优先级高的中断，高优先级中断执行完毕才执行低优先级中断。低优先级中断正在执行时产生的高优先级中断可以打断低优先级中断，转而去执行高优先级中断。

Cortex-M3 内核处理器往往会支持数个 timer 中断，这些 timer 中断都可以用来当作 tick 中断使用。但 Cortex-M3 内核提供了一个专门用作 tick 中断的中断——SysTick 中断，使用它作为 tick 中断会使 tick 中断结构得到统一，这样在同属于 Cortex-M3 内核的不同处理器间移植代码变得容易很多。

当 tick 中断到来时，操作系统需要在 tick 中断服务函数中做一些与 tick 定时周期相关的工作，这其中就会包含任务调度，进行任务上下文切换，将当前运行任务的寄存器组数值备份到栈中，找出下一个需要运行的任务，然后再将下一个需要运行的任务的寄存器组数值恢复到处理器的寄存器中，最后跳转到这个任务开始运行。但这对于具有中断嵌套机制的处理器来说，如果 tick 中断的优先级不是最低，则可能会出现错误。如图 4.5 所示，比如说在 tick 中断发生时，如果有比它优先级更低的中断在执行，那么 tick 中断就会打断这个正在执行的中断，而 tick 中断执行完就会切换到下一个任务继续运行，这样就退出中断了，这会导致那个被打断的中断没有执行完就异常退出了中断状态，硬件就会出现错误，导致程序异常。

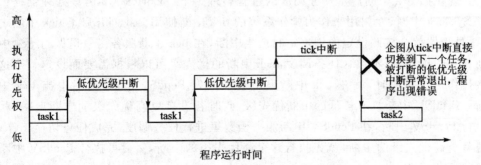

图 4.5　tick 中断打断其他中断进行任务切换

为了解决这个问题,一是在 tick 中断里检测当前是否有其他中断正在执行,只有在没有其他中断执行时,tick 中断才执行任务调度,若有其他中断在执行,那么本次的 tick 中断就放弃任务调度,等待下次 tick 中断再进行任务调度。显而易见,这种方法可能会拖延任务切换动作,尤其是当某一中断的频率与 tick 中断的频率比较接近时,任务切换动作可能永远无法执行。

二是将 tick 中断的优先级设置为最低,这样 tick 中断就不会打断其他中断了,也就不会使其他中断异常退出。但这样一来,在拥有最低优先级的 tick 中断服务函数里,所有的操作都是最后响应的,tick 中断服务函数除了有任务上下文切换操作之外,还会有其他操作,这些操作也不得不按照中断最低优先级级别来处理,如果需要这些操作具有较高的中断优先级响应,则无法做到。

为了解决这个问题,Cortex-M3 内核设计了 PendSV 中断,从字面来看,PendSV 是可以 Pend 的 SVC 中断,也就是说,是可以延迟执行的软中断。我们可以将 PendSV 的优先级设置为最低,tick 中断设置为需要的优先级,tick 中断只作任务切换之外的操作,最后由 tick 中断触发 PendSV 中断,任务上下文切换在 PendSV 中断中执行。这样就可以根据需求合理地安排 tick 的优先级而又不影响任务切换功能,如图 4.6 所示。

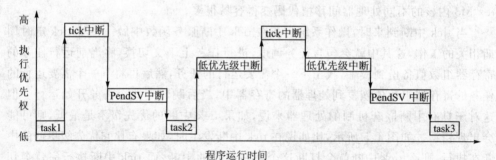

图 4.6　使用 PendSV 中断进行任务切换

现在把 tick 中断产生任务调度的过程整理一下。Cortex-M3 内核处理器提供了 SysTick 中断,专门用来作为操作系统的 tick 中断使用。我们开启了 tick 中断之后,处理器就会按照设定的周期定时产生中断,在 tick 中断服务函数里做与 tick 中断相关的操作,但不包含任务调度,tick 中断的优先级可以根据需要而设定。当这些操作执行完毕时,就在 tick 中断里由软件触发 PendSV 中断,然后退出 tick 中断。PendSV 中断具有最低的中断优先级,此时若没有更高优先级的中断产生,就执行 PendSV 中断,在 PendSV 中断服务函数里进行任务调度,完成任务切换工作;若有更高优先级的中断,就先执行这个高优先级的中断,然后再执行 PendSV 中断进行任务调度。

经过如此设计,就可以实现 Mindows 操作系统的任务调度了。对比 Wanlix 操作系统,任务上下文切换过程有一个细节是不同的,需要说明一下。Wanlix 操作系统上下文切换操作不是在中断中进行的,而 Mindows 操作系统上下文切换过程是在 PendSV 中断中进行的。在 2.3 节曾介绍过,Cortex-M3 内核处理器对中断的处理方式不同于大部分处理器的处理方式,Cortex-M3 内核在中断发生前后,硬件会自动对 XPSR、PC、LR、R12、R3、R2、R1 和 R0 这 8 个寄存器进行入栈/出栈操作,这一过程对软件来说是透明的,不需要软件来操作,但对于 Mindows 操作系统来说,却不能是透明的,因为 Mindows 操作系统在 PendSV 中断中进行任务上下文切换,这需要操作栈中的 8 个寄存器。不过,由于 PendSV 中断发生时会将 8 个寄存器备份到当前任务的栈中,不会与其他任务栈产生冲突,因此我们可以不用备份这些数据,当当前任务再次恢复运行时,PendSV 中断会自动从其栈中恢复这 8 个寄存器的数值,如图 4.7 所示。

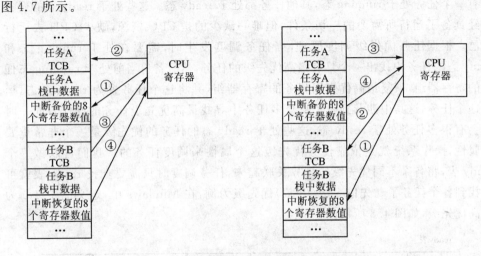

图 4.7　Cortex-M3 内核任务调度中断处理过程

　　图 4.7 左图中,任务 A 正在运行时发生 PendSV 中断,硬件在步骤①中将任务 A 的 8 个寄存器备份到它的栈中,然后在步骤②进行任务调度,由软件将当前寄存器组中的数据备份到任务 A 的 TCB 中。接下来准备运行任务 B,由软件在步骤③将寄存器组恢复为任务 B TCB 中保存的数值,最后退出 PendSV 中断,在步骤④由硬件从任务 B 栈中恢复 8 个寄存器的数值,开始运行任务 B。任务 B 中的 8 个寄存器是任务 B 上次切换出去时由 PendSV 中断存入的。右图是从任务 B 切换到任务 A 的过程,可以看到任务栈中的 8 个寄存器由 PendSV 中断自动入栈/出栈,由硬件维护,软件无需做额外的备份工作。

　　还有一个细节需要说明一下,任务上下文切换是对 tick 中断发生时刻的各个寄存器所作的备份、恢复工作,需要备份的是 tick 中断发生时刻的任务的寄存器数值。而在上述设计中我们将任务上下文切换工作放到了 PendSV 中断中,而不是 tick 中断中,这么看来,备份的是 PendSV 中断发生时刻的寄存器数值,而不是 tick 中断发生时刻的寄存器数值。从 tick 中断发生到备份寄存器之间执行了 tick 中断服务函数和 PendSV 中断服务函数,如果有其他中断产生,还会执行其他中断的服务函数。这样一来,在 PendSV 中断中备份的寄存器数值是否是 tick 中断发生时刻的任务的寄存器数值呢? 实际上这并没有什么不同,因为每个中断在退出时都会还原现场,寄存器在进中断时是什么数值出中断时一定还是相同的数值,这一机制在 2.3 节函数调用标准中已经介绍得很清楚了。

现在产生 tick 任务调度的问题已经解决了,我们开始设计任务调度的实现过程,将根据任务优先级进行任务调度,实现任务上下文切换,本节只实现 running 态与 ready 态。

处理器在同一时刻只能执行一条指令,也就是说只能执行一个任务,同一时刻只能有一个任务处于 running 态,其他任务都处于 ready 态。这些处于 ready 态的任务已经具备了运行所需要的一切条件,但唯一缺少的是 CPU 资源,缺少 CPU 去运行自己。根据任务优先级调度原理,当任务调度发生时,需要在处于 running 态和 ready 态的任务中找出一个具有最高优先级的任务,然后备份当前处于 running 态任务的寄存器组,恢复最高优先级任务的寄存器组,并将这个任务置为 running 态,运行这个任务,这其中涉及到一个从众多任务中寻找最高优先级任务的操作。同一时刻会有很多任务处于 ready 态,这些处于 ready 态的任务的优先级是一个非常重要的属性,操作系统就是依靠任务优先级这个属性来调度任务的。我们可以做一个 ready 表,将各个不同优先级的任务关联起来,任务调度时只需要查找 ready 表就可以找到各个任务了。先以 8 级(0～7)优先级为例,在 Mindows 中,定义优先级 0 为最高优先级,如图 4.8 所示。

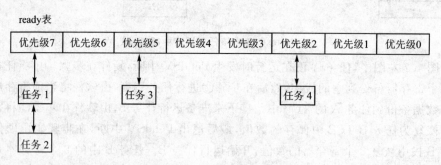

图 4.8　ready 表与任务的关联关系

任务 1 和任务 2 的优先级都是 7,与 ready 表的"优先级 7"相关联;任务 3 的优先级是 5,与 ready 表的"优先级 5"相关联;任务 4 的优先级是 2,与 ready 表的"优先级 2"相关联。与 ready 表关联的任务是可以改变的,可以增加也可以减少。我们可以采用链表来关联 ready 表与各个任务,ready 表中的每个"优先级"就是这个级别的优先级链表的根节点,与之相关的任务就是这个链表上的一个节点。比如,"优先级 7"就是 ready 表中优先级为 7 的链表的根节点,任务 1 和任务 2 分别是优先级为 7 的链表中的一个节点。这样,当需要查找 ready 表中优先级为 7 的任务时,只需要先找到优先级为 7 的链表根节点,再从根节点顺着链表就可以找到优先级为 7 的任务,有任务 1 和任务 2。

为此,需要设计一个链表结构,Mindows 里使用的链表结构体如下:

```
typedef struct m_dlist                  /* 链表结构 */
{
    struct m_dlist * pstrHead;          /* 头指针 */
    struct m_dlist * pstrTail;          /* 尾指针 */
}M_DLIST;
```

pstrHead 是链表的头指针,pstrTail 是链表的尾指针。当链表为空即链表只有根节点时,根节点的头尾指针都指向空指针;当链表不为空时,根节点的头指针指向链表中的第一个子节点,根节点的尾指针指向链表中的最后一个子节点,每个子节点的头指针指向它前面的节点,每个子节点的尾指针指向它后面的节点。这样所有的子节点与根节点就组成了一个环状的双向链表结构,通过根节点可以快速找到链表的第一个和最后一个子节点,通过任何一个节点都可以找到它前后的节点。我们来看看链表为空、有 1 个节点、有 2 个节点和多个节点的情况,分别如图 4.9、图 4.10、图 4.11 和图 4.12 所示。

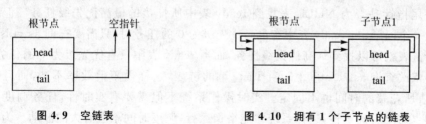

图 4.9 空链表   图 4.10 拥有 1 个子节点的链表

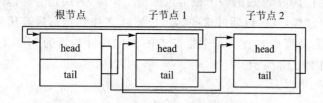

图 4.11 拥有 2 个子节点的链表

Mindows 提供了几个链表操作函数,包括初始化链表的函数 MDS_ChainInit,向链表尾部插入一个节点的函数 MDS_ChainNodeAdd,从链表头部删除一个节点的函数 MDS_ChainNodeDelete,向链表指定的节点前插入一个节点的函数 MDS_ChainCurNodeInsert,删除链表中指定节点的函数 MDS_ChainCurNodeDelete,查询链表是否为空的函数 MDS_ChainEmpInq,查询链表中指定节点的下一个节点是否为空的函数 MDS_ChainNextNodeEmpInq。这些链表操作函数将会在 Mindows 中

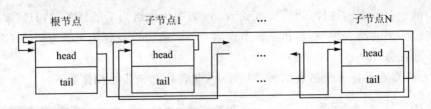

根节点　　　　　子节点1　　　...　　　　子节点N

图 4.12　拥有多个子节点的链表

用到,链表操作函数的细节这里就不具体介绍了,请读者自己阅读源代码。

　　拥有了链表结构,ready 表就可以用链表数组来实现,下面定义了具有 8 个优先级的链表数组 astrList[8]:

M_DLIST astrList[8];

　　每个数组元素分别对应 ready 表中每个"优先级"链表的根节点,astrList[0]～astrList[7]分别对应优先级 0～7 链表的根节点。任务若要挂到 ready 表上,那么任务里也需要有一个 M_DLIST 的链表节点结构,任务的这个链表节点结构可以放到 TCB 里面,后面在介绍 TCB 的时候再详细说明。

　　根据前面链表的定义,我们知道当链表为空时链表根节点的头尾指针指向 NULL,可以根据这一点使用遍历的方法,通过逐个查询 astrList[0]～astrList[7]根节点头尾指针是否为 NULL 来找到 ready 表中所挂接的最高优先级任务。但这样做存在一个问题:当 ready 表中有最高优先级为 0 的任务时,只需要查询 astrList[0] 这一个链表就可以找到最高优先级任务,而当 ready 表中只有优先级为 7 的任务时,则需要依次查询 astrList[0]～astrList[7]的链表,这样做不但效率不高,而且查询 ready 表所花费的时间也不固定。实时操作系统不但需要有实时性,任务调度花费的时间也需要有确定性,这样系统才能平稳运行,调度时间不会有大的波动。为了解决这个问题,我们为 ready 表的每个根节点配备一个标志,用这些标志来指明这些根节点是否为空。这样,就可以通过这些标志快速地查找到挂有最高优先级任务的链表根节点,而不需要直接去查询每个根节点的头尾指针是否为 NULL。如此一来,ready 表结构如图 4.13 所示。

ucPrioFlag

标志 7	标志 6	标志 5	标志 4	标志 3	标志 2	标志 1	标志 0
优先级 7	优先级 6	优先级 5	优先级 4	优先级 3	优先级 2	优先级 1	优先级 0

astrList

图 4.13　ready 表链表根节点与标志的对应关系图

　　8 个标志位对应 8 个优先级的根节点,正好可以定义 1 字节的变量 ucPrioFlag,使用这个变量里面的每个 bit 作为一个标志,来表示各个优先级的链表是否为空。

bit0～bit7 分别对应 astrList[0]～astrList[7]，bit 为 0 代表链表为空，bit 为 1 代表链表不为空，这个优先级的链表上有任务处于 ready 状态。

至此已经设计完了具有 8 个优先级的 ready 表，再来看看对 ready 表的操作。

（1）初始化 ready 表

将 ready 表中的每个根节点的头尾指针都指向 NULL，使 8 个优先级的链表都为空，同时，将标志置为 0，这时候 ready 表上没有挂接任何任务。

（2）将节点添加到 ready 表

当有任务变为 ready 态时，我们将任务 TCB 中的链表节点添加到 ready 中与它具有相同优先级的链表上，并将对应的标志位置为 1。

（3）从 ready 表拆离一个节点

当有任务需要从 ready 表拆离时，将这个任务的节点从 ready 表中它对应的优先级链表中删除，若此时该优先级上没有其他任务了，则需要再将其对应的标志 bit 置为 0，以表明这个优先级根节点上没有任何任务。

（4）查询 ready 表中的最高任务优先级

这个过程稍微复杂一些，需慢慢道来。

先来看看 ready 表标志为表 4.1 中所列的几种情况。

表 4.1　ready 表标志与任务优先级的关系

bit7	bit6	bit5	bit4	bit3	bit2	bit1	bit0	最高优先级
1	0	0	0	0	0	0	0	7
1	1	0	0	0	0	0	0	6
1	1	1	0	0	0	0	0	5
1	1	1	0	0	0	0	0	5
0	0	0	1	0	1	0	0	2
1	0	1	0	0	0	0	1	0

通过这几组数据可以看到，ready 表中的最高任务优先级是由标志为 1 的最低位决定的，也就是说，从 bit0 向 bit7 找，当发现第一个为 1 的 bit 时，这个 bit 对应的就是 ready 表中最高的任务优先级，与其他的高位 bit 无关。例如，表 4.1 中第一行只有 bit7 为 1，表明 ready 表中只有优先级为 7 的任务。第二行 bit6 和 bit7 都为 1，表明 ready 表中有优先级为 6 和 7 的任务，当从 bit0 找到 bit6 时就可以找到优先级 6 的根节点上有任务，此时就不需要继续查找 bit7 的标志了，因为 bit7 即使为 1，它的优先级也没有优先级 6 高。后面的几行读者可以自行推导。

对于 8 级优先级 8 位共有 256 种组合，我们可以将这 256 种组合一一列出：

当标志为 0b000000001 的时候，也就是 1 的时候，优先级为 0；

当标志为 0b000000010 的时候，也就是 2 的时候，优先级为 1；

当标志为 0b00000011 的时候,也就是 3 的时候,优先级为 0;

当标志为 0b00000100 的时候,也就是 4 的时候,优先级为 2;

当标志为 0b00000101 的时候,也就是 5 的时候,优先级为 0;

……

当标志为 0b11111110 的时候,也就是 254 的时候,优先级为 1;

当标志为 0b11111111 的时候,也就是 255 的时候,优先级为 0。

如果将"标志的值"作为数组下标,将"优先级"作为数组元素的值,就可以构造出下面的这个数组:

```
const U8 caucTaskPrioUnmapTab[256] =      /* 优先级反向查找表 */
{
    0, 0, 1, 0, 2, 0, 1, 0, 3, 0, 1, 0, 2, 0, 1, 0,
    4, 0, 1, 0, 2, 0, 1, 0, 3, 0, 1, 0, 2, 0, 1, 0,
    5, 0, 1, 0, 2, 0, 1, 0, 3, 0, 1, 0, 2, 0, 1, 0,
    4, 0, 1, 0, 2, 0, 1, 0, 3, 0, 1, 0, 2, 0, 1, 0,
    6, 0, 1, 0, 2, 0, 1, 0, 3, 0, 1, 0, 2, 0, 1, 0,
    4, 0, 1, 0, 2, 0, 1, 0, 3, 0, 1, 0, 2, 0, 1, 0,
    5, 0, 1, 0, 2, 0, 1, 0, 3, 0, 1, 0, 2, 0, 1, 0,
    4, 0, 1, 0, 2, 0, 1, 0, 3, 0, 1, 0, 2, 0, 1, 0,
    7, 0, 1, 0, 2, 0, 1, 0, 3, 0, 1, 0, 2, 0, 1, 0,
    4, 0, 1, 0, 2, 0, 1, 0, 3, 0, 1, 0, 2, 0, 1, 0,
    5, 0, 1, 0, 2, 0, 1, 0, 3, 0, 1, 0, 2, 0, 1, 0,
    4, 0, 1, 0, 2, 0, 1, 0, 3, 0, 1, 0, 2, 0, 1, 0,
    6, 0, 1, 0, 2, 0, 1, 0, 3, 0, 1, 0, 2, 0, 1, 0,
    4, 0, 1, 0, 2, 0, 1, 0, 3, 0, 1, 0, 2, 0, 1, 0,
    5, 0, 1, 0, 2, 0, 1, 0, 3, 0, 1, 0, 2, 0, 1, 0,
    4, 0, 1, 0, 2, 0, 1, 0, 3, 0, 1, 0, 2, 0, 1, 0
};
```

当需要查找 ready 表中的最高优先级时,就可以将 ready 表中的标志变量 ucPrioFlag 当作数组下标带入到数组 caucTaskPrioUnmapTab 中,caucTaskPrioUnmapTab[ucPrioFlag]数组元素的值就是 ready 表中的最高任务优先级。这种查找最高优先级的方法非常简单,查找速度快且花费时间相同,而且系统开销也不大。

这其中标志值为 0 的情况是不存在的,因为 ready 表中至少会有一个任务,至少处于 running 态的任务就位于 ready 表中,所以 caucTaskPrioUnmapTab[0]的值是无效的,它只是用来占个坑填满数组而已。

8 个任务优先级对于小型嵌入式设备来说应该是够用了,但对稍大一些的嵌入式设备来说就显得太少了。可以通过扩充 astrList 数组的数组元素数量来扩充 Mindows 所支持的优先级数量,同时,也需要相应地扩充 ucPrioFlag 标志的长度好与之相对应。通过这种方法,可以将 Mindows 支持的优先级数量扩展到支持 8、16、

32、64、128、256 这 6 种不同的级别,用下面的宏分别定义这些级别:

```
# define PRIORITY256          256
# define PRIORITY128          128
# define PRIORITY64           64
# define PRIORITY32           32
# define PRIORITY16           16
# define PRIORITY8            8
```

用户只需要在 mds_userdef.h 文件里将 PRIORITYNUM 宏定义为上面这 6 种优先级数量之一,就可以确定 Mindows 将使用的优先级数量。例如,用户使用下面的宏定义选择 Mindows 支持 32 个优先级数量:

```
# define PRIORITYNUM          PRIORITY32
```

我们为操作系统保留了一个最高和最低的任务优先级,用户程序是不能使用这 2 个任务优先级的,有关任务优先级的宏定义如下:

```
# define HIGHESTPRIO       0                      /* 任务最高优先级 */
# define LOWESTPRIO        (PRIORITYNUM - 1)      /* 任务最低优先级 */
# define USERHIGHESTPRIO   (HIGHESTPRIO + 1)      /* 用户任务最高优先级 */
# define USERLOWESTPRIO    (LOWESTPRIO - 1)       /* 用户任务最低优先级 */
```

操作系统通过 PRIORITYNUM 宏就可以知道用户所希望使用的优先级数量了。那么,现在我们把 ready 表的结构重新整理一下:

```
typedef struct m_taskschedtab          /* 任务调度表 */
{
    M_DLIST astrList[PRIORITYNUM];      /* 各个优先级根节点 */
    M_PRIOFLAG strFlag;                 /* 优先级标志 */
}M_TASKSCHEDTAB;
```

astrList 仍是链表数组,每个数组元素对应一个优先级的链表根节点,优先级的数量由 PRIORITYNUM 宏确定。strFlag 是每个优先级链表对应的标志,M_PRIOFLAG 结构体如下:

```
typedef struct m_prioflag              /* 优先级标志表 */
{
# if PRIORITYNUM >= PRIORITY128
    U8 aucPrioFlagGrp1[PRIOFLAGGRP1];
    U8 aucPrioFlagGrp2[PRIOFLAGGRP2];
    U8 ucPrioFlagGrp3;
# elif PRIORITYNUM >= PRIORITY16
    U8 aucPrioFlagGrp1[PRIOFLAGGRP1];
    U8 ucPrioFlagGrp2;
```

```
#else
    U8 ucPrioFlagGrp1;
#endif
}M_PRIOFLAG;
```

M_PRIOFLAG 结构体根据不同优先级数量将标志位分为 3 种情况:只定义 8 个优先级数量时标志位只使用 1 个字节;定义 16、32、64 个优先级数量时标志位分为 2 级;定义 128、256 个优先级数量时标志位分为 3 级。下面来看看为什么要这么做。

在优先级只有 8 个的时候,标志有 2^8 共 256 种组合,可以使用一个 256 字节的数组 caucTaskPrioUnmapTab 来构建优先级反向查找表;当优先级为 16 个时,标志有 2^{16} 共 65 536 种组合,若构建 64 KB 的优先级反向查找表未免显得太浪费了,而且对于某些小型嵌入式系统来说也无法实现,它的程序空间也许还没有 64 KB 大;当优先级为 256 时,2^{256} 是一个非常巨大的数,任何硬件都无法支持这么大的数组。

为了解决这个问题,可以将 ready 表的标志分级,以 256 个优先级为例,如图 4.14 所示。

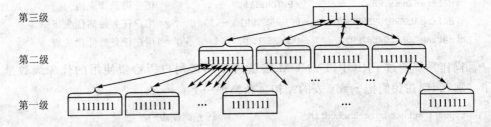

图 4.14　ready 表 256 级标志分级方法

目前只有 256B 的优先级反向查找表可以使用,它只支持 8 个优先级。可以将 256 个优级分解成多级,每级可以支持 8 个优先级,256 个优先级就可以分解为 4×8 ×8。第三级有 4 个 bits,每个 bit 分别对应第二级的一个 Byte;第二级每个 Byte 中的每个 bit 分别对应第一级的一个 Byte,这样到第一级就有 4×8×8 共 256 个 bits,每个 bit 对应 ready 表中的一个根节点,用来指示该优先级链表是否为空。第一级标志对应着每个优先级链表,第二级和第三级是为了查找第一级而设立的。下面来看看操作 ready 表时如何使用这 3 级标志。

(1) 初始化 ready 表

将 3 级标志全部置为 0。

(2) 将节点添加到 ready 表

将每一级标志中对应的 bit 置为 1。比如说添加的任务优先级是 143,使用整型数计算舍弃小数,143÷8÷8≈2,对应第三级的 bit2,将第三级的 bit2 置为 1;143÷8 ≈17,对应第二级的 bit17;17÷8≈2,对应第二级的 Byte2;17−8×2=1,对应 Byte2 的 bit1,将第二级 Byte2 中的 bit1 置为 1。143÷8≈17,对应第一级的 Byte17;143−

嵌入式操作系统内核调度——底层开发者手册

$8 \times 17 = 7$,对应 Byte17 的 bit7,将第一级 Byte17 中的 bit7 置为 1。

(3) 从 ready 表拆离一个节点

若这个优先级根节点上没有其他任务了,则将第一级标志中对应的 bit 置为 0;若该 bit 所属的第二级和第三级中没有其他任务的标志,则将第二级、第三级对应的 bit 也置为 0,否则维持原状不变。比如 ready 表中有 143 和 144 这两个优先级的任务,如果要删除 143,则将第一级 Byte17 中的 bit7 置为 0,而第二级 Byte2 中的 bit1 和第三级的 bit2 是不能置为 0 的,因为 144 优先级也位于第二级 Byte2 中的 bit1 和第三级的 bit2。

(4) 查询 ready 表中的最高优先级

查询任务最高优先级时仍使用 caucTaskPrioUnmapTab 这个优先级反向查找表,只不过是分为 4 步。第 1 步,从第三级的 4 bits 里查询出第二级中拥有最高优先级的 Byte;第 2 步,从第二级的这个 Byte 里查询出第一级中拥有最高优先级的 Byte;第 3 步,从第一级的这个 Byte 里查询出拥有最高优先级的 bit;第 4 步,通过前 3 步找出的最高优先级所在第一级、第二级和第三级中的位置算出最高优先级。

下面仍以 143 优先级为例,讲述查找最高优先级的过程。通过上面的讲述,我们知道 143 优先级在第三级的 bit2、第二级 Byte2 中的 bit1 和第一级 Byte17 中的 bit7。第 1 步,第三级标志为 0b0100,查询优先级反向查找表 caucTaskPrioUnmapTab[4] 的值为 2,说明最高优先级在第二级的 Byte2 中。第 2 步,Byte2 的值为 0b00000010,查询优先级反向表 caucTaskPrioUnmapTab[2] 的值为 1,说明最高优先级在第二级 Byte2 中所拥有的 8 个第一级 Bytes 中的 Byte1 中。$8 \times 2 + 1 = 17$,也就是第一级中的 Byte17。第 3 步,Byte17 的值为 0b10000000,查询优先级反向查找表 caucTaskPrioUnmapTab[128] 的值为 7,说明最高优先级在第一级 Byte17 中的 bit7。第 4 步,$(8 \times 2 + 1) \times 8 + 7 = 143$,这样就查找到了 ready 表中的最高优先级。

查找到最高优先级后,astrList[最高优先级] 就是最高优先级链表的根节点,通过此链表就可以找到最高优先级任务的节点,而最高优先级任务的节点与最高优先级任务的 TCB 相关联,因此就可以找到最高优先级任务的信息了。

程序结构设计讲解到这里,下面来看看具体的代码实现。先来看操作 ready 表的代码,MDS_TaskAddToSchedTab 函数的作用是将任务添加到 ready 表中:

```
00205    void MDS_TaskAddToSchedTab(M_DLIST * pstrList, M_DLIST * pstrNode,
00206                              M_PRIOFLAG * pstrPrioFlag, U8 ucTaskPrio)
00207    {
00208        /* 将该任务节点添加到调度表中 */
00209        MDS_DlistNodeAdd(pstrList, pstrNode);
00210
00211        /* 设置该任务对应调度表的优先级标志表 */
00212        MDS_TaskSetPrioFlag(pstrPrioFlag, ucTaskPrio);
00213    }
```

00205～00206 行,入口参数 pstrList 是 ready 表中优先级链表根节点指针,也就是 astrList 数组中的一个数组元素的指针;入口参数 pstrNode 是需要挂接到链表上的节点,也就是任务 TCB 中的链表结构指针;入口参数 pstrPrioFlag 是优先级标志结构指针,即上面所介绍的 strFlag 结构的指针;入口参数 ucTaskPrio 是需要添加到 ready 表的任务的优先级,这个函数的作用就是将优先级为 ucTaskPrio 的任务节点 pstrNode 挂接到 pastrList 链表中与之优先级相对应的优先级根节点上,同时将 pstrPrioFlag 标志中对应的 bit 置为 1。

00209 行,将任务子节点挂接到 ready 链表根节点。

00212 行,设置优先级标志的 bit。MDS_TaskPrioFlagSet 函数的作用就是在任务加入到 ready 表时设置优先级标志,它的原理在前面已经详细地介绍过,代码如下:

```
00256    void MDS_TaskSetPrioFlag(M_PRIOFLAG * pstrPrioFlag, U8 ucTaskPrio)
00257    {
00258    # if PRIORITYNUM >= PRIORITY128
00259        U8 ucPrioFlagGrp1;
00260        U8 ucPrioFlagGrp2;
00261        U8 ucPosInGrp1;
00262        U8 ucPosInGrp2;
00263        U8 ucPosInGrp3;
00264    # elif PRIORITYNUM >= PRIORITY16
00265        U8 ucPrioFlagGrp1;
00266        U8 ucPosInGrp1;
00267        U8 ucPosInGrp2;
00268    # endif
00269
00270        /* 设置调度表对应的优先级标志表 */
00271    # if PRIORITYNUM >= PRIORITY128
00272
00273        /* 获取优先级标志在第一组和第二组中的组号 */
00274        ucPrioFlagGrp1 = ucTaskPrio / 8;
00275        ucPrioFlagGrp2 = ucPrioFlagGrp1 / 8;
00276
00277        /* 获取优先级标志在每一组中的位置 */
00278        ucPosInGrp1 = ucTaskPrio % 8;
00279        ucPosInGrp2 = ucPrioFlagGrp1 % 8;
00280        ucPosInGrp3 = ucPrioFlagGrp2;
00281
00282        /* 在每一组中设置优先级标志 */
00283        pstrPrioFlag->aucPrioFlagGrp1[ucPrioFlagGrp1] |= (U8)(1 << ucPosInGrp1);
00284        pstrPrioFlag->aucPrioFlagGrp2[ucPrioFlagGrp2] |= (U8)(1 << ucPosIn-
```

```
         Grp2);
00285        pstrPrioFlag->ucPrioFlagGrp3 | = (U8)(1 << ucPosInGrp3);
00286
00287   # elif PRIORITYNUM >= PRIORITY16
00288
00289        ucPrioFlagGrp1 = ucTaskPrio / 8;
00290
00291        ucPosInGrp1 = ucTaskPrio % 8;
00292        ucPosInGrp2 = ucPrioFlagGrp1;
00293
00294        pstrPrioFlag->aucPrioFlagGrp1[ucPrioFlagGrp1] | = (U8)(1 << ucPosIn-
         Grp1);
00295        pstrPrioFlag->ucPrioFlagGrp2 | = (U8)(1 << ucPosInGrp2);
00296
00297   # else
00298
00299        pstrPrioFlag->ucPrioFlagGrp1 | = (U8)(1 << ucTaskPrio);
00300
00301   # endif
00302   }
```

Mindows 还提供了 MDS_TaskHighestPrioGet 函数用来查询 ready 表中的最高优先级,入口参数 pstrPrioFlag 是优先级标志的指针,该函数的原理在前面也已经详细介绍过了,代码如下:

```
00309   U8 MDS_TaskGetHighestPrio(M_PRIOFLAG * pstrPrioFlag)
00310   {
00311   # if PRIORITYNUM >= PRIORITY128
00312        U8 ucPrioFlagGrp1;
00313        U8 ucPrioFlagGrp2;
00314        U8 ucHighestFlagInGrp1;
00315   # elif PRIORITYNUM >= PRIORITY16
00316        U8 ucPrioFlagGrp1;
00317        U8 ucHighestFlagInGrp1;
00318   # endif
00319
00320        /* 获取任务调度表中的最高优先级 */
00321   # if PRIORITYNUM >= PRIORITY128
00322
00323        ucPrioFlagGrp2 = caucTaskPrioUnmapTab[pstrPrioFlag->ucPrioFlagGrp3];
00324
00325        ucPrioFlagGrp1 =
```

```
00326                        caucTaskPrioUnmapTab[pstrPrioFlag->aucPrioFlagGrp2[ucPri-
                             oFlagGrp2]];
00327
00328        ucHighestFlagInGrp1 = caucTaskPrioUnmapTab[pstrPrioFlag->aucPrioFlagGrp1
00329                             [ucPrioFlagGrp2 * 8 + ucPrioFlagGrp1]];
00330
00331        return (U8)((ucPrioFlagGrp2 * 8 + ucPrioFlagGrp1) * 8 + ucHighestFlag-
                          InGrp1);
00332
00333    #elif PRIORITYNUM >= PRIORITY16
00334
00335        ucPrioFlagGrp1 = caucTaskPrioUnmapTab[pstrPrioFlag->ucPrioFlagGrp2];
00336
00337        ucHighestFlagInGrp1 =
00338                             caucTaskPrioUnmapTab[pstrPrioFlag->aucPrioFlagGrp1[ucPri-
                             oFlagGrp1]];
00339
00340        return (U8)(ucPrioFlagGrp1 * 8 + ucHighestFlagInGrp1);
00341
00342    #else
00343
00344        return caucTaskPrioUnmapTab[pstrPrioFlag->ucPrioFlagGrp1];
00345
00346    #endif
00347    }
```

通过任务调度表结构 M_TASKSCHEDTAB 可以看出，操作系统支持的优先级数量越多，占用的系统资源也就越多，不但对 ready 表操作的时间会增加，而且占用的内存空间也会增加，如表 4.2 所列。

表 4.2　优先级数量与需要使用的内存数量

优先级数量	根节点字节数	一级标志字节数	二级标志字节数	三级标志字节数	总字节数
8	64	1	0	0	65
16	128	2	1	0	131
32	256	4	1	0	261
64	512	8	1	0	521
128	1 024	16	2	1	1 043
256	2 048	32	4	1	2 085

　　从表 4.2 可以看到,8 个优先级的 ready 表只需要使用 65 字节,这对资源少的嵌入式系统来说是完全可以接受的;而 256 个优先级的 ready 则需要使用 2 048 字节,单单一个 ready 表就已经超过了 2 KB 的内存,这对只有几 KB 甚至更少内存的嵌入式设备来说已经不适合了。但 2 KB 的内存对于拥有几百 MB 甚至几 GB 的嵌入式设备来说却又不算什么,这样的大系统也会很复杂,8 个优先级远远不能满足其需求,因此也需要操作系统能支持 256 个优先级。我们在设计软件系统时,需要根据硬件资源的限制并结合软件需求合理选择 Mindows 所支持的优先级数量。

　　ready 表就介绍到这里,接下来看一下 TCB 结构:

```
typedef struct m_tcb
{
    STACKREG strStackReg;          /*  备份寄存器组  */
    M_TCBQUE strTcbQue;            /*  TCB 结构队列  */
    U8 ucTaskPrio;                 /*  任务优先级  */
}M_TCB;
```

　　对比 Wanlix 的 TCB,Mindows 的 TCB 不但有寄存器组,还增加了一个队列和任务优先级。其中的 STACKREG 结构与 Wanlix 中的该结构非常相似,如下所示,但某些寄存器的作用是不同的。

```
typedef struct stackreg
{
    U32 uiR0;
    U32 uiR1;
    U32 uiR2;
    U32 uiR3;
    U32 uiR4;
    U32 uiR5;
    U32 uiR6;
    U32 uiR7;
    U32 uiR8;
    U32 uiR9;
    U32 uiR10;
    U32 uiR11;
    U32 uiR12;
    U32 uiR13;
    U32 uiR14;
    U32 uiR15;
    U32 uiXpsr;
    U32 uiExc_Rtn;
}STACKREG;
```

Mindows 会比 Wanlix 实现更多的功能，其中某些功能会使用到全部的寄存器，Mindows 的 STACKREG 结构体被设计成保存中断发生那一时刻所有寄存器的数值。按照这一设计，XPSR、R0～R13 这些寄存器的用法没什么变化，但 LR 寄存器不再用来保存 EXC_RETURN 值，而是保存由硬件压入栈中的 LR 值。为保存 EXC_RETURN 值，在结构体中新增加了 uiExc_Rtn 变量。我们再来看看 TCB 中的 M_TCBQUE 队列结构体：

```
typedef struct m_tcbque              /* TCB 队列结构 */
{
    M_DLIST strQueHead;              /* 连接队列的链表 */
    struct m_tcb * pstrTcb;          /* TCB 指针 */
}M_TCBQUE;
```

M_TCBQUE 队列结构相比 M_DLIST 链表结构只是多了一个 M_TCB * 型的指针 pstrTcb。其中 M_DLIST 链表结构用来实现链表功能，将链表中的各个元素关联起来，使之形成一个队列，M_TCB * 型的指针用来将队列关联到任务 TCB，如图 4.15 所示。

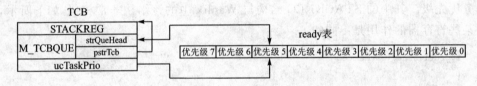

图 4.15　TCB 与 ready 表之间的关系

通过 ready 表优先级根节点可以获取到任务 TCB 中 strQueHead 变量的地址，strQueHead 变量与 pstrTcb 变量在内存中是存放在一起的，因此就可以获取到 pstrTcb 变量的地址，也就可以获取到 pstrTcb 变量的数值。pstrTcb 变量在任务初始化时就指向了该任务的 TCB，因此通过 ready 表中的优先级根节点就可以获取到挂在它上面的任务的 TCB，也就可以通过 TCB 进行任务上下文切换了。

下面我们按照操作系统的启动过程，通过从操作系统运行前初始化到创建根任务进入到用户程序的过程介绍一下代码的具体实现。

```
00048    S32 main(void)
00049    {
00056        /* 初始化系统变量，建立操作系统启动所需要的环境 */
00057        MDS_SystemVarInit();
00058
00059        /* 开始任务调度，从前根任务开始执行 */
00060        MDS_TaskStart(gpstrRootTaskTcb);
00061
00062        return 0;
```

00063　　}

　　00057 行,初始化系统变量,建立操作系统启动所需要的环境,包括设置程序权限、初始化 ready 表、创建前根任务等。由于 Mindows 操作系统完善了系统的安全性,在进入到用户程序前增加了保护系统的操作,这些操作需要在根任务运行前进行,因此 Mindows 先创建了前根任务来完成这些操作。

　　00060 行,切换到前根任务,开始进入操作系统状态。

　　下面的代码将涉及到 ROOT 用户权限和 GUEST 用户权限的设计,这是软件方面设计的权限,在 2.1 节中还介绍过 Cortex-M3 内核支持硬件方面的特权级和用户级权限,下面将对这两类权限作一下说明。ROOT 和 GUEST 权限是针对软件设置的权限,是操作系统中不同用户可使用的权限,由软件来控制,软件代码根据用户权限来判断是否执行某些代码。特权级和用户级权限是针对硬件设置的权限,硬件会根据不同的权限控制程序可访问的硬件空间,起到保护硬件配置的作用。使用这两类权限可以控制用户程序的权限,对系统安全起到保护作用,这两者之间的关系在后面第 7 章讲解进程的章节再作更详细的介绍。

　　MDS_SystemVarInit 函数如下:

```
00070    void MDS_SystemVarInit(void)
00071    {
00072        /* 初始化为 ROOT 用户权限 */
00073        MDS_SetUser(USERROOT);
00074
00075        /* 将当前运行任务,Root 任务的 TCB 初始化为 NULL */
00076        gpstrCurTcb = (M_TCB *)NULL;
00077        gpstrRootTaskTcb = (M_TCB *)NULL;
00078
00079        /* 初始化任务 ready 表 */
00080        MDS_TaskSchedTabInit(&gstrReadyTab);
00081
00082        /* 创建前根任务 */
00083        gpstrRootTaskTcb = MDS_TaskCreate(MDS_BeforeRootTask, NULL, gaucRoot-
                             TaskStack,
00084                             ROOTTASKSTACK, USERHIGHESTPRIO);
00085    }
```

　　00073 行,将系统初始化为 ROOT 用户权限,以便软件在初始化操作系统时拥有所有权限。

　　00076 行,此时还没有运行操作系统,将代表当前正在运行的任务的 TCB 指针 gpstrCurTcb 置为 NULL。

　　00077 行,将前根任务的 TCB 指针 gpstrRootTaskTcb 置为 NULL。

97

00080 行,初始化 ready 表,也就是初始化 ready 链表中的各个优先级根节点以及对应的标志。这个函数非常简单,具体代码不再贴出来了,请读者自行参考源代码。

00083～00084 行,创建前根任务。该任务是操作系统运行的第一个任务,该任务优先级被设置为用户所能使用的最高优先级。该任务将设置操作系统所使用的硬件,然后调用 MDS_RootTask 函数进入根任务,将控制权交给用户。MDS_TaskCreate 函数比 Wanlix 操作系统中的该函数多了一个代表优先级的入口参数,在介绍该函数时再作详细说明。

下面来看一下前根任务函数 MDS_BeforeRootTask:

```
00093    void MDS_BeforeRootTask(void * pvPara)
00094    {
00095        /* 初始化用于操作系统任务调度使用的硬件 */
00096        MDS_SystemHardwareInit();
00097
00098        /* 即将进入到用户程序,设置为 GUEST 用户权限 */
00099        MDS_SetUser(USERGUEST);
00100
00101        /* 调用根任务,进入用户代码 */
00102        MDS_RootTask();
00103    }
```

00096 行,MDS_SystemHardwareInit 函数用来初始化 tick 中断,并设置它和 PendSV 中断的优先级。此外它还有一个功能是通过 MDS_SetChipWorkMode 函数将程序对硬件的操作权限由特权级更改为用户级,以保证此后执行的用户代码无法修改处理器中的重要寄存器配置,避免用户程序随意更改系统配置。这个功能在使用进程的大型操作系统上是必不可少的,但对于使用线程、功能不完备的小型嵌入式系统来说,这种限制会给程序开发带来困难。这里设置该权限只是为了向读者介绍并展示该功能的用法,如果觉得这个功能麻烦,可以屏蔽掉 MDS_SetChipWorkMode 函数以关闭该功能。MDS_SystemHardwareInit 函数所调用的子函数几乎都是处理器库里的驱动函数,代码不再贴出,若需要详细了解,请自行参考源代码。

00099 行,即将进入到用户程序,设置为 GUEST 用户权限,以 GUEST 用户登录。

00102 行,调用根任务函数,进入用户程序。在 Mindows 操作系统中,前根任务其实就是根任务,只不过是前根任务先对系统作了一些配置,然后才调用根任务函数进入根任务。对于用户来说,只能看到根任务,无需知道前根任务的存在。

现在 Mindows 操作系统运行前的工作已经准备好了,接下来了解一下创建任务所需要做的工作。创建任务需要使用 MDS_TaskCreate 函数,该函数代码如下:

```
00015    M_TCB * MDS_TaskCreate(VFUNC vfFuncPointer, void * pvPara, U8 * pucTaskStack,
00016                           U32 uiStackSize, U8 ucTaskPrio)
00017    {
```

```
00018        M_TCB * pstrTcb;
00019
00020        /* 对创建任务所使用函数的指针合法性进行检查 */
00021        if(NULL == vfFuncPointer)
00022        {
00023            /* 指针为空，返回失败 */
00024            return (M_TCB * )NULL;
00025        }
00026
00027        /* 对任务栈合法性进行检查 */
00028        if((NULL == pucTaskStack) || (0 == uiStackSize))
00029        {
00030            /* 栈不合法，返回失败 */
00031            return (M_TCB * )NULL;
00032        }
00033
00034        /* 对任务优先级进行检查 */
00035        if(USERROOT == MDS_GetUser())
00036        {
00037            /* 对于 ROOT 用户，任务优先级不能低于最低优先级 */
00038            if(ucTaskPrio > LOWESTPRIO)
00039            {
00040                return (M_TCB * )NULL;
00041            }
00042        }
00043        else //if(USERGUEST == MDS_GetUser())
00044        {
00045            /* 对于 GUEST 用户，任务不能高于用户最高优先级，也不能低于用户最低
                优先级 */
00046            if((ucTaskPrio < USERHIGHESTPRIO) || (ucTaskPrio > USERLOWESTPRIO))
00047            {
00048                return (M_TCB * )NULL;
00049            }
00050        }
00051
00052        /* 初始化 TCB */
00053        pstrTcb = MDS_TaskTcbInit(vfFuncPointer, pvPara, pucTaskStack, uiStackSize,
00054                                  ucTaskPrio);
00055
00056        return pstrTcb;
00057    }
```

00015 行，函数返回值是新创建任务的 TCB 指针，若为 NULL，则代表创建任务失败；若为其他值，则代表创建任务成功，为新任务的 TCB 指针。通过入口参数 uc-TaskPrio 指定新创建任务的优先级，其他入口参数与 Wanlix 中的用法一致，没有变化。

00021～00025 行，入口参数检查，若创建任务的函数指针为 NULL，则返回失败。

00028～00032 行，入口参数检查，若创建任务的栈不合法，则返回失败。

00035～00050 行，入口参数检查，若创建任务的优先级不合法，则返回失败。ROOT 权限可以创建所有优先级的任务，而 GUEST 权限只能创建 GUEST 权限范围内的优先级任务。

00053～00054 行，初始化任务的 TCB。

00056 行，任务创建成功，返回任务的 TCB 指针。

MDS_TaskTcbInit 函数的代码如下：

```
00069   M_TCB * MDS_TaskTcbInit(VFUNC vfFuncPointer, void * pvPara, U8 * pucTask-
        Stack,
00070                            U32 uiStackSize, U8 ucTaskPrio)
00071   {
00072       M_TCB * pstrTcb;
00073       M_DLIST * pstrList;
00074       M_DLIST * pstrNode;
00075       M_PRIOFLAG * pstrPrioFlag;
00076       U8 * pucStackBy4;
00077
00078       /* 栈满地址，需要 4 字节对齐 */
00079       pucStackBy4 = (U8 *)(((U32)pucTaskStack + uiStackSize) & ALIGN4MASK);
00080
00081       /* TCB 结构存放的地址，需要 8 字节对齐 */
00082       pstrTcb = (M_TCB *)(((U32)pucStackBy4 - sizeof(M_TCB)) & STACKALIGN-
        MASK);
00083
00084       /* 初始化任务栈 */
00085       MDS_TaskStackInit(pstrTcb, vfFuncPointer, pvPara);
00086
00087       /* 初始化指向 TCB 的指针 */
00088       pstrTcb->strTcbQue.pstrTcb = pstrTcb;
00089
00090       /* 初始化任务优先级 */
00091       pstrTcb->ucTaskPrio = ucTaskPrio;
00092
00093       pstrList = &gstrReadyTab.astrList[ucTaskPrio];
00094       pstrNode = &pstrTcb->strTcbQue.strQueHead;
```

```
00095          pstrPrioFlag = &gstrReadyTab.strFlag;
00096

00097          /* 锁中断，防止其他任务影响 */
00098          (void)MDS_IntLock();
00099

00100          /* 将该任务添加到 ready 表中 */
00101          MDS_TaskAddToSchedTab(pstrList, pstrNode, pstrPrioFlag, ucTaskPrio);
00102

00103          /* 挂入链表后解锁中断，允许任务调度 */
00104          (void)MDS_IntUnlock();
00105

00106          return pstrTcb;
00107  }
```

00069 行，函数返回值是新创建任务的 TCB 指针，若为 NULL，则代表创建任务失败；若为其他值，则代表创建任务成功，为新任务的 TCB 指针。

00079～00082 行，计算存放 TCB 的地址和程序使用的栈地址。在 3.3 节介绍过，TCB 需要 4 字节对齐，Cortex-M3 内核要求栈地址 8 字节对齐。

00085 行，初始化任务运行前所需的任务栈环境。

00088 行，将任务 TCB 指针赋给 TCB 队列中的 TCB 指针变量。任务调度可从 ready 链表上获取到需要运行的任务子节点，即 TCB 队列结构，可以根据这个结构中的 TCB 获取到任务的 TCB。

00091 行，将任务的优先级保存到 TCB 中。

00093 行，根据任务优先级获取 ready 链表中同等优先级链表的根节点指针。

00094 行，获取任务 TCB 中可加入 ready 链表的链表结构指针。

00095 行，获取 ready 表标志结构指针。

00098 行，锁中断。00093～00095 行已经做好了将任务加入到 ready 表的准备工作，对 ready 表中每个优先级链表的操作是一个不可重入的操作。为了防止多任务同时对链表操作而破坏链表，此行需要在对 ready 表操作前锁中断，这样就不能产生 tick 中断了，也就不会发生任务调度了，因此也就保证了在同一时刻只有一个任务可以对 ready 表进行操作，保证了对 ready 表操作的串行性，避免了多个任务同时对 ready 表进行操作而产生重入的错误。

00101 行，将新建立的任务挂接到 ready 表中对应的优先级链表中，新建立的任务处于 ready 态，准备运行。MDS_TaskAddToSchedTab 函数的详细代码在前面介绍 ready 表操作时已经介绍过。

00104 行，解锁中断，恢复任务调度功能。在对 ready 表操作完之后，需要解锁中断恢复 tick 中断产生，使操作系统可以继续进行任务调度。注意，锁中断的过程中操作系统丧失了任务调度功能，因此锁中断的时间要尽可能的短。

00106 行，任务创建成功，返回新建任务的 TCB 指针。

MDS_TaskStackInit 函数代码如下：

```
00012   void MDS_TaskStackInit(M_TCB * pstrTcb, VFUNC vfFuncPointer, void * pvPara)
00013   {
00014       STACKREG * pstrRegSp;
00015       U32 * puiStack;
00016
00017       pstrRegSp = &pstrTcb->strStackReg;              /* 寄存器组地址 */
00018
00019       /* 对 TCB 中的寄存器组初始化 */
00020       pstrRegSp->uiR0 = (U32)pvPara;                  /* R0 */
00021       pstrRegSp->uiR1 = 0;                            /* R1 */
00022       pstrRegSp->uiR2 = 0;                            /* R2 */
00023       pstrRegSp->uiR3 = 0;                            /* R3 */
00024       pstrRegSp->uiR4 = 0;                            /* R4 */
00025       pstrRegSp->uiR5 = 0;                            /* R5 */
00026       pstrRegSp->uiR6 = 0;                            /* R6 */
00027       pstrRegSp->uiR7 = 0;                            /* R7 */
00028       pstrRegSp->uiR8 = 0;                            /* R8 */
00029       pstrRegSp->uiR9 = 0;                            /* R9 */
00030       pstrRegSp->uiR10 = 0;                           /* R10 */
00031       pstrRegSp->uiR11 = 0;                           /* R11 */
00032       pstrRegSp->uiR12 = 0;                           /* R12 */
00033       pstrRegSp->uiR13 = (U32)pstrTcb - 32;           /* R13 */
00034       pstrRegSp->uiR14 = 0;                           /* R14 */
00035       pstrRegSp->uiR15 = (U32)vfFuncPointer;          /* R15 */
00036       pstrRegSp->uiXpsr = MODE_USR;                   /* XPSR */
00037       pstrRegSp->uiExc_Rtn = RTN_THREAD_MSP;          /* EXC_RETURN */
00038
00039       /* 构造任务初始运行时的栈，该栈在任务运行时由硬件自动取出 */
00040       puiStack = (U32 * )pstrTcb;
00041       * ( -- puiStack) = pstrRegSp->uiXpsr;
00042       * ( -- puiStack) = pstrRegSp->uiR15;
00043       * ( -- puiStack) = pstrRegSp->uiR14;
00044       * ( -- puiStack) = pstrRegSp->uiR12;
00045       * ( -- puiStack) = pstrRegSp->uiR3;
00046       * ( -- puiStack) = pstrRegSp->uiR2;
00047       * ( -- puiStack) = pstrRegSp->uiR1;
00048       * ( -- puiStack) = pstrRegSp->uiR0;
00049   }
```

该函数相比 Wanlix 变化不大，下面主要介绍改动的地方。

00033 行，将任务运行时的栈地址存入到 STACKREG 结构的 SP 寄存器中。除了前根任务外,其他任务第一次运行都是在 PendSV 中断返回之后开始的,中断返回后,硬件会自动从栈中恢复 8 个寄存器数值,因此需要在任务运行时的栈地址下面空间存放 8 个寄存器,故中断返回时的 SP 寄存器应该是任务运行时的栈地址——32Bytes。

00034 行,初始化 LR 寄存器。LR 寄存器在函数第一次运行时没有上级父函数,初始化为 0。

00035 行,初始化任务函数的地址。任务上下文切换后,会跳转到 PC 寄存器指向的地址,将 PC 寄存器初始化为任务函数名,即可实现任务第一次运行。

00037 行,初始化跳转到任务的 EXC_RETURN 值,RTN_THREAD_MSP 宏定义如下:

```
#define RTN_THREAD_MSP        0xFFFFFFF9
```

在前面 2.1 节介绍过 0xFFFFFFF9 代表返回 thread 模式,并使用 MSP 栈,这就意味着如果任务开始运行是由中断触发的,那么它将运行在 thread 模式,使用 MSP 栈。在整个操作系统中,只有一个任务不是由中断触发的,它就是从非操作系统状态进入到操作系统所运行的前根任务 MDS_BeforeRootTask。它将由 MDS_TaskStart 函数触发,并没有用到 LR 寄存器的初始值 EXC_RETURN。

00040～00048 行,初始化中断返回时从栈中恢复的 8 个寄存器。00033 行初始化 SP 寄存器时就将 SP 寄存器指向了这 8 个寄存器中的最低位置,此处初始化这 8 个寄存器,供中断返回时使用。

MDS_IntLock 函数和 MDS_IntUnlock 函数比较简单,只是调用了库函数对中断进行操作,这里就不详细介绍了。

现在 Mindows 操作系统运行前的工作已经准备完毕,我们从进入操作系统的 MDS_TaskStart 函数开始,跟踪操作系统的运行过程。

```
00139   void MDS_TaskStart(M_TCB * pstrTcb)
00140   {
00141       /* 即将运行任务的寄存器组地址, 汇编语言通过这个变量恢复寄存器 */
00142       gpstrNextTaskReg = &pstrTcb->strStackReg;
00143
00144       /* 即将运行任务的 TCB 指针 */
00145       gpstrCurTcb = pstrTcb;
00146
00147       /* 切换到操作系统状态 */
00148       MDS_SwitchToTask();
00149   }
```

有了前面 Wanlix 操作系统的基础,MDS_TaskStart 函数就很好理解了。其中 gpstrNextTaskReg 是全局变量,用来保存即将运行的任务的当前栈地址,在汇编函数 MDS_SwitchToTask 中会通过该变量找到即将运行任务的栈地址,从中恢复已初始化的各个寄存器,开始运行操作系统的第一个任务。

MDS_SwitchToTask 函数代码如下:

```
00058    MDS_SwitchToTask
00059
00060         ;获取将要运行任务的指针
00061         LDR    R0, = gpstrNextTaskReg    ;获取变量 gpstrNextTaskReg 的地址
00062         LDR    R13, [R0]                 ;将即将运行任务的寄存器组地址存入 SP
00063
00064                                          ;获取将要运行任务的栈信息并运行新任务
00065         ADD    R13, #0x40               ;SP 指向寄存器组中的 XPSR
00066         POP    {R0}                     ;取出寄存器组中的 XPSR 数值
00067         MSR    XPSR, R0                 ;恢复 XPSR 数值
00068         SUB    R13, #0x8                ;SP 指向寄存器组中的 PC
00069         LDMIA  R13, {R0}                ;取出寄存器组中的 PC 数值
00070         SUB    R13, #0x3C               ;SP 指向寄存器组中的 R0
00071         STMDB  R13, {R0}                ;将 PC 值存入寄存器组中 R0 下面的位置
00072         POP    {R0 - R12}               ;恢复 R0~R12 数值
00073         ADD    R13, #0x4                ;SP 指向寄存器组中的 LR
00074         POP    {LR}                     ;恢复 LR 数值
00075         SUB    R13, #0x40               ;SP 指向寄存器组中 XPSR 下面的位置
00076         POP    {PC}                     ;执行即将运行的任务
```

该函数完成恢复寄存器组的操作。操作寄存器时比较抽象,我们难以记住该函数运行时每个寄存器的数值。为了便于理解该函数,使用图形画出每条指令操作后相关寄存器的数值。图 4.16～图 4.29 左侧为栈中寄存器结构,分为 2 个部分,上面颜色较浅的部分为 STACKREG 结构,下面颜色较深的部分为硬件自动操作的 8 个寄存器结构,右侧为处理器内核中寄存器的结构。为方便观察指令作了哪些操作,在图中会使用加粗斜体字表示每次操作改变了数值的寄存器的名称,但因程序顺序运行而自动改变的 PC 寄存器不在其中。

00061 行,指令执行后寄存器和栈中数值如图 4.16 所示。

```
LDR    R0, = gpstrNextTaskReg
```

将全局变量 gpstrNextTaskReg 的地址存入到 R0 寄存器中。

图 4.16 左侧栈中 8 个寄存器结构和 STACKREG 结构中的值是创建任务时的初始值。右侧处理器内核寄存器中没有数值,代表寄存器值是残留的无效值,需要被恢复为任务创建时的初始值。

00062 行,指令执行后寄存器和栈中数值如图 4.17 所示。

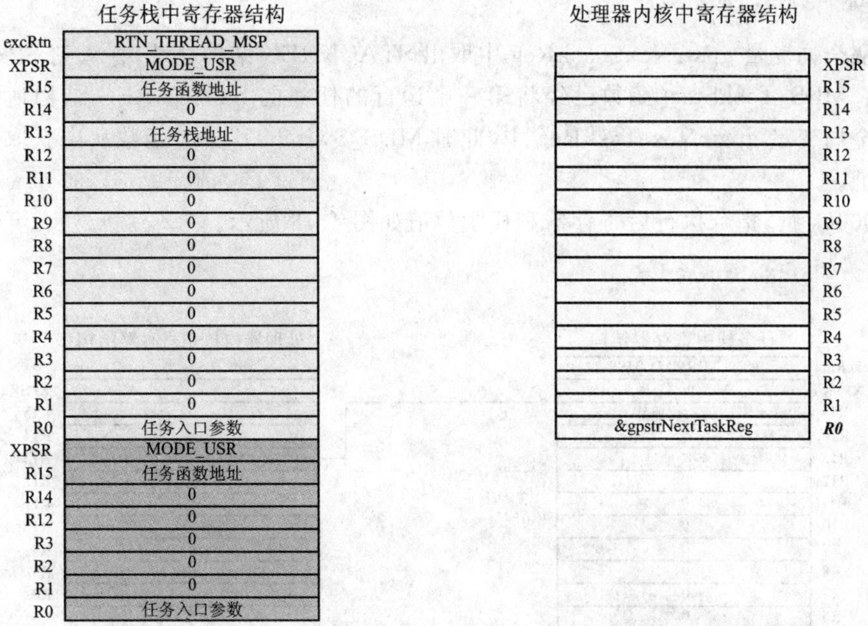

任务栈中寄存器结构　　　　**处理器内核中寄存器结构**

	任务栈中寄存器结构		处理器内核中寄存器结构	
excRtn	RTN_THREAD_MSP			
XPSR	MODE_USR			XPSR
R15	任务函数地址			R15
R14	0			R14
R13	任务栈地址			R13
R12	0			R12
R11	0			R11
R10	0			R10
R9	0			R9
R8	0			R8
R7	0			R7
R6	0			R6
R5	0			R5
R4	0			R4
R3	0			R3
R2	0			R2
R1	0			R1
R0	任务入口参数		&gpstrNextTaskReg	*R0*
XPSR	MODE_USR			
R15	任务函数地址			
R14	0			
R12	0			
R3	0			
R2	0			
R1	0			
R0	任务入口参数			

图 4.16　"LDR R0,＝gpstrNextTaskReg"指令执行后寄存器和栈中数值

	任务栈中寄存器结构		处理器内核中寄存器结构	
excRtn	RTN_THREAD_MSP			
XPSR	MODE_USR			XPSR
R15	任务函数地址			R15
R14	0			R14
R13	任务栈地址		STACKREG结构地址	*R13*
R12	0			R12
R11	0			R11
R10	0			R10
R9	0			R9
R8	0			R8
R7	0			R7
R6	0			R6
R5	0			R5
R4	0			R4
R3	0			R3
R2	0			R2
R1	0			R1
R0	任务入口参数		&gpstrNextTaskReg	R0
XPSR	MODE_USR			
R15	任务函数地址			
R14	0			
R12	0			
R3	0			
R2	0			
R1	0			
R0	任务入口参数			

图 4.17　"LDR R13,〔R0〕"指令执行后寄存器和栈中数值

```
LDR    R13, [R0]
```

从全局变量 gpstrNextTaskReg 中取出 STACKREG 结构地址,存入到 SP 寄存器中。MDS_TaskStart 函数已经将第一个运行的任务的 STACKREG 结构地址存入到全局变量 gpstrNextTaskReg 中,此时 MDS_SwitchToTask 函数从中获取存入的地址。

00065 行,指令执行后寄存器和栈中数值如图 4.18 所示。

```
ADD    R13, #0x40
```

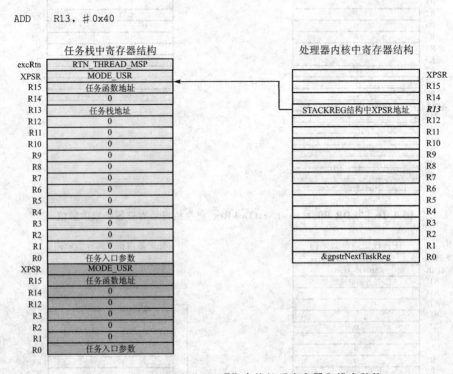

图 4.18 "ADD R13, #0x40"指令执行后寄存器和栈中数值

将 SP 寄存器指向栈中 STACKREG 结构中的 XPSR。将 SP 寄存器的数值+0x40,向栈顶移动 16 个寄存器位置,指向 STACKREG 结构中的 XPSR。

00066 行,指令执行后寄存器和栈中数值如图 4.19 所示。

```
POP    {R0}
```

从 STACKREG 结构中取出 XPSR 数值,存入到 R0 寄存器中。本行使用的POP 指令执行后 SP 寄存器会向栈顶方向移动一个寄存器位置,并且保存 SP 寄存器数值。

00067 行,指令执行后寄存器和栈中数值如图 4.20 所示。

```
MSR    XPSR, R0
```

将 R0 寄存器数值写入到 XPSR 寄存器中。

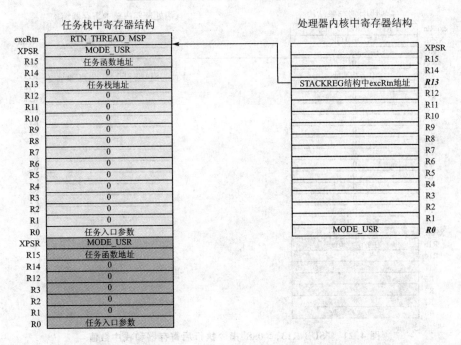

图 4.19 "POP {R0}"指令执行后寄存器和栈中数值

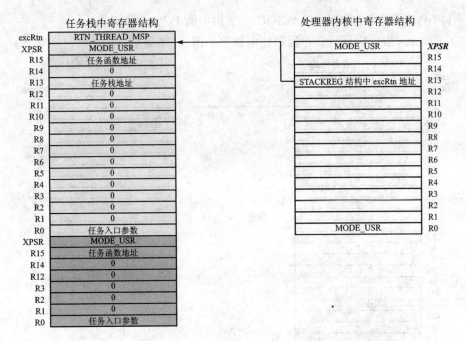

图 4.20 "MSR XPSR,R0"指令执行后寄存器和栈中数值

00068 行,指令执行后寄存器和栈中数值如图 4.21 所示。

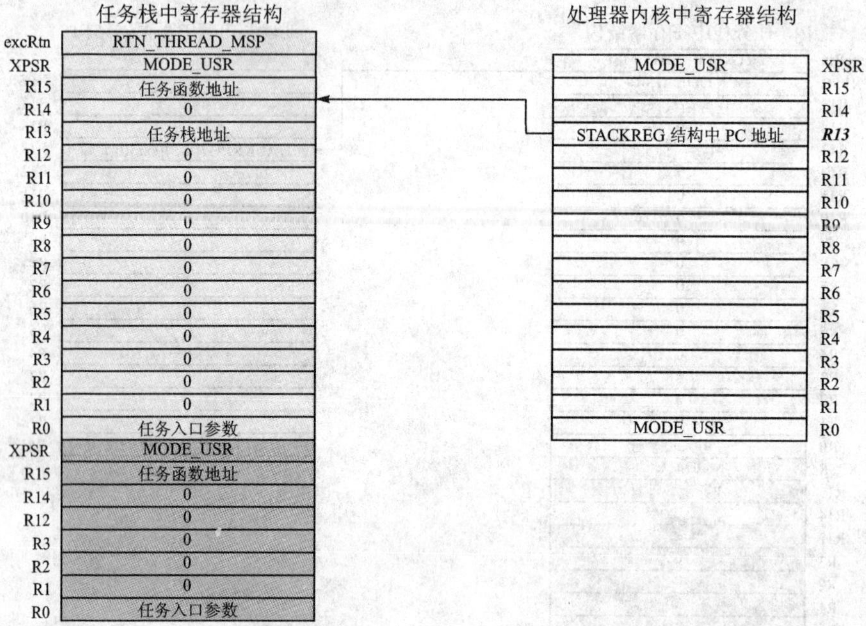

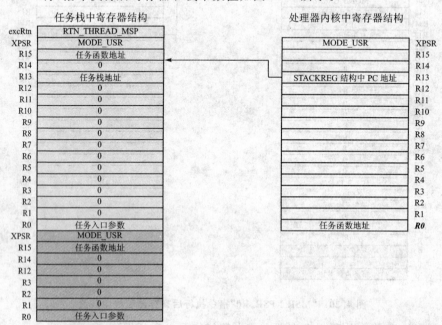

图 4.21　"SUB R13,♯0x8"指令执行后寄存器和栈中数值

SUB　　　R13，♯0x8

将 SP 寄存器指向栈中 STACKREG 结构中的 PC。

00069 行,指令执行后寄存器和栈中数值如图 4.22 所示。

图 4.22　"LDMIA R13,{R0}"指令执行后寄存器和栈中数值

```
LDMIA  R13,{R0}
```

从 STACKREG 结构中取出 PC 数值,存入到 R0 寄存器中。

00070 行,指令执行后寄存器和栈中数值如图 4.23 所示。

```
SUB    R13, ♯0x3C
```

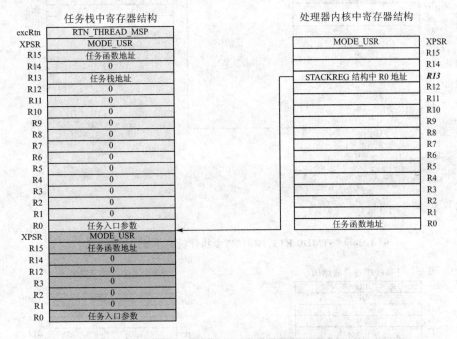

图 4.23 "SUB R13,♯0x3C"指令执行后寄存器和栈中数值

将 SP 寄存器指向栈中 STACKREG 结构中的 R0。

00071 行,指令执行后寄存器和栈中数值如图 4.24 所示。

```
STMDB  R13,{R0}
```

将 R0 寄存器中的数值存入到栈中 8 个寄存器中的 XPSR。此行指令破坏了 8 个寄存器中的 XPSR,具体原因可看 00076 行的解释。SP 寄存器在 STMDB 指令执行前会先向栈底方向移动一个寄存器位置,因此存入到 8 个寄存器中的 XPSR 而不是 STACKREG 结构中的 R0。该指令不保存 SP 寄存器,指令执行后 SP 寄存器仍指向原位置。

00072 行,指令执行后寄存器和栈中数值如图 4.25 所示。

```
POP    {R0 - R12}
```

从 STACKREG 结构中取出 R0~R12 数值,存入到 R0~R12 寄存器中。POP 指令执行后 SP 寄存器会更新,指向 STACKREG 结构中的 SP。

00073 行,指令执行后寄存器和栈中数值如图 4.26 所示。

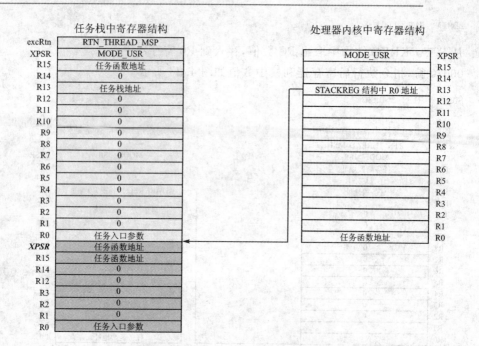

图 4.24　"STMDB R13,{R0}"指令执行后寄存器和栈中数值

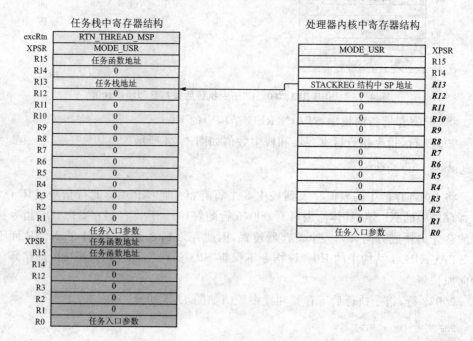

图 4.25　"POP {R0 – R12}"指令执行后寄存器和栈中数值

```
ADD    R13，♯0x4
```

将 SP 寄存器指向栈中 STACKREG 结构中的 LR。

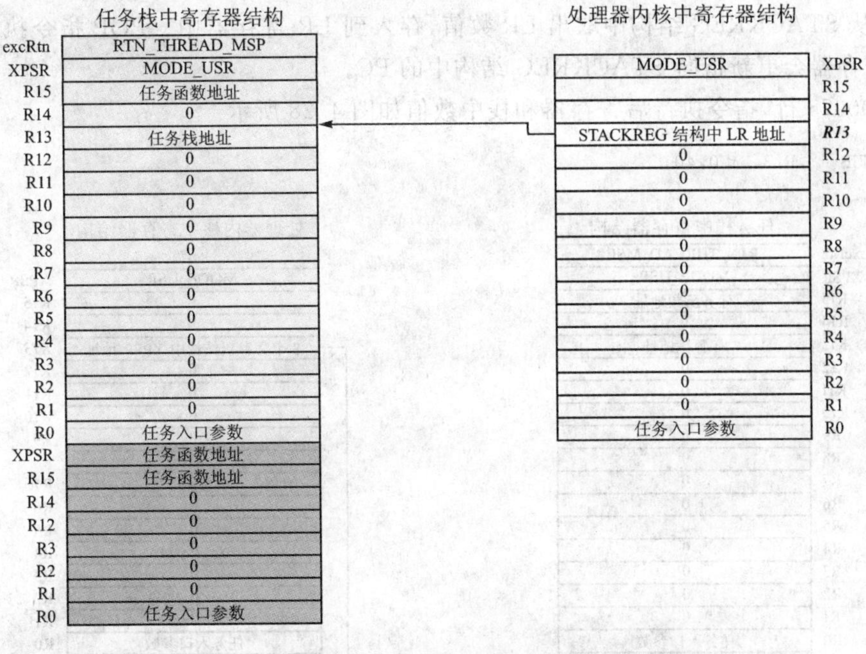

图 4.26　"ADD R13，♯0x4"指令执行后寄存器和栈中数值

00074 行,指令执行后寄存器和栈中数值如图 4.27 所示。

任务栈中寄存器结构　　　　　　　　　　　处理器内核中寄存器结构

图 4.27　"POP｛LR｝"指令执行后寄存器和栈中数值

```
POP     {LR}
```

从 STACKREG 结构中取出 LR 数值，存入到 LR 寄存器中。POP 指令执行后 SP 寄存器会更新指向 STACKREG 结构中的 PC。

00075 行，指令执行后寄存器和栈中数值如图 4.28 所示。

```
SUB     R13, #0x40
```

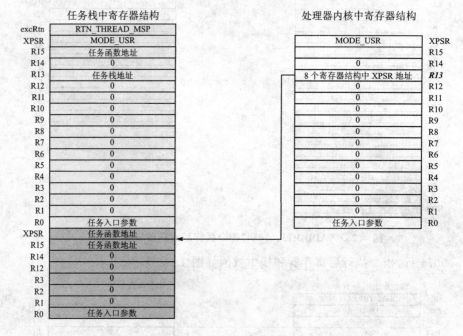

图 4.28　"SUB R13，#0x40"指令执行后寄存器和栈中数值

将 SP 寄存器指向栈中 8 个寄存器结构中的 XPSR。

00076 行，指令执行后寄存器和栈中数值如图 4.29 所示。

```
POP     {PC}
```

从 8 个寄存器结构中取出任务函数地址，存入到 PC 寄存器中。前面说过，更改 PC 寄存器就意味着发生指令跳转，将任务函数地址存入到 PC 寄存器中就意味着程序跳转到任务函数的地址继续执行指令，也就是说任务开始运行了。我们可以将执行本行指令前 STACKREG 结构中的 R0～R15、XPSR 与此时处理器内核中的这些寄存器作一个对比，见图 4.29，可以发现除了 SP 和 PC 寄存器外，其他的寄存器数值都是相同的，这说明除了这 2 个寄存器外，创建任务时对寄存器初始化的数值已经恢复到了处理器内核的寄存器中。本行指令执行后，PC 寄存器的数值将变成任务函数的地址，PC 寄存器也就恢复到了创建任务时初始化的数值，最后就只剩下 SP

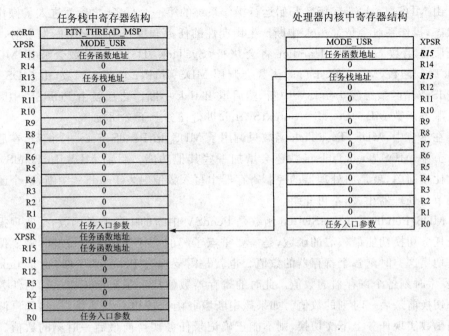

任务栈中寄存器结构　　　　　　　处理器内核中寄存器结构

excRtn	RTN_THREAD_MSP
XPSR	MODE_USR
R15	任务函数地址
R14	0
R13	任务栈地址
R12	0
R11	0
R10	0
R9	0
R8	0
R7	0
R6	0
R5	0
R4	0
R3	0
R2	0
R1	0
R0	任务入口参数
XPSR	任务函数地址
R15	任务函数地址
R14	0
R12	0
R3	0
R2	0
R1	0
R0	任务入口参数

	MODE_USR	XPSR
	任务函数地址	R15
	0	R14
	任务栈地址	R13
	0	R12
	0	R11
	0	R10
	0	R9
	0	R8
	0	R7
	0	R6
	0	R5
	0	R4
	0	R3
	0	R2
	0	R1
	任务入口参数	R0

图 4.29　"POP {PC}"指令执行后寄存器和栈中数值

寄存器与创建任务时的初始化数值不相同了。从上面的 MDS_TaskStackInit 函数可以看到,SP 寄存器初始化的数值指向的是栈中 8 个寄存器结构中的 R0,而本行 POP 指令执行后,SP 寄存器则指向 STACKREG 结构中的 R0,然后第一个任务就开始运行了。如此看来,任务运行时 SP 寄存器的数值并不是创建任务时的数值,而且在 00071 行我们破坏了 8 个寄存器结构中 XPSR 的初始值,但这并没有错误,这是因为 MDS_SwitchToTask 函数并不是在中断中执行的,因此硬件不会从这 8 个寄存器结构中恢复寄存器数值。也就是说,这 8 个寄存器的初始值是可以破坏的,这 8 个寄存器所占用的栈空间是没有用的,任务开始运行时的栈指针应该指向 STACK-REG 结构中的 R0,这与本行指令操作后的情况完全一致。但这并不能说 SP 寄存器和这 8 个寄存器结构的初始化值是没有必要的,只能说对于 MDS_SwitchToTask 函数是没有必要的,因为 MDS_SwitchToTask 函数从非操作系统状态切换到操作系统状态,不是在中断中进行的,不需要中断恢复栈中的 8 个寄存器,而除此之外的其他任务都是在 PendSV 中断中开始运行的,因此 SP 寄存器需要指向 8 个寄存器结构中的 R0,以便在退出 PendSV 中断时,硬件可以根据 SP 寄存器正确地找到这 8 个寄存器的位置,并且这 8 个寄存器也需要被正确初始化,以便硬件可以将这 8 个寄存器的初始化数值恢复到相对应的寄存器中。由此来看,SP 寄存器的初始值指向 8 个寄存器结构中的 R0 是正确的,对这 8 个寄存器进行初始化也是必要的。只是对于 MDS_SwitchToTask 函数来说是没有必要的,但为了使任务创建函数 MDS_TaskCreate 兼容这两种情况,也就只能这么做了。

由 MDS_TaskStart 函数开始运行操作系统的第一个任务,之后就进入了操作系统状态,操作系统会依靠 tick 中断产生周期性的任务调度。当 tick 中断发生时,tick 中断服务函数 SysTick_Handler 将会执行,SysTick_Handler 函数会调用 MDS_TaskTick 函数,MDS_TaskTick 函数会调用 MDS_IntPendSvSet 函数,由 MDS_IntPendSvSet 函数触发 PendSV 中断,然后退出 tick 中断。之后就由 PendSV 中断的中断服务函数 MDS_PendSvContextSwitch 进行任务上下文切换。

在本节中,MDS_TaskTick 函数只调用了 MDS_IntPendSvSet 一个函数,在后面的章节中,MDS_TaskTick 函数还会增加一些其他功能。目前 MDS_IntPendSvSet 函数比较简单,就是向处理器的控制寄存器中写入数值触发 PendSV 中断,这个函数的细节与处理器相关,不再介绍。

MDS_PendSvContextSwitch 函数是 PendSV 中断的中断服务函数,是实现操作系统任务切换功能最核心的函数,是需要重点了解的。任务上下文切换时需要保存的是切换这一时刻各个寄存器的数值。也就是需要保存 PendSV 中断(也是 tick 中断)发生时刻各个寄存器的数值。此时的寄存器数值代表了当前正在运行的任务在任务切换前最后一时刻的数值。如果该中断服务函数使用 C 语言编写,然后再调用汇编函数实现任务上下文切换,则不能正确记录任务切换前最后一时刻的数值。这是因为 C 编译器会为 C 函数生成自动出入栈的指令,这一过程会改变寄存器的数值,因此需要在启动文件 startup_stm32f10x_hd.s 中更改 PendSV 中断的中断向量表,将原有使用 C 语言编写的中断服务函数 PendSV_Handler 更换为使用汇编语言编写的中断服务函数 MDS_PendSvContextSwitch。

下面就来看看 MDS_PendSvContextSwitch 函数的代码:

```
00017   MDS_PendSvContextSwitch

00018

00019         ;保存接口寄存器
00020         PUSH    {R14}

00021

00022         ;调用 C 语言任务调度函数
00023         LDR     R0, = MDS_TaskSched        ;函数地址存入 R0
00024         ADR.W   R14, {PC} + 0x7            ;保存返回地址
00025         BX      R0                         ;执行 MDS_TaskSched 函数

00026

00027         ;保存当前任务的栈信息
00028         MOV     R14, R13                   ;将 SP 存入 LR
00029         LDR     R0, = gpstrCurTaskReg      ;获取变量 gpstrCurTaskReg 的地址
00030         LDR     R12, [R0]                  ;将当前任务寄存器组地址存入 R12
00031         ADD     R14, #0x4                  ;LR 指向栈中 8 个寄存器中的 R0
00032         LDMIA   R14!, {R0 - R3}            ;取出 R0~R3 数值
00033         STMIA   R12!, {R0 - R11}           ;将 R0~R11 保存到寄存器组中
```

00034	LDMIA	R14, {R0 - R3}	;取出 R12、LR、PC 和 XPSR 值
00035	SUB	R14，#0x10	;LR 指向栈中 8 个寄存器中的 R0
00036	STMIA	R12!，{R0}	;将 R12 保存到寄存器组中
00037	STMIA	R12!，{R14}	;将 SP 保存到寄存器组中
00038	STMIA	R12!，{R1 - R3}	;将 LR、PC 和 XPSR 保存到寄存器组中
00039	POP	{R0}	;取出压入栈中的 LR
00040	STMIA	R12，{R0}	;将 LR 保存到寄存器组中的 Exc_Rtn
00041			
00042	;任务调度完毕，恢复将要运行任务现场		
00043	LDR	R0, = gpstrNextTaskReg	;获取变量 gpstrNextTaskReg 的地址
00044	LDR	R1，[R0]	;将即将运行任务的寄存器组地址存入 R1
00045	ADD	R1，#0x10	;R1 指向寄存器组中的 R4
00046	LDMIA	R1!，{R4 - R11}	;恢复 R4~R11 数值
00047	ADD	R1，#0x4	;R1 指向寄存器组中的 SP
00048	LDMIA	R1，{R13}	;恢复 SP 数值
00049	ADD	R1，#0x10	;R1 指向寄存器组中的 Exc_Rtn
00050	LDMIA	R1，{R0}	;取出寄存器组中的 Exc_Rtn 数值
00051	BX	R0	;执行即将运行的任务

00020 行，指令执行后寄存器和栈中数值如图 4.30 所示。

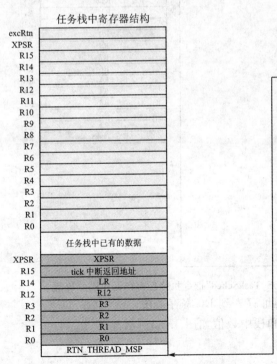

图 4.30 "PUSH {R14}"指令执行后寄存器和栈中数值

```
PUSH    {R14}
```

将 LR 寄存器压入栈进行保存。在执行任务切换前任务栈中可能已经存有一些数据,在进入 tick 中断时硬件会自动将 8 个寄存器保存到栈中已有数据的下面,本行指令在栈中保存 LR 寄存器时将会继续 8 个寄存器的位置存放。LR 寄存器中此时保存着中断返回值 RTN_THREAD_MSP,此处只保存了 LR 寄存器,是因为在任务上下文切换前需要使用到 LR 寄存器,为防止 LR 寄存器数值被破坏,此处对 LR 寄存器作临时入栈保存。

图 4.30 左侧为当前正在运行的任务的 STACKREG 结构,其中数值为无效值,需要备份寄存器中的数值。左侧栈中 8 个寄存器结构中的数值和右侧处理器内核寄存器中的数值是 tick 中断发生那一时刻的数值,需要备份到左侧 STACKREG 结构中。

00023 行,指令执行后寄存器和栈中数值如图 4.31 所示。

```
LDR     R0, = MDS_TaskSched
```

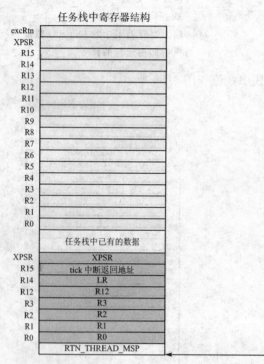

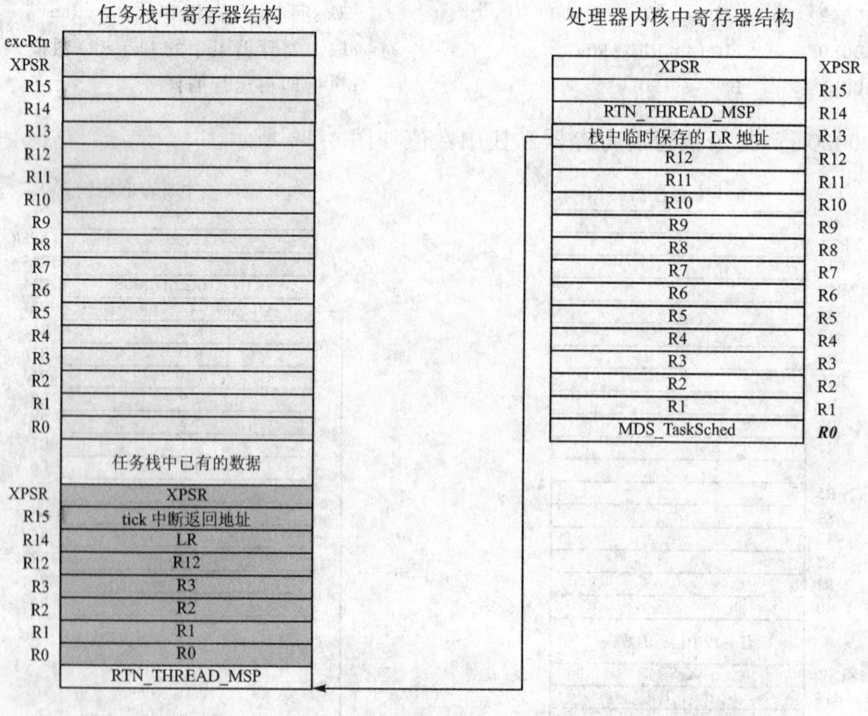

图 4.31　"LDR R0,＝MDS_TaskSched"指令执行后寄存器和栈中数值

将函数 MDS_TaskSched 的地址存入到 R0 寄存器中。

00024 行,指令执行后寄存器和栈中数值如图 4.32 所示。

```
ADR.W   R14, {PC} + 0x7
```

将调用 MDS_TaskSched 函数后的返回地址存入 LR 寄存器。MDS_TaskSched 函数调用结束时会通过跳转到 LR 寄存器中的地址返回到 00028 行。本行指令将

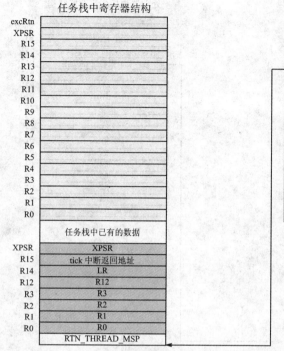

任务栈中寄存器结构

处理器内核中寄存器结构

图 4.32 "ADR.W R14,{PC}+0x7"指令执行后寄存器和栈中数值

00028 行的地址存入到 LR 寄存器中,00020 行备份 LR 寄存器就是为了防止本行指令破坏 LR 寄存器中已有的数值。本行没有使用 ADD 指令计算返回地址,而是使用了 ADR.W 指令,这是因为 ADD 指令在编译时可能是 2 字节也可能是 4 字节,而ADR.W 指令固定为 4 字节,因此使用 ADR.W 指令可以计算得到一个相对当前指令的准确地址。ADR.W 指令是 4 字节,下一行的 BX 指令是 2 字节,一共是 6 字节,再加上指令最后一个 bit 为 1 代表是 Thumb 指令集,因此需要在当前 PC 地址基础上加 7,就能得到 00028 行的地址。

00025 行,指令执行后寄存器和栈中数值如图 4.33 所示。

```
BX      R0
```

跳转到 R0 寄存器中的地址,即执行 MDS_TaskSched 函数。MDS_TaskSched函数会寻找最高优先级的任务,做好任务切换前的准备工作,在介绍该函数时我们再看其中的具体细节。

00028 行,指令执行后寄存器和栈中数值如图 4.34 所示。

```
MOV     R14,R13
```

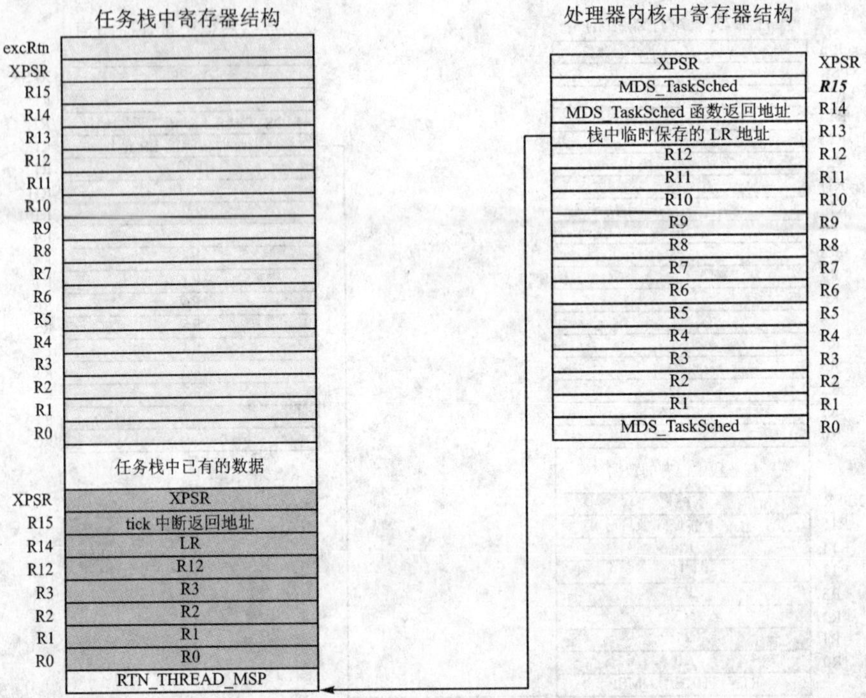

任务栈中寄存器结构　　　　　　　　　处理器内核中寄存器结构

任务栈中寄存器结构		处理器内核中寄存器结构	
excRtn		XPSR	XPSR
XPSR		MDS_TaskSched	*R15*
R15		MDS_TaskSched 函数返回地址	R14
R14		栈中临时保存的 LR 地址	R13
R13		R12	R12
R12		R11	R11
R11		R10	R10
R10		R9	R9
R9		R8	R8
R8		R7	R7
R7		R6	R6
R6		R5	R5
R5		R4	R4
R4		R3	R3
R3		R2	R2
R2		R1	R1
R1		MDS_TaskSched	R0
R0			

	任务栈中已有的数据
XPSR	XPSR
R15	tick 中断返回地址
R14	LR
R12	R12
R3	R3
R2	R2
R1	R1
R0	R0
	RTN_THREAD_MSP

图 4.33　"BX R0"指令执行后寄存器和栈中数值

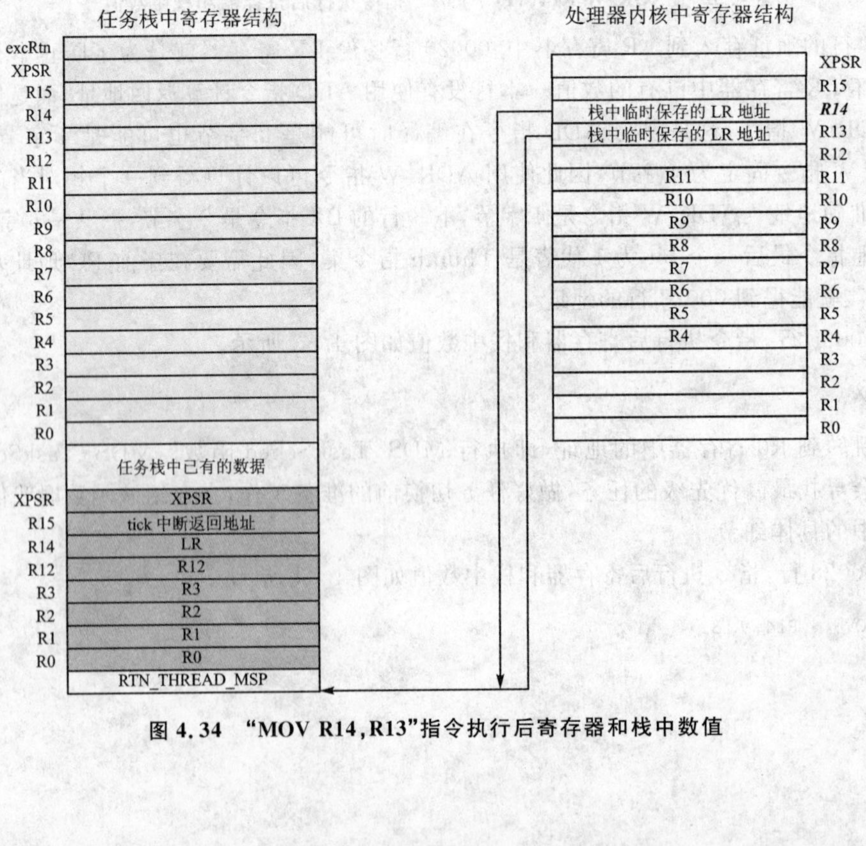

任务栈中寄存器结构　　　　　　　　　处理器内核中寄存器结构

任务栈中寄存器结构		处理器内核中寄存器结构	
excRtn		XPSR	XPSR
XPSR			R15
R15		栈中临时保存的 LR 地址	*R14*
R14		栈中临时保存的 LR 地址	R13
R13			R12
R12		R11	R11
R11		R10	R10
R10		R9	R9
R9		R8	R8
R8		R7	R7
R7		R6	R6
R6		R5	R5
R5		R4	R4
R4			R3
R3			R2
R2			R1
R1			R0
R0			

	任务栈中已有的数据
XPSR	XPSR
R15	tick 中断返回地址
R14	LR
R12	R12
R3	R3
R2	R2
R1	R1
R0	R0
	RTN_THREAD_MSP

图 4.34　"MOV R14,R13"指令执行后寄存器和栈中数值

将 SP 寄存器中的数值存入到 LR 寄存器中。MDS_TaskSched 函数运行完会返回到本行继续运行。根据 2.3 节函数间调用关系的表述，接口寄存器 R0～R3、R12、XPSR 寄存器的数值在 MDS_TaskSched 函数执行时可能会被修改，返回到本行时其中残留的可能是无效值，而上下文切换时需要备份的是这些寄存器进入中断前最后时刻的数值，也就是未被 MDS_TaskSched 函数修改的数值。这些寄存器未被修改的数值在进入中断时由硬件自动备份到了栈中的 8 个寄存器结构中，任务上下文切换备份寄存器时可以从栈中的 8 个寄存器结构中取出这些寄存器未被修改的数值。

00029 行，指令执行后寄存器和栈中数值如图 4.35 所示。

```
LDR    R0, = gpstrCurTaskReg
```

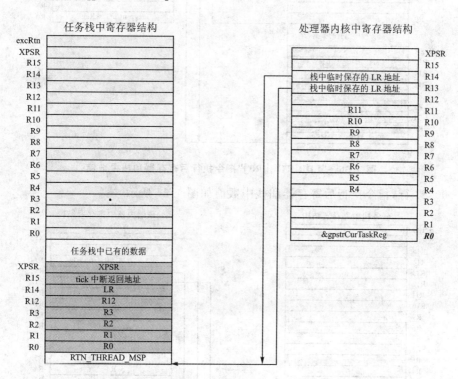

图 4.35　"LDR R0, = gpstrCurTaskReg"指令执行后寄存器和栈中数值

将全局变量 gpstrCurTaskReg 的地址存入到 R0 寄存器中。

00030 行，指令执行后寄存器和栈中数值如图 4.36 所示。

```
LDR    R12, [R0]
```

取出全局变量 gpstrCurTaskReg 中当前正在运行的任务的 STACKREG 结构地址，将其存入 R12 寄存器中。任务调度函数 MDS_TaskSched 已经在任务切换前使用 MDS_TaskSwitch 函数将当前正在运行的任务的 STACKREG 结构地址存入了全局变量 gpstrCurTaskReg 中。

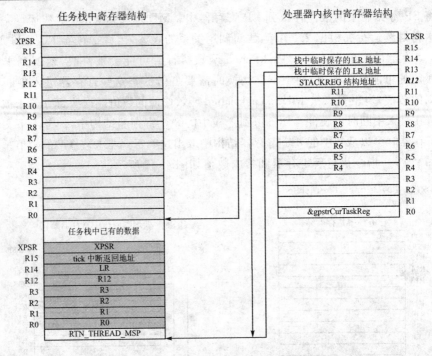

图 4.36 "LDR R12,[R0]"指令执行后寄存器和栈中数值

00031 行,指令执行后寄存器和栈中数值如图 4.37 所示。

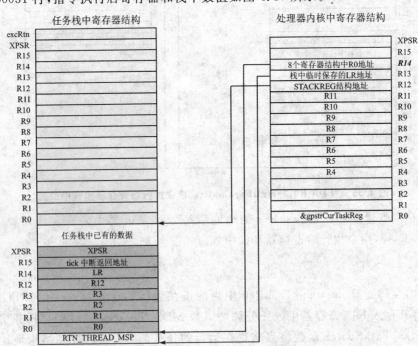

图 4.37 "ADD R14,♯0x4"指令执行后寄存器和栈中数值

```
ADD     R14, ♯0x4
```

将 LR 寄存器指向栈中 8 个寄存器结构中的 R0。

　　00032 行，指令执行后寄存器和栈中数值如图 4.38 所示。

```
LDMIA   R14!,{R0 - R3}
```

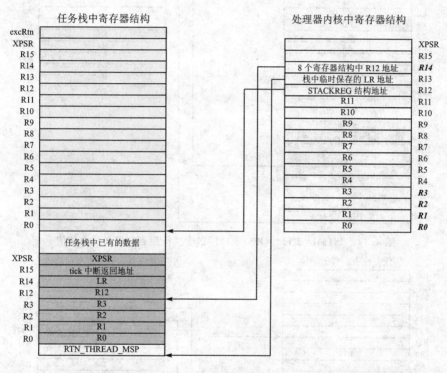

图 4.38　"LDMIA R14!,{R0 - R3}"指令执行后寄存器和栈中数值

　　将栈中 8 个寄存器结构中的 R0～R3 数值读取到对应的寄存器中，本行指令执行完会更新 LR 寄存器的位置，指向 STACKREG 结构中的 R12。

　　00033 行，指令执行后寄存器和栈中数值如图 4.39 所示。

```
STMIA   R12!,{R0 - R11}
```

　　将 R0～R11 寄存器中的数值保存到栈中 STACKREG 结构中对应的位置。经过前面步骤的操作，R0～R11 寄存器已经恢复为当前正在运行的任务在 tick 中断发生那一时刻的数值。本行指令完成对 R0～R11 寄存器的备份，并会更新 R12 寄存器的位置，指向 STACKREG 结构中的 R12。

　　00034 行，指令执行后寄存器和栈中数值如图 4.40 所示。

```
LDMIA   R14,{R0 - R3}
```

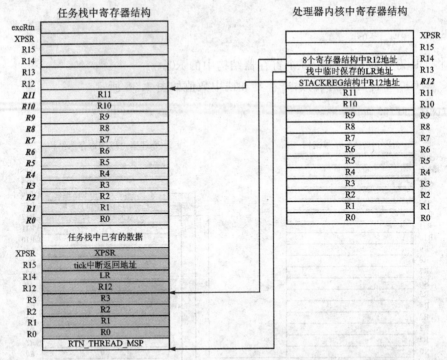

图 4.39 "STMIA R12!,{R0－R11}"指令执行后寄存器和栈中数值

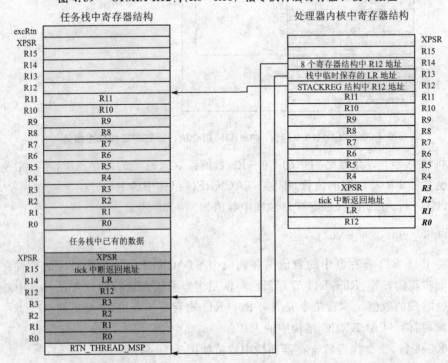

图 4.40 "LDMIA R14,{R0－R3}"指令执行后寄存器和栈中数值

将栈中 8 个寄存器结构中的 R12、LR、PC 和 XPSR 数值读取到 R0~R3 寄存器中。

00035 行,指令执行后寄存器和栈中数值如图 4.41 所示。

```
SUB    R14, ♯0x10
```

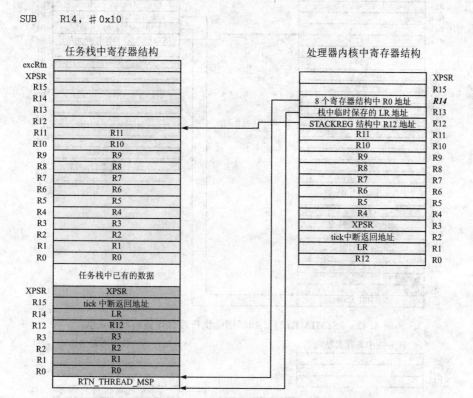

图 4.41　"SUB R14,♯0x10"指令执行后寄存器和栈中数值

将 LR 寄存器指向栈中 8 个寄存器结构中的 R0,也就是将 LR 寄存器指向当前正在运行的任务在 tick 中断发生那一时刻的栈地址。

00036 行,指令执行后寄存器和栈中数值如图 4.42 所示。

```
STMIA  R12!, {R0}
```

将 R0 寄存器中存放的 R12 寄存器数值保存到栈中 STACKREG 结构中的 R12 中,并会更新 R12 寄存器的位置,指向 STACKREG 结构中的 SP。

00037 行,指令执行后寄存器和栈中数值如图 4.43 所示。

```
STMIA  R12!, {R14}
```

将 R14 寄存器中存放的任务栈地址保存到栈中 STACKREG 结构中的 SP 中,并会更新 R12 寄存器的位置,指向 STACKREG 结构中的 LR。

00038 行,指令执行后寄存器和栈中数值如图 4.44 所示。

```
STMIA  R12!, {R1 - R3}
```

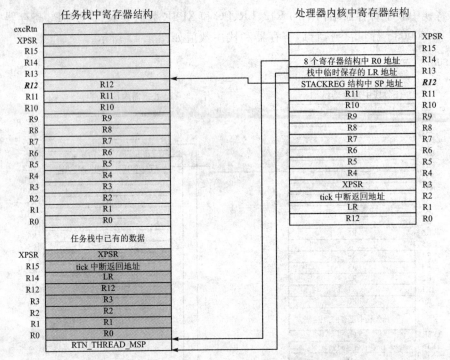

图 4.42 "STMIA R12!,{R0}"指令执行后寄存器和栈中数值

124

图 4.43 "STMIA R12!,{R14}"指令执行后寄存器和栈中数值

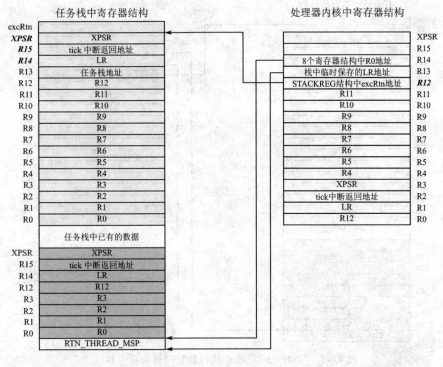

图 4.44　"STMIA R12！,｛R1 - R3｝"指令执行后寄存器和栈中数值

将 R1～R3 寄存器中存放的 LR、PC 和 XPSR 寄存器数值保存到栈中 STACK-REG 结构中对应的位置,并会更新 R12 寄存器的位置,指向 STACKREG 结构中的 excRtn。

00039 行,指令执行后寄存器和栈中数值如图 4.45 所示。

```
POP    {R0}
```

将保存在栈中的中断返回值 RTN_THREAD_MSP 读取到 R0 寄存器中,并会更新 SP 寄存器的位置,指向栈中 8 个寄存器结构中的 R0,也就是当前正在运行的任务在 tick 中断发生那一时刻的任务栈地址。

00040 行,指令执行后寄存器和栈中数值如图 4.46 所示。

```
STMIA  R12, {R0}
```

将 R0 寄存器中存放的中断返回值 RTN_THREAD_MSP 保存到栈中 STACK-REG 结构中的 excRtn 中。

从图 4.46 中可以看到,栈中 STACKREG 结构中的各个数值已经变为中断发生前那一时刻的数值。至此,已经完成了备份当前正在运行任务寄存器的工作,接下来需要从即将运行的任务栈中的 STACKREG 结构中恢复寄存器,完成任务上下文切换。

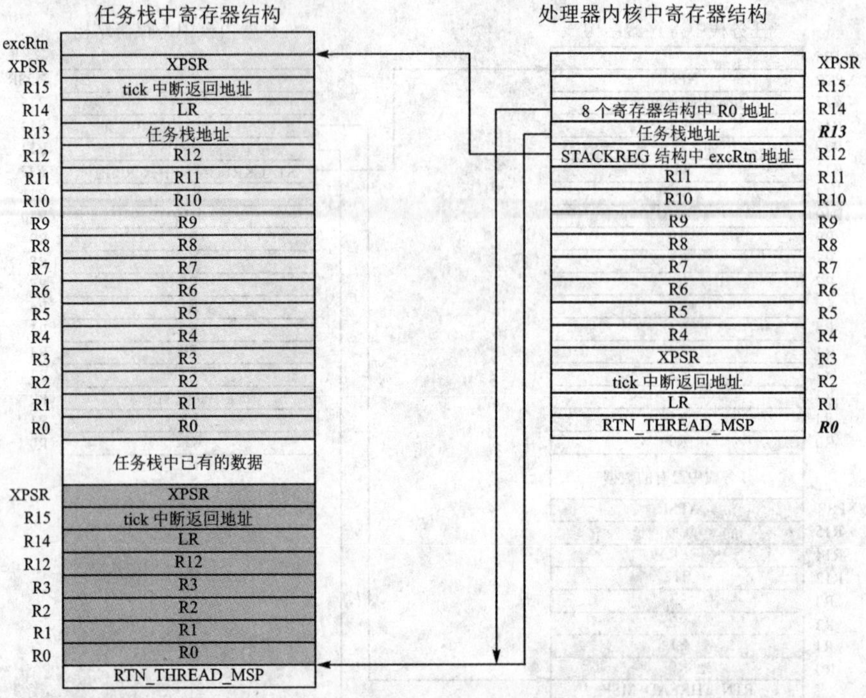

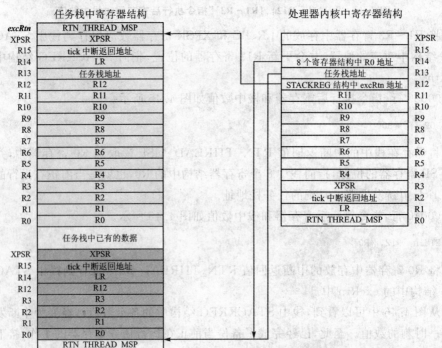

图 4.45　"POP {R0}"指令执行后寄存器和栈中数值

图 4.46　"STMIA R12,{R0}"指令执行后寄存器和栈中数值

00043 行,指令执行后寄存器和栈中数值如图 4.47 所示。

```
LDR    R0, = gpstrNextTaskReg
```

任务栈中寄存器结构			处理器内核中寄存器结构		
excRtn	RTN_THREAD_MSP				XPSR
XPSR	XPSR				R15
R15	tick 中断返回地址				R14
R14	LR				R13
R13	任务栈地址				R12
R12	R12				R11
R11	R11				R10
R10	R10				R9
R9	R9				R8
R8	R8				R7
R7	R7				R6
R6	R6				R5
R5	R5				R4
R4	R4				R3
R3	R3				R2
R2	R2				R1
R1	R1		&gpstrNextTaskReg		*R0*
R0	R0				
	任务栈中已有的数据				
XPSR	XPSR				
R15	tick 中断返回地址				
R14	LR				
R12	R12				
R3	R3				
R2	R2				
R1	R1				
R0	R0				

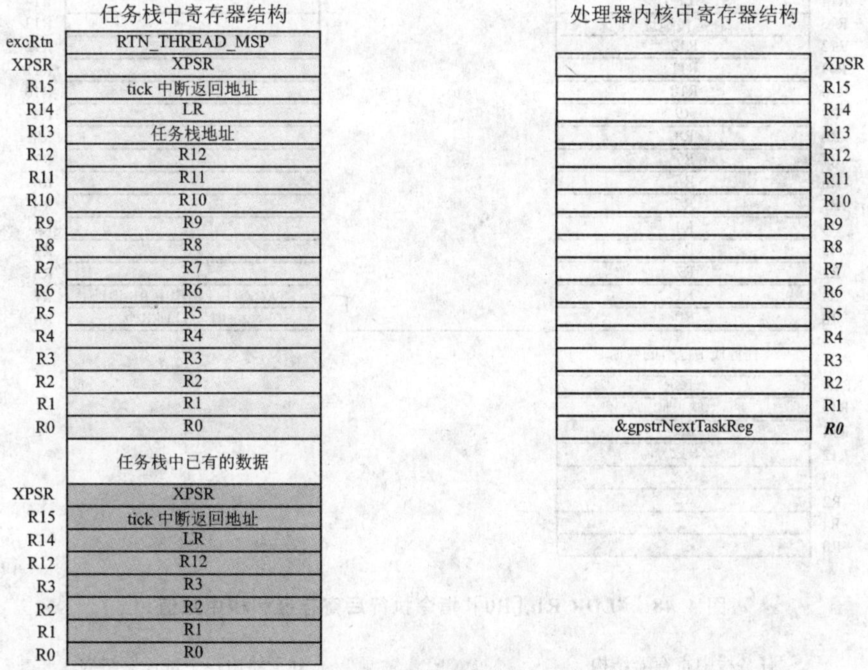

图 4.47 "LDR R0,＝gpstrNextTaskReg"指令执行后寄存器和栈中数值

将全局变量 gpstrNextTaskReg 的地址存入到 R0 寄存器中。

图 4.47 左侧栈中 8 个寄存器结构和 STACKREG 结构中的值是即将运行的任务需要恢复的寄存器组数值,右侧处理器内核寄存器中没有数值,代表寄存器值是残留的无效值,需要从左侧栈中 8 个寄存器结构和 STACKREG 结构中恢复。

00044 行,指令执行后寄存器和栈中数值如图 4.48 所示。

```
LDR    R1, [R0]
```

取出全局变量 gpstrNextTaskReg 中即将运行的任务的 STACKREG 结构地址,将其存入 R1 寄存器中。任务调度函数 MDS_TaskSched 已经在任务切换前使用 MDS_TaskSwitch 函数将即将运行的任务的 STACKREG 结构地址存入了全局变量 gpstrNextTaskReg 中。

00045 行,指令执行后寄存器和栈中数值如图 4.49 所示。

```
ADD    R1, ＃0x10
```

将 R1 寄存器指向 STACKREG 结构中的 R4。

00046 行,指令执行后寄存器和栈中数值如图 4.50 所示。

任务栈中寄存器结构　　　　**处理器内核中寄存器结构**

	任务栈中寄存器结构		处理器内核中寄存器结构	
excRtn	RTN_THREAD_MSP			
XPSR	XPSR			XPSR
R15	tick 中断返回地址			R15
R14	LR			R14
R13	任务栈地址			R13
R12	R12			R12
R11	R11			R11
R10	R10			R10
R9	R9			R9
R8	R8			R8
R7	R7			R7
R6	R6			R6
R5	R5			R5
R4	R4			R4
R3	R3			R3
R2	R2			R2
R1	R1		STACKREG 结构中 R0 地址	*R1*
R0	R0		&gpstrNextTaskReg	R0
	任务栈中已有的数据			
XPSR	XPSR			
R15	tick 中断返回地址			
R14	LR			
R12	R12			
R3	R3			
R2	R2			
R1	R1			
R0	R0			

图 4.48　"LDR R1,[R0]"指令执行后寄存器和栈中数值

图 4.49　"ADD R1,#0x10"指令执行后寄存器和栈中数值

```
LDMIA  R1!,{R4 - R11}
```

图 4.50　"LDMIA R1!,{R4 - R11}"指令执行后寄存器和栈中数值

从 STACKREG 结构中取出 R4～R11 的数值,存入到 R4～R11 寄存器中。本行指令执行完会更新 R1 寄存器的位置,指向 STACKREG 结构中的 R12。

00047 行,指令执行后寄存器和栈中数值如图 4.51 所示。

```
ADD    R1, #0x4
```

将 R1 寄存器指向 STACKREG 结构中的 SP。

00048 行,指令执行后寄存器和栈中数值如图 4.52 所示。

```
LDMIA  R1, {R13}
```

从 STACKREG 结构中取出 SP 数值,存入到 SP 寄存器中。

00049 行,指令执行后寄存器和栈中数值如图 4.53 所示。

```
ADD    R1, #0x10
```

将 R1 寄存器指向 STACKREG 结构中的 excRtn。

00050 行,指令执行后寄存器和栈中数值如图 4.54 所示。

```
LDMIA  R1, {R0}
```

从 STACKREG 结构中取出 excRtn 的数值,存入到 R0 寄存器中。

图 4.51　"ADD R1，♯0x4"指令执行后寄存器和栈中数值

图 4.52　"LDMIA R1，{R13}"指令执行后寄存器和栈中数值

图 4.53　"ADD R1,♯0x10"指令执行后寄存器和栈中数值

图 4.54　"LDMIA R1,{R0}"指令执行后寄存器和栈中数值

00051 行,指令执行后寄存器和栈中数值如图 4.55 所示。

BX   R0

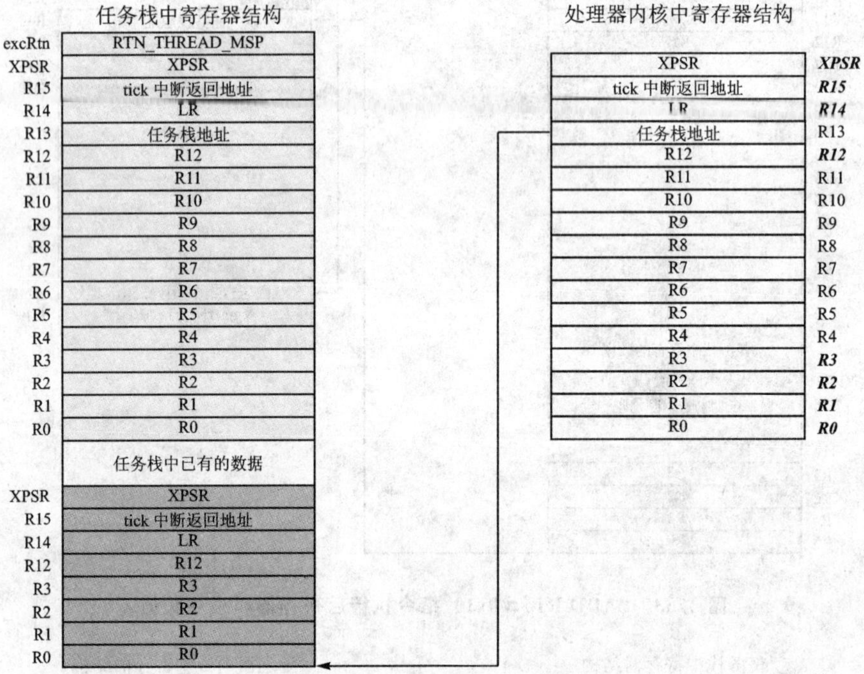

图 4.55 "BX R0"指令执行后寄存器和栈中数值

跳转到 R0 寄存器中的存储的地址。在本行指令执行前,处理器内核的寄存器组中除了 R0～R3、R12、SP、PC 以及 XPSR 寄存器以外的寄存器都已经完成了恢复工作,此时 R0 寄存器中的数值是中断退出时需要跳转到的 RTN_THREAD_MSP 值,跳转到这个值中断就会退出,并且硬件会自动从栈中将 8 个寄存器结构中的数值恢复到 R0～R3、R12、SP、PC 以及 XPSR 寄存器中。因此本行指令跳转到 R0 寄存器中数值的操作就会完成所有寄存器的恢复工作并且退出 PendSV 中断,也就完成了任务上下文切换的所有工作,接下来会继续运行即将运行的任务,完成任务切换工作。

接下来再来看看 MDS_TaskSched 函数的代码。该函数对 ready 表进行调度,找出即将运行的任务,并为任务上下文切换做好准备。

```
00220    void MDS_TaskSched(void)
00221    {
00222        M_TCB * pstrTcb;
00223
00224        /* 调度 ready 表任务 */
00225        pstrTcb = MDS_TaskReadyTabSched();
00226
```

```
00227        /*  任务切换  */
00228        MDS_TaskSwitch(pstrTcb);
00229    }
```

00225 行，对 ready 表进行调度，找出 ready 状态中具有最高优先级的任务。

00228 行，做任务切换前的准备工作。

MDS_TaskReadyTabSched 函数代码如下：

```
00236   M_TCB * MDS_TaskReadyTabSched(void)
00237   {
00238       M_TCB * pstrTcb;
00239       M_TCBQUE * pstrTaskQue;
00240       U8 ucTaskPrio;
00241
00242       /*  获取 ready 表中优先级最高的任务的 TCB  */
00243       ucTaskPrio = MDS_TaskGetHighestPrio(&gstrReadyTab.strFlag);
00244       pstrTaskQue = (M_TCBQUE * )MDS_DlistEmpInq(&gstrReadyTab.astrList[uc-
             TaskPrio]);
00245       pstrTcb = pstrTaskQue ->pstrTcb;
00246
00247       return pstrTcb;
00248   }
```

00243 行，获取 ready 表中所具有的最高优先级，MDS_TaskGetHighestPrio 函数代码在前面介绍过。

00244 行，获取最高优先级根节点上的任务子节点。

00245 行，获取最高优先级任务的 TCB 指针。

00247 行，返回最高优先级任务的 TCB 指针。

MDS_TaskSwitch 函数代码如下：

```
00122   void MDS_TaskSwitch(M_TCB * pstrTcb)
00123   {
00124       /*  当前任务的寄存器组地址，汇编语言通过这个变量备份寄存器  */
00125       gpstrCurTaskReg = &gpstrCurTcb ->strStackReg;
00126
00127       /*  即将运行任务的寄存器组地址，汇编语言通过这个变量恢复寄存器  */
00128       gpstrNextTaskReg = &pstrTcb ->strStackReg;
00129
00130       /*  即将运行任务的 TCB 指针  */
00131       gpstrCurTcb = pstrTcb;
00132   }
```

该函数与 Wanlix 中的 WLX_TaskSwitch 函数非常相似，与 WLX_TaskSwitch

函数不同的是,MDS_TaskSwitch 函数不需要调用任务上下文切换函数,它是在任务上下文切换函数中被调用的。

至此,本节所设计的 Mindows 操作系统功能全部介绍完毕。我们先是设计了 tick 中断,使用定时器中断实现了操作系统实时调度机制;然后设计了 ready 表,通过对 ready 表的调度实现了任务优先级调度策略;再然后是设计 TCB 结构,从创建任务开始讲起,介绍了任务的初始化流程及操作系统的启动过程;最后使用汇编函数实现了任务上下文切换功能。

上面这些功能组合到一起就可以实现操作系统的实时调度功能了,图 4.56 展示了 Mindows 操作系统的整体流程结构。对照上面具体的介绍,通过这张图可以更直观地了解 Mindows 的整体结构和运行流程。

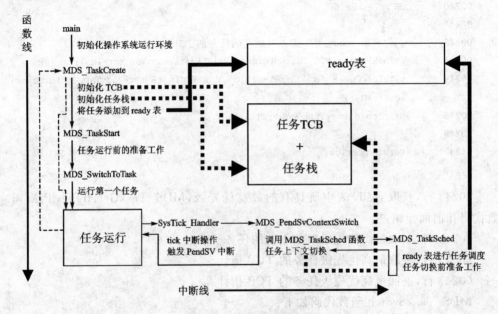

图 4.56　Mindows 操作系统整体流程结构图

从 main 函数开始,首先初始化操作系统运行所需要的环境,然后使用 MDS_TaskCreate 函数建立第一个任务,初始化任务的 TCB、栈,并将任务添加到 ready 表中。调用 MDS_TaskStart 函数做好进入操作系统状态的准备工作,调用 MDS_SwitchToTask 函数进入到操作系统状态,此后操作系统就开始运行第一个任务了。

当 tick 中断到来时,由 tick 中断服务函数 SysTick_Handler 触发 PendSV 中断,再由 PendSV 中断服务函数 MDS_PendSvContextSwitch 调用 MDS_TaskSched 函数进行任务调度,从 ready 表中找出具有最高优先级的任务,并做好任务切换前的准备工作;然后返回 PendSV 中断服务函数 MDS_PendSvContextSwitch,备份当前正在运行任务的寄存器组,并恢复即将运行任务的寄存器组,完成任务上下文切换;最后退出 PendSV 中断,返回到 tick 中断发生时的下条指令继续执行,继续运行调度后

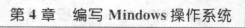

需要运行的任务,完成 tick 调度过程。

如果任务中又创建了新任务,则新任务初始化完毕后会被添加到 ready 表中,处于 ready 状态。但此时它并不会立刻运行,而是继续运行当前正在运行的任务,直到 tick 中断发生时对 ready 表进行调度。若新创建的任务满足运行条件,则开始运行;若不满足运行条件,则在 ready 表中等待调度。

4.2.3　功能验证

下面来验证本节设计的任务抢占调度功能。由 tick 中断自动发起任务调度,由高优先级任务抢占低优先级任务。我们使用 3 个测试任务 TEST_TestTask1、TEST_TestTask2 和 TEST_TestTask3,每个测试任务都循环执行"打印字符串,延迟时间"的操作。可以通过串口的打印信息来分析这 3 个测试任务的运行情况,测试任务代码如下:

```
00015    void TEST_TestTask1(void * pvPara)
00016    {
00017        while(1)
00018        {
00019            /* 任务打印 */
00020            DEV_PutString((U8 * )"\r\nTask1 is running!");
00021
00022            /* 任务运行 1 s */
00023            DEV_DelayMs(1000);
00024        }
00025    }
00032    void TEST_TestTask2(void * pvPara)
00033    {
00034        while(1)
00035        {
00036            /* 任务打印 */
00037            DEV_PutString((U8 * )"\r\nTask2 is running!");
00038
00039            /* 任务运行 2 s */
00040            DEV_DelayMs(2000);
00041        }
00042    }
00049    void TEST_TestTask3(void * pvPara)
00050    {
00051        while(1)
00052        {
00053            /* 任务打印 */
```

```
00054              DEV_PutString((U8 *)"\r\nTask3 is running!");
00055
00056          /* 任务运行 3 s */
00057              DEV_DelayMs(3000);
00058          }
00059  }
```

这 3 个函数都由 MDS_RootTask 任务创建，每创建一个任务后延迟 1 s。

```
00010  void MDS_RootTask(void)
00011  {
00012      /* 初始化软件 */
00013      DEV_SoftwareInit();
00014
00015      /* 初始化硬件 */
00016      DEV_HardwareInit();
00017
00018      /* 任务打印 */
00019      DEV_PutString((U8 *)"\r\nRootTask is running!");
00020
00021      /* 任务运行 1 s */
00022      DEV_DelayMs(1000);
00023
00024      /* 创建任务 */
00025      (void)MDS_TaskCreate(TEST_TestTask1, NULL, gaucTask1Stack, TASKSTACK, 4);
00026
00027      DEV_DelayMs(1000);
00028
00029      (void)MDS_TaskCreate(TEST_TestTask2, NULL, gaucTask2Stack, TASKSTACK, 3);
00030
00031      DEV_DelayMs(1000);
00032
00033      (void)MDS_TaskCreate(TEST_TestTask3, NULL, gaucTask3Stack, TASKSTACK, 1);
00034
00035      DEV_DelayMs(1000);
00036  }
```

　　本节只引入了 ready 表，因此没有其他可以控制任务调度的方法，一旦高优先级任务开始运行，就无法切换到低优先级任务。我们将 MDS_RootTask 任务的优先级设定为 2，TEST_TestTask1 任务的优先级设定为 4，TEST_TestTask2 任务的优先级设定为 3，TEST_TestTask3 任务的优先级设定为 1。按照本节任务优先级抢占调度的方式，可以推算任务的切换过程，如图 4.57 所示。

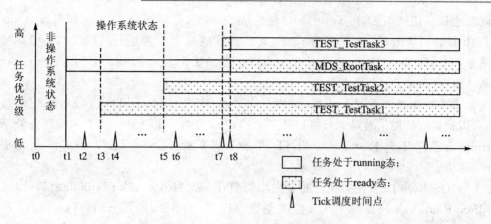

图 4.57　测试任务执行过程

t0 时刻,软件系统开始运行。

t1 时刻,从非操作系统状态切换到操作系统状态,开始运行 MDS_RootTask 任务。此时 MDS_RootTask 任务处于 running 态,ready 表中只有这一个任务,MDS_RootTask 任务初始化了 tick 中断,此后任务调度就由 tick 中断触发。

t2 时刻,tick 中断到来,调度任务。由于 ready 表中只有 MDS_RootTask 这一个任务,因此调度的结果还是运行 MDS_RootTask 任务。

t3 时刻,MDS_RootTask 任务创建了 TEST_TestTask1 任务,然后继续运行 MDS_RootTask 任务。此时 ready 表中已有 MDS_RootTask 和 TEST_TestTask1 共 2 个任务,MDS_RootTask 任务处于 running 态,TEST_TestTask1 任务处于 ready 态。

t4 时刻,tick 中断到来,调度任务。由于 MDS_RootTask 任务比 TEST_TestTask1 任务的优先级高,因此调度的结果还是运行 MDS_RootTask 任务。MDS_RootTask任务处于 running 态,TEST_TestTask1 任务处于 ready 态。

t5 时刻,MDS_RootTask 任务创建了 TEST_TestTask2 任务,然后继续运行 MDS_RootTask 任务。此时 ready 表中已有 MDS_RootTask、TEST_TestTask1 和 TEST_TestTask2 共 3 个任务,MDS_RootTask 任务处于 running 态,TEST_TestTask1 和 TEST_TestTask2 任务处于 ready 态。

t6 时刻,tick 中断到来,调度任务。由于 MDS_RootTask 任务优先级最高,因此调度的结果还是运行 MDS_RootTask 任务。MDS_RootTask 任务处于 running 态,TEST_TestTask1 和 TEST_TestTask2 任务处于 ready 态。

t7 时刻,MDS_RootTask 任务创建了 TEST_TestTask3 任务,然后继续运行 MDS_RootTask 任务。此时 ready 表中已有 MDS_RootTask、TEST_TestTask1、TEST_TestTask2 和 TEST_TestTask3 共 4 个任务,MDS_RootTask 任务处于 running 态,其余任务处于 ready 态。

t8 时刻,tick 中断到来,调度任务。由于 TEST_TestTask3 任务优先级最高,因此发生任务切换，TEST_TestTask3 任务从 ready 态变为 running 态，而 MDS_Root-Task 任务则从 running 态变为 ready 态。调度的结果变为运行 TEST_TestTask3 任务，TEST_TestTask3 任务处于 running 态，MDS_RootTask、TEST_TestTask1 和 TEST_TestTask2 任务处于 ready 态。

t8 之后不断产生 tick 中断，调度任务。由于 TEST_TestTask3 任务优先级最高，因此调度的结果总是运行 TEST_TestTask3 任务。TEST_TestTask3 任务处于 running 态，MDS_RootTask、TEST_TestTask1 和 TEST_TestTask2 任务处于 ready 态。

MDS_RootTask 任务执行时会向串口打印一次"RootTask is running!"，此后，MDS_RootTask 任务每隔 1 s 依次创建 TEST_TestTask1、TEST_TestTask2 和 TEST_TestTask3 任务，但由于 TEST_TestTask1 和 TEST_TestTask2 任务的优先级没有 MDS_RootTask 任务的优先级高，因此在此期间一直运行 MDS_RootTask 任务，而看不到 TEST_TestTask1 和 TEST_TestTask2 任务的打印，直到 3 s 后 TEST_TestTask3 任务被创建。TEST_TestTask3 任务的优先级在所有任务中是最高的，因此发生任务切换，开始运行 TEST_TestTask3 任务。TEST_TestTask3 任务每隔 3 s 打印一次"Task3 is running!"，因此，我们最终从串口打印会先看到 "RootTask is running!"，3 s 后出现"Task3 is running!"。此后每隔 3 s 都会出现一次"Task3 is running!"，表明每次任务调度的结果都是运行具有最高任务优先级的 TEST_TestTask3 任务。

编译本节代码，将目标程序加载到开发板中运行，串口输出如图 4.58 所示。

可以到网站下载本节演示视频，动态观看本节程序的运行过程，从视频中可以看到 MDS_RootTask 任务运行 3 s 之后，开始运行 TEST_TestTask3 任务，然后 TEST_TestTask3 任务会一直运行，每隔 3 s 打印一次字符串，这个运行过程与我们分析的结果是一致的。

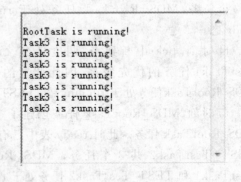

图 4.58　tick 中断进行任务调度的串口打印

从图 4.57 可以看到，拥有最高优先级的 TEST_TestTask3 任务在 t7 时刻就已经创建了，但还需要等到 t8 时刻 tick 中断到来时才能够运行，实时性还是差了一些。下节我们将了解实时操作系统的另一种调度方式——实时事件触发的随机调度，这种调度方式对提高操作系统的实时性也是有帮助的。

4.3　实时事件触发的实时抢占调度

上节我们成功实现了任务的 ready 状态,并使用 tick 中断实现了实时调度,但由于只有 ready 这一种状态,使得操作系统只能一直运行最高优先级任务。只有 ready 态的操作系统是无法使用的,因为操作系统不可能一直只运行同一个具有最高优先级的任务,任务需要发生状态切换,程序需要在不同任务间运行。为了解决这个问题,本节引入任务的另一个状态——delay 状态。当前正在运行的任务可以通过调用系统函数主动放弃 CPU 资源进入 delay 状态,将 CPU 控制权交给其他任务,经过一段时间后,它可以再次恢复为 ready 状态,重新参与任务调度,争夺 CPU 资源。本节将基于 ready 状态和 delay 状态使多个任务实现交替运行,输出多个任务同时运行的打印结果。

为提高操作系统任务状态切换的实时性,Mindows 操作系统采用两种调度方式:一种是上节实现的依靠硬件定时器触发的定时调度,另一种是本节将实现的依靠实时事件触发的随机调度。

4.3.1　原理介绍

到目前为止,我们设计的操作系统只有具有最高优先级的任务可以运行,当这个最高优先级任务处理完当前的事情时,它需要满足新的条件才可以继续运行,这时候它并不需要做任何事情,而其他任务则需要运行,这就需要具有最高优先级的任务暂时放弃 CPU 资源而让其他需要 CPU 资源的低优先级任务开始运行。我们可以设计一个系统函数,当前正在运行的任务可以通过调用这个系统函数暂时退出 running 态,切换到 delay 态等待一段时间,由此时处于 ready 态任务中具有最高优先级的任务继续运行。当处于 delay 状态的任务等待时间结束时,它便重新回到 ready 态,重新参与任务调度。

下面我们再来整理一下 running 态、ready 态和 delay 态之间的切换规则。

在同一时刻,操作系统中只有一个任务正在运行,处于 running 态,那么这个任务一定是任务调度发生时 running 态和 ready 态中具有最高优先级的任务,至于那些即使拥有了最高优先级的任务,只要它们不是处于 running 态或 ready 态,任务调度时也不会考虑。也就是说,任务如果要转换成 running 态,其前提条件是先得转换成 ready 态。

如果任务不希望再继续运行了,那么它可以通过调用系统函数主动将自己从 running 态切换到 delay 态,由于不是 ready 态,tick 中断发生时它不会参与任务调度,也就不会转换为 running 态。由于是任务主动切换到 delay 态,因此只有处于 running 态的任务才能切换到 delay 态。当处于 delay 态的任务用完它的延迟时间就会转换为 ready 态,再次发生任务调度时它就会重新参与任务调度。至于它能否转

139

换为 running 态,则需要看当前处于 running 态和 ready 态的任务中它是否具有最高的优先级。

由于处于 ready 态的任务没有得到 CPU 资源,因此它不会切换到 delay 态。

4.3.2　程序设计及编码实现

综上所述,我们需要在上节的基础上增加 delay 态,并且需要增加一个系统函数切换到 delay 态,下面是这个函数的原型:

```
U32 MDS_TaskDelay(U32 uiDelayTick)
```

该函数的入口参数 uiDelayTick 是任务需要延迟的时间,单位:tick。任务主动调用它就可以实现从 running 态切换到 delay 态,同时从 ready 表中删除这个任务。当延迟时间到达时,再次发生的任务调度需要将处于 delay 态的任务转换为 ready 态,重新添加到 ready 表中。至于对 ready 表的操作就与 4.2 节一样了,可以兼容上节的程序。

这其中有两个细节我们需要考虑一下:

(1) 任务调用 MDS_TaskDelay 函数的时刻可发生在任务运行的任意时刻,也就是在 2 个 tick 中断之间随机发生。按照已有的设计,当前正在运行的任务调用 MDS_TaskDelay 函数从 running 态转换为 delay 态后,并不会立刻放弃 CPU 控制权,而是需要等到下个 tick 中断到来时才能发生任务切换,在此之前还需要继续运行这个任务。这就给程序设计带来了麻烦,因为程序员无法知道调用 MDS_TaskDelay 函数的时刻距离下个 tick 中断调度时刻还有多久,也就无法知道调用 MDS_TaskDelay 函数之后还会运行多少行程序才能发生任务切换,而且任务切换的实时性也无法得到保证,如图 4.59 所示。

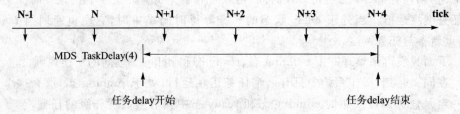

图 4.59　任务 delay 时间的精度

解决这个问题的方法就是使用实时事件触发任务调度,需要由 MDS_TaskDelay 函数将当前正在运行的任务从 ready 态转换为 delay 态之后调用相关函数立刻触发 PendSV 中断,无需再等待 tick 中断触发 PendSV 中断,这样可以立即开始任务调度,之后的任务调度、上下文切换的过程与前面 4.2 节所述的一致。

用户程序调用 MDS_TaskDelay 函数是一种随机事件,这种依靠实时事件触发的随机调度配合依靠硬件 tick 定时器触发的定时调度就可以很好地实现操作系统任务调度机制。tick 调度相当于是例行惯例周期性去处理事务，而实时事件调度则是针对某一事件专门去处理事务。

（2）操作系统是以 tick 为计时单位的，每个 tick 执行一次任务调度，没有办法分辨出 2 个 tick 之间的时间精度。因此处于 delay 状态的任务只能以 tick 为计时单位，当任务延迟的时间耗尽时由 tick 中断调度将其从 delay 态转换为 ready 态。由此带来的问题，是任务调用 MDS_TaskDelay（uiDelayTick）函数时，并不会真正延迟 uiDelayTick 个 ticks 时间，这是因为任务是在 2 个 ticks 之间调用 MDS_TaskDelay 函数的，调用 MDS_TaskDelay 函数的时刻到下次产生 tick 中断的时刻之间是不够 1 个 tick 时间的，因此，任务 delay 的全部时间只有（uiDelayTick − 1）～uiDelayTick 个 ticks 时间。如果希望至少延迟 N 个 ticks，那么就需要将 MDS_TaskDelay 的参数设置为（N+1）。如果 delay 时间为 0 的话，那么可以将该函数设计为任务并不进入 delay 状态，而只是重新进行一次任务调度而已。

我们在原有 ready 态的基础上增加了一个 delay 态。ready 表关联了处于 ready 态和 running 态的任务，处于 delay 态的任务也需要使用一个 delay 表来关联。ready 表需要使用任务优先级这个属性来关联其中的各个任务，而 delay 表则是以任务 delay 时间这个属性来关联其中的各个任务的。按照任务需要 delay 时间的长短，将处于 delay 状态的各个任务节点挂接到 delay。表的根节点上，如图 4.60 所示。

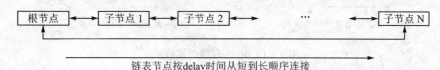

链表节点按delay时间从短到长顺序连接

图 4.60　delay 表结构

delay 表相对 ready 表来说要简单很多，它只有一个根节点。delay 表初始化时，根节点被初始化为空。向 delay 表添加节点时，先从根节点找到第一个任务子节点，若该子节点剩余的 delay 时间小于或等于需要新添加节点的 delay 时间，则继续查找下一个节点，直到找到节点的剩余 delay 时间大于新添加节点的 delay 时间，然后将新节点添加到这个节点的前面。若链表中所有节点剩余的 delay 时间都小于或等于新添加节点的 delay 时间，则将新添加的节点挂到 delay 表的最后，使 delay 表上的各个任务节点按照 delay 时间从短到长的顺序进行排列。由于 delay 表是按照任务 delay 时间从短到长的顺序排列的，当判断 delay 时间耗尽从 delay 表删除节点时，只需要从 delay 表的第一个节点开始向后找，找到第一个 delay 剩余时间不为 0 的节点为止。将前面那些 delay 剩余时间为 0 的节点全部从 delay 表中删除，挂入到 ready 表即可。

delay 表添加、删除节点的流程如图 4.61 所示。

需要永久 delay 的任务不挂入 delay 表，因为它与时间不相关，不需要参与 tick 调度。

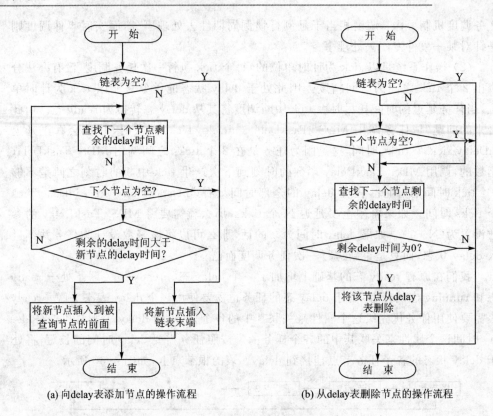

(a) 向delay表添加节点的操作流程　　　　　(b) 从delay表删除节点的操作流程

图 4.61　delay 表操作流程图

由于增加了 delay 表,我们需要改造一下 TCB 结构,以支持 delay 态的功能,来看看新的 TCB 结构,新增加的部分使用斜体字表示:

```
typedef struct m_tcb
{
    STACKREG strStackReg;              /* 备份寄存器组 */
    M_TCBQUE strTcbQue;                /* TCB 结构队列 */
    U32 uiTaskFlag;                    /* 任务标志 */
    U8 ucTaskPrio;                     /* 任务优先级 */
    M_TASKOPT strTaskOpt;              /* 任务参数 */
    U32 uiStillTick;                   /* 延迟结束的时间 */
}M_TCB;
```

任务使用 strTcbQue 变量挂接到 ready 表。当任务需要挂入 delay 表时,它会从 ready 表拆离,我们仍可以使用 strTcbQue 变量将其挂接到 delay 表。

永久 delay 的任务不关联到 delay 表,因此需要使用一个标志用来区分任务是否与 delay 表有关,这个标志就存放在 uiTaskFlag 变量中。uiTaskFlag 变量的功能在后面章节中还会扩展,增加其他的标志。

TCB 中还有一个 M_TASKOPT 结构，M_TASKOPT 结构如下：

```
typedef struct m_taskopt                /* 任务参数 */
{
    U8 ucTaskSta;                       /* 任务运行状态 */
    U32 uiDelayTick;                    /* 延迟时间 */
}M_TASKOPT;
```

从本节开始可以由用户指定任务创建时的状态。创建任务时，用户将任务的状态存入到 M_TASKOPT 结构体中的 ucTaskSta 变量，若是 delay 状态，则还需要将 delay 的 tick 数值存入到 uiDelayTick 变量中。通过将 M_TASKOPT 结构的变量指针作为入口参数传递给 MDS_TaskCreate 函数，就可以指定任务创建时的状态了，具体实现细节我们在讲解 MDS_TaskCreate 函数时再作说明。

TCB 中的 uiStillTick 变量存放的是任务 delay 状态耗尽时的 tick 值，比如当前的 tick 是 100，任务需要 delay 5 个 ticks，那么该变量中保存的就是 105，表明该任务的 delay 态持续到 105 ticks。任务调度时根据该变量判断处于 delay 状态的任务是否需要转换为 ready 状态。

在操作系统运行过程中，很可能会出现所有的任务同时处于 delay 态而没有 ready 态任务的情况，那么操作系统就无法从 ready 表中找出一个可以转换为 running 态的任务去执行，这时候 CPU 应该执行什么任务呢？ Mindows 操作系统在初始化，在创建前根任务的同时还会创建一个 idle 空闲任务，idle 任务永远处于 ready 态或 running 态，当所有其他任务都不处于 ready 态时，操作系统就运行 idle 任务。它存在的唯一目的就是为了保证 ready 表中没有其他任务时操作系统可以找到一个任务去运行。需要保证 idle 任务是操作系统中优先级最低的任务，它不应该执行任何功能，只是一个死循环在空转。这样做可以保证任务调度时若有其他任务处于 ready 态，操作系统可以没有任何拖沓立即从 idle 任务切换至其他任务，不影响其他任务的运行。idle 任务不允许处于 delay 状态，因为如果 idle 任务也被 delay 了，那么操作系统就真的不知道该做什么了。

idle 任务的代码如下：

```
00052   void MDS_IdleTask(void * pvPara)
00053   {
00054       while(1)
00055       {
00056           ;
00057       }
00058   }
```

idle 任务是一个死循环，当没有其他任务可运行时，CPU 就会一直执行 idle 任务。虽然执行 idle 任务时 CPU 并没有闲着，但是 idle 的特性决定了操作系统可以随时从 idle 任务切换到其他任务,因此可以说 idle 任务并不占有 CPU 资源。

下面我们来看看 MDS_TaskDelay 函数是如何实现任务由 ready 态转换为 delay 态,并立刻实现任务调度的。

```
00184    U32 MDS_TaskDelay(U32 uiDelayTick)
00185    {
00186        M_DLIST * pstrList;
00187        M_DLIST * pstrNode;
00188        M_PRIOFLAG * pstrPrioFlag;
00189        U8 ucTaskPrio;
00190
00191        /* 延迟时间不为 0,tick 则调度任务 */
00192        if(DELAYNOWAIT != uiDelayTick)
00193        {
00194            /* idle 任务不能处于 delay 状态 */
00195            if(gpstrCurTcb == gpstrIdleTaskTcb)
00196            {
00197                return RTN_FAIL;
00198            }
00199
00200            /* 获取当前任务的相关调度参数 */
00201            ucTaskPrio = gpstrCurTcb->ucTaskPrio;
00202            pstrList = &gstrReadyTab.astrList[ucTaskPrio];
00203            pstrPrioFlag = &gstrReadyTab.strFlag;
00204
00205            (void)MDS_IntLock();
00206
00207            /* 将当前任务从 ready 表删除 */
00208            pstrNode = MDS_TaskDelFromSchedTab(pstrList, pstrPrioFlag,
                 ucTaskPrio);
00209
00210            /* 清除任务的 ready 状态 */
00211            gpstrCurTcb->strTaskOpt.ucTaskSta &= ~((U8)TASKREADY);
00212
00213            /* 更新当前任务的延迟时间 */
00214            gpstrCurTcb->strTaskOpt.uiDelayTick = uiDelayTick;
00215
00216            /* 非永久等待任务才挂入 delay 表 */
00217            if(DELAYWAITFEV != uiDelayTick)
00218            {
00219                /* 计算任务延迟结束的时间 */
00220                gpstrCurTcb->uiStillTick = guiTick + uiDelayTick;
```

```
00221
00222              /*  将当前任务加入到 delay 表  */
00223              MDS_TaskAddToDelayTab(pstrNode);
00224
00225              /*  置任务在 delay 表标志  */
00226              gpstrCurTcb->uiTaskFlag | = DELAYQUEFLAG;
00227          }
00228
00229          /*  增加任务的 delay 状态  */
00230          gpstrCurTcb->strTaskOpt.ucTaskSta | = TASKDELAY;
00231
00232          (void)MDS_IntUnlock();
00233      }
00234      else /*  任务不延迟，仅发生任务切换  */
00235      {
00236          /*  借用 uiDelayTick 变量保存延迟任务的返回值  */
00237          gpstrCurTcb->strTaskOpt.uiDelayTick = RTN_SUCD;
00238      }
00239
00240      /*  使用软中断调度任务  */
00241      MDS_TaskSwiSched();
00242
00243      /* 返回延迟任务的返回值,任务从 delay 状态返回时,返回值被保存在
            uiDelayTick 中  */
00244      return gpstrCurTcb->strTaskOpt.uiDelayTick;
00245  }
```

00184 行,函数返回值分 4 种:RTN_SUCD,任务没有 delay,仅发生任务切换,仅在入口参数为 0 时才会返回该值;RTN_FAIL,任务 delay 失败,没有进入 delay 状态;RTN_TKDLTO,任务 delay 时间已耗尽,超时返回,这个返回值是该函数最常用的一种返回值,代表任务已经进入过 delay 状态并且又从 delay 状态返回到 running 状态;RTN_TKDLBK,任务 delay 状态被打断,被其他任务使用 MDS_TaskWake 函数唤醒。

入口参数 uiDelayTick 是需要 delay 的时间,单位:tick。

00192 行,对任务 delay 的时间进行判断,不是 delay 0 tick 的情况走这个分支,准备将任务从 ready 表删除,加入到 delay 表中。

00195~00198 行,对调用该函数的任务作判断,idle 任务不能处于 delay 状态,若是 idle 任务调用该函数,则返回失败。

00201~00203 行,获取调用该函数的任务的优先级以及该任务与 ready 表相关的信息,准备从 ready 表删除该任务。

00205 行,锁中断。下面的代码将对 ready 表进行操作,这是一个不可重入的操作过程。为避免多任务重入,使用锁中断函数将该过程锁住,避免发生任务切换而产生重入问题。

00208 行,当前任务需要切换到 delay 状态,从 ready 表删除,获得该任务 TCB 结构中的链表指针。

00211 行,清除任务的 ready 状态。

00214 行,更新当前任务的 delay 时间。

00217 行,对任务的 delay 时间进行判断,不是永久 delay 的情况走这个分支,准备将任务加入 delay 表。

00220 行,计算该任务延迟结束的 tick 数值,存入 TCB 中。tick 中断进行任务调度时会根据该数值判断任务 delay 时间是否结束。

00223 行,将该任务加入 delay 表。

00226 行,设置该任务 TCB 中的任务标志 uiTaskFlag,表明该任务已经处于 delay 表中。

00230 行,增加任务的 delay 状态。

00232 行,程序运行到此处已完成重入部分的操作,解锁中断,恢复任务调度。

00234 行,任务 delay 0 tick 时走此分支,任务只切换不延迟。

00237 行,将函数返回值保存在 TCB 中 strTaskOpt 结构中的 uiDelayTick 变量中。本函数将在 00241 行由 MDS_TaskSwiSched 函数触发任务调度,当前任务可能会进入 delay 态,程序可能会切换到其他任务继续运行。在其他任务运行期间,本任务可能会因为 delay 时间耗尽或者被其他任务唤醒(后面介绍)而返回。本函数的返回值会被临时保存在 TCB 中 strTaskOpt 结构中的 uiDelayTick 变量中,本行指令也是借助该变量保存函数的返回值,以便该函数在不同条件下退出时都可以从该变量中获得函数返回值。

00241 行,任务相关变量、ready 表、delay 表的操作已经完成,可能有其他任务需要转换为 running 态运行。为提高操作系统的实时性,本行调用 MDS_TaskSwiSched 函数立刻触发 PendSV 中断开始任务调度,而不是等到下个 tick 中断进行任务调度。

00244 行,取出保存在 TCB 中 strTaskOpt 结构中的 uiDelayTick 变量中的返回值,返回给上级父函数,完成该函数的调用。注意:本行与 000241 行代码在编写上是连在一起的,但在程序运行时可能会有时间间隔,00241 行会发生任务调度,中间可能会插入其他任务的运行过程。

以上的函数使用了 MDS_TaskDelFromSchedTab 函数从 ready 表中删除任务,该函数的代码如下:

```
00347   M_DLIST * MDS_TaskDelFromSchedTab(M_DLIST * pstrList, M_PRIOFLAG * pstrPrioFlag,
00348                                                           U8 ucTaskPrio)
```

```
00349    {
00350        M_DLIST * pstrDelNode;
00351
00352        /* 将该任务节点从调度表中删除 */
00353        pstrDelNode = MDS_DlistNodeDelete(pstrList);
00354
00355        /* 如果调度表中该优先级为空,则清除优先级标志 */
00356        if(NULL == MDS_DlistEmpInq(pstrList))
00357        {
00358            MDS_TaskClrPrioFlag(pstrPrioFlag, ucTaskPrio);
00359        }
00360
00361        /* 返回被删除任务的节点指针 */
00362        return pstrDelNode;
00363    }
```

之前介绍从 ready 表删除任务的操作就是由该函数实现的,该函数代码请结合 4.2 节中的介绍进行理解,这里就不详细介绍了。

MDS_TaskAddToDelayTab 函数的功能是将任务节点添加到 delay 表中,添加时是以任务剩余延迟时间为条件按照从短到长的顺序排列的,这个函数最关键的部分在于为新加入的节点找到合适的节点位置,需要使用新加入节点的 delay 耗尽 tick 数值,依次与 delay 表中不同节点的 delay 耗尽 tick 数值以及当前的 tick 数值作比较。当前 tick 变量 guiTick 会从 0 开始递增,当达到最大值 0xFFFFFFFF 时又会重新回到 0,形成一个循环的计数过程,因此,这 3 个需要比较的数值存在多种组合情况,情况比较复杂。MDS_TaskAddToDelayTab 函数的细节不再详细介绍了。

上节实现的锁中断函数 MDS_IntLock 和解锁中断函数 MDS_IntUnlock 直接对中断寄存器进行操作,无论调用几次 MDS_IntLock 函数或 MDS_IntUnlock 函数都只会以第一次调用为准。比如下面的例子,在 00001 行和 00003 行连续调用了 2 次 MDS_IntLock 函数,用来锁中断;与锁中断相对应,在 00005 行和 00007 行又调用了 2 次 MDS_IntUnlock 函数解锁中断。但实际上对中断有效的锁操作只发生在 00001 行第一次调用 MDS_IntLock 函数时,00003 行第二次调用的 MDS_IntLock 函数只是在已锁中断的情况下重复了锁中断操作,并没有起到任何效果。同样,对中断有效的解锁操作只发生在 00005 行第一次调用 MDS_IntUnlock 函数时,00007 行第二次调用 MDS_IntUnlock 函数只是在已解锁中断的情况下重复了解锁操作,并没有起到任何效果。

```
00001    MDS_IntLock
00002    ...
00003        MDS_IntLock
00004        ...
```

```
00005        MDS_IntUnlock
00006   ...
00007   MDS_IntUnlock
```

这样嵌套使用锁中断、解锁中断会带来一些问题,以上面的代码为例,父函数在 00001 行锁中断并在 00007 行解锁中断,其目的是为了保护父函数 00002~00006 行的代码,子函数在 00003 行锁中断并在 00005 行解锁中断,其目的是为了保护子函数 00004 行的代码。这样做带来的问题是,父函数可能并不知道其子函数会进行锁中断、解锁中断的操作,而子函数同样也可能不知道其父函数会进行锁中断、解锁中断的操作,一旦父子函数都做了锁中断、解锁中断的操作,那么会使这些对中断的操作产生错误。例如,在 00001~00003 行连续锁了 2 次中断,00002 行和 00004 行的代码会处于锁中断状态,这是符合设计要求的。但在 00005 行解锁了一次中断,这次解锁操作是子函数解锁其在 00003 行所做的锁中断操作,对于子函数来说,这个解锁操作是正确的,因为它完成了锁中断和解锁中断这一对操作。但对于父函数来说,这个操作是错误的,因为子函数的解锁操作已经将父函数锁住的中断解锁了,这并不是父函数希望看到的,父函数希望在 00007 行由自己解锁中断,希望 00006 行的代码仍然是处于锁中断状态。如此形式的锁中断、解锁中断嵌套无法有效保护希望得到锁中断保护的代码,这与设计是不符的。为了解决这个问题,本节对中断锁函数 MDS_IntLock 和中断解锁函数 MDS_IntUnlock 作了一些完善。在这两个函数里面作了计数统计,只有在未锁中断的状态下调用锁中断函数 MDS_IntLock 才会真正去操作硬件寄存器,执行锁中断操作;在已锁中断的状态下,调用锁中断函数 MDS_IntLock 只会增加其内部的变量计数,不对硬件寄存器做任何操作,只做一个虚假的锁中断操作。同样,只有在已锁中断的状态下并且变量计数为 1 时,调用解锁中断函数 MDS_IntUnlock 才会真正去操作硬件寄存器,执行解锁中断操作,在其他情况下调用解锁中断函数 MDS_IntLock,只会减少其内部的变量计数,不对硬件做任何操作,这个过程如表 4.3 所列。

表 4.3　锁中断和解锁中断函数内部状态变化

中断状态	函数内部操作	函数内部变量值	锁中断状态
中断初始状态	变量置为 0	0	未锁中断
MDS_IntLock	操作硬件寄存器,锁中断,变量加 1	1	锁中断
MDS_IntLock	变量加 1	2	锁中断
MDS_IntUnlock	变量减 1	1	锁中断
MDS_IntUnlock	操作硬件寄存器,解锁中断,变量减 1	0	未锁中断

下面来看看这两个函数的代码:

```
00168   U32 MDS_IntLock(void)
00169   {
```

```
00170          /* 如果在中断中运行该函数,则直接返回 */
00171          if(RTN_SUCD == MDS_RunInInt())
00172          {
00173              return RTN_FAIL;
00174          }
00175

00176          /* 第一次调用该函数才做实际的锁中断操作 */
00177          if(0 == guiIntLockCounter)
00178          {
00179              __disable_irq();
00180
00181              guiIntLockCounter ++ ;
00182
00183              return RTN_SUCD;
00184          }
00185          /* 非第一次调用该函数并且小于最大次数,则直接返回成功 */
00186          else if(guiIntLockCounter < 0xFFFFFFFF)
00187          {
00188              guiIntLockCounter ++ ;
00189
00190              return RTN_SUCD;
00191          }
00192          else /* 超出最大次数,则直接返回失败 */
00193          {
00194              return RTN_FAIL;
00195          }
00196      }
00204      U32 MDS_IntUnlock(void)
00205      {
00206          /* 如果在中断中运行该函数,则直接返回 */
00207          if(RTN_SUCD == MDS_RunInInt())
00208          {
00209              return RTN_FAIL;
00210          }
00211
00212          /* 非第一次调用该函数直接返回成功 */
00213          if(guiIntLockCounter > 1)
00214          {
00215              guiIntLockCounter -- ;
00216
00217              return RTN_SUCD;
00218          }
```

```
00219        /* 最后一次调用该函数才做实际的解锁中断操作 */
00220        else if(1 == guiIntLockCounter)
00221        {
00222            guiIntLockCounter -- ;
00223
00224            __enable_irq();
00225
00226            return RTN_SUCD;
00227        }
00228        else /* 等于 0 次则直接返回失败 */
00229        {
00230            return RTN_FAIL;
00231        }
00232   }
```

其中 __disable_irq 函数和 __enable_irq 函数是处理器提供的库函数,直接对硬件寄存器进行操作,用来锁中断和解锁中断,这里就不介绍了。由于不能在中断中执行锁中断和解锁中断的操作,否则系统会出现异常,因此需要使用 MDS_RunInInt 函数检测 MDS_IntLock 函数和 MDS_IntUnlock 函数是否是在中断服务函数中调用。如果是在中断中调用,则不做任何操作,直接返回失败。MDS_RunInInt 函数通过检测 XPSR 寄存器中的低 9 位来判断当前程序是否是在中断中运行,这在 2.1 节中有介绍。MDS_RunInInt 函数的代码不复杂,具体细节请读者直接阅读源代码。

锁中断函数 MDS_IntLock 和解锁中断函数 MDS_IntUnlock 需要成对使用,这里所说的成对,不是代码编写上的成对,而是代码运行时的成对,运行了锁中断函数之后一定要运行解锁中断函数,并且需要保证锁中断时间尽可能的短。

下面我们再来看看与本节新加入的实时事件触发任务调度息息相关的任务调度实现方法。先复习一下 4.2 节中所使用的任务调度触发方式:将 Mindows 操作系统设计为由 tick 中断触发任务调度,当 tick 中断发生时,tick 中断服务函数 SysTick_Handler 将会执行,SysTick_Handler 函数最终会调用 MDS_IntPendSvSet 函数,由 MDS_IntPendSvSet 函数触发 PendSV 中断,然后就退出 tick 中断,剩下的任务调度工作由 PendSV 中断服务函数来完成,在此之前所做的工作只是为了触发 PendSV 中断。因此,当实时事件发生时,可以仿照上述过程,只需要在实时事件里调用 MDS_IntPendSvSet 函数触发 PendSV 中断即可,将剩下的任务调度工作交给 PendSV 中断服务函数。

这样做确实既方便实现实时事件调度,又可以兼容 tick 周期调度,但这样做存在一个问题。MDS_IntPendSvSet 函数之所以能够触发 PendSV 中断,是因为其对处理器的控制寄存器进行了操作,可是控制寄存器只有在特权级下才能操作,而我们在进入到用户程序之前,在 MDS_SystemHardwareInit 函数里已经将权限更改为了用户级，因此在实时事件发生时试图通过调用 MDS_IntPendSvSet 函数而产生 PendSV 中断的操作都会引发硬件异常，导致程序崩溃。

那么为什么在 4.2 节中调用 MDS_IntPendSvSet 函数而不会出现异常呢？这是因为 4.2 节是在 tick 中断中调用的 MDS_IntPendSvSet 函数，tick 中断是一种中断，程序只要进入中断就会拥有特权级权限，因此没有问题。

既然中断可以解决这个问题，那么就好办了。我们可以在实时事件里触发软中断，然后在软中断服务函数里再通过调用 MDS_IntPendSvSet 函数来触发 PendSV 中断进行任务调度，通过这样一个二级跳来实现实时事件触发的任务调度功能。

触发软中断的函数如下：

```
00082    MDS_TaskOccurSwi
00083
00084        SVC      #0              ;触发 SWI 软中断
00085        BX       R14             ;函数返回
```

这个函数非常简单，只是在 00084 行执行了 SVC 汇编指令，该指令会触发软中断进入到软中断服务函数。00085 行指令会返回到调用软中断的函数，有关中断返回的操作在 2.1 节中有详细的介绍。

为了使软中断能提供更多的功能，我们需要为软中断服务函数增加一个入口参数，通过该入口参数来区分不同的软中断服务。软中断服务函数的 C 语言原型为：

```
void MDS_TaskOccurSwi(U32 uiSwiNo)
```

调用触发软中断的函数 MDS_TaskOccurSwi 时，其入口参数 uiSwiNo 会通过 R0 寄存器传递给随后执行的软中断服务函数。软中断服务函数代码如下：

```
00112    void SVC_Handler(U32 uiSwiNo)
00113    {
00114        /* 软中断产生的任务调度 */
00115        if(SWI_TASKSCHED == (SWI_TASKSCHED & uiSwiNo))
00116        {
00117            /* 触发 PendSv 中断，在该中断中调度任务 */
00118            MDS_IntPendSvSet();
00119        }
00120        /* 其他软中断服务 */
00121        else
00122        {
00123
00124        }
00125    }
```

00112 行，软中断服务函数 SVC_Handler 的入口参数 uiSwiNo 是软中断的服务号,软中断服务函数会根据软中断服务号提供不同的服务。该入口参数是由触发软中断的函数 MDS_TaskOccurSwi 将其入口参数通过 R0 寄存器传递过来的。

00115 行,判断软中断服务号。如果是软中断任务调度服务则走此分支。

00118 行,调用 MDS_IntPendSvSet 函数触发 PendSV 中断。

00121 行,执行其他软中断服务。不过目前还没有其他软中断服务,读者可以根据需求自己添加。顺便说一句,在这里可以添加提升程序硬件操作权限的服务,由用户级提升到特权级,并可以根据软件用户权限来决定是否给 ROOT 用户或 GUEST 用户开放此种服务,这样通过软硬件权限就可以控制用户程序的权限了。

中断中的程序具有操作硬件的权限,软中断又可以由软件触发。如果程序员利用软中断获取的硬件特权级权限来做一些坏事就会危害到操作系统,因此一个安全的方法是将软中断服务函数封装起来,只以服务的方式提供给用户使用。例如上面所介绍的软中断任务调度服务 SWI_TASKSCHED,用户只能使用操作系统所提供的服务,因此也就无法做坏事了。其他类型的中断服务函数也需要封装起来,避免用户代码直接编写中断服务函数来搞破坏。比如说通信使用的串口中断,不能让用户直接编写串口中断服务函数,操作系统只提供串口通信的接口,这在后面 5.7 节会有更详细的介绍。当然,对于小型嵌入式设备来说,如此设计是没有必要的,因为整个软件系统是由同一个团队的程序员甚至只是由一位程序员编写的,可以保证程序的安全性。在这种情况下,如果还使用上述介绍的安全机制,只会使程序变得复杂。

前面介绍过的 MDS_TaskDelay 函数在 00241 行调用的 MDS_TaskSwiSched 函数,代码如下,该函数正是通过申请软中断任务调度服务 SWI_TASKSCHED 才实现了任务调度功能。

```
00122    void MDS_TaskSwiSched(void)
00123    {
00124        /* 触发 SWI 软中断 */
00125        MDS_TaskOccurSwi(SWI_TASKSCHED);
00126    }
```

处于 delay 状态的任务是以 tick 为计时单位的,这要求必须在 tick 中断触发的任务调度中判断任务的延迟时间是否耗尽,而软中断触发的任务调度发生在 2 个 tick 之间,无需对 delay 态的任务进行调度。由于软中断触发的任务调度与 tick 中断触发的任务调度最终都是在 PendSV 中断服务程序里进行任务调度的,因此在任务调度函数 MDS_TaskSched 里必须对这两者加以区分。当 tick 中断发生时,在其中断服务函数 SysTick_Handler 所调用的 MDS_TaskTick 函数中使用 gucTickSched 变量来标记这是由 tick 中断触发的任务调度,在随后触发的 PendSV 中断服务函数 MDS_PendSvContextSwitch 所调用的 MDS_TaskSched 函数中,会根据 gucTickSched 变量判断这次调度是否是由 tick 中断触发的。当软中断发生时,其中断服务函数 SVC_Handler 不对 gucTickSched 变量做任何操作,由此通过 gucTick-

Sched 变量来区分这两种不同方式产生的任务调度。MDS_TaskTick 函数增加了 tick 计时和标记 gucTickSched 变量的代码，如下所示：

```
00141    void MDS_TaskTick(void)
00142 {
00143       /* 每个 tick 中断 tick 计数加 1 */
00144       guiTick++;
00145
00146       /* 由 tick 中断触发的调度，置为 tick 中断调度状态 */
00147       gucTickSched = TICKSCHEDSET;
00148
00149       /* 触发 PendSv 中断，在该中断中调度任务 */
00150       MDS_IntPendSvSet();
00151 }
```

00144 行，全局变量 guiTick 自加 1。每发生一次 tick 中断就会调用一次 MDS_TaskTick 函数，guiTick 变量就会自加 1。guiTick 是操作系统的时钟变量，记录操作系统的 tick 时间。

00147 行，标记此次是由 tick 中断触发的任务调度。

00150 行，触发 PendSv 中断进行任务调度。

任务调度函数 MDS_TaskSched 需要根据 gucTickSched 变量来判断本次调度是否由 tick 中断触发，如果是由 tick 中断触发，则需要对 delay 表进行调度，代码如下：

```
00370    void MDS_TaskSched(void)
00371    {
00372        M_TCB * pstrTcb;
00373
00374        /* 由 tick 中断触发的调度 */
00375        if(TICKSCHEDSET == gucTickSched)
00376        {
00377            /* 清 tick 调度状态 */
00378            gucTickSched = TICKSCHEDCLR;
00379
00380            /* 调度 delay 表任务 */
00381            MDS_TaskDelayTabSched();
00382        }
00383
00384        /* 调度 ready 表任务 */
00385        pstrTcb = MDS_TaskReadyTabSched();
00386
00387        /* 任务切换 */
00388        MDS_TaskSwitch(pstrTcb);
00389    }
```

通过前面的介绍,MDS_TaskSched 函数应该可以理解,这里不再详细介绍了。

每次产生 tick 中断时,MDS_TaskDelayTabSched 函数都会对 delay 表进行调度,其遵循的规则是:从 delay 表根节点开始向后查询子节点,如果子节点已经耗尽了延迟的时间,则将子节点从 delay 表删除并更新相关的任务标志,将其添加到 ready 表中。由于 delay 表中的节点是按照 delay 时间从少到多的顺序进行排列的,因此只要找到第一个没有耗尽延迟时间的任务就可以退出对 delay 表的调度了。

前面已经讲解过任务 TCB 与 ready 链表、delay 链表之间的关系,下面仅给出该函数的代码,不再详细介绍:

```
00415    void MDS_TaskDelayTabSched(void)
00416    {
00417        M_TCB * pstrTcb;
00418        M_DLIST * pstrList;
00419        M_DLIST * pstrNode;
00420        M_DLIST * pstrDelayNode;
00421        M_DLIST * pstrNextNode;
00422        M_PRIOFLAG * pstrPrioFlag;
00423        M_TCBQUE * pstrTcbQue;
00424        U32 uiTick;
00425        U8 ucTaskPrio;
00426
00427        /* 获取 delay 表中的任务节点 */
00428        pstrDelayNode = MDS_DlistEmpInq(&gstrDelayTab);
00429
00430        /* delay 表中有任务, 调度 delay 表中的任务 */
00431        if(NULL != pstrDelayNode)
00432        {
00433            /* 判断 delay 表中任务的延迟时间是否结束 */
00434            while(1)
00435            {
00436                /* 获取 delay 表中任务的延迟时间 */
00437                pstrTcbQue = (M_TCBQUE * )pstrDelayNode;
00438                pstrTcb = pstrTcbQue ->pstrTcb;
00439                uiTick = pstrTcb ->uiStillTick;
00440
00441                /* 该任务延迟时间结束, 从 delay 表中删除并加入到调度表中 */
00442                if(uiTick == guiTick)
00443                {
00444                    /* 从 delay 表删除该任务 */
00445                    pstrNextNode = MDS _ DlistCurNodeDelete ( &gstrDelayTab,
                     pstrDelayNode);
```

```
00446
00447                        /* 置任务不在 delay 表标志 */
00448                        pstrTcb->uiTaskFlag &= (~((U32)DELAYQUEFLAG));
00449
00450                        /* 清除任务的 delay 状态 */
00451                        pstrTcb->strTaskOpt.ucTaskSta &= ~((U8)TASKDELAY);
00452
00453                        /* 借用 uiDelayTick 变量保存 delay 任务的返回值 */
00454                        pstrTcb->strTaskOpt.uiDelayTick = RTN_TKDLTO;
00455
00456                        /* 获取该任务的相关参数 */
00457                        pstrNode = &pstrTcb->strTcbQue.strQueHead;
00458                        ucTaskPrio = pstrTcb->ucTaskPrio;
00459                        pstrList = &gstrReadyTab.astrList[ucTaskPrio];
00460                        pstrPrioFlag = &gstrReadyTab.strFlag;
00461
00462                        /* 将该任务添加到 ready 表中 */
00463                        MDS_TaskAddToSchedTab(pstrList, pstrNode, pstrPrioFlag, uc-
                        TaskPrio);
00464
00465                        /* 增加任务的 ready 状态 */
00466                        pstrTcb->strTaskOpt.ucTaskSta |= TASKREADY;
00467
00468                        /* delay 表已经调度完毕，结束对 delay 表的调度 */
00469                        if(NULL == pstrNextNode)
00470                        {
00471                            break;
00472                        }
00473                        else /* delay 表没调度完，更新下个节点继续判断 */
00474                        {
00475                            pstrDelayNode = pstrNextNode;
00476                        }
00477                    }
00478                    else /* 所有任务的延迟时间没有结束，结束对 delay 表的调度 */
00479                    {
00480                        break;
00481                    }
00482                }
00483            }
00484    }
```

tick 中断和软中断进行任务调度时还有一个细节需要说明一下。tick 中断和软中断可能会发生中断嵌套，由于软中断是由软件触发的，因此即使软中断优先级比 tick 中断优先级高，也不会发生软中断抢占 tick 中断的情况，因为在处理 tick 中断服务函数时是无法由软件触发软中断的。反过来，如果 tick 中断优先级比软中断优先级高，则可能会发生 tick 中断抢占软中断的情况。比如说，当软中断触发的 PendSV 中断服务函数即将执行 MDS_TaskSched 函数的 00375 行时发生了 tick 中断，则在 tick 中断服务函数里会将 gucTickSched 变量置为 TICKSCHEDSET 标志，并会触发 PendSV 中断。此时由软中断触发的 PendSV 中断服务函数处于被 tick 中断服务函数抢占的情况，而由 tick 中断触发的 PendSV 中断服务函数在当前所有中断执行完毕后再去执行。当 tick 中断结束后，程序就会回到由软中断触发的 PendSV 中断服务函数继续执行 00375 行，此时已经满足该行的判断条件，接下来会执行 00378 行和 00381 行，对 delay 表进行操作，如果没有 tick 中断产生，那么这 2 行代码是不应该执行的。虽然 tick 中断临时改变了 PendSV 中断服务函数的运行分支，但这并没有关系，你可以认为这次的 PendSV 中断服务函数是由 tick 中断触发的，因为此时 tick 中断产生的时间已经到了，对 delay 表调度不会产生时间上的问题，而接下来真正由 tick 中断触发的 PendSV 中断服务函数则会因为在 00378 行清除了 TICK-SCHEDSET 标志而认为自己是由软中断触发的，因而不对 delay 表进行调度。从执行效果上来看，这种中断嵌套的情况会改变 2 个中断服务函数对 MDS_TaskSched 函数的调用顺序，但这对调度的结果不会产生任何影响。

处于 delay 状态的任务需要等到延迟时间结束才能结束 delay 状态，返回到 ready 状态重新参与任务调度。下面我们设计一个 MDS_TaskWake 函数用来唤醒处于 delay 状态的任务，让其可以从 delay 状态直接转变为 ready 状态，参与任务调度。这个函数的实现方法很简单，就是将希望唤醒的任务从 delay 表删除并添加到 ready 表中，然后调用 MDS_TaskSwiSched 函数触发任务调度就可以了。它的代码如下：

```
00253   U32 MDS_TaskWake(M_TCB * pstrTcb)
00254   {
00255       M_DLIST * pstrList;
00256       M_DLIST * pstrNode;
00257       M_PRIOFLAG * pstrPrioFlag;
00258       U8 ucTaskPrio;
00259
00260       /* 入口参数检查 */
00261       if(NULL == pstrTcb)
00262       {
00263           return RTN_FAIL;
00264       }
00265
```

```
00266        (void)MDS_IntLock();
00267

00268        /* 仅可以唤醒任务的 delay 状态 */
00269        if(TASKDELAY != (TASKDELAY & pstrTcb->strTaskOpt.ucTaskSta))
00270        {
00271            (void)MDS_IntUnlock();
00272

00273            return RTN_FAIL;
00274        }
00275

00276        pstrNode = &pstrTcb->strTcbQue.strQueHead;
00277

00278        /* 非永久等待任务才从 delay 表删除 */
00279        if(DELAYWAITFEV != pstrTcb->strTaskOpt.uiDelayTick)
00280        {
00281            /* 从 delay 表删除该任务 */
00282            (void)MDS_DlistCurNodeDelete(&gstrDelayTab, pstrNode);
00283

00284            /* 置任务不在 delay 表标志 */
00285            pstrTcb->uiTaskFlag &= (~((U32)DELAYQUEFLAG));
00286        }
00287

00288        /* 清除任务的 delay 状态 */
00289        pstrTcb->strTaskOpt.ucTaskSta &= ~((U8)TASKDELAY);
00290

00291        /* 借用 uiDelayTick 变量保存延迟任务的返回值 */
00292        pstrTcb->strTaskOpt.uiDelayTick = RTN_TKDLBK;
00293

00294        /* 获取该任务的相关参数 */
00295        ucTaskPrio = pstrTcb->ucTaskPrio;
00296        pstrList = &gstrReadyTab.astrList[ucTaskPrio];
00297        pstrPrioFlag = &gstrReadyTab.strFlag;
00298

00299        /* 将该任务添加到 ready 表中 */
00300        MDS_TaskAddToSchedTab(pstrList, pstrNode, pstrPrioFlag, ucTaskPrio);
00301

00302        /* 增加任务的 ready 状态 */
00303        pstrTcb->strTaskOpt.ucTaskSta |= TASKREADY;
00304

00305        (void)MDS_IntUnlock();
00306
```

```
00307          /* 使用软中断调度任务 */
00308          MDS_TaskSwiSched();
00309
00310          return RTN_SUCD;
00311     }
```

这个函数的入口参数 pstrTcb 是希望唤醒的任务的 TCB 指针,它所实现的功能正好与 MDS_TaskDelay 函数相反,可以对照前面所介绍的 MDS_TaskDelay 函数进行理解,这里就不详细说明了。

最后对 MDS_TaskCreate 函数修改如下:

```
00016     M_TCB * MDS_TaskCreate(VFUNC vfFuncPointer, void * pvPara, U8 * pucTaskStack,
00017                     U32 uiStackSize, U8 ucTaskPrio, M_TASKOPT * pstrTaskOpt)
00018     {
00019          M_TCB * pstrTcb;
00020
00021          /* pstrTaskOpt 参数并非必须,不作检查 */
00022
00023          /* 对创建任务所使用函数的指针合法性进行检查 */
00024          if(NULL == vfFuncPointer)
00025          {
00026              /* 指针为空, 返回失败 */
00027              return (M_TCB * )NULL;
00028          }
00029
00030          /* 对任务栈合法性进行检查 */
00031          if((NULL == pucTaskStack) || (0 == uiStackSize))
00032          {
00033              /* 栈不合法, 返回失败 */
00034              return (M_TCB * )NULL;
00035          }
00036
00037          /* 配置任务参数时对任务状态合法性进行检查 */
00038          if(NULL != pstrTaskOpt)
00039          {
00040              /* 不存在的任务状态,返回失败 */
00041              if(! ((TASKREADY == pstrTaskOpt ->ucTaskSta)
00042                  || (TASKDELAY == pstrTaskOpt ->ucTaskSta)))
00043              {
00044                  return (M_TCB * )NULL;
00045              }
00046          }
```

```
00047
00048        /* 对任务优先级检查 */
00049        if(USERROOT == MDS_GetUser())
00050        {
00051            /* 对于 ROOT 用户，任务优先级不能低于最低优先级 */
00052            if(ucTaskPrio > LOWESTPRIO)
00053            {
00054                return (M_TCB *)NULL;
00055            }
00056        }
00057        else //if(USERGUEST == MDS_GetUser())
00058        {
00059            /* 对于 GUEST 用户,任务不能高于用户最高优先级,不能低于用户最低优
                 先级 */
00060            if((ucTaskPrio < USERHIGHESTPRIO) || (ucTaskPrio > USERLOWESTPRIO))
00061            {
00062                return (M_TCB *)NULL;
00063            }
00064        }
00065
00066        /* 初始化 TCB */
00067        pstrTcb = MDS_TaskTcbInit(vfFuncPointer, pvPara, pucTaskStack, uiStackSize,
00068                               ucTaskPrio, pstrTaskOpt);
00069
00070        /* 初始化 TCB 失败，则返回失败 */
00071        if(NULL == pstrTcb)
00072        {
00073            return NULL;
00074        }
00075
00076        /* 在操作系统状态下创建任务后需要进行任务调度 */
00077        if(SYSTEMSCHEDULE == guiSystemStatus)
00078        {
00079            /* 使用软中断调度任务 */
00080            MDS_TaskSwiSched();
00081        }
00082
00083        return pstrTcb;
00084 }
```

00016～00017 行,新增加了入口参数 pstrTaskOpt,通过 pstrTaskOpt 指钎可以配置任务刚建立时的状态。若不希望使用该功能,则调用该函数时需要将该入口参

数置为 NULL,任务会被默认为 ready 态;若使用了该入口参数,该入口参数结构中的 ucTaskSta 变量指明了任务创建时的状态,uiDelayTick 变量指明了 delay 状态需要延迟的时间。

00024～00035 行,与上节没有变化,用来检测入口参数。

00038～00046 行,若使用了 pstrTaskOpt 入口参数,则对配置的任务状态进行检查,任务的初始状态只能为 ready 态或 delay 态,否则返回失败。

00049～00064 行,与上节没有变化,对新创建任务的优先级进行检查。如果是 ROOT 用户,则可以创建所有优先级的任务;若是 GUEST 用户,则只能创建 GUEST 权限范围内优先级的任务。

00067～00068 行,初始化任务 TCB。

00071～00074 行,若初始化 TCB 失败,则该函数也返回失败。

00077～00081 行,此时新任务已经创建完毕,若已经进入操作系统状态,则使用软中断触发任务调度。在没进入操作系统状态前,会使用 MDS_TaskCreate 函数创建前根任务,但此时操作系统环境还没有建立,不能进行任务调度,因此此处需要对是否进入操作系统状态加以区分。

00083 行,返回新创建任务的 TCB 指针。

MDS_TaskTcbInit 函数也增加了 pstrTaskOpt 入口参数,作了一些修改:

```
00097    M_TCB * MDS_TaskTcbInit(VFUNC vfFuncPointer, void * pvPara, U8 * pucTaskStack,
00098                            U32 uiStackSize, U8 ucTaskPrio, M_TASKOPT * pstrTaskOpt)
00099    {
00100        M_TCB * pstrTcb;
00101        M_DLIST * pstrList;
00102        M_DLIST * pstrNode;
00103        M_PRIOFLAG * pstrPrioFlag;
00104        U8 * pucStackBy4;
00105
00106        /* 栈满地址, 需要 4 字节对齐 */
00107        pucStackBy4 = (U8 *)(((U32)pucTaskStack + uiStackSize) & ALIGN4MASK);
00108
00109        /* TCB 结构存放的地址, 需要 8 字节对齐 */
00110        pstrTcb = (M_TCB *)(((U32)pucStackBy4 - sizeof(M_TCB)) & STACKALIGNMASK);
00111
00112        /* 初始化任务栈 */
00113        MDS_TaskStackInit(pstrTcb, vfFuncPointer, pvPara);
00114
00115        /* 先将任务标志初始化为全空, 后面再为其增加具体的功能标志 */
00116        pstrTcb->uiTaskFlag = 0;
00117
```

```
00118        /* 初始化指向 TCB 的指针 */
00119        pstrTcb->strTcbQue.pstrTcb = pstrTcb;
00120
00121        /* 初始化任务优先级 */
00122        pstrTcb->ucTaskPrio = ucTaskPrio;
00123
00124        /* 没有任务参数则将任务状态设置为 ready 态 */
00125        if(NULL == pstrTaskOpt)
00126        {
00127            pstrTcb->strTaskOpt.ucTaskSta = TASKREADY;
00128        }
00129        else /* 有任务参数则将参数复制到 TCB 中 */
00130        {
00131            pstrTcb->strTaskOpt.ucTaskSta = pstrTaskOpt->ucTaskSta;
00132            pstrTcb->strTaskOpt.uiDelayTick = pstrTaskOpt->uiDelayTick;
00133        }
00134
00135        /* 锁中断，防止其他任务影响 */
00136        (void)MDS_IntLock();
00137
00138        /* 建立的任务包含 ready 态，将任务加入 ready 表 */
00139        if(TASKREADY == (TASKREADY & pstrTcb->strTaskOpt.ucTaskSta))
00140        {
00141            pstrList = &gstrReadyTab.astrList[ucTaskPrio];
00142            pstrNode = &pstrTcb->strTcbQue.strQueHead;
00143            pstrPrioFlag = &gstrReadyTab.strFlag;
00144
00145            /* 将该任务添加到 ready 表中 */
00146            MDS_TaskAddToSchedTab(pstrList, pstrNode, pstrPrioFlag, ucTaskPrio);
00147        }
00148
00149        /* 建立的任务包含 delay 态，将任务加入 delay 表 */
00150        if(TASKDELAY == (TASKDELAY & pstrTcb->strTaskOpt.ucTaskSta))
00151        {
00152            /* 非永久等待任务才挂入 delay 表 */
00153            if(DELAYWAITFEV != pstrTaskOpt->uiDelayTick)
00154            {
00155                /* 更新新建任务的延迟时间 */
00156                pstrTcb->uiStillTick = guiTick + pstrTaskOpt->uiDelayTick;
00157
00158                /* 从任务参数里获取 delay 表节点并加入到 delay 表 */
```

嵌入式操作系统内核调度——底层开发者手册

162

```
00159                      pstrNode = &pstrTcb->strTcbQue.strQueHead;
00160                      MDS_TaskAddToDelayTab(pstrNode);
00161
00162                      /* 置任务在 delay 表标志 */
00163                      pstrTcb->uiTaskFlag |= DELAYQUEFLAG;
00164                  }
00165              }
00166
00167          /* 挂入链表后解锁中断，允许任务调度 */
00168          (void)MDS_IntUnlock();
00169
00170          return pstrTcb;
00171      }
```

00107～00113 行，对比上节没有变化，用来初始化任务栈。

00116 行，初始化任务标志为空，即没有任何任务标志的状态，后面代码会根据需要再增加任务标志状态。

00119～00122 行，对比上节没有变化。

00125～00133 行，设置 TCB 结构中的任务参数结构。创建任务时若没有使用 pstrTaskOpt 入口参数，则将任务状态设置为默认的 ready 态；若使用了 pstrTaskOpt 入口参数，则将参数内的数据复制到 TCB 中。

00139～00147 行，创建的任务若包含 ready 态，则添加到 ready 表中。

00150～00165 行，创建的任务若包含 delay 态并且是延迟有限的时间，则添加到 delay 表中。

初始化任务栈的函数 MDS_TaskStackInit 没有任何变化，切换到操作系统状态的函数 MDS_SwitchToTask、PendSV 中断服务函数 MDS_PendSvContextSwitch 也没有任何变化。

本节在字符打印输出方面也作了较大的结构调整。从本节开始，串口打印功能不再由任务实时向串口打印，而是由任务先将字符串打印到内存，然后使用一个低优先级的串口打印任务从内存中取出字符串再打印到串口。测试任务中调用的 DEV_PutStrToMem 函数就是用来完成将字符串打印到内存这一功能的。

串口是一个低速率的外设，如果采用原有的打印方式，那么在打印字符串的过程中可能会发生任务切换，若切换后的任务也在向串口打印字符串，那么这 2 个任务的字符串在串口显示界面上就会混杂在一起，得不到我们预期的输出结果。而本节所采用的打印方式需要每个任务从内存申请一个消息缓冲用来存放打印的字符，先将字符打印到内存中，这一过程会非常快，可以将这一过程用中断锁住，以防止其他任务干扰，然后再使用另一个串口打印任务从消息缓冲中读取需要打印的字符串并打印到串口上。由于向串口打印数据是由同一个任务完成的，因此不会存在打印字符混乱的情况。串口打印任务具有最低的优先级，它只有在其他任务都处于 delay 状态时才会向串口打印消息，不会影响其他任务的运行。

　　实现此功能需要解决的一个问题是，如何能够协调好多个任务对消息缓冲的操作。这些任务在对消息缓冲操作时可能会发生任务切换，我们需要保证任务切换对消息缓冲的操作没有影响，可以使用队列来解决这个问题。

　　队列的工作方式与栈不同，栈是先进后出，而队列是先进先出的，就像排队一样，可以将消息按照顺序排放在队列里。先来的消息排在前面，后来的消息排在后面，从队列中取消息时先从队列头部开始取，当队列为空时就无法从队列取出消息了，如图 4.62 所示。

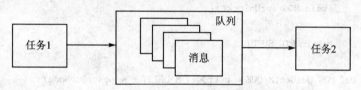

图 4.62　任务间使用队列传递消息

我们可以利用队列简化消息通信机制，多个消息发送端只需要将消息压入队列，消息接收端只需要从队列中取出消息，通过队列对消息进行排列。需要打印消息的任务将消息打印到消息缓冲中，然后将消息缓冲压入队列，而串口打印任务只负责从队列中取消息缓冲，它会不断地查询消息队列，如果能够从队列中获取到消息缓冲，则将消息缓冲里面的数据打印到串口。

　　队列可以使用链表来实现，使用链表来关联队列中相邻的 2 个节点。节点加入队列时将其添加到链表的尾部，从队列中取出节点时则从链表头部取出一个节点，这样就可以实现队列先进先出的功能了，代码如下：

```
00011   U32 MDS_QueCreate(M_QUE * pstrQue)
00012   {
00013       /* 入口参数检查 */
00014       if(NULL == pstrQue)
00015       {
00016           return RTN_FAIL;
00017       }
00018
00019       /* 初始化队列根节点 */
00020       MDS_DlistInit(&pstrQue->strList);
00021
00022       return RTN_SUCD;
00023   }
00032   U32 MDS_QuePut(M_QUE * pstrQue, M_DLIST * pstrQueNode)
00033   {
00034       /* 入口参数检查 */
00035       if((NULL == pstrQue) || (NULL == pstrQueNode))
```

```
00036         {
00037             return RTN_FAIL;
00038         }
00039
00040         (void)MDS_IntLock();
00041
00042         /* 将节点加入队列 */
00043         MDS_DlistNodeAdd(&pstrQue->strList, pstrQueNode);
00044
00045         (void)MDS_IntUnlock();
00046
00047         return RTN_SUCD;
00048     }
00058     U32 MDS_QueGet(M_QUE * pstrQue, M_DLIST * * ppstrQueNode)
00059     {
00060         M_DLIST * pstrQueNode;
00061
00062         /* 入口参数检查 */
00063         if((NULL == pstrQue) || (NULL == ppstrQueNode))
00064         {
00065             return RTN_FAIL;
00066         }
00067
00068         (void)MDS_IntLock();
00069
00070         /* 从队列取出节点 */
00071         pstrQueNode = MDS_DlistNodeDelete(&pstrQue->strList);
00072
00073         (void)MDS_IntUnlock();
00074
00075         /* 队列不为空，可以取出节点 */
00076         if(NULL != pstrQueNode)
00077         {
00078             * ppstrQueNode = pstrQueNode;
00079
00080             return RTN_SUCD;
00081         }
00082         else /* 队列为空，无法取出节点 */
00083         {
00084             return RTN_NULL;
00085         }
00086     }
```

　　为保证链表操作的串行性，对其操作过程使用中断锁住，以避免多任务切换带来的重入问题。代码细节不再详细解释。

　　现在已经介绍完了本节所有代码，下面我们来验证本节新增的功能。

4.3.3　功能验证

　　本节共有 4 个测试任务：TEST_TestTask1～TEST_TestTask4，每个任务的结构非常相似，循环执行打印、运行、延迟这 3 个动作，代码如下：

```
00023   void TEST_TestTask1(void * pvPara)
00024   {
00025       while(1)
00026       {
00027           /* 任务打印 */
00028           DEV_PutStrToMem((U8 * )"\r\nTask1 is running! Tick is：% d",
00029                           MDS_GetSystemTick());
00030
00031           /* 任务运行 1 s */
00032           TEST_TaskRun(1000);
00033
00034           /* 任务延迟 1 s */
00035           (void)MDS_TaskDelay(100);
00036       }
00037   }
00044   void TEST_TestTask2(void * pvPara)
00045   {
00046       while(1)
00047       {
00048           /* 任务打印 */
00049           DEV_PutStrToMem((U8 * )"\r\nTask2 is running! Tick is：% d",
00050                           MDS_GetSystemTick());
00051
00052           /* 任务运行 2 s */
00053           TEST_TaskRun(2000);
00054
00055           /* 任务延迟 1.5 s */
00056           (void)MDS_TaskDelay(150);
00057       }
00058   }
00065   void TEST_TestTask3(void * pvPara)
00066   {
00067       /* 任务打印 */
```

```
00068        DEV_PutStrToMem((U8 * )"\r\nTask3 is running! Tick is：% d",
             MDS_GetSystemTick());
00069
00070        /* 唤醒 task4 */
00071        (void)MDS_TaskWake(gpstrTask4Tcb);
00072
00073        while(1)
00074        {
00075            /* 任务打印 */
00076            DEV_PutStrToMem((U8 * )"\r\nTask3 is running! Tick is：% d",
00077                            MDS_GetSystemTick());
00078
00079            /* 任务运行 5 s */
00080            TEST_TaskRun(5000);
00081
00082            /* 任务延迟 5 s */
00083            (void)MDS_TaskDelay(500);
00084        }
00085    }
00092    void TEST_TestTask4(void * pvPara)
00093    {
00094        while(1)
00095        {
00096            /* 任务打印 */
00097            DEV_PutStrToMem((U8 * )"\r\nTask4 is running! Tick is：% d",
00098                            MDS_GetSystemTick());
00099
00100            /* 任务运行 1 s */
00101            TEST_TaskRun(1000);
00102
00103            /* 任务延迟 10 s */
00104            (void)MDS_TaskDelay(1000);
00105        }
00106    }
```

DEV_PutStrToMem 函数的功能是将需要打印的信息按照需要的格式打印到内存中,该函数不属于操作系统的一部分,不再介绍。

其中 TEST_TestTask1 任务优先级为 5,创建时使用任务选项参数,为 ready 态;TEST_TestTask2 任务优先级为 4,创建时不使用任务选项参数,默认为 ready 态;TEST_TestTask3 任务优先级为 3,创建时使用任务选项参数,为 delay 态,延迟 2 000 个 ticks 也就是 20 s 之后再运行,delay 态结束后会使用 MDS_TaskWake 函数唤醒 TEST_TestTask4 任务；TEST_TestTask4 任务优先级为 2，创建时使用任务选项参数，为 delay 态，永久延迟。

```
00010    void MDS_RootTask(void)
00011    {
00012        M_TASKOPT strOption;
00013
00014        /* 初始化软件 */
00015        DEV_SoftwareInit();
00016
00017        /* 初始化硬件 */
00018        DEV_HardwareInit();
00019
00020        /* 使用 option 参数创建 ready 状态的任务 1 */
00021        strOption.ucTaskSta = TASKREADY;
00022        (void)MDS_TaskCreate(TEST_TestTask1, NULL, gaucTask1Stack, TASKSTACK, 5,
00023                            &strOption);
00024
00025        /* 不使用 option 参数创建任务 2 */
00026        (void)MDS_TaskCreate(TEST_TestTask2, NULL, gaucTask2Stack,
             TASKSTACK, 4, NULL);
00027
00028        /* 使用 option 参数创建延迟 20 s 的 delay 状态的任务 3 */
00029        strOption.ucTaskSta = TASKDELAY;
00030        strOption.uiDelayTick = 2000;
00031        (void)MDS_TaskCreate(TEST_TestTask3, NULL, gaucTask3Stack, TASKSTACK, 3,
00032                            &strOption);
00033
00034        /* 使用 option 参数创建无限延迟的 delay 状态的任务 4 */
00035        strOption.ucTaskSta = TASKDELAY;
00036        strOption.uiDelayTick = DELAYWAITFEV;
00037        gpstrTask4Tcb = MDS_TaskCreate(TEST_TestTask4, NULL, gaucTask4Stack,
             TASKSTACK,
00038                                2, &strOption);
00039
00040        /* 创建串口打印任务 */
00041        (void)MDS_TaskCreate(TEST_SerialPrintTask, NULL, gaucTaskSrlStack,
             TASKSTACK, 6,
00042                            NULL);
00043
00044        (void)MDS_TaskDelay(DELAYWAITFEV);
00045    }
```

　　MDS_RootTask 任务具有用户任务可使用的最高优先级,为了让测试任务能得以运行,MDS_RootTask 任务在最后调用了 MDS_TaskDelay 函数,并使用 DELAY-WAITFEV 参数使 MDS_RootTask 任务永远处于 delay 状态。

　　如果单从任务优先级来看,TEST_TestTask4 任务应该是最先运行的,但 TEST_TestTask4 任务在创建时就处于永久 delay 状态,因此不能运行。剩下优先级最高的任务是 TEST_TestTask3,但 TEST_TestTask3 任务在创建任务时也处于 delay 状态,需要延迟 2 000 个 ticks 后才能重新参与调度开始运行。TEST_TestTask1 和 TEST_TestTask2 任务尽管使用了不同的任务参数,但都处于 ready 态,TEST_TestTask2 任务的优先级比 TEST_TestTask1 任务高,因此先运行 TEST_TestTask2 任务,在 TEST_TestTask2 任务切换到 delay 态时才会运行 TEST_TestTask1 任务,当 TEST_TestTask2 任务延迟时间耗尽时又会抢占TEST_TestTask1 任务继续运行。在前 2 000 个 ticks 期间内,TEST_TestTask1 和 TEST_TestTask2 任务会交替运行。在系统运行到 2 000 个 ticks 时,TEST_TestTask3 任务 delay 时间耗尽,参与任务调度,应该可以看到 TEST_TestTask3 任务会抢占正在运行的任务开始运行,然后 TEST_TestTask3 会立刻唤醒 TEST_TestTask4 任务。应该还可以看到 TEST_TestTask3 任务运行后会立刻被 TEST_TestTask4 任务抢占,此后这 4 个任务就会交替运行。

　　编译本节代码,将目标程序加载到开发板中运行,串口输出如图 4.63 所示。

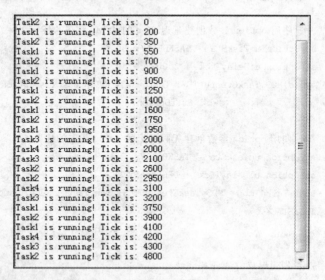

图 4.63　增加 delay 状态的 4 个任务的运行结果

　　从图 4.63 中可以看到,串口输出结果与我们推断的是相同的,TEST_TestTask2 任务最先开始运行,经过 200 个 ticks 进入 delay 状态,TEST_TestTask1 任务开始运行,此后 TEST_TestTask1 与 TEST_TestTask2 任务交替运行。在

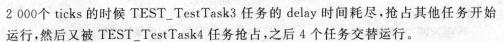

2 000个 ticks 的时候 TEST_TestTask3 任务的 delay 时间耗尽,抢占其他任务开始运行,然后又被 TEST_TestTask4 任务抢占,之后 4 个任务交替运行。

　　通过这个例子,可以证明本节新增加的实时事件任务调度功能是正确的,也证明了 delay 态设计的正确性。读者可以从网站下载视频观看串口输出过程,在视频中可以看到,串口打印要么是在一段时间内没有字符打印出来,要么是几个任务的字符一起打印出来。这与任务打印时刻对应不上,是因为串口打印任务处于最低优先级,只有当其他任务都处于 delay 状态时它才可以运行,将内存中的字符打印到串口上。我们在这 4 个测试任务里使用了 TEST_TaskRun 函数模拟任务的业务功能,该函数会连续运行几秒钟时间,这段时间内 CPU 占有率是 100%,几个任务一起运行时 CPU 占有率为 100% 的时间就会加长。只有当所有测试任务都处于 delay 态时,串口打印任务才可以将任务打印到内存中的信息打印到串口终端上,我们那时才能看到串口输出结果,因此字符打印到串口的时刻相比任务将字符打印到内存的时刻有较大的延迟。如果 CPU 占有率较低的话,我们可以看到串口打印数据几乎是实时的。

4.4　任务切换钩子函数

　　Wanlix 操作系统以图形方式在 LCD 显示屏上显示了任务切换过程,可以非常直观地观察任务切换。以目前 Mindows 操作系统所具有的功能来看,是无法实现这一功能的,因为 Mindows 操作系统并不是像 Wanlix 操作系统那样采用主动切换方式,程序员可以确定任务切换的时机,在任务切换的同时可以在 LCD 上输出任务切换过程。我们无法掌握 Mindows 操作系统确切的任务切换时机,因此也就无法在 LCD 上输出任务切换过程。

　　本节将增加任务切换钩子函数功能,可以在任务切换过程挂接钩子函数,进而在钩子函数中实现将任务切换过程打印到 LCD 上的功能。

4.4.1　原理介绍

　　函数名代表函数的地址,是一个指针类型的数值。除了可以使用常规方法用函数名执行函数外,还可以通过调用指向该函数的函数指针变量来执行该函数。例如我们定义了下面这个函数:

```
void TestFunc(void)
{
    return;
}
```

可以先定义一个与该函数同类型的宏,再使用这个宏定义一个指针变量,然后通过指针变量就可以调用这个函数了,如下所示:

```
typedef void       (*VFHTESTFUNC)(void);    /* 定义函数类型的宏 */
VFHTESTFUNC gvfTestHook;                     /* 定义函数类型的指针变量 */
gvfTestHook = TestFunc;                      /* 将函数挂接到指针变量上 */
gvfTestHook();                               /* 通过调用指针变量达到调用函数的目的 */
```

上面的指针变量相当于是钩子，它可以像钩子一样将函数挂接在其上面，当执行钩了时也就执行了挂接在它上面的函数。这个挂接动作是一个动态过程，可以在程序运行时进行挂接，需要使用它时就为它挂接函数，不需要使用它时就不为它挂接任何函数。按照这个方法，可以将一个钩子放到任务切换过程中，当需要打印任务切换过程时，只需要将相关的打印函数挂到这个钩子上就可以获得任务切换过程的信息了。

4.4.2　程序设计及编码实现

我们需要为任务起名字，并将名字显示在 LCD 显示屏上用来区分不同的任务，任务名需要与任务关联。可以在任务 TCB 中再增加一个记录任务名字的指针 pucTaskName，在创建任务时使用任务名的字符串初始化该指针，此后就可以通过 TCB 获取到任务名了。可以在任务切换函数里调用钩子，将记录任务切换过程的函数充当钩子函数挂接到钩子上，使用钩子函数记录切换前后的任务 TCB，并根据任务 TCB 将切换前后的任务打印到 LCD 显示屏上，以任务名加以区分。

新修改的 TCB 结构如下，只增加了 pucTaskName 变量：

```
typedef struct m_tcb
{
    STACKREG strStackReg;        /* 备份寄存器组 */
    M_TCBQUE strTcbQue;          /* TCB 结构队列 */
    U8 * pucTaskName;            /* 任务名称指针 */
    U32 uiTaskFlag;             /* 任务标志 */
    U8 ucTaskPrio;              /* 任务优先级 */
    M_TASKOPT strTaskOpt;       /* 任务参数 */
    U32 uiStillTick;            /* 延迟结束的时间 */
}M_TCB;
```

记录任务切换过程的函数如下：

```
00146   void TEST_TaskSwitchPrint(M_TCB * pstrOldTcb, M_TCB * pstrNewTcb)
00147   {
00148       /* 为不打印串口打印任务和 LCD 打印任务的切换过程，将这 2 个任务认为是
                空闲任务 */
00149       if((pstrOldTcb == gpstrSerialTaskTcb) || (pstrOldTcb == gpstrLcdTask-
            Tcb))
00150       {
```

```
00151              pstrOldTcb = MDS_GetIdleTcb();
00152      }
00153
00154      if((pstrNewTcb == gpstrSerialTaskTcb) || (pstrNewTcb == gpstrLcdTaskTcb))
00155      {
00156              pstrNewTcb = MDS_GetIdleTcb();
00157      }
00158
00159      /* 同一个任务之间切换不打印信息 */
00160      if(pstrOldTcb == pstrNewTcb)
00161      {
00162          return;
00163      }
00164
00165      /* 向内存打印任务切换信息 */
00166      DEV_PutStrToMem((U8 *)"\r\nTask % s --->Task % s! Tick is: % d",
00167                      pstrOldTcb->pucTaskName, pstrNewTcb->pucTaskName,
00168                      MDS_GetSystemTick());
00169
00170      /* 存储任务切换信息 */
00171      DEV_SaveTaskSwitchMsg(pstrNewTcb->pucTaskName);
00172  }
```

00146 行，入口参数 pstrOldTcb 是切换前任务的 TCB 指针，pstrNewTcb 是切换后任务的 TCB 指针。

00149～00157 行，如果记录串口打印任务和 LCD 打印任务就会频繁产生记录任务切换信息的情况，使这 2 个打印任务与 idle 任务之间的切换非常频繁，这并不是我们所希望的。我们需要关注的只是测试任务以及 idle 任务之间的切换过程，将串口打印任务和 LCD 打印任务认为是 idle 任务，则可以避免记录这 3 个任务之间的切换信息。

00160～00163 行，若切换前的任务与切换后的任务是同一个任务，则直接返回，不记录任务切换过程。经过前面 00149～00157 行的处理，若串口打印任务、LCD 打印任务或 idle 任务之间发生任务切换，则不会记录任务切换过程。

00166～00168 行，将切换前任务名、切换后任务名以及切换时刻的 tick 值打印到内存中，此后会有串口打印任务将这些信息打印到串口上。

00171 行，将任务切换信息保存到 LCD 打印的内存结构中，此后 LCD 打印任务会从内存中取出这些保存的信息，将之打印到 LCD 屏上。DEV_SaveTaskSwitchMsg 函数不属于操作系统，这里不再介绍，用户可以按照自己的需要改写此函数，本节我们利用它存储任务切换信息。

为了使钩子能挂接 TEST_TaskSwitchPrint 函数，还需要定义一个与该函数同类型的宏，并用这个宏定义全局变量 gvfTaskSwitchHook，来充当钩子：

```
typedef void      ( * VFHSWT)(M_TCB * , M_TCB * );
VFHSWT gvfTaskSwitchHook;
```

在使用钩子函数前，需要使用钩子初始化函数 MDS_TaskHookInit 将 gvfTask-SwitchHook 钩子初始化为 NULL，以表明没有挂接钩子函数。可以在初始化系统变量的函数 MDS_SystemVarInit 里调用 MDS_TaskHookInit 函数初始化钩子：

```
00330   void MDS_TaskHookInit(void)
00331   {
00332       /* 初始化钩子变量 */
00333       gvfTaskSwitchHook = (VFHSWT)NULL;
00334   }
```

可以使用 MDS_TaskSwitchHookAdd 函数挂接钩子函数，代码如下：

```
00341   void MDS_TaskSwitchHookAdd(VFHSWT vfFuncPointer)
00342   {
00343       gvfTaskSwitchHook = vfFuncPointer;
00344   }
```

入口参数 vfFuncPointer 是需要挂接的钩子函数，其类型需要与挂接的钩子函数类型保持一致。

删除钩子函数就是将钩子置为 NULL，撇清与钩子函数的关系，代码如下：

```
00351   void MDS_TaskSwitchHookDel(void)
00352   {
00353       gvfTaskSwitchHook = (VFHSWT)NULL;
00354   }
```

使用钩子函数前需要将其挂接到钩子上，本节代码在软件初始化函数 DEV_SoftwareInit 中完成这一操作：

```
00523   void DEV_SoftwareInit(void)
00524   {
...       ...
00534   # ifdef MDS_INCLUDETASKHOOK
00535
00536       /* 挂接任务钩子函数 */
00537       MDS_TaskSwitchHookAdd(TEST_TaskSwitchPrint);
00538
00539   # endif
00540   }
```

00534 行,判断任务钩子功能的宏是否已经定义,若定义了该宏则可以使用任务钩子函数功能,否则不能使用该功能。不仅是此行对 MDS_INCLUDETASKHOOK 宏作判断,所有有关任务钩子函数的地方都需要对该宏进行判断,包括 MDS_TaskHookInit、MDS _ TaskSwitchHookAdd、MDS _ TaskSwitchHookDel 函数,以及 gvfTaskSwitchHook 变量在定义、声明和调用的地方。当不需要使用任务切换钩子函数功能时,可以在 mds_userdef.h 文件里屏蔽 MDS_INCLUDETASKHOOK 宏定义,以减少程序代码并提高程序运行速度。

我们需要在任务调度函数 MDS_TaskSched 里增加对钩子的调用:

```
00377   void MDS_TaskSched(void)
00378   {
...     ...
00394   # ifdef MDS_INCLUDETASKHOOK
00395
00396       /* 如果任务切换钩子已经挂接函数,则执行该函数 */
00397       if((VFHSWT)NULL != gvfTaskSwitchHook)
00398       {
00399           /* 执行任务切换钩子函数 */
00400           gvfTaskSwitchHook(gpstrCurTcb, pstrTcb);
00401       }
00402
00403   # endif
...     ...
00407   }
```

对比上节的该函数,本节该函数只增加了 00394~00403 行之间的代码,其余部分没有任何改动。

00394 行,判断任务钩子功能的宏是否已经定义。

00397 行,判断是否挂接了任务切换钩子函数,如果挂接了,则走这个分支。

00400 行,执行挂接的任务切换钩子函数。本行之前已经完成了任务调度,gpstrCurTcb 是正在运行的任务的 TCB 指针,pstrTcb 是即将运行的任务的 TCB 指针,钩子函数将使用这 2 个参数来存储任务切换过程的信息。

由于任务切换钩子函数是在任务调度函数内执行的,处于调度的中断中,因此不能耗时过长。

创建任务的函数 MDS_TaskCreate 也作了简单的改动,也需要简单说明一下。本节为该函数增加了一个任务名指针的入口参数 pucTaskName,该参数被直接传递给 MDS_TaskTcbInit 函数,由 MDS_TaskTcbInit 函数将其写入到 TCB 中,其余部分没有任何变化。

```
00022   M_TCB * MDS_TaskCreate(U8 * pucTaskName, VFUNC vfFuncPointer, void * pvPara,
```

```
00023                U8 * pucTaskStack, U32 uiStackSize, U8 ucTaskPrio,
                     M_TASKOPT * pstrTaskOpt)
00024      {
...        ...
00072         /* 初始化 TCB */
00073         pstrTcb = MDS_TaskTcbInit(pucTaskName, vfFuncPointer, pvPara,
pucTaskStack,
00074                                   uiStackSize, ucTaskPrio, pstrTaskOpt);
...        ...
00090      }
00104   M_TCB * MDS_TaskTcbInit(U8 * pucTaskName, VFUNC vfFuncPointer, void * pvPara,
00105              U8 * pucTaskStack, U32 uiStackSize, U8 ucTaskPrio,
                   M_TASKOPT * pstrTaskOpt)
00106      {
...        ...
00128         /* 初始化指向任务名称的指针 */
00129         pstrTcb->pucTaskName = pucTaskName;
...        ...
00181      }
```

在创建任务时,需要将任务名字符串指针作为入口参数传递给 MDS_TaskCreate 函数,该指针会被赋给新建任务 TCB 中的 pucTaskName 变量。如果创建的任务没有名称,则需要将 NULL 传递给任务名参数。

针对本节功能的代码修改点已经介绍完毕,下面开始验证。

4.4.3　功能验证

下面我们来看看验证本节功能的测试任务。测试任务 TEST_TestTask1~TEST_TestTask3 循环执行打印、运行、延迟这 3 个动作,它们会在运行过程中不断地发生切换。本节新增加的钩子功能会将这些切换过程记录下来,并通过串口和 LCD 显示屏打印出来。

```
00022   void TEST_TestTask1(void * pvPara)
00023   {
00024       while(1)
00025       {
00026           /* 任务打印 */
00027           DEV_PutStrToMem((U8 *)"\r\nTask1 is running! Tick is: % d",
00028                       MDS_GetSystemTick());
00029
00030           /* 任务运行 1 s */
00031           TEST_TaskRun(1000);
```

```
00032
00033                    /* 任务延迟 1 s */
00034                    (void)MDS_TaskDelay(100);
00035           }
00036    }
00043    void TEST_TestTask2(void * pvPara)
00044    {
00045        while(1)
00046        {
00047                    /* 任务打印 */
00048                    DEV_PutStrToMem((U8 * )"\r\nTask2 is running! Tick is: % d",
00049                                    MDS_GetSystemTick());
00050
00051                    /* 任务运行 2 s */
00052                    TEST_TaskRun(2000);
00053
00054                    /* 任务延迟 1.5 s */
00055                    (void)MDS_TaskDelay(150);
00056        }
00057    }
00064    void TEST_TestTask3(void * pvPara)
00065    {
00066        while(1)
00067        {
00068                    /* 任务打印 */
00069                    DEV_PutStrToMem((U8 * )"\r\nTask3 is running! Tick is: % d",
00070                                    MDS_GetSystemTick());
00071
00072                    /* 任务运行 3 s */
00073                    TEST_TaskRun(3000);
00074
00075                    /* 任务延迟 7 s */
00076                    (void)MDS_TaskDelay(700);
00077        }
00078    }
```

TEST_TestTask1 任务使用 ready 态的任务选项参数，TEST_TestTask2 任务不使用任务选项参数，默认为 ready 态。TEST_TestTask3 任务使用任务选项参数，先 delay 2 000 个 ticks 才开始运行。创建测试任务的代码如下：

```
00010    void MDS_RootTask(void)
00011    {
```

```
00012        M_TASKOPT strOption;
00013

00014        /* 初始化软件 */
00015        DEV_SoftwareInit();
00016

00017        /* 初始化硬件 */
00018        DEV_HardwareInit();
00019

00020        /* 使用 option 参数创建 ready 状态的任务 1 */
00021        strOption.ucTaskSta = TASKREADY;
00022        (void)MDS_TaskCreate("Test1", TEST_TestTask1, NULL, gaucTask1Stack,
             TASKSTACK,
00023                               4, &strOption);
00024

00025        /* 不使用 option 参数创建任务 2 */
00026        (void)MDS_TaskCreate("Test2", TEST_TestTask2, NULL, gaucTask2Stack,
             TASKSTACK,
00027                               3, NULL);
00028

00029        /* 使用 option 参数创建延迟 20 s 的 delay 状态的任务 3 */
00030        strOption.ucTaskSta = TASKDELAY;
00031        strOption.uiDelayTick = 2000;
00032        (void)MDS_TaskCreate("Test3", TEST_TestTask3, NULL, gaucTask3Stack,
             TASKSTACK,
00033                               2, &strOption);
00034

00035        /* 创建串口打印任务 */
00036        gpstrSerialTaskTcb = MDS_TaskCreate("SrlPrt",
             TEST_SerialPrintTask, NULL,
00037                                            gaucTaskSrlStack, TASKSTACK, 5,
                                                NULL);
00038

00039        /* 创建 LCD 打印任务 */
00040        gpstrLcdTaskTcb = MDS_TaskCreate("LcdPrt", TEST_LcdPrintTask, NULL,
00041                                         gaucTaskLcdStack,  LCDTASKSTACK,  6,
                                             NULL);
00042

00043        (void)MDS_TaskDelay(10000);
00044

00045   #ifdef MDS_INCLUDETASKHOOK
00046

00047        /* 系统运行 100 s 后删除任务切换钩子函数 */
```

```
00048        MDS_TaskSwitchHookDel();
00049
00050  #endif
00051  ,
00052        (void)MDS_TaskDelay(DELAYWAITFEV);
00053  }
```

00015 行，DEV_SoftwareInit 函数会使用钩子添加函数 MDS_TaskSwitch-HookAdd，将记录任务切换过程的 TEST_TaskSwitchPrint 函数挂接到 gvfTaskS-witchHook 钩子上。

00021～00041 行，分别创建 3 个测试任务、串口打印任务和 LCD 打印任务，其中 2 个打印任务的优先级最低，避免它们影响测试任务的运行。

00043 行，创建 3 个测试任务后，Root 任务 delay 10 000 个 ticks，在这 10 000 个 ticks 时间内 Root 任务不参与调度，3 个测试任务将不断地发生任务切换，钩子函数会记录下这些切换过程，并通过 2 个打印任务将这些切换过程打印出来。

00048 行，MDS_RootTask 任务延迟 10 000 个 ticks 后删除任务切换钩子函数，此后在串口和 LCD 显示屏上将看不到任务切换过程的打印信息。

Root 任务在已创建的任务中具有最高优先级，当 Root 任务在 00043 行进入 de-lay 状态时，操作系统发生一次任务调度，按照任务状态和任务优先级，我们应该会看到 Root 任务切换到 TEST_TestTask2 任务的打印信息。随后 TEST_TestTask2 任务开始运行，输出串口打印信息。TEST_TestTask2 任务运行 2 s 后调用 MDS_TaskDelay 函数进入 delay 状态，这时候应该是切换到 TEST_TestTask1 任务，应该可以看到 TEST_TestTask2 任务切换到 TEST_TestTask1 任务的打印信息。随后 TEST_TestTask1 任务开始运行，输出串口打印信息。此后这 2 个任务不断的交替运行，可以看到任务运行时的串口打印信息和任务切换时的打印信息。

当系统运行到 2 000 ticks 时，TEST_TestTask3 任务已耗尽创建任务时设定的 delay 时间，开始运行，它比另外 2 个测试任务具有更高的优先级，会抢占正在运行的任务，应该可以先看到切换到 TEST_TestTask3 任务的打印信息，然后输出 TEST_TestTask3 任务运行的打印信息。此后这 3 个测试任务不断地交替运行，输出任务运行和任务切换信息。

当系统运行到 10 000 ticks 时，任务切换钩子函数被删除，此后我们将看不到任务切换过程的打印信息，只能看到每个任务每次循环运行时的打印信息。

由于打印任务比测试任务优先级低，因此只有当所有测试任务都处于 delay 状态时打印任务才会运行，将记录在内存中的打印信息打印到串口和 LCD 上，因此我们看到打印信息的输出过程并不是实时的。

编译本节代码，将目标程序加载到开发板中运行，串口输出如图 4.64 所示。

```
Task1 is running! Tick is: 8854
Task Test1 ---> Task Idle! Tick is: 8954
Task Idle ---> Task Test3! Tick is: 9004
Task3 is running! Tick is: 9004
Task Test3 ---> Task Test2! Tick is: 9304
Task2 is running! Tick is: 9304
Task Test2 ---> Task Test1! Tick is: 9504
Task1 is running! Tick is: 9504
Task Test1 ---> Task Idle! Tick is: 9604
Task Idle ---> Task Test2! Tick is: 9654
Task2 is running! Tick is: 9654
Task Test2 ---> Task Test1! Tick is: 9854
Task1 is running! Tick is: 9854
Task Test1 ---> Task Idle! Tick is: 9954
Task Idle ---> Task Root! Tick is: 10004
Task3 is running! Tick is: 10004
Task2 is running! Tick is: 10304
Task1 is running! Tick is: 10504
Task2 is running! Tick is: 10654
Task1 is running! Tick is: 10854
Task3 is running! Tick is: 11004
Task2 is running! Tick is: 11304
Task1 is running! Tick is: 11504
Task2 is running! Tick is: 11654
Task1 is running! Tick is: 11854
```

图 4.64　任务切换过程的串口打印

注意,由于初始化 LCD 显示屏会花费 4 个 ticks 的时间,因此测试任务开始运行的时间会比系统时钟晚 4 个 ticks,所以串口打印的信息会比我们设计的时间多出4 个 ticks。

LCD 显示屏输出如图 4.65 所示。

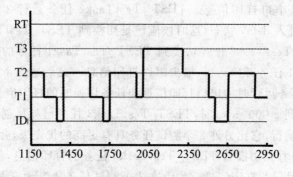

图 4.65　任务切换过程的 LCD 屏打印

4.5　任务创建和任务删除钩子函数

上节我们增加了任务切换钩子功能,打印出任务切换的信息。本节将增加任务创建钩子和任务删除钩子功能,在任务创建和删除时运行,可以利用它们打印出任务创建和删除时的信息。

4.5.1　原理介绍

任务创建和删除钩子函数的原理与任务切换钩子函数的原理是相同的,都需要定义一个与被挂接函数类型相同的指针型全局变量充当钩子,使用钩子添加函数将函数挂接到钩子上,也可以使用钩子删除函数删除钩子上挂接的函数;不同的是,任务创建钩子函数在任务创建时运行,而任务删除钩子函数在任务删除时运行。

4.5.2　程序设计及编码实现

任务创建钩子和任务删除钩子定义如下:

```
VFHCRT gvfTaskCreateHook;
VFHDLT gvfTaskDeleteHook;
```

VFHCRT 和 VFHDLT 的定义为:

```
typedef void      (*VFHCRT)(M_TCB *);
typedef void      (*VFHDLT)(M_TCB *);
```

需要挂接到任务创建钩子上的函数如下:

```
00145   void TEST_TaskCreatePrint(M_TCB * pstrTcb)
00146   {
00147       /* 任务创建成功 */
00148       if((M_TCB *)NULL != pstrTcb)
00149       {
00150           /* 打印任务创建成功信息 */
00151           DEV_PutStrToMem((U8 *)"\r\nTask %s is created! Tick is: %d",
00152                       pstrTcb->pucTaskName, MDS_GetSystemTick());
00153
00154           /* 如果是创建根任务,则存储第一个运行任务的任务切换信息 */
00155           if(MDS_GetRootTcb() == pstrTcb)
00156           {
00157               /* 存储任务切换信息 */
00158               DEV_SaveTaskSwitchMsg(pstrTcb->pucTaskName);
00159           }
00160       }
00161       else /* 任务创建失败 */
00162       {
00163           /* 打印任务创建失败信息 */
00164           DEV_PutStrToMem((U8 *)"\r\nFail to create task! Tick is: %d",
00165                       MDS_GetSystemTick());
00166       }
00167   }
```

00145 行,这个函数的入口参数是新创建任务的 TCB 指针。

00148 行,若任务创建成功,则走这个分支。

00151~00152 行,将任务创建信息打印到内存中。

00155~00159 行,将创建的第一个任务信息存储到任务切换信息结构的内存中,供 LCD 打印任务作为任务切换起始点使用。

00161~00166 行,任务创建失败,将相关信息打印到内存中。

需要挂接到任务删除钩子上的函数如下:

```
00218   void TEST_TaskDeletePrint(M_TCB * pstrTcb)
00219   {
00220       /* 打印任务删除信息 */
00221       DEV_PutStrToMem((U8 *)"\r\nTask % s is deleted! Tick is: % d",
00222                       pstrTcb->pucTaskName, MDS_GetSystemTick());
00223   }
```

TEST_TaskCreatePrint 和 TEST_TaskDeletePrint 函数不属于操作系统的一部分,用户可以按照自己的设计改写这 2 个函数。本节我们用它们存储任务创建和删除时与任务有关的信息。

有关钩子初始化、添加、删除操作的函数如下:

```
00420   void MDS_TaskHookInit(void)
00421   {
00422       /* 初始化钩子变量 */
00423       gvfTaskCreateHook = (VFHCRT)NULL;
00424       gvfTaskSwitchHook = (VFHSWT)NULL;
00425       gvfTaskDeleteHook = (VFHDLT)NULL;
00426   }
00433   void MDS_TaskCreateHookAdd(VFHCRT vfFuncPointer)
00434   {
00435       gvfTaskCreateHook = vfFuncPointer;
00436   }
00443   void MDS_TaskCreateHookDel(void)
00444   {
00445       gvfTaskCreateHook = (VFHCRT)NULL;
00446   }
00473   void MDS_TaskDeleteHookAdd(VFHDLT vfFuncPointer)
00474   {
00475       gvfTaskDeleteHook = vfFuncPointer;
00476   }
00483   void MDS_TaskDeleteHookDel(void)
00484   {
00485       gvfTaskDeleteHook = (VFHDLT)NULL;
```

```
00486   }
```

这些函数都很好理解，不再介绍。

在创建任务函数 MDS_TaskCreate 里增加调用任务创建钩子的代码如下：

```
00024    M_TCB * MDS_TaskCreate(U8 * pucTaskName, VFUNC vfFuncPointer, void * pvPara,
00025              U8 * pucTaskStack, U32 uiStackSize, U8 ucTaskPrio, M_TASKOPT *
                   pstrTaskOpt)
00026    {
...      ...
00084        /* 在操作系统状态下创建任务后需要进行任务调度 */
00085        if(SYSTEMSCHEDULE == guiSystemStatus)
00086        {
00087    # ifdef MDS_INCLUDETASKHOOK
00088
00089            /* 如果任务创建钩子已经挂接函数,则执行该函数 */
00090            if((VFHCRT)NULL != gvfTaskCreateHook)
00091            {
00092                gvfTaskCreateHook(pstrTcb);
00093            }
00094
00095    # endif
00096
00097            /* 使用软中断调度任务 */
00098            MDS_TaskSwiSched();
00099        }
00100
00101        return pstrTcb;
00102    }
```

00024～00086 行，代码与上节完全相同，这些行代码完成了创建任务的所有工作。

00087 行，只有定义了任务钩子功能，00090～00093 行代码才会被编译进来，才能实现任务创建钩子功能。

00090～00093 行，若挂接了任务创建钩子函数，则执行该函数。

以目前 Mindows 操作系统所具有的功能来看，任务删除钩子函数功能暂时没有办法实现，这是因为目前 Mindows 操作系统还不具备删除任务的功能。现在我们先增加操作系统删除任务的功能，然后再在它里面增加任务删除钩子功能。

删除一个任务需要做哪些工作？任务是占有资源的，删除任务需要释放任务所占有的资源并解除与软件系统的联系，最后停止任务运行，并在删除任务之后可以跳转到其他任务继续运行，如此一来，这个任务就与软件系统脱离了联系，也就被删除了。任务占有的资源包括用作任务栈的内存和栈中的 TCB,任务通过 TCB 可能会与 ready 表或 delay 表有关联。删除任务需要将任务从 ready 表和 delay 表中删除,这样就可以解除该任务与操作系统的关联,操作系统就无法再调度这个任务。目前充当任务栈的内存是由用户申请的,而不是由操作系统申请的,因此需要用户自行管理任务栈内存,操作系统不进行处理。在后面 4.7 节会增加任务自动申请任务栈的功能,在这种情况下删除任务时操作系统会自动释放任务栈内存。删除任务后还需要重新进行一次任务调度,以避免被删除的任务是当前正在运行的任务而影响操作系统的运行。

下面介绍任务删除函数 MDS_TaskDelete 的代码。

```
00110    U32 MDS_TaskDelete(M_TCB * pstrTcb)
00111    {
00112        M_DLIST * pstrList;
00113        M_DLIST * pstrNode;
00114        M_PRIOFLAG * pstrPrioFlag;
00115        U8 ucTaskPrio;
00116        U8 ucTaskSta;
00117
00118        /* 入口参数检查 */
00119        if(NULL == pstrTcb)
00120        {
00121            return RTN_FAIL;
00122        }
00123
00124        /* idle 任务不能被删除 */
00125        if(pstrTcb == gpstrIdleTaskTcb)
00126        {
00127            return RTN_FAIL;
00128        }
00129
00130        (void)MDS_IntLock();
00131
00132    # ifdef MDS_INCLUDETASKHOOK
00133
00134        /* 如果任务删除钩子已经挂接函数,则执行该函数 */
00135        if((VFHDLT)NULL != gvfTaskDeleteHook)
00136        {
00137            gvfTaskDeleteHook(pstrTcb);
00138        }
00139
00140    # endif
```

```
00141
00142        /*  获取要删除任务的任务状态  */
00143        ucTaskSta = pstrTcb->strTaskOpt.ucTaskSta;
00144
00145        /*  任务在 ready 表则从 ready 表删除  */
00146        if(TASKREADY == (TASKREADY & ucTaskSta))
00147        {
00148            /*  获取该任务的相关调度参数  */
00149            ucTaskPrio = pstrTcb->ucTaskPrio;
00150            pstrList = &gstrReadyTab.astrList[ucTaskPrio];
00151            pstrPrioFlag = &gstrReadyTab.strFlag;
00152
00153            /*  将该任务从 ready 表删除  */
00154            (void)MDS_TaskDelFromSchedTab(pstrList, pstrPrioFlag, ucTaskPrio);
00155        }
00156
00157        /*  任务在 delay 表则从 delay 表删除  */
00158        if(DELAYQUEFLAG == (pstrTcb->uiTaskFlag & DELAYQUEFLAG))
00159        {
00160            /*  获取该任务 TCB 中挂接在 delay 调度表上的节点  */
00161            pstrNode = &pstrTcb->strTcbQue.strQueHead;
00162
00163            /*  从 delay 表删除该任务  */
00164            (void)MDS_DlistCurNodeDelete(&gstrDelayTab, pstrNode);
00165        }
00166
00167        /*  删除的是当前任务  */
00168        if(pstrTcb == gpstrCurTcb)
00169        {
00170            /* 将 gpstrCurTcb 置为 NULL,后面在任务上下文切换时不备份当前任务 */
00171            gpstrCurTcb = NULL;
00172        }
00173
00174        (void)MDS_IntUnlock();
00175
00176        /*  使用软中断调度任务  */
00177        MDS_TaskSwiSched();
00178
00179        return RTN_SUCD;
00180    }
```

00110 行,函数有两种返回值:RTN_SUCD 代表任务删除成功,RTN_FAIL 代表任务删除失败。入口参数 pstrTcb 是需要被删除的任务的 TCB 指针。

00119～00122 行，入口参数检查，入口参数为空则返回失败。

00125～00128 行，入口参数检查。idle 任务不能被删除，若删除 idle 任务则返回失败。

00130 行，锁中断。接下来将操作 ready 表和 delay 表，为防止多个任务同时操作这两个表，需要锁中断。

00132～00140 行，若挂接了任务删除钩子函数，则执行该函数。

00143 行，获取被删除任务当前的任务状态。

00146～00155 行，若该任务在 ready 表中，则从 ready 表删除。

00158～00165 行，若该任务在 delay 表中，则从 delay 表删除。

00168～00172 行，若删除的是当前正在运行的任务，则将代表当前正在运行的任务的 gpstrCurTcb 指针置为 NULL，表明当前正在运行的任务已被删除，在后面任务上下文切换时会根据该变量判断是否需要备份正在运行的任务的寄存器组。

00174 行，ready 表和 delay 表操作完成，解锁中断。

00177 行，任务已经被删除，操作系统中当前的任务状态有改变，需要重新进行一次任务调度。

00179 行，返回任务删除成功。

该函数运行后会发生任务调度，在任务调度过程中会使用 gpstrCurTcb 全局变量对当前正在运行的任务进行操作，但当前正在运行的任务可能会被删除，gpstrCurTcb 被置为 NULL，因此需要在相关函数里作一些修改，避免操作无效的 gpstrCurTcb 全局变量。MDS_TaskSwitch 函数完成任务上下文切换前的准备工作，将当前正在运行的任务和即将运行的任务的 STACKREG 结构地址分别存入到 gpstrCurTaskReg 和 gpstrNextTaskReg 全局变量中，以便该函数返回到 MDS_PendSv-ContextSwitch 函数后可以根据这 2 个全局变量进行任务上下文切换工作。这其中涉及到使用 gpstrCurTcb 全局变量，需要在这几个函数里对这种情况作相应的修改。先来看 MDS_TaskSwitch 函数：

```
00165    void MDS_TaskSwitch(M_TCB * pstrTcb)
00166    {
00167        /* 存在当前任务 */
00168        if(NULL != gpstrCurTcb)
00169        {
00170            /* 当前任务的寄存器组地址，汇编语言通过这个变量备份寄存器 */
00171            gpstrCurTaskReg = &gpstrCurTcb->strStackReg;
00172        }
00173        else /* 当前任务被删除 */
00174        {
00175            gpstrCurTaskReg = NULL;
```

```
00176        }
00177
00178        /* 即将运行任务的寄存器组地址，汇编语言通过这个变量恢复寄存器 */
00179        gpstrNextTaskReg = &pstrTcb->strStackReg;
00180
00181        /* 即将运行任务的 TCB 指针 */
00182        gpstrCurTcb = pstrTcb;
00183   }
```

该函数修改了 00168～00176 行，对 gpstrCurTcb 全局变量作判断。如果当前正在运行的任务被删除，则将 gpstrCurTaskReg 全局变量置为 NULL。

MDS_PendSvContextSwitch 函数修改部分如下：

```
00017    MDS_PendSvContextSwitch
...      ...
00027        ;保存当前任务的栈信息
00028        MOV     R14, R13                  ;将 SP 存入 LR
00029        LDR     R0, = gpstrCurTaskReg     ;获取变量 gpstrCurTaskReg 的地址
00030        LDR     R12, [R0]                 ;将当前任务寄存器组地址存入 R12
00031        MOV     R0, R12                   ;将 R12 存入 R0
00032        CBZ     R0, __BACKUP_REG          ;R0 为 0 则跳转到__BACKUP_REG
...      ...
00044    __BACKUP_REG
00045
00046        ;任务调度完毕，恢复将要运行任务现场
...      ...
```

当前正在运行的任务如果被删除，那么就不需要备份该任务的寄存器组了。根据前面的介绍，如果这种情况发生，gpstrCurTcb 全局变量就会被置为 NULL，而在 MDS_TaskSwitch 函数中就会将 gpstrCurTaskReg 全局变量置为 0。因此需要在 MDS_PendSvContextSwitch 函数中增加对 gpstrCurTaskReg 全局变量是否为 0 的判断，如果是 0 则不备份已被删除任务的寄存器组，而是直接跳转到__BACKUP_REG 处，恢复即将运行任务的寄存器组。

该函数改动较小，很好理解，不再作详细介绍了。

除了上述函数需要针对当前正在运行的任务被删除情况作出改动以外，任务切换钩子函数 TEST_TaskSwitchPrint 也需要作一下改动。因为任务切换钩子函数使用串口打印了任务上下文切换的信息，需要作一下调整，不再显示由被删除任务切换到下个任务。该函数改动如下：

```
00175    void TEST_TaskSwitchPrint(M_TCB * pstrOldTcb, M_TCB * pstrNewTcb)
00046    {
...      ...
```

嵌入式操作系统内核调度——底层开发者手册

```
00046          /* 没有删除切换前任务 */
00046          if(NULL != pstrOldTcb)
00046          {
00046              /* 向内存打印任务切换信息 */
00046              DEV_PutStrToMem((U8 *)"\r\nTask %s --->Task %s! Tick is: %d",
00046                            pstrOldTcb->pucTaskName, pstrNewTcb->
                               pucTaskName,
00046                            MDS_GetSystemTick());
00046          }
00046          else /* 切换前的任务被删除 */
00046          {
00046              /* 向内存打印任务切换信息 */
00046              DEV_PutStrToMem((U8 *)"\r\nTask NULL --->Task %s! Tick is: %d",
00046                            pstrNewTcb->pucTaskName, MDS_GetSystemTick());
00046          }
...     ...
00046     }
```

如果当前正在运行的任务被删除,则不打印切换前的任务名,否则打印切换前和切换后的任务名。该函数改动较小,很好理解,不再作详细介绍了。

4.5.3　功能验证

本节仍使用 3 个测试任务,并且与上节的 3 个测试任务完全相同,这里就不贴出这 3 个测试任务的源代码了,请参考上节源代码。

本节的 Root 任务使用与上节相同的方式创建 3 个测试任务,然后进入到 delay 态,延迟 8 000 个 ticks,程序在运行到 8 000 ticks 之前应该与上节程序的运行结果完全一致。当程序运行到 8 000 ticks 时,Root 任务会使用 MDS_TaskDelete 函数删除 TEST_TestTask3 任务,并且在 10 000 ticks 时删除自己,代码如下:

```
00010    void MDS_RootTask(void)
00011    {
00012        M_TCB * pstrTcb;
00013        M_TASKOPT strOption;
00014
00015        /* 初始化软件 */
00016        DEV_SoftwareInit();
00017
00018        /* 初始化硬件 */
00019        DEV_HardwareInit();
00020
00021        /* 使用 option 参数创建 ready 状态的任务 1 */
```

```
00022        strOption.ucTaskSta = TASKREADY;
00023        (void)MDS_TaskCreate("Test1", TEST_TestTask1, NULL, gaucTask1Stack,
             TASKSTACK,
00024                            4, &strOption);
00025
00026        /* 不使用 option 参数创建任务 2 */
00027        (void)MDS_TaskCreate("Test2", TEST_TestTask2, NULL, gaucTask2Stack,
             TASKSTACK,
00028                            3, NULL);
00029
00030        /* 使用 option 参数创建延迟 20 s 的 delay 状态的任务 3 */
00031        strOption.ucTaskSta = TASKDELAY;
00032        strOption.uiDelayTick = 2000;
00033        pstrTcb = MDS_TaskCreate("Test3", TEST_TestTask3, NULL, gaucTask3Stack,
00034                            TASKSTACK, 2, &strOption);
00035
00036        /* 创建串口打印任务 */
00037        gpstrSerialTaskTcb = MDS_TaskCreate("SrlPrt", TEST_SerialPrintTask,NULL,
00038                                gaucTaskSrlStack, TASKSTACK, 5,
                                    NULL);
00039
00040        /* 创建 LCD 打印任务 */
00041        gpstrLcdTaskTcb = MDS_TaskCreate("LcdPrt", TEST_LcdPrintTask, NULL,
00042                                gaucTaskLcdStack, LCDTASKSTACK, 6,
                                    NULL);
00043
00044        (void)MDS_TaskDelay(8000);
00045
00046        /* 系统运行 80 s 后删除 task3 任务 */
00047        (void)MDS_TaskDelete(pstrTcb);
00048
00049        (void)MDS_TaskDelay(2000);
00050
00051        /* 系统运行 100 s 后删除 Root 任务 */
00052        (void)MDS_TaskDelete(MDS_GetCurrentTcb());
00053    }
```

187

　　Root 任务起来后创建了 3 个测试任务，由于加入了任务创建钩子函数，应该可以看到这 3 个测试任务创建过程的打印，随后这 3 个测试任务开始运行。按照我们的设计，在 8 000 ticks 之前任务运行的输出信息应该与上节保持一致。当系统运行到 8 000 ticks 时，TEST_TestTask3 任务会被 Root 任务删除，由于加入了任务删除钩子函数，应该可以看到 TEST_TestTask3 任务被删除的打印信息,此后就只有 TEST_TestTask1 和 TEST_TestTask2 测试任务在运行了。当系统运行到 10 000 ticks 时,Root 任务会删除自己,应该可以看到这一删除过程的打印信息,而 Root 任务也无需再通过调用 MDS_TaskDelay 函数为其他任务让出 CPU 资源了。

编译本节代码,将目标程序加载到开发板中运行,串口输出如图 4.66 所示。

```
Task Test1 is created! Tick is: 4
Task Test2 is created! Tick is: 4
Task Test3 is created! Tick is: 4
Task SrlPrt is created! Tick is: 4
Task LcdPrt is created! Tick is: 4
Task Root ---> Task Test2! Tick is: 4
Task2 is running! Tick is: 4
Task Test2 ---> Task Test1! Tick is: 204
Task1 is running! Tick is: 204
Task Test1 ---> Task Idle! Tick is: 304
Task Idle ---> Task Test2! Tick is: 354
Task2 is running! Tick is: 354
Task Test2 ---> Task Test1! Tick is: 554
Task1 is running! Tick is: 554
Task Test1 ---> Task Idle! Tick is: 654
Task Idle ---> Task Test2! Tick is: 704
Task2 is running! Tick is: 704
Task Test2 ---> Task Test1! Tick is: 904
Task1 is running! Tick is: 904
Task Test1 ---> Task Idle! Tick is: 1004
Task Idle ---> Task Test2! Tick is: 1054
Task2 is running! Tick is: 1054
Task Test2 ---> Task Test1! Tick is: 1254
Task1 is running! Tick is: 1254
Task Test1 ---> Task Idle! Tick is: 1354
```

图 4.66　任务创建、切换和删除过程的串口打印

LCD 显示屏输出如图 4.67 所示。

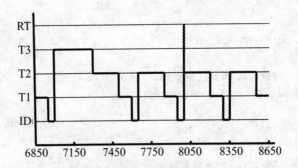

图 4.67　任务创建、切换和删除过程的 LCD 屏打印

从网站的视频中可以看到,2 000 ticks 时 TEST_TestTask3 任务结束 delay 状态,开始运行;在 8 000 ticks 时,Root 任务 delay 时间耗尽,操作系统切换到 Root 任务,删除了 TEST_TestTask3 任务;在 10 000 ticks 时,Root 任务 delay 时间再次耗尽,操作系统切换到 Root 任务,删除了自己。此后只剩下 TEST_TestTask1 和 TEST_TestTask2 任务切换运行。

4.6　任务自结束

在 3.6 节我们说过,Wanlix 操作系统的任务不具备自结束功能,需要使用 while 循环结构或其他方式保证任务函数不能运行结束。这个问题在目前的 Mindows 操作系统中仍然存在,但 Mindows 操作系统已经具有了任务删除函数 MDS_TaskDelete,可以使用该函数实现任务运行结束的功能。

从上节的代码可以看到,Root 任务在完成所有工作后将自己删除,这就可以结束任务自身的运行,但这仍需要由用户在每个希望结束运行的任务函数中增加一条删除任务自身的语句,这无疑给使用操作系统带来了一点限制。本节将解除这个限制,提供更好的方法来解决这个问题,做到每个任务不再需要显式地调用任务删除函数 MDS_TaskDelete,就可以自动结束运行。

4.6.1　原理介绍

任务函数执行完最后一条语句后会跳转到它的父函数,而创建任务时是使用任务创建函数 MDS_TaskCreate 间接运行任务函数的,也就是说任务函数没有父函数,当任务函数返回时就会因不能正确地返回到函数地址继续运行而出现错误。不过我们现在已经有了任务删除函数 MDS_TaskDelete,就可以在创建任务时将该函数初始化为任务函数的父函数,并将任务自己的 TCB 指针作为该函数的入口参数,这样当任务结束时就会自动调用 MDS_TaskDelete 函数结束自身运行,达到任务自动结束运行的目的。

4.6.2　程序设计及编码实现

前面介绍过,LR 寄存器中保存的是子函数返回上级父函数的地址,子函数返回父函数时就会跳转到 LR 寄存器中的地址以实现跳转到父函数。因此只要在创建任务时将 LR 寄存器初始化为任务删除函数 MDS_TaskDelete,任务函数运行结束时就会通过 LR 寄存器自动调用任务删除函数。如果将当前任务 TCB 指针 gpstrCurTcb 作为 MDS_TaskDelete 函数的入口参数,那么任务结束时就可以做到自删除,删除任务自身,任务自动运行结束的问题也就可以解决了。这种方式是隐式的,不会对用户代码作任何限制,用户根本感觉不到这种方式的存在,可以像正常使用函数一样使用任务函数,在创建任务时不再受任何限制。

本节新增的功能看似复杂,但在进行了上述分析之后,可以看到改动量非常小,只需要在 MDS_TaskStackInit 函数里增加一条对 LR 寄存器初始化的语句即可,如下所示:

```
00015    void MDS_TaskStackInit(M_TCB * pstrTcb, VFUNC vfFuncPointer, void * pvPara)
00016    {
```

```
...        ...
00037          pstrRegSp ->uiR14 = (U32)MDS_TaskSelfDelete; /* R14 */
...        ...
00052    }
```

其中 MDS TaskSelfDelete 函数封装了 MDS_TaskDelete 函数,将全局变量 gp-strCurTcb 作为入口参数传递给 MDS_TaskDelete 函数,完成任务自删除,代码如下:

```
00187   void MDS_TaskSelfDelete(void)
00188   {
00189       (void)MDS_TaskDelete(gpstrCurTcb);
00190   }
```

本节的改动介绍完毕。

4.6.3　功能验证

本节的测试任务与上节非常相似,其中 TEST_TestTask1 和 TEST_TestTask2 任务与上节完全相同,TEST_TestTask3 任务修改为循环 6 次后由其自行结束运行,其中每次循环时间为 1 000 ticks。由于 TEST_TestTask3 任务在 3 个测试任务中具有最高优先级,因此它循环 6 次大概会花费 6 000 个 ticks。由于其在开始运行前 delay 了 2 000 ticks,因此它会在 8 000 ticks 左右运行完毕,由任务删除钩子函数打印出任务自删除的信息。

```
00064   void TEST_TestTask3(void * pvPara)
00065   {
00066       U8 i;
00067
00068       /* Task3 任务运行 6 个循环后自动结束 */
00069       for(i = 0; i < 6; i++)
00070       {
00071           /* 任务打印 */
00072           DEV_PutStrToMem((U8 * )"\r\nTask3 is running! Tick is: % d",
00073                       MDS_GetSystemTick());
00074
00075           /* 任务运行 3 s */
00076           TEST_TaskRun(3000);
00077
00078           /* 任务延迟 7 s */
00079           (void)MDS_TaskDelay(700);
00080       }
00081   }
```

　　除此之外,Root 任务也不再需要调用 MDS_TaskDelete 函数自删除了,系统在运行至 10 000 ticks 后,也由本节新增加的隐式删除方式自行删除。

```
00010    void MDS_RootTask(void)
00011    {
...        ...
00043        (void)MDS_TaskDelay(10000);
00044
00045        /* 系统运行 100 s 后 Root 任务自动结束 */
00046
00047    }
```

　　经过如此设计,本节测试任务的输出信息应该与上节保持一致。所不同的是,上节测试中采用的是显式方式调用任务删除函数 MDS_TaskDelete 删除任务,而本节则是采用了隐式方式调用 MDS_TaskDelete 函数在任务函数运行结束后自动删除任务自身。

　　编译本节代码,将目标程序加载到开发板中运行,串口输出如图 4.68 所示。

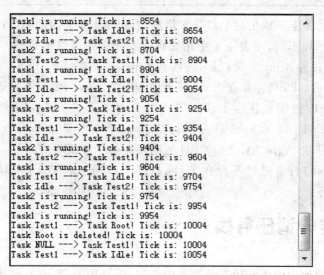

```
Task1 is running! Tick is: 8554
Task Test1 ---> Task Idle! Tick is: 8654
Task Idle ---> Task Test2! Tick is: 8704
Task2 is running! Tick is: 8704
Task Test2 ---> Task Test1! Tick is: 8904
Task1 is running! Tick is: 8904
Task Test1 ---> Task Idle! Tick is: 9004
Task Idle ---> Task Test2! Tick is: 9054
Task2 is running! Tick is: 9054
Task Test2 ---> Task Test1! Tick is: 9254
Task1 is running! Tick is: 9254
Task Test1 ---> Task Idle! Tick is: 9354
Task Idle ---> Task Test2! Tick is: 9404
Task2 is running! Tick is: 9404
Task Test2 ---> Task Test1! Tick is: 9604
Task1 is running! Tick is: 9604
Task Test1 ---> Task Idle! Tick is: 9704
Task Idle ---> Task Test2! Tick is: 9754
Task2 is running! Tick is: 9754
Task Test2 ---> Task Test1! Tick is: 9954
Task1 is running! Tick is: 9954
Task Test1 ---> Task Root! Tick is: 10004
Task Root is deleted! Tick is: 10004
Task NULL ---> Task Test1! Tick is: 10004
Task Test1 ---> Task Idle! Tick is: 10054
```

图 4.68　任务自删除的串口打印

LCD 显示屏输出如图 4.69 所示。

　　读者可以在网站下载视频,观看全部数据的打印过程。可以看到本节打印的信息与上节打印的信息是一致的,与我们的设计相符;但这里还是有一点稍微的不同,如表 4.4 所列。

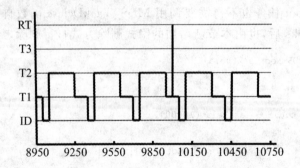

图 4.69　任务自删除的 LCD 屏打印

表 4.4　任务被删除与自删除的打印信息对比

任务被删除的打印信息	任务自删除的打印信息
Task Idle ——>Task **Root**！Tick is：8004	Task Idle ——>Task **Test3**！Tick is：8004
Task Test3 is deleted！Tick is：8004	Task Test3 is deleted！Tick is：8004
Task **Root** ——>Task Test2！Tick is：8004	Task **NULL** ——>Task Test2！Tick is：8004

　　表 4.4 左边是上节输出的串口打印信息，右边是本节输出的串口打印信息，这两组打印信息有两处不同，在表 4.4 中用黑体字标出。当系统运行到 8 004 ticks 时，4.5 节中 Root 任务 delay 时间耗尽，转换到 running 态删除了 TEST_TestTask3 任务，TEST_TestTask3 任务是在 Root 任务中删除的，之后 Root 任务又重新进入 delay 状态，将 CPU 控制权让给了 TEST_TestTask2 任务。而本节在系统时间为 8 004 ticks 时 TEST_TestTask3 任务运行结束，自己结束了运行，TEST_TestTask3 任务是在自身任务中删除的，之后 CPU 控制权让给了 TEST_TestTask2 任务，由于 TEST_TestTask3 任务已经不存在了，因此打印出"Task NULL"，转换到 TEST_TestTask2 任务。

4.7　从堆申请任务栈

　　前面章节所使用的任务栈都是静态申请的，无论用不用，它就在那里，不仅浪费了内存空间，而且使用起来也稍显麻烦，需要用户为每个任务定义全局变量数组才能作为任务栈使用。

　　本节将增加自动从堆申请任务栈的功能，任务删除后也会自动将任务栈释放回堆中。

4.7.1　原理介绍

　　这个功能实现起来很简单，如果希望在创建任务时由任务创建函数自动申请任务栈，那么就由任务创建函数调用 C 语言库所提供的内存申请函数从堆中申请所需要的内存充当任务栈，并记录下该内存地址，以便在任务删除时可以释放这些内存。

4.7.2　程序设计及编码实现

C 语言库提供的 malloc、free 函数可以从堆中申请、释放内存,为能使用这 2 个函数,需要包含 stdlib.h 头文件。本手册代码使用 Keil 自带的 RealVeiw 工具链进行编译,可以在启动文件 startup_stm32f10x_hd.s 中按如下方式分配堆栈空间,代码如下:

```
00349   LDR     R0, = Heap_Mem
00350   LDR     R1, = (Stack_Mem + Stack_Size)
00351   LDR     R2, = (Heap_Mem +  Heap_Size)
00352   LDR     R3, = Stack_Mem
```

00349 行,将堆基址存入 R0 寄存器;00350 行,将栈基址存入 R1 寄存器;00351 行,将堆结束地址存入 R2 寄存器;00352 行,将栈结束地址存入 R3 寄存器。其中的 Stack_Size、Stack_Mem、Heap_Size 和 Heap_Mem 定义如下:

```
Stack_Size      EQU       0x00000200
Stack_Mem       SPACE     Stack_Size
Heap_Size       EQU       0x00004000
Heap_Mem        SPACE     Heap_Size
```

在这里定义了栈大小为 0x200 字节,这个栈是软件还未进入操作系统之前所使用的栈,即执行 main 函数所使用的栈,进入操作系统后每个任务将使用自己的任务栈,与这个栈就没有关系了。Stack_Mem 代表一块内存空间的起始地址,即栈的起始地址。Heap_Size 定义了堆大小为 0x4000 字节,malloc 函数所申请的内存就是从这个堆里申请的。Heap_Mem 代表一块内存空间的起始地址,即堆的起始地址。

Cortex-M3 内核支持递减栈,因此栈的起始地址在栈的顶部;而堆是递增的,因此堆的起始地址在堆的底部。上面 00349~00352 行看似杂乱无章的内存分配,实际上正是按照"堆起始地址→栈起始地址→堆结束地址→栈结束地址"的顺序为 R0~R3 寄存器赋值的。在这 4 个寄存器配置完成后,就开始初始化 C 语言运行环境了,C 语言将通过这 4 个寄存器传进来的值来配置堆栈的范围。

图 4.70 是堆栈在内存中的分布情况。

我们可以从堆中申请内存,也希望可以将申请到的内存释放回堆中,这就需要在 TCB 中增加一个 pucTaskStack 指针用来记录创建任务时从堆中申请的内存地址:

```
typedef struct m_tcb
{
    STACKREG strStackReg;            /* 备份寄存器组 */
    M_TCBQUE strTcbQue;              /* TCB 结构队列 */
    U8 * pucTaskName;                /* 任务名称指针 */
    U8 * pucTaskStack;               /* 创建任务时的栈地址 */
```

```
        U32 uiTaskFlag;                      /* 任务标志 */
        U8 ucTaskPrio;                       /* 任务优先级 */
        M_TASKOPT strTaskOpt;                /* 任务参数 */
        U32 uiStillTick;                     /* 延迟结束的时间 */
    }M_TCB;
```

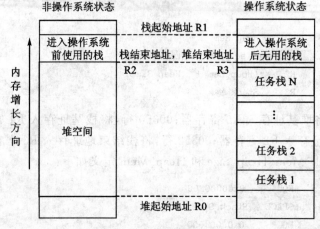

图 4.70　从堆中分配任务栈空间

　　创建任务时如果使用的是数组内存充当任务栈，那么在任务结束时就不需要释放，TCB 中的 pucTaskStack 指针需要被置为 NULL 以表明此种情况。如果是从堆中动态申请的内存，就需要将该指针置为申请到的内存地址，释放时就可以通过这个指针释放所申请的内存了。

　　根据这样的设计，任务创建函数 MDS_TaskCreate 几乎不需要修改，唯一需要修改的地方，是去掉对入口参数 pucTaskStack 栈地址的检查，对传入 NULL 参数不再返回失败，因为 NULL 参数代表由任务创建函数自行从堆中申请内存充当任务栈。至于这个申请内存的操作，则由 MDS_TaskCreate 函数调用的 MDS_TaskTcbInit 函数去实现，修改后的 MDS_TaskTcbInit 函数代码如下：

```
00211   M_TCB * MDS_TaskTcbInit(U8 * pucTaskName, VFUNC vfFuncPointer, void * pvPara,
00212           U8 * pucTaskStack, U32 uiStackSize, U8 ucTaskPrio, M_TASKOPT *
                pstrTaskOpt)
00213   {
...     ...
00221       /* 锁中断，防止其他任务影响 */
00222       (void)MDS_IntLock();
00223
00224       /* 若传入栈为空，则由任务自己申请内存 */
00225       if(NULL == pucTaskStack)
00226       {
00227           pucTaskStack = malloc(uiStackSize);
```

194

```
00228              if(NULL == pucTaskStack)
00229              {
00230                  /* 返回前解锁中断 */
00231                  (void)MDS_IntUnlock();
00232
00233                  /* 申请不到内存，返回空指针 */
00234                  return (M_TCB*)NULL;
00235              }
00236
00237              /* 将任务标志置为栈申请状态 */
00238              uiTaskFlag = TASKSTACKFLAG;
00239          }
00240          else /* 是传入的栈，先将任务标志置为空 */
00241          {
00242              uiTaskFlag = 0;
00243          }
...      ...
00251          /* 保存任务栈起始地址 */
00252          pstrTcb->pucTaskStack = pucTaskStack;
...      ...
00260          /* 将任务标志置为申请栈的状态 */
00261          pstrTcb->uiTaskFlag | = uiTaskFlag;
...      ...
00312          /* 挂入链表后解锁中断，允许任务调度 */
00313          (void)MDS_IntUnlock();
00314
00315          return pstrTcb;
00316  }
```

　　这段代码在原有代码的基础上增加了对入口参数 pucTaskStack 为 NULL 的判断。若 pucTaskStack 为 NULL，则使用 malloc 函数从堆中申请任务栈，将申请到的任务栈指针存入 TCB 中的 pucTaskStack 变量，并将 TCB 中的 uiTaskFlag 标志置为从堆中申请栈的状态，以便删除任务时可凭此标志释放任务栈内存。该函数细节就不介绍了，其他代码相对原来的代码没什么变化。需要注意的是，malloc 与 free 函数是不可重入函数，因此需使用锁中断函数将申请内存的过程包含进去。

　　任务删除函数 MDS_TaskDelete 的修改点更为简单，只需要在任务删除后判断是否需要释放任务栈就可以了。如果 TCB 中的 uiTaskFlag 标志被置为从堆中申请栈的状态，那么就释放掉 TCB 中 pucTaskStack 指针变量指向的内存。代码如下，仅列出修改部分：

```
00111   U32 MDS_TaskDelete(M_TCB* pstrTcb)
```

```
00112    {
...      ...
00175        /*  如果是任务自己申请的栈，则需要释放 */
00176        if(TASKSTACKFLAG == (pstrTcb->uiTaskFlag & TASKSTACKFLAG))
00177        {
00170            free(pstrTcb->pucTaskStack);
00179        }
...      ...
00187    }
```

除了任务可以从堆中申请内存，队列函数也可以从堆中申请内存，并且实现方法与任务非常相似，需要在队列结构体 M_QUE 中增加一个保存所申请内存的指针变量 pucQueMem。

```
typedef struct m_que      /*  队列结构 */
{
    M_DLIST strList;      /*  队列链表 */
    U8 * pucQueMem;       /*  创建队列时的内存地址 */
}M_QUE;
```

在队列创建函数 MDS_QueCreate 里对入口参数 pstrQue 进行判断，若 pstrQue 为 NULL，则使用 malloc 函数从堆中申请存储队列结构的内存，将该内存指针存入 M_QUE 结构中的 pucQueMem 指针变量。

```
00013    M_QUE * MDS_QueCreate(M_QUE * pstrQue)
00014    {
00015        U8 * pucQueMemAddr;
00016
00017        /*  传入指针为空，需要自己申请内存 */
00018        if(NULL == pstrQue)
00019        {
00020            (void)MDS_IntLock();
00021
00022            pucQueMemAddr = malloc(sizeof(M_QUE));
00023            if(NULL == pucQueMemAddr)
00024            {
00025                (void)MDS_IntUnlock();
00026
00027                /*  申请不到内存，返回失败 */
00028                return (M_QUE * )NULL;
00029            }
00030
00031            (void)MDS_IntUnlock();
```

```
00032
00033              /* 队列指向申请的内存 */
00034              pstrQue = (M_QUE *)pucQueMemAddr;
00035          }
00036      else /* 由入口参数传入队列使用的内存，无需自己申请 */
00037          {
00038              /* 将队列内存地址置为空 */
00039              pucQueMemAddr = (U8 *)NULL;
00040          }
00041
00042      /* 初始化队列根节点 */
00043      MDS_DlistInit(&pstrQue->strList);
00044
00045      /* 保存队列内存的起始地址 */
00046      pstrQue->pucQueMem = pucQueMemAddr;
00047
00048      return pstrQue;
00049  }
```

本节新增加一个队列删除函数 MDS_QueDelete，该函数用来删除队列，并释放从堆中申请的队列结构体 M_QUE 内存。

```
00120  U32 MDS_QueDelete(M_QUE * pstrQue)
00121  {
00122      /* 入口参数检查 */
00123      if(NULL == pstrQue)
00124      {
00125          return RTN_FAIL;
00126      }
00127
00128      /* 如果是创建队列函数申请的队列内存，则需要释放 */
00129      if(NULL != pstrQue->pucQueMem)
00130      {
00131          (void)MDS_IntLock();
00132
00133          free(pstrQue->pucQueMem);
00134
00135          (void)MDS_IntUnlock();
00136      }
00137
00138      return RTN_SUCD;
00139  }
```

4.7.3　功能验证

与上节相同,我们仍使用 3 个测试任务,并且这 3 个测试任务没有太大变化,代码可以参考上节。唯一不同的是,任务创建函数自己申请内存作为任务栈使用,任务结束运行后会自动释放任务栈内存。代码如下:

```
00010    void MDS_RootTask(void)
00011    {
00012        M_TASKOPT strOption;
00013
00014        /* 初始化软件 */
00015        DEV_SoftwareInit();
00016
00017        /* 初始化硬件 */
00018        DEV_HardwareInit();
00019
00020        /* 使用 option 参数创建 ready 状态的任务 1 */
00021        strOption.ucTaskSta = TASKREADY;
00022        (void)MDS_TaskCreate("Test1", TEST_TestTask1, NULL, NULL, TASKSTACK, 4,
00023                        &strOption);
00024
00025        /* 不使用 option 参数创建任务 2 */
00026        (void)MDS_TaskCreate("Test2", TEST_TestTask2, NULL, NULL, TASKSTACK, 3,
        NULL);
00027
00028        /* 使用 option 参数创建延迟 20 s 的 delay 状态的任务 3 */
00029        strOption.ucTaskSta = TASKDELAY;
00030        strOption.uiDelayTick = 2000;
00031        (void)MDS_TaskCreate("Test3", TEST_TestTask3, NULL, NULL, TASKSTACK, 2,
00032                        &strOption);
00033
00034        /* 创建串口打印任务 */
00035        gpstrSerialTaskTcb = MDS_TaskCreate("SrlPrt", TEST_SerialPrintTask,
        NULL, NULL,
00036                                            TASKSTACK, 5, NULL);
00037
00038        /* 创建 LCD 打印任务 */
00039        gpstrLcdTaskTcb = MDS_TaskCreate("LcdPrt", TEST_LcdPrintTask, NULL,
        NULL,
00040                                            LCDTASKSTACK, 6, NULL);
00041
00042        (void)MDS_TaskDelay(10000);
```

```
00043
00044        /* 系统运行 100 s 后 Root 任务自动结束 */
00045
00046   }
```

编译本节代码,将目标程序加载到开发板中运行,串口输出如图 4.71 所示。

```
Task Idle ---> Task Test2! Tick is: 704
Task2 is running! Tick is: 704
Task Test2 ---> Task Test1! Tick is: 904
Task1 is running! Tick is: 904
Task Test1 ---> Task Idle! Tick is: 1004
Task Idle ---> Task Test2! Tick is: 1054
Task2 is running! Tick is: 1054
Task Test2 ---> Task Test1! Tick is: 1254
Task1 is running! Tick is: 1254
Task Test1 ---> Task Idle! Tick is: 1354
Task Idle ---> Task Test2! Tick is: 1404
Task2 is running! Tick is: 1404
Task Test2 ---> Task Test1! Tick is: 1604
Task1 is running! Tick is: 1604
Task Test1 ---> Task Idle! Tick is: 1704
Task Idle ---> Task Test2! Tick is: 1754
Task2 is running! Tick is: 1754
Task Test2 ---> Task Test1! Tick is: 1954
Task1 is running! Tick is: 1954
Task Test1 ---> Task Test3! Tick is: 2004
Task3 is running! Tick is: 2004
Task Test3 ---> Task Test2! Tick is: 2304
Task2 is running! Tick is: 2304
Task Test2 ---> Task Test1! Tick is: 2504
Task Test1 ---> Task Idle! Tick is: 2554
```

图 4.71　任务自己申请任务栈的串口打印

LCD 显示屏输出如图 4.72 所示。

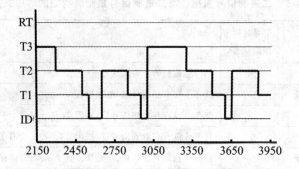

图 4.72　任务自己申请任务栈的 LCD 屏打印

　　从测试任务功能的角度来看,本节测试代码与上节没有任何变化,任务输出的打印信息也应该相同。图 4.71 和图 4.72 只是输出过程的一个截图,读者可以从视频中看到整个输出过程,可以看到整个输出过程是相同的。

4.8　二进制信号量

　　到目前为止,从宏观上来看多任务可以同时运行,但操作系统还没有任务间协调机制,因此一个任务没有办法让另一个任务在非任务调度时刻释放 CPU 资源,这在多个任务同时对一个不可重入资源操作时就显得非常麻烦。比如说任务 A 和任务 B 都需要对不可重入资源进行操作,目前解决这个问题的方法,是在这 2 个任务操作这个不可重入资源时使用中断锁起来,避免其他任务抢占发生重入,但这种方法的问题在于,如果这个操作过程时间较长,那么这显然是不可行的。

信号量是解决这种问题最基本的方法之一,本节我们将设计并实现二进制信号量功能。

4.8.1　原理介绍

信号量是一种资源,二进制信号量是信号量中的一种,它只有两种状态:"满"和"空",这也是其名字中带有二进制的原因。当二进制信号量为满状态时,表示它这个资源可以被任务获取到,任务获取到二进制信号量后,二进制信号量就变为空状态,表明它无法再次被获取到,此时如果其他具有更高优先级的任务试图去获取这个处于空状态的二进制信号量,那么高优先级任务就会被二进制信号量阻塞而被迫放弃 CPU 资源,转换为 pend 态(pend 态在 4.2 节中有介绍)。当已获取到二进制信号量的任务获取到 CPU 资源时就会继续运行,当它释放这个二进制信号量时会触发一次信号量调度,被这个二进制信号量阻塞的任务中的一个就会获取到该二进制信号量并重新转变为 ready 态。

二进制信号量空满状态与二进制信号量操作的对应关系如表 4.5 所列。

表 4.5　二进制信号量操作与二进制信号量空满状态的对应关系

信号量操作方式	信号量操作后状态	结　果
创建信号量	满	信号量被初始化为满状态
任务 1 获取信号量	空	任务 1 获取到信号量,继续运行
任务 2 获取信号量	空	任务 2 没有获取到信号量,被阻塞
任务 3 获取信号量	空	任务 3 没有获取到信号量,被阻塞,共有 2 个任务被阻塞
任务 1 释放信号量	空	任务 2 获取到信号量,重新恢复到 ready 态,只有任务 3 被阻塞
任务 1 释放信号量	空	任务 3 获取到信号量,重新恢复到 ready 态,没有任务被阻塞
任务 1 释放信号量	满	没有任务获取信号量,信号量被置为满状态
任务 1 释放信号量	满	没有任务获取信号量,信号量仍为满状态

我们可以利用二进制信号量的特性对不可重入资源进行保护:先将二进制信号量初始化为满状态,每个任务在操作不可重入资源前需要先获取二进制信号量,操作后释放二进制信号量。这样既可以利用二进制信号量保证同一时刻只能有一个任务在对不可重入资源进行操作,又能保证当一个任务释放二进制信号量时,可以自动激活被二进制信号量阻塞的一个任务。

4.8.2　程序设计及编码实现

从上面的介绍中可以看到，实现二进制信号量功能主要有两个问题需要解决：(1)解决任务获取二进制信号量时对二进制信号量状态的判断，如检测到二进制信号量为空时需要能转为 pend 态，检测到二进制信号量为满时则可以获取到二进制信号量继续运行。(2)当有任务被二进制信号量阻塞时，释放二进制信号量则会触发一次二进制信号量调度操作，从被二进制信号量阻塞的众多任务中找出一个任务，将其从 pend 态转换为 ready 态继续运行。

对于第一个问题，需要为二进制信号量设计一个结构体，在结构体中包含一个变量，使用这个变量存储二进制信号量的空满状态，任务在获取二进制信号量时需要根据该变量的状态来确定任务的运行状态。

对于第二个问题，二进制信号量需要能与多个被它阻塞的任务产生关联，因此我们需要在二进制信号量的结构体中再增加一个链表，当有任务被该信号量阻塞时就将其挂到该链表上，当信号量被释放时就查找该链表，从中找出一个满足条件的任务将其转换为 ready 态。任务恢复到 ready 态之后的工作就交给 ready 表调度程序管理，与信号量就没有关系了。

我们先来定义二进制信号量的结构体，然后再使用代码实现二进制信号量功能，二进制信号量结构体如下所示：

```
typedef struct m_sem
{
    M_TASKSCHEDTAB strSemTab;      /* 信号量调度表 */
    U32 uiCounter;                 /* 信号量计数值 */
    U32 uiSemOpt;                  /* 信号量参数 */
    U8 * pucSemMem;                /* 创建信号量时的内存地址 */
}M_SEM;
```

其中 M_TASKSCHEDTAB 结构与 ready 表结构相同，该结构定义的 strSemTab 变量就是信号量 sem 表，用来关联被阻塞的任务，来解决上述的第二个问题。uiCounter 变量用来存储二进制信号量的状态，指明其是空还是满，用来解决上述的第一个问题。uiSemOpt 变量用来指明被阻塞的任务从 pend 态转换为 ready 态时是采用优先级调度方式还是先进先出调度方式。如果是前者，则按照被阻塞任务的优先级将被阻塞的任务挂接到 sem 表中不同优先级的根节点上，处理方式与 ready 表相同，采用优先级调度策略，pend 态任务需要转换为 ready 态时优先转换优先级高的任务；如果是后者，则只需要使用 sem 表中优先级为 0 的一个根节点就够了，所有被阻塞的任务按照被阻塞的先后顺序挂接到该根节点上，处理方式与队列相同，采用先进先出调度策略，pend 态任务需要转换为 ready 态时先转换先挂入 sem 表的任务。创建二进制信号量时需要定义一个 M_SEM 型的信号量变量，该变量若是从堆中申请的，则将申请的内存指针存入到 pucSemMem 变量中。

与 ready 表相同，操作 sem 表时我们也会使用到 3 种操作，分别是将任务添加到 sem 表中、在 sem 表中查找任务以及从 sem 表中删除任务。下面是这 3 个函数的代码：

```
00382    void MDS_TaskAddToSemTab(M_TCB * pstrTcb, M_SEM * pstrSem)
00383    {
00384        M_DLIST * pstrList;
00385        M_DLIST * pstrNode;
00386        M_PRIOFLAG * pstrPrioFlag;
00387        U8 ucTaskPrio;
00388
00389        /* 信号量是采用优先级调度算法 */
00390        if(SEMPRIO == (SEMSCHEDOPTMASK & pstrSem ->uiSemOpt))
00391        {
00392            /* 获取任务的相关参数 */
00393            ucTaskPrio = pstrTcb->ucTaskPrio;
00394            pstrList = &pstrSem ->strSemTab.astrList[ucTaskPrio];
00395            pstrNode = &pstrTcb ->strSemQue.strQueHead;
00396            pstrPrioFlag = &pstrSem ->strSemTab.strFlag;
00397
00398            /* 添加到 sem 调度表 */
00399            MDS_TaskAddToSchedTab(pstrList, pstrNode, pstrPrioFlag, ucTaskPrio);
00400        }
00401        else /* 信号量采用先进先出调度算法 */
00402        {
00403            /* 获取任务的相关参数，使用 0 优先级链表作为先进先出链表 */
00404            pstrList = &pstrSem ->strSemTab.astrList[LOWESTPRIO];
00405            pstrNode = &pstrTcb ->strSemQue.strQueHead;
00406
00407            /* 添加到 sem 调度表 */
00408            MDS_DlistNodeAdd(pstrList, pstrNode);
00409        }
00410
00411        /* 保存阻塞任务的信号量 */
00412        pstrTcb ->pstrSem = pstrSem;
00413    }
```

该函数的功能是将任务添加到 sem 表中，入口参数 pstrTcb 是被添加任务的 TCB 指针，入口参数 pstrSem 是二进制信号量的指针。如果二进制信号量采用优先级调度方式，则使用 MDS_TaskAddToSchedTab 函数添加，这个过程与将任务添加到 ready 表的过程相同。如果二进制信号量采用先进先出调度方式，则将任务添加到 sem 表的 0 优先级根节点上。

在 00395 行和 00405 行使用了 TCB 中的 strSemQue 变量,这个变量是本节在 TCB 中新增加的一个变量,其类型与已有的 strTcbQue 变量相同,都是 M_TCBQUE 型变量。strSemQue 变量用来将任务关联到 sem 表中,在使用该变量前需要在 MDS_TaskTcbInit 函数里对其进行初始化。00412 行将信号量指针保存到被其阻塞的任务 TCB 中,以便被阻塞的任务可以通过其 TCB 中的 pstrSem 变量找到阻塞它的信号量。为此,我们需要在 TCB 中新增加 2 个变量——strSemQue 和 pstrSem。新修改的 TCB 结构如下:

```
typedef struct m_tcb
{
    STACKREG strStackReg;        /* 备份寄存器组 */
    M_TCBQUE strTcbQue;          /* TCB 结构队列 */
    M_TCBQUE strSemQue;          /* sem 表队列 */
    M_SEM * pstrSem;             /* 阻塞任务的信号量指针 */
    U8 * pucTaskName;            /* 任务名称指针 */
    U8 * pucTaskStack;           /* 创建任务时的栈地址 */
    U32 uiTaskFlag;              /* 任务标志 */
    U8 ucTaskPrio;               /* 任务优先级 */
    M_TASKOPT strTaskOpt;        /* 任务参数 */
    U32 uiStillTick;             /* 延迟结束的时间 */
}M_TCB;
```

下面来看从 sem 表中查找任务的函数:

```
00456    M_TCB * MDS_SemGetActiveTask(M_SEM * pstrSem)
00457    {
00458        M_DLIST * pstrNode;
00459        M_TCBQUE * pstrTaskQue;
00460        U8 ucTaskPrio;
00461
00462        /* 信号量采用优先级调度算法 */
00463        if(SEMPRIO == (SEMSCHEDOPTMASK & pstrSem ->uiSemOpt))
00464        {
00465            /* 获取信号量表中优先级最高的任务 TCB */
00466            ucTaskPrio = MDS_TaskGetHighestPrio(&pstrSem ->strSemTab.strFlag);
00467        }
00468        else /* 信号量采用先进先出调度算法 */
00469        {
00470            /* 采用 0 优先级的链表 */
00471            ucTaskPrio = LOWESTPRIO;
00472        }
```

```
00473
00474        /* 查询 sem 表是否为空 */
00475        pstrNode = MDS_DlistEmpInq(&pstrSem ->strSemTab.astrList[ucTaskPrio]);
00476
00477        /* 信号量中没有被阻塞的任务，不需要释放任务 */
00478        if(NULL == pstrNode)
00479        {
00480            return (M_TCB *)NULL;
00481        }
00482        else /* 信号量中有被阻塞的任务，返回需要被释放的任务的 TCB 指针 */
00483        {
00484            pstrTaskQue = (M_TCBQUE *)pstrNode;
00485
00486            return pstrTaskQue ->pstrTcb;
00487        }
00488    }
```

该函数的功能是从 sem 表中获取需要被最先释放的任务，返回值是查找到的任务 TCB 指针，入口参数 pstrSem 是二进制信号量的指针。如果信号量采用优先级调度方式，则使用 MDS_TaskHighestPrioGet 函数从 sem 表中找出最高优先级任务的 TCB，这个过程与从 ready 表中获取最高优先级任务的过程是相同的。如果信号量采用先进先出调度方式，则从 sem 表 0 优先级根节点中取出最先挂入 sem 表的任务节点。

从 sem 表删除任务函数的代码如下：

```
00420   M_DLIST * MDS_TaskDelFromSemTab(M_TCB * pstrTcb)
00421   {
00422       M_SEM * pstrSem;
00423       M_DLIST * pstrList;
00424       M_PRIOFLAG * pstrPrioFlag;
00425       U8 ucTaskPrio;
00426
00427       /* 获取阻塞任务的信号量 */
00428       pstrSem = pstrTcb ->pstrSem;
00429
00430       /* 信号量采用优先级调度算法 */
00431       if(SEMPRIO == (SEMSCHEDOPTMASK & pstrSem ->uiSemOpt))
00432       {
00433           /* 获取任务的相关参数 */
00434           ucTaskPrio = pstrTcb ->ucTaskPrio;
00435           pstrList = &pstrSem ->strSemTab.astrList[ucTaskPrio];
```

```
00436                pstrPrioFlag = &pstrSem ->strSemTab.strFlag;
00437
00438                /* 从 sem 调度表删除该任务 */
00439                return MDS_TaskDelFromSchedTab(pstrList, pstrPrioFlag, ucTaskPrio);
00440        }
00441        else /* 信号量采用先进先出调度算法 */
00442        {
00443                /* 获取任务的相关参数,使用 0 优先级链表作为先进先出链表 */
00444                pstrList = &pstrSem ->strSemTab.astrList[LOWESTPRIO];
00445
00446                /* 从 sem 调度表删除该任务 */
00447                return MDS_DlistNodeDelete(pstrList);
00448        }
00449  }
```

该函数的功能是将任务从 sem 表中删除,返回值是删除的任务的 TCB 指针,入口参数 pstrSem 是二进制信号量的指针。如果信号量采用优先级调度方式,则从任务 TCB 中找出任务相关属性,使用 MDS_TaskDelFromSchedTab 函数将任务从 sem 表中删除,这个过程与从 ready 表中删除任务的过程是相同的。如果信号量采用先进先出调度方式,则从 sem 表中删除最先挂入 sem 表的任务节点。

对 sem 表的操作与 ready 表很相似,结合前面对 sem 表的说明应该可以理解,就不再具体介绍这 3 个函数了。

被信号量阻塞的任务会进入到 pend 态,这是任务的另一种状态。pend 态与 delay 态非常相似,任务都需要进行延迟计数。如果处于 pend 态的任务不是永久 pend,那么该任务也将被挂入 delay 表中,与处于非永久 delay 状态的任务一起参与 tick 中断的调度,实现延迟计数功能。当任务延迟时间耗尽时,将会从 delay 表删除,结束 pend 状态,重新挂入 ready 表参与任务调度。如果处于 pend 态的任务是永久 pend,那么它将与永久 delay 态的任务一样,也不需要挂入 delay 链表。处于 delay 态的任务在延迟时间未耗尽前可以被其他任务调用 MDS_TaskWake 函数唤醒,处于 pend 态的任务在延迟时间未耗尽前可以被其他任务释放信号量唤醒。

pend 态与 delay 态的不同之处在于,pend 态是由于任务获取不到某些非 CPU 资源而被动进入的等待状态,这其中包含获取不到信号量资源,而 delay 态则是由任务主动释放 CPU 资源而进入的等待状态。pend 态任务与 sem 表有关,也可能与 delay 表有关,而 delay 态只可能与 delay 表有关。

创建信号量的函数 MDS_SemCreate 的代码如下:

```
00021  M_SEM * MDS_SemCreate(M_SEM * pstrSem, U32 uiSemOpt, U32 uiInitVal)
00022  {
00023        U8 * pucSemMemAddr;
```

```
00024
00025        /*  信号量选项检查  */
00026        if((SEMFIFO != (SEMSCHEDOPTMASK & uiSemOpt))
00027           && (SEMPRIO != (SEMSCHEDOPTMASK & uiSemOpt)))
00028        {
00029            return (M_SEM * )NULL;
00030        }
00031
00032        /*  二进制信号量初始值只能是空或者满  */
00033        if((SEMEMPTY != uiInitVal) && (SEMFULL != uiInitVal))
00034        {
00035            return (M_SEM * )NULL;
00036        }
00037
00038        /*  传入指针为空，需要自己申请内存  */
00039        if(NULL == pstrSem)
00040        {
00041            (void)MDS_IntLock();
00042
00043            pucSemMemAddr = malloc(sizeof(M_SEM));
00044            if(NULL == pucSemMemAddr)
00045            {
00046                (void)MDS_IntUnlock();
00047
00048                /*  申请不到内存，返回失败  */
00049                return (M_SEM * )NULL;
00050            }
00051
00052            (void)MDS_IntUnlock();
00053
00054            /*  信号量指向申请的内存  */
00055            pstrSem = (M_SEM * )pucSemMemAddr;
00056        }
00057        else /*  由入口参数传入信号量使用的内存，无需自己申请  */
00058        {
00059            /*  将信号量内存地址置为空  */
00060            pucSemMemAddr = (U8 * )NULL;
00061        }
00062
00063        /*  初始化信号量调度表  */
00064        MDS_TaskSchedTabInit(&pstrSem ->strSemTab);
00065
```

```
00066        /*  初始化信号量初始值  */
00067        pstrSem ->uiCounter = uiInitVal;
00068
00069        /*  初始化信号量参数  */
00070        pstrSem ->uiSemOpt = uiSemOpt;
00071
00072        /*  保存信号量内存的起始地址  */
00073        pstrSem ->pucSemMem = pucSemMemAddr;
00074
00075        return pstrSem;
00076    }
```

00021 行,函数返回值若为 NULL,则表明创建信号量失败;其他值则为创建的信号量指针,表明创建信号量成功。入口参数 pstrSem 为信号量指针,若该指针不为空,则表明是由用户提供信号量使用的内存空间;若为空,则是需要该函数自行申请信号量使用的内存空间。入口参数 uiSemOpt 为创建信号量所使用的选项,创建先进先出方式的信号量使用 SEMFIFO 选项,创建优先级方式的信号量使用 SEMPRIO 选项。uiInitVal 是信号量的初始值,可以指定信号量创建后的空满状态,对于二进制信号量来说,只能是空 SEMEMPTY 或者是满 SEMFULL。

00026~00030 行,对入口参数 uiSemOpt 进行检查,若既不是先进先出方式 FIFO 也不是优先级方式 PRIO,则返回失败。

00033~00036 行,对入口参数 uiInitVal 进行检查,若信号量初始化值既不是空 SEMEMPTY 也不是满 SEMFULL,则返回失败。

00039~00056 行,若入口参数 pstrSem 为空,则是由该函数自行申请信号量使用的内存空间。

00057~00061 行,若入口参数 pstrSem 不为空,则将 pucSemMemAddr 变量置为 NULL,用以指明信号量所使用的内存空间是由用户提供的。

00064 行,初始化信号量的 sem 表,这个过程与初始化 ready 表的过程是相同的。

00067~00073 行,将信号量的初始参数写入到信号量中。

00075 行,返回创建信号量的指针。

考虑到信号量的多种应用场景,我们将获取信号量的函数设计为永久等待、有限时间等待和不等待这 3 种使用方法。例如,有些时候任务需要一直等待一个资源,那么获取信号量时就可以使用永久等待的方式;有些时候任务需要在一段时间内等待一个资源可用,如果能等到就操作,等待时间到了还没有等到就去做其他事情,这种场景下就可以使用有限时间等待;有些时候任务在无法操作资源时需要立刻去做其他事情,就可以使用不等待方式。

获取信号量函数 MDS_SemTake 的代码如下:

```
00096    U32 MDS_SemTake(M_SEM * pstrSem, U32 uiDelayTick)
```

```
00097    {
00098        /* 入口参数检查 */
00099        if(NULL == pstrSem)
00100        {
00101            return RTN_FAIL;
00102        }
00103
00104        /* 在中断中使用信号量 */
00105        if(RTN_SUCD == MDS_RunInInt())
00106        {
00107            /* 中断中使用二进制信号量时不能有等待时间 */
00108            if(SEMNOWAIT != uiDelayTick)
00109            {
00110                return RTN_FAIL;
00111            }
00112        }
00113
00114        (void)MDS_IntLock();
00115
00116        /* 获取信号量时不等待时间 */
00117        if(SEMNOWAIT == uiDelayTick)
00118        {
00119            /* 信号量为满, 可获取到信号量 */
00120            if(SEMFULL == pstrSem ->uiCounter)
00121            {
00122                /* 获取到信号量后将信号量置为空 */
00123                pstrSem ->uiCounter = SEMEMPTY;
00124
00125                (void)MDS_IntUnlock();
00126
00127                return RTN_SUCD;
00128            }
00129            else /* 信号量为空, 无法获取到信号量 */
00130            {
00131                (void)MDS_IntUnlock();
00132
00133                return RTN_SMTKRT;
00134            }
00135        }
00136        else /* 获取信号量时需要等待时间 */
00137        {
00138            /* 信号量为满, 可获取到信号量 */
```

```
00139              if(SEMFULL == pstrSem ->uiCounter)
00140              {
00141                  /* 获取到信号量后将信号量置为空 */
00142                  pstrSem ->uiCounter = SEMEMPTY;
00143
00144                  (void)MDS_IntUnlock();
00145
00146                  return RTN_SUCD;
00147              }
00148              else /* 信号量为空，无法获取到信号量，需要切换任务 */
00149              {
00150                  /* 将任务置为 pend 状态 */
00151                  if(RTN_FAIL == MDS_TaskPend(pstrSem, uiDelayTick))
00152                  {
00153                      (void)MDS_IntUnlock();
00154
00155                      /* 任务 pend 失败 */
00156                      return RTN_FAIL;
00157                  }
00158
00159                  (void)MDS_IntUnlock();
00160
00161                  /* 使用软中断调度任务 */
00162                  MDS_TaskSwiSched();
00163
00164                  /* 任务 pend 返回值，该值在任务 pend 状态结束时被保存在 uiDe-
                         layTick 中 */
00165                  return gpstrCurTcb ->strTaskOpt.uiDelayTick;
00166              }
00167          }
00168      }
```

00096 行，函数有 5 种返回值：RTN_SUCD，在延迟时间内获取到信号量；RTN_FAIL，获取信号量出现错误；RTN_SMTKTO，信号量延迟时间耗尽，超时返回，没有等到信号量。RTN_SMTKRT，信号量为空，在不等待时间的情况下无法获取到信号量，任务不进入 pend 状态，直接返回；RTN_SMTKDL，阻塞该任务的信号量被删除。入口参数 pstrSem 是需要操作的信号量的指针。入口参数 uiDelayTick 是获取信号量所等待的最长时间，分为 SEMNOWAIT、SEMWAITFEV 和任意数值这 3 种类型。SEMNOWAIT 是不等待，若获取不到信号量，该函数立刻返回到调用它的函数，任务继续运行；SEMWAITFEV 是永久等待，若获取不到信号量，任务将一直处于 pend 态等待信号量，直到该函数获取到信号量才返回到调用它的函数，任务也会从 pend 态转换为 ready 态得以继续运行;任意数值为任务处于 pend 态,等待信号量的超时时间,单位为 tick。任务在 pend 态等待信号量的时间内若获取到了信号量,那么该函数返回到调用它的函数,任务从 pend 态转换为 ready 态得以继续运行;若超过等待时间还没有获取到信号量,那么该函数也返回到调用它的函数,任务也会从 pend 态转换为 ready 态继续运行。这两种情况的返回值不同,用户可以根据返回值作出相应的处理。

00099~00102 行,对入口参数 pstrSem 进行检查,若为空则返回失败。

00105~00112 行,在中断中调用该函数不允许等待时间。

00114 行,锁中断,防止多个任务同时操作信号量产生重入问题。

00117 行,获取信号量不等待时间,走此分支。

00120~00128 行,信号量为满可以获取到信号量,获取到信号量后将信号量置为空,解锁中断并返回获取信号量成功。

00129~00134 行,信号量为空无法获取到信号量,由于不需要等待时间,因此解锁中断后直接返回无法获取到信号量。

00136 行,获取信号量等待时间,走此分支。

00139~00147 行,信号量为满可以获取到信号量,获取到信号量后将信号量置为空,解锁中断并返回获取信号量成功。

00148~00166 行,信号量为空无法获取到信号量,由于需要等待时间,因此使用 MDS_TaskPend 函数将任务置为 pend 态。如果置 pend 态失败,则解锁中断返回失败;如果置 pend 态成功,在解锁中断后需要进行一次任务调度,因为当前任务已经处于 pend 态,需要从 ready 表中重新找出一个任务继续运行。注意,在执行完 00162 行后任务就会发生切换,00165 行需要等调用该函数的任务从 pend 态转换到 running 态之后才能执行,这 2 行代码虽然写在一起,但执行时会插入其他任务的运行过程。运行 00165 行时说明任务已经从 pend 态切换回 running 态,该函数的返回值已经在调用该函数的任务处于 pend 态时被其他任务存入到它 TCB 中的 strTaskOpt. uiDelayTick 变量中,此行返回该变量中保存的该函数返回值。

MDS_TaskPend 函数与 MDS_TaskDelay 函数的处理过程非常相似,其主要实现了清除任务的 ready 状态,并将其从 ready 表删除,然后添加到 delay 表中并增加任务的 pend 状态。细节不再作介绍,请读者自行理解代码。

```
00476    U32 MDS_TaskPend(M_SEM * pstrSem, U32 uiDelayTick)
00477    {
00478        M_DLIST * pstrList;
00479        M_DLIST * pstrNode;
00480        M_PRIOFLAG * pstrPrioFlag;
00481        U8 ucTaskPrio;
00482
00483        /* idle 任务不能处于 pend 状态 */
```

```
00484        if(gpstrCurTcb == gpstrIdleTaskTcb)
00485        {
00486            return RTN_FAIL;
00487        }
00488
00489        /* 获取当前任务的相关调度参数 */
00490        ucTaskPrio = gpstrCurTcb->ucTaskPrio;
00491        pstrList = &gstrReadyTab.astrList[ucTaskPrio];
00492        pstrPrioFlag = &gstrReadyTab.strFlag;
00493
00494        /* 将当前任务从 ready 表删除 */
00495        pstrNode = MDS_TaskDelFromSchedTab(pstrList, pstrPrioFlag, ucTaskPrio);
00496
00497        /* 清除任务的 ready 状态 */
00498        gpstrCurTcb->strTaskOpt.ucTaskSta &= ~((U8)TASKREADY);
00499
00500        /* 更新当前任务的延迟时间 */
00501        gpstrCurTcb->strTaskOpt.uiDelayTick = uiDelayTick;
00502
00503        /* 非永久等待任务才挂入 delay 表 */
00504        if(SEMWAITFEV != uiDelayTick)
00505        {
00506            gpstrCurTcb->uiStillTick = guiTick + uiDelayTick;
00507
00508            /* 将当前任务加入到 delay 表 */
00509            MDS_TaskAddToDelayTab(pstrNode);
00510
00511            /* 置任务在 delay 表标志 */
00512            gpstrCurTcb->uiTaskFlag |= DELAYQUEFLAG;
00513        }
00514
00515        /* 将该任务添加到信号量调度表中 */
00516        MDS_TaskAddToSemTab(gpstrCurTcb, pstrSem);
00517
00518        /* 增加任务的 pend 状态 */
00519        gpstrCurTcb->strTaskOpt.ucTaskSta |= TASKPEND;
00520
00521        return RTN_SUCD;
00522    }
```

任务释放信号量时需要使用 MDS_SemGive 函数，该函数的代码如下：

```
00176   U32 MDS_SemGive(M_SEM * pstrSem)
00177   {
00178        M_TCB * pstrTcb;
```

```
00179          M_DLIST * pstrList;
00180          M_DLIST * pstrNode;
00181          M_PRIOFLAG * pstrPrioFlag;
00182          U8 ucTaskPrio;
00183
00184          /* 入口参数检查 */
00185          if(NULL == pstrSem)
00186          {
00187              return RTN_FAIL;
00188          }
00189
00190          (void)MDS_IntLock();
00191
00192          /* 信号量为空 */
00193          if(SEMEMPTY == pstrSem ->uiCounter)
00194          {
00195              /* 在被该信号量阻塞的任务中获取需要释放的任务 */
00196              pstrTcb = MDS_SemGetActiveTask(pstrSem);
00197
00198              /* 有阻塞的任务,释放任务 */
00199              if(NULL != pstrTcb)
00200              {
00201                  /* 从信号量调度表删除该任务 */
00202                  (void)MDS_TaskDelFromSemTab(pstrTcb);
00203
00204                  /* 任务在 delay 表,则从 delay 表删除 */
00205                  if(DELAYQUEFLAG == (pstrTcb ->uiTaskFlag & DELAYQUEFLAG))
00206                  {
00207                      pstrNode = &pstrTcb ->strTcbQue.strQueHead;
00208                      (void)MDS_DlistCurNodeDelete(&gstrDelayTab, pstrNode);
00209
00210                      /* 置任务不在 delay 表标志 */
00211                      pstrTcb ->uiTaskFlag &= (~((U32)DELAYQUEFLAG));
00212                  }
00213
00214                  /* 清除任务的 pend 状态 */
00215                  pstrTcb ->strTaskOpt.ucTaskSta &= ~((U8)TASKPEND);
00216
00217                  /* 借用 uiDelayTick 变量保存 pend 任务的返回值 */
00218                  pstrTcb ->strTaskOpt.uiDelayTick = RTN_SUCD;
00219
```

```
00220                 /* 将该任务添加到 ready 表中 */
00221                 pstrNode = &pstrTcb->strTcbQue.strQueHead;
00222                 ucTaskPrio = pstrTcb->ucTaskPrio;
00223                 pstrList = &gstrReadyTab.astrList[ucTaskPrio];
00224                 pstrPrioFlag = &gstrReadyTab.strFlag;
00225
00226                 MDS_TaskAddToSchedTab(pstrList, pstrNode, pstrPrioFlag, uc-
                      TaskPrio);
00227
00228                 /* 增加任务的 ready 状态 */
00229                 pstrTcb->strTaskOpt.ucTaskSta |= TASKREADY;
00230
00231                 (void)MDS_IntUnlock();
00232
00233                 /* 使用软中断调度任务 */
00234                 MDS_TaskSwiSched();
00235
00236                 return RTN_SUCD;
00237             }
00238         else /* 没有阻塞的任务，将信号量置为满 */
00239             {
00240                 pstrSem->uiCounter = SEMFULL;
00241             }
00242     }
00243
00244     (void)MDS_IntUnlock();
00245
00246     return RTN_SUCD;
00247 }
```

00176 行，函数返回 RTN_SUCD，代表释放信号量成功，RTN_FAIL 代表释放信号量失败。入口参数 pstrSem 为释放的信号量的指针。

00185～00188 行，对入口参数 pstrSem 进行检查，若为空则返回失败。

00190 行，锁中断，防止多个任务同时操作信号量产生重入问题。

00193 行，信号量若处于空状态，则走此分支。

00196 行，从信号量 sem 表中查找需要被释放的任务，得到该任务的 TCB 指针。

00199 行，若任务的 TCB 不为空，说明有被阻塞的任务，走此分支。

00202 行，将需要被释放的任务从 sem 表删除。

00205～00212 行，如果需要被释放的任务在 delay 表中，则从 delay 表删除，并清除 delay 表标志。

00215 行,清除需要被释放的任务的 pend 状态。

00218 行,保存需要被释放的任务的返回值,将 RTN_SUCD 返回值保存在任务 TCB 的 strTaskOpt. uiDelayTick 中,当需要被释放的任务重新运行时,就可以从 TCB 中获取到 RTN_SUCD 这个返回值了。

00221~00229 行,将需要被释放的任务添加到 ready 表中,并将任务的状态修改为 ready 状态。

00231 行,对信号量操作完毕,解锁中断。

00234 行,有任务新加入到 ready 表中,使用软中断函数触发任务调度。

00238~00241 行,走到此分支说明信号量虽然为空,但信号量没有阻塞任务,说明信号量是在空的状态下被释放的,因此直接将信号量置为满状态。

00244 行,对信号量操作完毕,解锁中断。

00246 行,对信号量操作成功,返回释放信号量成功。

MDS_SemGive 函数一次只能释放一个被阻塞的任务,MDS_SemFlush 可以一次性释放被信号量阻塞的所有任务。MDS_SemFlush 函数的原理与 MDS_SemGive 函数相同,只不过 MDS_SemFlush 函数会循环查找 sem 表中所有的任务,将它们全部释放掉。该函数不再作详细介绍,请读者自行分析,代码如下:

```
00334    U32 MDS_SemFlush(M_SEM * pstrSem)
00335    {
00336        /* 释放信号量所阻塞的所有任务 */
00337        return MDS_SemFlushValue(pstrSem, RTN_SUCD);
00338    }
00257    U32 MDS_SemFlushValue(M_SEM * pstrSem, U32 uiRtnValue)
00258    {
00259        M_TCB * pstrTcb;
00260        M_DLIST * pstrList;
00261        M_DLIST * pstrNode;
00262        M_PRIOFLAG * pstrPrioFlag;
00263        U8 ucTaskPrio;
00264
00265        /* 入口参数检查 */
00266        if(NULL == pstrSem)
00267        {
00268            return RTN_FAIL;
00269        }
00270
00271        (void)MDS_IntLock();
00272
00273        /* 在被该信号量阻塞的任务中获取需要释放的任务 */
00274        while(1)
```

```
00275          {
00276              pstrTcb = MDS_SemGetActiveTask(pstrSem);
00277
00278              /* 有阻塞的任务，释放任务 */
00279              if(NULL != pstrTcb)
00280              {
00281                  /* 从信号量调度表删除该任务 */
00282                  (void)MDS_TaskDelFromSemTab(pstrTcb);
00283
00284                  /* 任务在 delay 表,则从 delay 表删除 */
00285                  if(DELAYQUEFLAG == (pstrTcb->uiTaskFlag & DELAYQUEFLAG))
00286                  {
00287                      pstrNode = &pstrTcb->strTcbQue.strQueHead;
00288                      (void)MDS_DlistCurNodeDelete(&gstrDelayTab, pstrNode);
00289
00290                      /* 置任务不在 delay 表标志 */
00291                      pstrTcb->uiTaskFlag &= (~((U32)DELAYQUEFLAG));
00292                  }
00293
00294                  /* 清除任务的 pend 状态 */
00295                  pstrTcb->strTaskOpt.ucTaskSta &= ~((U8)TASKPEND);
00296
00297                  /* 借用 uiDelayTick 变量保存 pend 任务的返回值 */
00298                  pstrTcb->strTaskOpt.uiDelayTick = uiRtnValue;
00299
00300                  /* 将该任务添加到 ready 表中 */
00301                  pstrNode = &pstrTcb->strTcbQue.strQueHead;
00302                  ucTaskPrio = pstrTcb->ucTaskPrio;
00303                  pstrList = &gstrReadyTab.astrList[ucTaskPrio];
00304                  pstrPrioFlag = &gstrReadyTab.strFlag;
00305
00306                  MDS_TaskAddToSchedTab(pstrList, pstrNode, pstrPrioFlag,
                     ucTaskPrio);
00307
00308                  /* 增加任务的 ready 状态 */
00309                  pstrTcb->strTaskOpt.ucTaskSta |= TASKREADY;
00310              }
00311              else /* 没有阻塞的任务，跳出循环操作 */
00312              {
00313                  break;
00314              }
00315          }
```

嵌入式操作系统内核调度——底层开发者手册

```
00316
00317        /* 将信号量置为空 */
00318        pstrSem->uiCounter = SEMEMPTY;
00319
00320        (void)MDS_IntUnlock();
00321
00322        /* 使用软中断调度任务 */
00323        MDS_TaskSwiSched();
00324
00325        return RTN_SUCD;
00326    }
```

当信号量不再需要使用时,可以使用 MDS_SemDelete 函数将其删除,释放信号量所占用的资源。删除信号量时,被阻塞在该信号量上的所有任务全部会被激活,重新挂入 ready 表中参与任务调度,这个过程使用 MDS_SemFlushValue 函数就可以实现。MDS_SemDelete 函数比较简单,不再详细介绍,代码如下:

```
00346    U32 MDS_SemDelete(M_SEM * pstrSem)
00347    {
00348        /* 入口参数检查 */
00349        if(NULL == pstrSem)
00350        {
00351            return RTN_FAIL;
00352        }
00353
00354        /* 释放信号量所阻塞的所有任务, 被 MDS_SemDelete 释放的阻塞任务返回信
                号量被删除 */
00355        if(RTN_SUCD != MDS_SemFlushValue(pstrSem, RTN_SMTKDL))
00356        {
00357            return RTN_FAIL;
00358        }
00359
00360        /* 如果是创建信号量函数申请的信号量内存, 则需要释放 */
00361        if(NULL != pstrSem->pucSemMem)
00362        {
00363            (void)MDS_IntLock();
00364
00365            free(pstrSem->pucSemMem);
00366
00367            (void)MDS_IntUnlock();
00368        }
00369
```

```
00370        return RTN_SUCD;
00371    }
```

tick 中断调度时需要对 delay 表进行调度，如果任务计时耗尽则需要从 delay 表删除。本节增加了任务的 pend 状态，处于 pend 状态的任务也可能挂接到 delay 表中，因此需要在对 delay 表调度中增加对 pend 态任务的处理，这就需要修改 delay 表调度函数 MDS_TaskDelayTabSched。该函数仅增加了对 pend 态任务处理的代码，其他代码没有改动，下面主要列出了新增加的代码：

```
00551    void MDS_TaskDelayTabSched(void)
00552    {
...        ...
00596                    /* 如果任务拥有 pend 状态，则从 pend 状态恢复 */
00597                    else if(TASKPEND = = (TASKPEND & pstrTcb -> strTaskOpt. uc-
                        TaskSta))
00598                    {
00599                        /* 从 sem 调度表删除任务 */
00600                        (void)MDS_TaskDelFromSemTab(pstrTcb);
00601
00602                        /* 清除任务的 pend 状态 */
00603                        pstrTcb->strTaskOpt.ucTaskSta & = ~((U8)TASKPEND);
00604
00605                        /* 借用 uiDelayTick 变量保存 pend 任务的返回值 */
00606                        pstrTcb->strTaskOpt.uiDelayTick = RTN_SMTKTO;
00607                    }
...        ...
00637    }
```

00597 行，走到此处说明 delay 表中有时间耗尽的任务，如果这个任务是 pend 状态，则走此分支。

00600 行，pend 态任务时间耗尽，从 sem 表删除。

00603 行，清除任务的 pend 状态。

00606 行，将返回值 RTN_SMTKTO 存入任务 TCB 中的 strTaskOpt. uiDelayTick 变量中，代表任务超时返回。之后这个任务会被添加到 ready 表中参与任务调度，若这个任务的返回值为 RTN_SMTKTO，则可以说明这个任务是由于时间耗尽而超时返回的。

任务增加了 pend 状态，还影响到了 MDS_TaskDelete 函数，在删除处于 pend 状态的任务时，需要将这个任务从相关的 sem 表中删除，MDS_TaskDelete 函数新增的代码如下：

```
00111    U32 MDS_TaskDelete(M_TCB * pstrTcb)
00112    {
```

```
...       ...
00168        /* 任务拥有 pend 状态 */
00169        if(TASKPEND = = (TASKPEND & ucTaskSta))
00170        {
00171            /* 从信号量调度表删除任务 */
00172            (void)MDS_TaskDelFromSemTab(pstrTcb);
00173        }
...       ...
00194    }
```

到目前为止,操作系统已经有了 ready 表、delay 表和多个 sem 表,系统运行时需要不断地更新任务 TCB 中的各种结构与各种调度表之间的关系。strTcbQue 结构中的 strQueHead 节点可以挂接到 ready 表、delay 表,strSemQue 结构中的 strQueHead 节点可以挂接到 sem 表,它们中的 pstrTcb 都需要指向 TCB 自身,pstrSem 指针需要指向阻塞任务的信号量。为使它们之间的关系看得更清楚些,图 4.73 画出了多个不同状态的任务与这些调度表之间的关系:任务 1 被信号量 sem1 阻塞,处于非永久 pend 态,此时 strTcbQue 结构中的 strQueHead 节点挂接到 delay 表,strSemQue 结构中的 strQueHead 节点挂接到 sem1 表,这 2 个结构中的 pstrTcb 都指向 TCB 自身,pstrSem 指针指向 sem1 表;任务 2 处于 ready 态,strTcbQue 结构中的 strQueHead 节点挂接到 ready 表;任务 3 处于非永久 delay 态,strTcbQue 结构中的 strQueHead 节点挂接到 delay 表;任务 4 被信号量 sem1 阻塞,处于永久 pend 态,strSemQue 结构中的 strQueHead 节点挂接到 sem1 表,pstrSem 指针指向 sem1 表;任务 5 被信号量 sem2 阻塞,处于非永久 pend 态,strTcbQue 结构中的 strQueHead 节点挂接到 delay 表,strSemQue 结构中的 strQueHead 节点挂接到 sem2 表,pstrSem 指针指向 sem2 表;任务 6 处于永久 delay 态,不与任何调度表有关系。

我们已经实现了二进制信号量功能,可以使用二进制信号量对不可重入资源进行保护,避免多个任务同时访问同一个不可重入资源时发生错误。但在使用信号量保护资源时要避免出现信号量死锁的情况,所谓信号量死锁,就是指每个任务占有一个信号量,它们都因无法获取到对方已占有的信号量而导致无法运行,因此本身占有的信号量也就无法被释放。这样,多个任务之间形成互相等待信号量的情况,所有任务都处于一种互相等待的永久等待状态,无法运行,形成死锁。如下面代码所示,信号量 sem1 和 sem2 的初始状态均为满状态,TaskA 任务需要先获取信号量 sem1,然后再获取信号量 sem2;TaskB 任务需要先获取信号量 sem2,然后再获取信号量 sem1。如果当 TaskA 任务运行到 00005 行时 TaskB 任务也运行到 00005 行,那么此时 TaskA 任务就已经获取到了信号量 sem1,而 TaskB 任务也已经获取到了信号量 sem2,接下来 TaskA 任务需要再获取到信号量 sem2 才能继续运行,而 TaskB 任务则需要获取到信号量 sem1 才能继续运行,但此时信号量 sem1 会因已经被 TaskA 任务获取到而使 TaskB 任务无法获取,信号量 sem2 会因已经被 TaskB 任务获取到而使 TaskA 任务无法获取,这样 2 个任务都会因等待对方释放信号量而无法继续运行,形成死锁。

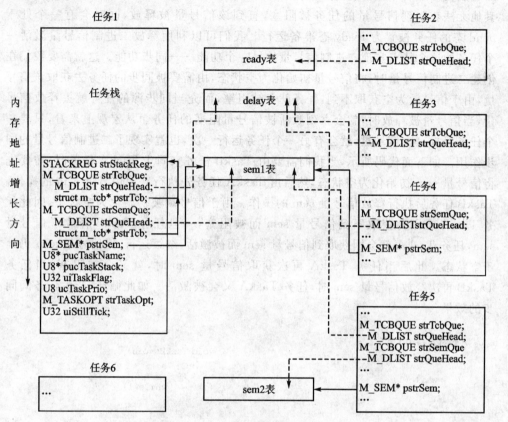

图 4.73　TCB 与各种调度表的关系

```
00001    void TaskA(void)                      void TaskB(void)
00002    {                                     {
00003        ...                                   ...
00004        (void)MDS_SemTake(&sem1,              (void)MDS_SemTake(&sem2,
             SEMWAITFEV);                          SEMWAITFEV);
00005        ...                                   ...
00006        (void)MDS_SemTake(&sem2,              (void)MDS_SemTake(&sem1,
             SEMWAITFEV);                          SEMWAITFEV);
00007        ...                                   ...
00008        (void)MDS_SemGive(&sem1);             (void)MDS_SemGive(&sem2);
00009        ...                                   ...
00010        (void)MDS_SemGive(&sem2);             (void)MDS_SemGive(&sem1);
00011        ...                                   ...
00012    }                                     }
```

前面我们是从二进制信号量保护资源的角度来介绍二进制信号量的,使用的是二进制信号量的互斥功能,保证同一时刻只能有一个任务对其保护的资源进行操作,其他无法获取到信号量的任务被阻塞,直到该信号量被释放,同时会有一个处于 pend 态的任务被置为 ready 态准备运行。我们可以利用释放二进制信号量激活一个任务的这个特点实现二进制信号量的另一个功能——同步功能。这就需要我们在创建二进制信号量时,将信号量初始化为空状态,由需要被同步的任务去获取该信号量,由于信号量为空获取不到,任务就会被阻塞,而充当同步源的任务就去释放信号量,当信号量被释放时,就会立刻激活被信号量阻塞的任务。从宏观上来看,只要一个任务释放一次信号量,就会有另一个任务运行一次,也就实现了二进制信号量的同步作用。如下面代码所示,当我们需要由 TaskB 任务来同步 TaskA 任务时,需要先将信号量 sem 初始化为空状态,然后由 TaskA 任务先执行获取信号量 sem 的操作。TaskB 任务后执行释放信号量 sem 的操作。由于信号量被初始化为空状态,因此任务 TaskA 会因为获取不到信号量 sem 而被阻塞,一旦任务 TaskB 释放了信号量 sem,任务 TaskA 就会因获取到信号量 sem 而被激活,继续运行,但信号量 sem 仍处于空状态。此后当任务 TaskA 再次获取信号量 sem 时,就又会被阻塞,当任务 TaskB 再次释放信号量 sem 时,任务 TaskA 又会被激活。如此循环,产生任务间同步的效果。

220

```
void TaskA(void)                          void TaskB(void)
{                                         {
    while(1)                                  while(1)
    {                                         {
        ...                                       ...
        (void)MDS_SemTake(&sem,                   (void)MDS_SemGive(&sem);
        SEMWAITFEV);                              ...
        ...                                   }
    }                                     }
}
```

二进制信号量的互斥功能一般不能用于中断中,不可在中断中使用 MDS_SemTake 函数的有等待时间方式获取二进制信号量,以免在获取不到信号量的情况下,在中断中错误地对任务进行了 pend 操作。但在中断中却可以使用 MDS_SemGive 函数释放信号量用于同步任务,这需要修改一下 MDS_TaskSwiSched 函数。这是因为 MDS_SemGive 函数在同步任务时会使用 MDS_TaskSwiSched 函数触发软中断进行任务调度,而在中断中触发软中断则会引起硬件异常,因此需要在 MDS_TaskSwiSched 函数里作一个判断:如果不是在中断中调用该函数,则仍使用 MDS_TaskOccurSwi 函数先触发软中断,再由软中断使用 MDS_IntPendSvSet 函数触发 PendSV 中断进行调度;如果是在中断中调用,则直接使用 MDS_IntPendSvSet 函触发 PendSV 中断进行任务调度。

MDS_TaskSwiSched 函数修改后的代码如下：

```
00122    void MDS_TaskSwiSched(void)
00123    {
00124        /* 在中断中调用该函数 */
00125        if(RTN_SUCD != MDS_RunInInt())
00126        {
00127            /* 触发 SWI 软中断，由软中断触发 PendSv 中断进行任务调度 */
00128            MDS_TaskOccurSwi(SWI_TASKSCHED);
00129        }
00130        else /* 没在中断中调用该函数 */
00131        {
00132            /* 直接触发 PendSv 中断进行调度任务 */
00133            MDS_IntPendSvSet();
00134        }
00135    }
```

该函数比较简单，不再详细介绍。

4.8.3　功能验证

本节将使用 4 个测试任务简单测试信号量的互斥和同步功能，这 4 个测试任务是 TEST_TestTask1～TEST_TestTask4，它们的优先级分别为 5、4、3、2，还有 2 个信号量 gstrSemMute 和 gstrSemSync，它们在创建时都被初始化为 PRIO 类型，前者用来保护资源实现互斥，后者用来实现任务同步。TEST_TestTask2 和 TEST_TestTask3 任务在开始的前 3 次循环中为互斥任务，在 TEST_TestTask2 任务获取到 gstrSemMute 信号量期间，TEST_TestTask3 任务被 gstrSemMute 信号量阻塞。当 TEST_TestTask2 任务释放 gstrSemMute 信号量后，TEST_TestTask3 任务获取到 gstrSemMute 信号量并开始运行，此时 TEST_TestTask2 任务会被 gstrSemMute 信号量阻塞，直到 TEST_TestTask3 任务再次释放 gstrSemMute 信号量。这两个任务如此循环 3 次，应该可以看到这 2 个任务交替运行。3 次循环之后，这两个任务都去获取 gstrSemSync 信号量，gstrSemSync 信号量需要由 TEST_TestTask1 任务释放，TEST_TestTask4 任务也需要获取 gstrSemSync 信号量才能运行。TEST_TestTask1 任务的前 10 次循环用来释放 gstrSemSync 信号量，由于 gstrSemSync 信号量采用的是 PRIO 类型，因此应该可以看到 TEST_TestTask1 任务每释放一次 gstrSemSync 信号量，只有 TEST_TestTask4 任务会被激活运行，这是因为 TEST_TestTask4 任务的优先级最高。TEST_TestTask1 任务接下来的 5 次循环会使用 MDS_SemFlush 函数激活所有被阻塞到 gstrSemSync 信号量上的任务，将会看到 TEST_TestTask1 任务每运行一次,TEST_TestTask2~TEST_TestTask4 任务就会全部被激活。在这 5 次循环之后,TEST_TestTask1 任务会删除 gstrSemSync 信号量,其他的三个任务若检测到 gstrSemSync 信号量被删除,就会从任务函数返回,结束任务的运行。此后,应该看到只有 TEST_TestTask1 这一个任务在运行。

测试任务代码如下:

```
00020    void TEST_TestTask1(void * pvPara)
00021    {
00022        U8 i;
00023
00024        i = 0;
00025
00026        while(1)
00027        {
00028            /* 任务打印 */
00029            DEV_PutStrToMem((U8 * )"\r\nTask1 is running ! Tick is: % d",
00030                            MDS_GetSystemTick());
00031
00032            /* 任务运行 1.5 s */
00033            TEST_TaskRun(1500);
00034
00035            /* 任务延迟 2 s */
00036            (void)MDS_TaskDelay(200);
00037
00038            /* 前 10 次,每次运行释放一次 gpstrSemSync 信号量 */
00039            if(i < 10)
00040            {
00041                i++;
00042
00043                /* 任务打印 */
00044                DEV_PutStrToMem((U8 * )"\r\nTask1 give gpstrSemSync % d! Tick is:
                     % d",
00045                                i, MDS_GetSystemTick());
00046
00047                /* 同步其他任务 */
00048                (void)MDS_SemGive(gpstrSemSync);
00049            }
00050            /* 接下来 5 次,每次运行激活一次 gpstrSemSync 信号量 */
00051            else if(i < 15)
00052            {
00053                i++;
00054
```

```
00055                    /* 任务打印 */
00056                    DEV_PutStrToMem((U8 *)"\r\nTask1 flush gpstrSemSync % d! Tick
                         is: % d", i,
00057                                     MDS_GetSystemTick());
00058
00059                    /* 释放所有被 gpstrSemSync 阻塞的任务 */
00060                    (void)MDS_SemFlush(gpstrSemSync);
00061              }
00062         /* 删除 gpstrSemSync 信号量 */
00063         else if(15 == i)
00064              {
00065                    i++;
00066
00067                    /* 任务打印 */
00068                    DEV_PutStrToMem((U8 *)"\r\nTask1 delete gpstrSemSync % d! Tick
                         is: % d", i,
00069                                     MDS_GetSystemTick());
00070
00071                    /* 删除 gpstrSemSync 信号量 */
00072                    (void)MDS_SemDelete(gpstrSemSync);
00073              }
00074    }
00075    }
00082    void TEST_TestTask2(void * pvPara)
00083    {
00084         U8 i;
00085
00086         i = 0;
00087
00088         while(1)
00089         {
00090              /* 前 3 次获取 gpstrSemMute 信号量，与 TEST_TestTask3 任务互锁 */
00091              if(i < 3)
00092              {
00093                    i++;
00094
00095                    /* 获取到信号量才运行 */
00096                    (void)MDS_SemTake(gpstrSemMute, SEMWAITFEV);
00097
00098                    /* 任务打印 */
00099                    DEV_PutStrToMem((U8 *)"\r\nTask2 take gpstrSemMute % d! Tick is:
                         % d", i,
```

```
00100                                    MDS_GetSystemTick());
00101
00102              /* 任务运行 0.5 s */
00103              TEST_TaskRun(500);
00104
00105              /* 任务延迟 2 s */
00106              (void)MDS_TaskDelay(200);
00107
00108              /* 任务打印 */
00109              DEV_PutStrToMem((U8 *)"\r\nTask2 give gpstrSemMute % d! Tick is:
                   % d", i,
00110                                    MDS_GetSystemTick());
00111
00112              /* 释放信号量，以便其他任务可以获得该信号量 */
00113              (void)MDS_SemGive(gpstrSemMute);
00114          }
00115          else /* 接下来获取 gpstrSemSync 信号量，由 TEST_TestTask1 任务激活 */
00116          {
00117              i++;
00118
00119              /* 信号量被删除，任务返回 */
00120              if(RTN_SMTKDL == MDS_SemTake(gpstrSemSync, SEMWAITFEV))
00121              {
00122                  /* 任务打印 */
00123                  DEV_PutStrToMem((U8 *)"\r\nTask2 gpstrSemSync deleted! Tick
                       is: % d",
00124                                        MDS_GetSystemTick());
00125
00126                  return;
00127              }
00128              else /* 获取到 gpstrSemSync 信号量才运行 */
00129              {
00130                  /* 任务打印 */
00131                  DEV_PutStrToMem((U8 *)"\r\nTask2 take gpstrSemSync % d!
                       Tick is: % d",
00132                                        i, MDS_GetSystemTick());
00133
00134                  /* 任务运行 0.5 s */
00135                  TEST_TaskRun(500);
00136              }
00137          }
00138      }
```

```
00139    }
00146    void TEST_TestTask3(void * pvPara)
00147    {
00148        U8 i;
00149
00150        i = 0;
00151
00152        while(1)
00153        {
00154            /* 前 3 次获取 gpstrSemMute 信号量，与 TEST_TestTask2 任务互锁 */
00155            if(i < 3)
00156            {
00157                i++;
00158
00159                /* 获取到信号量才运行 */
00160                (void)MDS_SemTake(gpstrSemMute, SEMWAITFEV);
00161
00162                /* 任务打印 */
00163                DEV_PutStrToMem((U8 *)"\r\nTask3 take gpstrSemMute % d! Tick is:
                     % d", i,
00164                            MDS_GetSystemTick());
00165
00166                /* 任务运行 0.5 s */
00167                TEST_TaskRun(500);
00168
00169                /* 任务延迟 1.5 s */
00170                (void)MDS_TaskDelay(150);
00171
00172                /* 任务打印 */
00173                DEV_PutStrToMem((U8 *)"\r\nTask3 give gpstrSemMute % d! Tick is:
                     % d", i,
00174                            MDS_GetSystemTick());
00175
00176                /* 释放信号量，以便其他任务可以获得该信号量 */
00177                (void)MDS_SemGive(gpstrSemMute);
00178            }
00179            else /* 接下来获取 gpstrSemSync 信号量，由 TEST_TestTask1 任务激
                 活 */
00180            {
00181                i++;
00182
00183                /* 信号量被删除，任务返回 */
```

```
00184                    if(RTN_SMTKDL == MDS_SemTake(gpstrSemSync, SEMWAITFEV))
00185                    {
00186                        /* 任务打印 */
00187                        DEV_PutStrToMem((U8 *)"\r\nTask3 gpstrSemSync deleted! Tick
                            is: % d",
00188                                        MDS_GetSystemTick());
00189
00190                        return;
00191                    }
00192                    else /* 获取到 gpstrSemSync 信号量才运行 */
00193                    {
00194                        /* 任务打印 */
00195                        DEV_PutStrToMem((U8 *)"\r\nTask3 take gpstrSemSync % d!
                            Tick is: % d",
00196                                        i, MDS_GetSystemTick());
00197
00198                        /* 任务运行 0.5 s */
00199                        TEST_TaskRun(500);
00200                    }
00201                }
00202           }
00203    }
00210    void TEST_TestTask4(void * pvPara)
00211    {
00212        U8 i;
00213
00214        i = 0;
00215
00216        while(1)
00217        {
00218            /* 信号量被删除，任务返回 */
00219            if(RTN_SMTKDL == MDS_SemTake(gpstrSemSync, SEMWAITFEV))
00220            {
00221                /* 任务打印 */
00222                DEV_PutStrToMem((U8 *)"\r\nTask4 gpstrSemSync deleted! Tick is:
                    % d",
00223                                MDS_GetSystemTick());
00224
00225                return;
00226            }
00227            else /* 获取到 gpstrSemSync 信号量才运行 */
00228            {
```

```
00229                 i++;
00230
00231            /* 任务打印 */
00232            DEV_PutStrToMem((U8 *)"\r\nTask4 take gpstrSemSync % d! Tick is:
                 % d", i,
00233                            MDS_GetSystemTick());
00234
00235            /* 任务运行 0.5 s */
00236            TEST_TaskRun(500);
00237        }
00238    }
00239 }
```

按照这 4 个测试任务设定的循环时间和任务优先级,开始时应该会看到 TEST_TestTask1 任务同步 TEST_TestTask4 任务,同时 TEST_TestTask2 任务和 TEST_TestTask3 任务互斥运行。当 TEST_TestTask2 任务和 TEST_TestTask3 任务互斥运行 3 次之后,它们就不再互斥运行,而是变为同 TEST_TestTask4 任务一样,需要由 TEST_TestTask1 任务同步。由于 gpstrSemSync 信号量是 PRIO 类型,此时应该看到 TEST_TestTask1 任务只会激活优先级最高的 TEST_TestTask4 任务。当 TEST_TestTask1 任务运行 10 个循环之后,会使用 MDS_SemFlush 函数同时激活所有其他 3 个测试任务,应该会看到这 3 个测试任务全部被激活运行。TEST_TestTask1 任务执行 MDS_SemFlush 函数 5 次之后,会删除同步信号量,其他 3 个测试任务会发现信号量被删除而退出任务,最后只剩下 TEST_TestTask 1 任务在运行。

编译本节代码,将目标程序加载到开发板中运行,串口输出如图 4.74 所示。

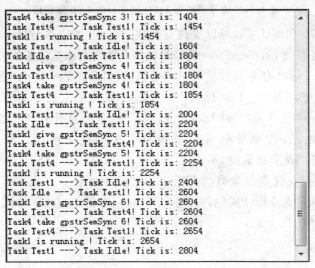

```
Task4 take gpstrSemSync 3! Tick is: 1404
Task Test4 ---> Task Test1! Tick is: 1454
Task1 is running ! Tick is: 1454
Task Test1 ---> Task Idle! Tick is: 1604
Task Idle ---> Task Test1! Tick is: 1804
Task1 give gpstrSemSync 4! Tick is: 1804
Task Test1 ---> Task Test4! Tick is: 1804
Task4 take gpstrSemSync 4! Tick is: 1804
Task Test4 ---> Task Test1! Tick is: 1854
Task1 is running ! Tick is: 1854
Task Test1 ---> Task Idle! Tick is: 2004
Task Idle ---> Task Test1! Tick is: 2204
Task1 give gpstrSemSync 5! Tick is: 2204
Task Test1 ---> Task Test4! Tick is: 2204
Task4 take gpstrSemSync 5! Tick is: 2204
Task Test4 ---> Task Test1! Tick is: 2254
Task1 is running ! Tick is: 2254
Task Test1 ---> Task Idle! Tick is: 2404
Task Idle ---> Task Test1! Tick is: 2604
Task1 give gpstrSemSync 6! Tick is: 2604
Task Test1 ---> Task Test4! Tick is: 2604
Task4 take gpstrSemSync 6! Tick is: 2604
Task Test4 ---> Task Test1! Tick is: 2654
Task1 is running ! Tick is: 2654
Task Test1 ---> Task Idle! Tick is: 2804
```

图 4.74　二进制信号量的串口打印

LCD 显示屏输出如图 4.75 所示。

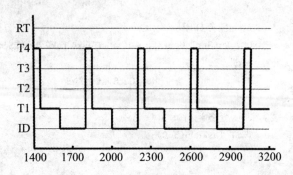

图 4.75　二进制信号量的 LCD 屏打印

为了对比二进制信号量 PRIO 和 FIFO 属性的区别,在创建 gstrSemSync 信号量时将它的 PRIO 属性改为属性 FIFO。重新编译本节代码,将目标程序加载到开发板中运行,LCD 屏输出如图 4.76 所示。

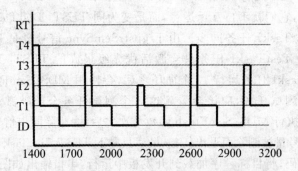

图 4.76　信号量改为 FIFO 属性后的 LCD 屏打印

对比图 4.75 和图 4.76,可以发现有明显的区别,图中部分显示的是由 TEST_TestTask1 任务释放 gstrSemSync 信号量同步其他 3 个测试任务的过程。在图 4.75 中,TEST_TestTask1 任务释放信号量之后只有 TEST_TestTask4 这一个任务在运行;而图 4.76 中,TEST_TestTask1 任务释放信号量之后,TEST_TestTask4 ～ TEST_TestTask2 任务依次被同步,轮流运行。这是因为图 4.75 中的信号量采用的是 PRIO 属性的,会按照被信号量所阻塞任务的优先级同步任务,而 TEST_TestTask4 任务的优先级最高,不给 TEST_TestTask2 和 TEST_TestTask3 任务同步的机会,因此只有优先级最高的 TEST_TestTask4 任务一直在运行。而图 4.76 中的信号量采用的是 FIFO 属性,会按照信号量阻塞任务的顺序轮流同步任务,每个任务都有被同步的机会。

4.9　计数信号量

二进制信号量只有空满 2 种状态,如果在一段时间内释放信号量的速度快过获取信号量的速度,就会丢失部分释放信号量的操作,本节我们设计计数信号量来解决这个问题。

4.9.1　原理介绍

某些通信结构会使用二进制信号量同步数据接收任务与数据处理任务,每当数据接收任务接收到一包数据时,就会释放二进制信号量来同步数据处理任务开始处理接收到的数据。假如数据处理任务处理一包数据的时间是 1 s,那么当接收数据流量低于 1 s 每包时,这 2 个任务可以很好地工作;但如果数据流量在短时间内提高了,比如说由于网络阻塞导致 4 s 内没有数据而在第 5 s 突然接收到了 5 包数据,那么就会因为数据处理任务的处理能力有限而导致数据接收任务释放信号量的操作丢失。表 4.6 列出了二进制信号量在这 1 s 内接收 5 包数据的处理过程。

表 4.6　释放二进制信号量过快导致释放信号量丢失的处理过程

数据接收任务	数据处理任务	信号量操作后状态
释放信号量	获取到信号量,任务被同步,开始处理数据	空
释放信号量	正在处理数据,没有获取信号量	满
释放信号量	正在处理数据,没有获取信号量	满,释放信号量操作丢失
释放信号量	正在处理数据,没有获取信号量	满,释放信号量操作丢失
释放信号量	正在处理数据,没有获取信号量	满,释放信号量操作丢失
—	数据处理完毕,信号量为满,获取到信号量,开始处理数据	空
—	数据处理完毕,信号量为空,获取不到信号量,任务被阻塞	空

从表 4.6 可以看到,在短时间内数据处理任务的处理速度跟不上数据接收任务的速度,5 个释放信号量的操作丢失了 3 个,也就是丢失了 3 个数据处理过程。可以看到出现这个问题的原因在于二进制信号量只有空满 2 种状态,超过了这 2 种状态就会丢失。如果我们把二进制信号量的状态扩展一下,从空满 2 个状态扩展到多个状态,就不会发生上述释放信号量丢失的问题了。这就是计数信号量的原理,正如其名,计数信号量使用计数来表示信号量的各个状态,实现信号量计数功能。

实现计数信号量时,我们使用一个变量记录信号量的数值,每个数值就是一个状态,这样就可以记录多个状态,释放一次信号量计数加 1,获取一次信号量计数减 1,可以认为计数信号量就是对二进制信号量计数状态的扩展。

来看看将上述例子中的二进制信号量更换为计数信号量后的运行结果,如表 4.7 所列。

表 4.7　二进制信号量更换为计数信号量后的运行结果

数据接收任务	数据处理任务	信号量操作后状态
释放信号量	获取到信号量,任务被同步,开始处理数据	空
释放信号量	正在处理数据,没有获取信号量	1
释放信号量	正在处理数据,没有获取信号量	2
释放信号量	正在处理数据,没有获取信号量	3
释放信号量	正在处理数据,没有获取信号量	4
—	数据处理完毕,信号量为 4,获取到信号量,开始处理数据	3
	数据处理完毕,信号量为 3,获取到信号量,开始处理数据	2
	数据处理完毕,信号量为 2,获取到信号量,开始处理数据	1
	数据处理完毕,信号量为 1,获取到信号量,开始处理数据	空
	数据处理完毕,信号量为空,获取不到信号量,任务被阻塞	空

从表 4.7 可以看到,计数信号量相当于是一个信号量的缓冲池,可以将释放信号量的操作先保存下来,然后再慢慢处理,这样就不会使短时间内释放的大量信号量丢失。

4.9.2　程序设计及编码实现

从上面的介绍可以看出,只需要在二进制信号量的基础上增加一个计数值就可以实现计数信号量的功能。在 4.8 节中已经定义了信号量的结构体,如下所示:

```
typedef struct m_sem
{
    M_TASKSCHEDTAB strSemTab;        /* 信号量调度表 */
    U32 uiCounter;                   /* 信号量计数值 */
    U32 uiSemOpt;                    /* 信号量参数 */
    U8 * pucSemMem;                  /* 创建信号量时的内存地址 */
}M_SEM;
```

在二进制信号量中,uiCounter 变量为 0 时表示信号量处于空状态,为 0xFFFFFFFF 时表示信号量为满状态。在计数信号量里也可以使用该变量表示计数信号量的值,将 uiCounter 变量从空满 2 种状态扩展到 0~0xFFFFFFFF 种状态就可以了。除此之外,计数信号量的工作机制与二进制信号量的工作机制完全相同,只需要对 MDS_SemCreate、MDS_SemTake 和 MDS_SemGive 这 3 个与信号量操作有关的函数作一些简单的修改。

新增的代码没有本质的变化,比较简单,不再作详细解释,代码如下:

```
00026   M_SEM * MDS_SemCreate(M_SEM * pstrSem, U32 uiSemOpt, U32 uiInitVal)
00027   {
00028       U8 * pucSemMemAddr;
```

```
00029
00030        /*  信号量选项检查  */
00031        if((((SEMBIN != (SEMTYPEMASK & uiSemOpt))
00032           && (SEMCNT != (SEMTYPEMASK & uiSemOpt)))
00033          || ((SEMFIFO != (SEMSCHEDOPTMASK & uiSemOpt))
00034             && (SEMPRIO != (SEMSCHEDOPTMASK & uiSemOpt)))))
00035        {
00036            return (M_SEM *)NULL;
00037        }
00038
00039        /*  二进制信号量初始值只能是空或者满  */
00040        if(SEMBIN == (SEMTYPEMASK & uiSemOpt))
00041        {
00042            if((SEMEMPTY != uiInitVal) && (SEMFULL != uiInitVal))
00043            {
00044                return (M_SEM *)NULL;
00045            }
00046        }
00047
00048        /*  传入指针为空，需要自己申请内存  */
00049        if(NULL == pstrSem)
00050        {
00051            (void)MDS_IntLock();
00052
00053            pucSemMemAddr = malloc(sizeof(M_SEM));
00054            if(NULL == pucSemMemAddr)
00055            {
00056                (void)MDS_IntUnlock();
00057
00058                /*  申请不到内存，返回失败  */
00059                return (M_SEM *)NULL;
00060            }
00061
00062            (void)MDS_IntUnlock();
00063
00064            /*  信号量指向申请的内存  */
00065            pstrSem = (M_SEM *)pucSemMemAddr;
00066        }
00067        else /*  由入口参数传入信号量使用的内存，无需自己申请  */
00068        {
00069            /*  将信号量内存地址置为空  */
00070            pucSemMemAddr = (U8 *)NULL;
```

```
00071            }
00072
00073            /*  初始化信号量调度表 */
00074            MDS_TaskSchedTabInit(&pstrSem ->strSemTab);
00075
00076            /*  初始化信号量初始值 */
00077            pstrSem ->uiCounter = uiInitVal;
00078
00079            /*  初始化信号量参数 */
00080            pstrSem ->uiSemOpt = uiSemOpt;
00081
00082            /*  保存信号量内存的起始地址 */
00083            pstrSem ->pucSemMem = pucSemMemAddr;
00084
00085            return pstrSem;
00086      }
00106      U32 MDS_SemTake(M_SEM * pstrSem, U32 uiDelayTick)
00107      {
00108            /* 入口参数检查 */
00109            if(NULL == pstrSem)
00110            {
00111                return RTN_FAIL;
00112            }
00113
00114            /* 在中断中使用信号量 */
00115            if(RTN_SUCD == MDS_RunInInt())
00116            {
00117                /*  中断中使用二进制信号量和计数信号量时不能有等待时间 */
00118                if(SEMNOWAIT != uiDelayTick)
00119                {
00120                    return RTN_FAIL;
00121                }
00122            }
00123
00124            (void)MDS_IntLock();
00125
00126            /*  获取信号量时不等待时间 */
00127            if(SEMNOWAIT == uiDelayTick)
00128            {
00129                /*  二进制信号量 */
00130                if(SEMBIN == (SEMTYPEMASK & pstrSem ->uiSemOpt))
```

```
00131                   {
00132                       /* 信号量为满，可获取到信号量 */
00133                       if(SEMFULL == pstrSem ->uiCounter)
00134                       {
00135                           /* 获取到信号量后，将信号量置为空 */
00136                           pstrSem ->uiCounter = SEMEMPTY;
00137
00138                           (void)MDS_IntUnlock();
00139
00140                           return RTN_SUCD;
00141                       }
00142                       else /* 信号量为空，无法获取到信号量 */
00143                       {
00144                           (void)MDS_IntUnlock();
00145
00146                           return RTN_SMTKRT;
00147                       }
00148                   }
00149               else /* 计数信号量 */
00150               {
00151                   /* 信号量不为空，可获取到信号量 */
00152                   if(SEMEMPTY != pstrSem ->uiCounter)
00153                   {
00154                       /* 获取到信号量后，将信号量计数值 - 1 */
00155                       pstrSem ->uiCounter -- ;
00156
00157                       (void)MDS_IntUnlock();
00158
00159                       return RTN_SUCD;
00160                   }
00161                   else /* 信号量为空，无法获取到信号量 */
00162                   {
00163                       (void)MDS_IntUnlock();
00164
00165                       return RTN_SMTKRT;
00166                   }
00167               }
00168           }
00169       else /* 获取信号量时需要等待时间 */
00170       {
00171           /* 二进制信号量 */
```

嵌入式操作系统内核调度——底层开发者手册

```
00172                  if(SEMBIN == (SEMTYPEMASK & pstrSem ->uiSemOpt))
00173                  {
00174                      /* 信号量为满，可获取到信号量 */
00175                      if(SEMFULL == pstrSem ->uiCounter)
00176                      {
00177                          /* 获取到信号量后将信号量置为空 */
00178                          pstrSem ->uiCounter = SEMEMPTY;
00179
00180                          (void)MDS_IntUnlock();
00181
00182                          return RTN_SUCD;
00183                      }
00184                      else /* 信号量为空，无法获取到信号量，需要切换任务 */
00185                      {
00186                          /* 将任务置为 pend 状态 */
00187                          if(RTN_FAIL == MDS_TaskPend(pstrSem, uiDelayTick))
00188                          {
00189                              (void)MDS_IntUnlock();
00190
00191                              /* 任务 pend 失败 */
00192                              return RTN_FAIL;
00193                          }
00194
00195                          (void)MDS_IntUnlock();
00196
00197                          /* 使用软中断调度任务 */
00198                          MDS_TaskSwiSched();
00199
00200                          /* 任务 pend 返回值，该值在任务 pend 状态结束时被保存在
                                 uiDelayTick 中 */
00201                          return gpstrCurTcb ->strTaskOpt. uiDelayTick;
00202                      }
00203                  }
00204                  else /* 计数信号量 */
00205                  {
00206                      /* 信号量不为空，可获取到信号量 */
00207                      if(SEMEMPTY != pstrSem ->uiCounter)
00208                      {
00209                          /* 获取到信号量后，将信号量计数值 - 1 */
00210                          pstrSem ->uiCounter -- ;
00211
```

```
00212                    (void)MDS_IntUnlock();

00213

00214                    return RTN_SUCD;

00215                }

00216            else /* 信号量为空，无法获取到信号量，需要切换任务 */

00217            {

00218                /* 将任务置为 pend 状态 */

00219                if(RTN_FAIL == MDS_TaskPend(pstrSem, uiDelayTick))

00220                {

00221                    (void)MDS_IntUnlock();

00222

00223                    /* 任务 pend 失败 */

00224                    return RTN_FAIL;

00225                }

00226

00227                (void)MDS_IntUnlock();

00228

00229                /* 使用软中断调度任务 */

00230                MDS_TaskSwiSched();

00231

00232                /* 任务 pend 返回值，该值在任务 pend 状态结束时被保存在
                       uiDelayTick 中 */

00233                return gpstrCurTcb->strTaskOpt.uiDelayTick;

00234            }

00235        }

00236    }

00237 }

00246 U32 MDS_SemGive(M_SEM * pstrSem)

00247 {

00248    M_TCB * pstrTcb;

00249    M_DLIST * pstrList;

00250    M_DLIST * pstrNode;

00251    M_PRIOFLAG * pstrPrioFlag;

00252    U32 uiRtn;

00253    U8 ucTaskPrio;

00254

00255    /* 入口参数检查 */

00256    if(NULL == pstrSem)

00257    {

00258        return RTN_FAIL;

00259    }

00260
```

```
00261        uiRtn = RTN_SUCD;

00262

00263        (void)MDS_IntLock();

00264

00265        /* 信号量为空 */
00266        if(SEMEMPTY == pstrSem->uiCounter)
00267        {
00268            /* 在被该信号量阻塞的任务中获取需要释放的任务 */
00279            pstrTcb = MDS_SemGetActiveTask(pstrSem);

00270

00271            /* 有阻塞的任务，释放任务 */
00272            if(NULL != pstrTcb)
00273            {
00274                /* 从信号量调度表删除该任务 */
00275                (void)MDS_TaskDelFromSemTab(pstrTcb);

00276

00277                /* 任务在 delay 表则从 delay 表删除 */
00278                if(DELAYQUEFLAG == (pstrTcb->uiTaskFlag & DELAYQUEFLAG))
00279                {
00280                    pstrNode = &pstrTcb->strTcbQue.strQueHead;
00281                    (void)MDS_DlistCurNodeDelete(&gstrDelayTab, pstrNode);

00282

00283                    /* 置任务不在 delay 表标志 */
00284                    pstrTcb->uiTaskFlag &= (~((U32)DELAYQUEFLAG));
00285                }

00286

00287                /* 清除任务的 pend 状态 */
00288                pstrTcb->strTaskOpt.ucTaskSta &= ~((U8)TASKPEND);

00289

00290                /* 借用 uiDelayTick 变量保存 pend 任务的返回值 */
00291                pstrTcb->strTaskOpt.uiDelayTick = RTN_SUCD;

00292

00293                /* 将该任务添加到 ready 表中 */
00294                pstrNode = &pstrTcb->strTcbQue.strQueHead;
00295                ucTaskPrio = pstrTcb->ucTaskPrio;
00296                pstrList = &gstrReadyTab.astrList[ucTaskPrio];
00297                pstrPrioFlag = &gstrReadyTab.strFlag;

00298

00299                MDS_TaskAddToSchedTab(pstrList, pstrNode, pstrPrioFlag, uc-
                     TaskPrio);

00300
```

```
00301                    /* 增加任务的 ready 状态 */
00302                    pstrTcb ->strTaskOpt.ucTaskSta | = TASKREADY;
00303
00304                    (void)MDS_IntUnlock();
00305
00306                    /* 使用软中断调度任务 */
00307                    MDS_TaskSwiSched();
00308
00309                    return uiRtn;
00310                }
00311            else /* 没有阻塞的任务 */
00312            {
00313                    /* 二进制信号量 */
00314                    if(SEMBIN == (SEMTYPEMASK & pstrSem ->uiSemOpt))
00315                    {
00316                            /* 释放信号量后将信号量置为满 */
00317                            pstrSem ->uiCounter = SEMFULL;
00318                    }
00319                    else /* 计数信号量 */
00320                    {
00321                            /* 释放信号量后将信号量 + 1,走此分支信号量 + 1 不会溢出 */
00322                            pstrSem ->uiCounter + + ;
00323                    }
00324            }
00325        }
00326        else /* 信号量非空 */
00327        {
00328            /* 计数信号量 */
00329            if(SEMCNT == (SEMTYPEMASK & pstrSem ->uiSemOpt))
00330            {
00331                /* 信号量未满 */
00332                if(SEMFULL != pstrSem ->uiCounter)
00333                {
00334                    /* 释放信号量后,将信号量 + 1 */
00335                    pstrSem ->uiCounter + + ;
00336                }
00337                else /* 信号量已满 */
00338                {
00339                    uiRtn = RTN_SMGVOV;
00340                }
00341            }
```

```
00342            }
00343
00344        (void)MDS_IntUnlock();
00345
00346        return uiRtn;
00347    }
```

4.9.3　功能验证

本节设计了 3 个测试任务来验证计数信号量的功能，TEST_TestTask1 任务每获取到一次计数信号量便延迟 50 个 ticks，之后不断重复这个操作过程。TEST_TestTask2 任务先运行 1 s，然后连续释放 4 次计数信号量，再延迟 500 个 ticks，之后再不断重复上述 3 个操作过程。TEST_TestTask3 任务每获取到一次计数信号量便延迟 200 个 ticks，之后不断重复这个操作过程。

```
00019    void TEST_TestTask1(void * pvPara)
00020    {
00021        while(1)
00022        {
00023            /* 获取到信号量才运行 */
00024            (void)MDS_SemTake(gpstrSemCnt, SEMWAITFEV);
00025
00026            /* 任务打印 */
00027            DEV_PutStrToMem((U8 *)"\r\nTask1 is running! Tick is：% d",
00028                            MDS_GetSystemTick());
00029
00030            /* 任务延迟 0.5 s */
00031            (void)MDS_TaskDelay(50);
00032        }
00033    }
00040    void TEST_TestTask2(void * pvPara)
00041    {
00042        while(1)
00043        {
00044            /* 任务打印 */
00045            DEV_PutStrToMem((U8 *)"\r\nTask2 is running! Tick is：%d",
00046                            MDS_GetSystemTick());
00047
00048            /* 任务运行 1 s */
00049            TEST_TaskRun(1000);
00050
```

```
00051              /* 连续释放计数信号量, 激活其他任务 */
00052              (void)MDS_SemGive(gpstrSemCnt);
00053              (void)MDS_SemGive(gpstrSemCnt);
00054              (void)MDS_SemGive(gpstrSemCnt);
00055              (void)MDS_SemGive(gpstrSemCnt);
00056
00057              /* 任务延迟 5 s */
00058              (void)MDS_TaskDelay(500);
00059          }
00060  }
00067  void TEST_TestTask3(void * pvPara)
00068  {
00069      while(1)
00070      {
00071              /* 获取到信号量才运行 */
00072              (void)MDS_SemTake(gpstrSemCnt, SEMWAITFEV);
00073
00074              /* 任务打印 */
00075              DEV_PutStrToMem((U8 *)"\r\nTask3 is running! Tick is: %d",
00076                                     MDS_GetSystemTick());
00077
00078              /* 任务延迟 2 s */
00079              (void)MDS_TaskDelay(200);
00080      }
00081  }
```

　　上述测试任务中所使用的信号量 gpstrSemCnt 被初始化为计数信号量、空状态、PRIO 模式,TEST_TestTask1 任务优先级为 4,TEST_TestTask2 任务优先级为 3,TEST_TestTask3 任务优先级被为 2。系统运行时 TEST_TestTask3 任务优先级最高,最先开始运行,但会被阻塞在计数信号量上;然后 TEST_TestTask2 任务开始运行,释放 1 次计数信号量,激活 TEST_TestTask3 任务;TEST_TestTask3 任务获取到信号量又开始运行,之后进入 delay 态并切换到 TEST_TestTask2 任务;TEST_TestTask2 任务又连续释放 3 次计数信号量,之后进入 delay 态,此时 TEST_TestTask3 任务仍处于 delay 态,因此优先级最低的 TEST_TestTask1 任务开始运行,连续获取到 3 次计数信号量之后,被阻塞到该信号量上;之后 TEST_TestTask3 任务结束 delay 态,重新运行时也会被阻塞到计数信号量上,然后 TEST_TestTask2 任务又开始运行释放计数信号量,不断重复上述过程。

　　编译本节代码,将目标程序加载到开发板中运行,串口输出如图 4.77 所示。

　　LCD 显示屏输出如图 4.78 所示。

```
Task Idle ---> Task Test1! Tick is: 804
Task1 is running! Tick is: 804
Task Test1 ---> Task Idle! Tick is: 804
Task Idle ---> Task Test1! Tick is: 854
Task Test1 ---> Task Idle! Tick is: 854
Task Idle ---> Task Test3! Tick is: 904
Task Test3 ---> Task Idle! Tick is: 904
Task Idle ---> Task Test2! Tick is: 1204
Task2 is running! Tick is: 1204
Task Test2 ---> Task Test3! Tick is: 1304
Task3 is running! Tick is: 1304
Task Test3 ---> Task Test2! Tick is: 1304
Task Test2 ---> Task Test1! Tick is: 1304
Task1 is running! Tick is: 1304
Task Test1 ---> Task Idle! Tick is: 1304
Task Idle ---> Task Test1! Tick is: 1354
Task1 is running! Tick is: 1354
Task Test1 ---> Task Idle! Tick is: 1354
Task Idle ---> Task Test1! Tick is: 1404
Task1 is running! Tick is: 1404
Task Test1 ---> Task Idle! Tick is: 1404
Task Idle ---> Task Test1! Tick is: 1454
Task Test1 ---> Task Idle! Tick is: 1454
Task Idle ---> Task Test3! Tick is: 1504
Task Test3 ---> Task Idle! Tick is: 1504
```

图 4.77　计数信号量的串口打印

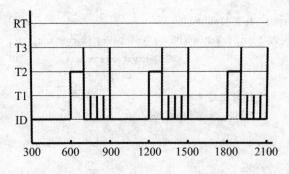

图 4.78　计数信号量的 LCD 屏打印

4.10　互斥信号量

前面 2 节我们实现了二进制信号量和计数信号量,本节将实现最后一种信号量——互斥信号量,它是为解决一些特有的问题而设计的。互斥信号量与二进制信号量一样,也只有空满两种状态,但它要比二进制信号量更复杂,也具有更多的功能。

4.10.1　原理介绍

当使用信号量保护资源串行执行时,在某些函数里可能会发生信号量的嵌套应用,这种情况下使用二进制信号量或者计数信号量就比较难处理。下面以 FLASH 操作为例来说明这种情况。

我们需要提供 2 种 FLASH 擦除函数,一种是块擦除函数 FlashBlockErase,该函数的入口参数是 FLASH 的块号,每调用一次该函数,就擦除 FLASH 一个块的数据。

```
FlashBlockErase(BlockNum)
{
    MDS_SemTake(&sem);

    对 FLASH 操作前的硬件设置

    操作 FLASH 硬件寄存器擦除 FLASH 块数据

    MDS_SemGive(&sem);
}
```

另一种是 FLASH 区域擦除函数 FlashAddrErase,该函数的入口参数是需要擦除的 FLASH 起始和结束地址,函数会根据擦除 FLASH 的地址范围计算出 FLASH 块号,然后在 for 循环中调用 FlashBlockErase 函数,依次擦除 FLASH 中位于起始地址和结束地址之间的各个块数据。

```
FlashAddrErase(StartAddr, EndAddr)
{
    计算 StartAddr 和 EndAddr 地址所对应的 FLASH 块号 StartNum 和 EndNum

    MDS_SemTake(&sem);

    /* 调用 FlashBlockErase 函数循环擦除 FLASH 块数据 */
    for(i = StartNum; i < EndNum; i++)
    {
        FlashBlockErase(i);
    }

    MDS_SemGive(&sem);
}
```

这两个函数都作为接口函数对外提供,需要防止多任务对 FLASH 操作的重入,因此需要在这 2 个函数中使用信号量对 FLASH 操作过程进行保护。当调用 FlashAddrErase 函数时,也间接调用了 FlashBlockErase 函数,这就会出现信号量嵌套使用的情况。仅从信号量的角度来看,FlashAddrErase 函数的执行过程如下:

```
00001   FlashAddrErase(StartAddr, EndAddr)
00002   {
00003       MDS_SemTake(&sem);
00004
```

```
00005        for()
00006        {
00007            MDS_SemTake(&sem);
00008
00009            MDS_SemGive(&sem);
00010        }
00011
00012        MDS_SemGive(&sem);
00013    }
```

使用信号量保护互斥资源时,如果是二进制信号量,那么需要被初始化为满状态;如果是计数信号量,那么需要被初始化为 1。在 00003 行,FlashAddrErase 函数先获取到了信号量,信号量变为空状态;程序运行到 00007 行,在 FlashBlockErase 函数中需要再次获取信号量,而此时信号量已为空状态。按照二进制信号量或计数信号量的特性,00007 行将无法获取到信号量,任务被自己阻塞了,被自己死锁了。

互斥信号量可以用来解决这个问题,互斥信号量以任务为管理单元,只要一个任务获取到互斥信号量,那么这个任务就可以多次继续重复获取到该信号量,其他任务则无法获取到该信号量,这既可以解决同一任务嵌套获取信号量的问题,又可以实现不同任务间互斥的功能。当然,获取到互斥信号量的任务也需要释放该信号量,而且需要保证释放该互斥信号量的次数与获取该互斥信号量的次数相同,才能彻底释放掉互斥信号量,之后其他任务才可以获取到这个互斥信号量。

通过上面对互斥信号量功能的介绍,可以总结出实现互斥信号量功能需要满足下面 3 点要求:

(1) 互斥信号量需要能与任务关联,以便同一任务可以多次重复获取到该互斥信号量。

(2) 互斥信号量需要能互斥不同的任务,当一个任务获取到互斥信号量后,其他任务就无法再获取到该信号量。

(3) 互斥信号量需要能记住任务获取、释放信号量的次数,以便在释放、获取信号量次数相等时可以彻底释放信号量。

下面就进入设计阶段,使用代码实现互斥信号量。

4.10.2　程序设计及编码实现

为了实现上述第(1)点功能,需要在 M_SEM 结构体中增加一个 M_TCB * 型指针变量 pstrSemTask,用来关联获取到互斥信号量的任务。

```
typedef struct m_sem
{
    M_TASKSCHEDTAB strSemTab;        /* 信号量调度表 */
    U32 uiCounter;                   /* 信号量计数值 */
```

```
          U32 uiSemOpt;                    /* 信号量参数 */
          U8 * pucSemMem;                  /* 创建信号量时的内存地址 */
          struct m_tcb * pstrSemTask;      /* 获取到互斥信号量的任务 */
       }M_SEM;
```

创建互斥信号量时,pstrSemTask 变量被初始化为 NULL,当互斥信号量被一个任务获取到时就将其置为任务的 TCB 指针,此后若有任务再次去获取该信号量,就可以通过 pstrSemTask 变量进行判断。若 pstrSemTask 指向的是当前任务的 TCB,说明是已获取到该互斥信号量的任务需要再次获取该信号量,那么该信号量将会被再次获取;若 pstrSemTask 指向的不是当前任务的 TCB,说明该互斥信号量已经被其他任务获取到,当前任务将被阻塞,转换为 pend 态或者立刻返回。

当互斥信号量被完全释放时,若没有任务被阻塞到这个信号量上,则只需要将 pstrSemTask 变量置为 NULL 即可,表明该信号量与任何任务没有关系。若已有任务被阻塞到这个信号量上,则需要将被阻塞的任务从该信号量的 sem 表上删除,清除 pend 状态,加入到 ready 表,增加 ready 状态,然后将 pstrSemTask 变量置为该任务的 TCB 指针。

为实现上述第(2)点和第(3)点功能,可以将互斥信号量设计为对外仍表现出空满两种状态,但对内记录同一任务获取、释放信号量的次数,仍可以像计数信号量那样使用 uiCounter 变量来实现这个功能。互斥信号量在创建时必须为满状态,以保证第一个获取该信号量的任务可以获取到该信号量。当一个任务获取互斥信号量时,互斥信号量若为满状态,说明该信号量没有被任务获取到,该任务可以直接获取到该信号量,然后将 uiCounter 值减 1 进行计数。若互斥信号量为不满状态,则说明该信号量已经被任务获取到,此时就需要根据 pstrSemTask 变量进行判断了:若当前试图获取信号量的任务是 pstrSemTask 变量中记录的任务,则说明该任务是已经获取到互斥信号量的任务,需要将 uiCounter 值减 1 以对任务操作信号量的次数进行计数,否则则说明该任务不是已经获取到互斥信号量的任务,需要被阻塞或直接返回。

当互斥信号量被释放时,也需要对 pstrSemTask 变量进行判断:若当前试图释放信号量的任务不是已经获取到信号量的任务,则直接返回失败;若是已经获取到信号量的任务,则需要将 uiCounter 值加 1,以对任务操作信号量的次数进行计数,此时 uiCounter 值若为满,则说明互斥信号量已经被完全释放,需要判断该信号量是否阻塞了其他任务,以便作进一步处理。

上面设计了互斥信号量实现的方法,这需要在有关信号量的函数中加入与互斥信号量相关的代码,这些函数修改部分的代码如下所示。先来看 MDS_SemCreate 函数:

```
00027   M_SEM * MDS_SemCreate(M_SEM * pstrSem, U32 uiSemOpt, U32 uiInitVal)
00028   {
  …       …
```

```
00031        /* 信号量选项检查 */
00032        if((((SEMBIN != (SEMTYPEMASK & uiSemOpt))
00033            && (SEMCNT != (SEMTYPEMASK & uiSemOpt))
00034            && (SEMMUT != (SEMTYPEMASK & uiSemOpt)))
00035           || ((SEMFIFO != (SEMSCHEDOPTMASK & uiSemOpt))
00036              && (SEMPRIO != (SEMSCHEDOPTMASK & uiSemOpt))))
00037        {
00038            return (M_SEM *)NULL;
00039        }
...    ...
00049        /* 互斥信号量初始值只能是满 */
00050        else if(SEMMUT == (SEMTYPEMASK & uiSemOpt))
00051        {
00052            if(SEMFULL != uiInitVal)
00053            {
00054                return (M_SEM *)NULL;
00055            }
00056        }
...    ...
00095        /* 没有任务获取到互斥信号量 */
00096        pstrSem->pstrSemTask = (M_TCB *)NULL;
...    ...
00099    }
```

00032~00039 行，对入口参数进行检查，要求只能创建二进制信号量、计数信号量和互斥信号量，只能创建 FIFO 或者 PRIO 类型的信号量。

00050~00056 行，对创建互斥信号量的参数进行检查，要求只能创建满状态的互斥信号量。

00096 行，新创建的信号量的 pstrSemTask 指针需要初始化为 NULL。

下面是 MDS_SemTake 函数的改动部分：

```
00120    U32 MDS_SemTake(M_SEM * pstrSem, U32 uiDelayTick)
00121    {
...    ...
00128        /* 在中断中使用信号量 */
00129        if(RTN_SUCD == MDS_RunInInt())
00130        {
00131            /* 中断中不能使用互斥信号量 */
00132            if(SEMMUT == (SEMTYPEMASK & pstrSem->uiSemOpt))
00133            {
00134                return RTN_FAIL;
00135            }
```

```
...        ...
00144        }
00145

00146        (void)MDS_IntLock();
00147

00148        /* 获取信号量时不等待时间 */
00149        if(SEMNOWAIT == uiDelayTick)
00150        {
...        ...
00191             else /* 互斥信号量 */
00192             {
00193                  /* 信号量为满，可获取到信号量 */
00194                  if(SEMFULL == pstrSem->uiCounter)
00195                  {
00196                       /* 获取到信号量后将信号量计数值 - 1 */
00197                       pstrSem->uiCounter-- ;
00198

00199                       /* 将互斥信号量与任务关联 */
00200                       pstrSem->pstrSemTask = gpstrCurTcb;
00201

00202                       (void)MDS_IntUnlock();
00203

00204                       return RTN_SUCD;
00205                  }
00206                  else /* 信号量不为满，说明被一个任务获取过 */
00207                  {
00208                       /* 若该信号量已经被本任务获取,则可以继续获取 */
00209                       if(pstrSem->pstrSemTask == gpstrCurTcb)
00210                       {
00211                            /* 信号量计数未空 */
00212                            if(SEMEMPTY != pstrSem->uiCounter)
00213                            {
00214                                 /* 信号量计数值 - 1 */
00215                                 pstrSem->uiCounter-- ;
00216

00217                                 (void)MDS_IntUnlock();
00218

00219                                 return RTN_SUCD;
00220                            }
00221                            else /* 信号量计数已空，返回失败 */
00222                            {
```

```
00223                              (void)MDS_IntUnlock();
00224
00225                              return RTN_SMTKOV;
00226                          }
00227                      }
00228              else /* 被其他任务获取,则返回无法获取信号量 */
00229              {
00230                  (void)MDS_IntUnlock();
00231
00232                  return RTN_SMTKRT;
00233              }
00234          }
00235      }
00236  }
00237  else /* 获取信号量时需要等待时间 */
00238  {
...         ...
00305      else /* 互斥信号量 */
00306      {
00307          /* 信号量为满,可获取到信号量 */
00308          if(SEMFULL == pstrSem ->uiCounter)
00309          {
00310              /* 获取到信号量后,将信号量计数值 - 1 */
00311              pstrSem ->uiCounter - - ;
00312
00313              /* 将互斥信号量与任务关联 */
00314              pstrSem ->pstrSemTask = gpstrCurTcb;
00315
00316              (void)MDS_IntUnlock();
00317
00318              return RTN_SUCD;
00319          }
00320          else /* 信号量不为满,说明被一个任务获取过 */
00321          {
00322              /* 若该信号量已经被本任务获取,则可以继续获取 */
00323              if(pstrSem ->pstrSemTask == gpstrCurTcb)
00324              {
00325                  /* 信号量计数未空 */
00326                  if(SEMEMPTY != pstrSem ->uiCounter)
00327                  {
00328                      /* 信号量计数值 - 1 */
```

```
00329                               pstrSem ->uiCounter - - ;
00330
00331                           (void)MDS_IntUnlock();
00332
00333                           return RTN_SUCD;
00334                       }
00335                   else /*  信号量计数已空，返回失败  */
00336                   {
00337                       (void)MDS_IntUnlock();
00338
00339                       return RTN_SMTKOV;
00340                   }
00341               }
00342           else /*  被其他任务获取，需要切换任务  */
00343           {
00344               /*  将当前任务置为 pend 状态  */
00345               if(RTN_FAIL == MDS_TaskPend(pstrSem, uiDelayTick))
00346               {
00347                   (void)MDS_IntUnlock();
00348
00349                   /*  任务 pend 失败  */
00350                   return RTN_FAIL;
00351               }
00352
00353               (void)MDS_IntUnlock();
00354
00355               /*  使用软中断调度任务  */
00356               MDS_TaskSwiSched();
00357
00358               /* 任务 pend 的返回值，该值在任务 pend 状态结束时被保存
                    在 uiDelayTick 中 */
00359
00360               return gpstrCurTcb ->strTaskOpt.uiDelayTick;
00361           }
00362       }
00363   }
00364 }
00365 }
```

00129 行，在中断中调用该函数，走此分支。

00132～00135 行，中断中不能使用互斥信号量，返回失败。

00146 行，操作信号量前先锁中断，避免多任务重入。

00149 行,若获取信号量不需要等待时间,则走此分支。

00191 行,若获取互斥信号量,则走此分支。

00194~00205 行,互斥信号量为满状态,则说明此次为任务第一次获取该互斥信号量,信号量计数值 uiCounter 需要从满状态自减,变为非满状态,并将该任务的 TCB 关联到信号量的 pstrSemTask 指针变量上,以表明该信号量已经被任务获取到。

00206 行,若信号量不为满状态,则说明该信号量已经被一个任务获取到,走此分支。

00209~00233 行,通过 pstrSemTask 变量判断信号量是否被当前任务获取到。若是,uiCounter 变量在计数值不为 0 的情况下自减,对操作信号量的次数计数;若不是,当前任务无法获取到信号量,走此分支不等待时间,因此返回 RTN_SMTKRT。

00237 行,若获取信号量需要等待时间,则走此分支。

00305~00341 行与 00191~00227 行的代码完全相同。

00342 行,走此分支说明该互斥信号量已经被其他任务获取到,当前任务无法获取到该信号量,会被阻塞在该信号量上等待时间。

00345~00351 行,将任务阻塞到互斥信号量上。

00353 行,信号量操作完毕,解锁中断。

00356 行,走到此行说明当前任务被阻塞,调用软中断调度函数触发任务调度。

00360 行,任务从 pend 态返回,返回任务的返回值。该返回值会由其他函数在重新激活该任务时写入。该行与 00356 行之间会插入其他任务运行过程。

下面是 MDS_SemGive 函数的改动部分:

```
00374  U32 MDS_SemGive(M_SEM * pstrSem)
00375  {
00376  # define NOTCHECKPENDTASK                    0    /* 不检查挂起任务 */
00377  # define CHECKPENDTASK                       1    /* 检查挂起任务 */
...    ...
00392      /* 在中断中使用信号量 */
00393      if(RTN_SUCD == MDS_RunInInt())
00394      {
00395          /* 中断中不能使用互斥信号量 */
00396          if(SEMMUT == (SEMTYPEMASK & pstrSem ->uiSemOpt))
00397          {
00398              return RTN_FAIL;
00399          }
00400      }
...    ...
00404      (void)MDS_IntLock();
...    ...
00443      else /* 互斥信号量 */
00444      {
```

```
00445          /* 若释放互斥信号量的任务不是获取到互斥信号量的任务,则返回失败 */
00446          if(pstrSem ->pstrSemTask != gpstrCurTcb)
00447          {
00448              (void)MDS_IntUnlock();
00449
00450              return RTN_FAIL;
00451          }
00452
00453          /* 释放一次互斥信号量,信号量计数值 + 1 */
00454          pstrSem ->uiCounter ++ ;
00455
00456          /* 同一任务获取和释放互斥信号量不平衡,不需要检查被该信号量阻
               塞的任务 */
00457          if(SEMFULL != pstrSem ->uiCounter)
00458          {
00459              ucPendTaskFlag = NOTCHECKPENDTASK;
00460          }
00461          else /* 同一任务获取和释放互斥信号量平衡,需要检查被该信号量阻
               塞的任务 */
00462          {
00463              ucPendTaskFlag = CHECKPENDTASK;
00464          }
00465      }
00466
00467      /* 需要检查被该信号量阻塞的任务 */
00468      if(CHECKPENDTASK == ucPendTaskFlag)
00469      {
...   ...
00473          /* 有阻塞的任务,释放任务 */
00474          if(NULL != pstrTcb)
00475          {
...   ...
00506              /* 保存获取到互斥信号量的任务 */
00407              if(SEMMUT == (SEMTYPEMASK & pstrSem ->uiSemOpt))
00408              {
00409                  pstrSem ->pstrSemTask = pstrTcb;
                                          /* 新获取到互斥信号量的任务 */
00510                  pstrSem ->uiCounter -- ;         /* 信号量被获取一次 */
00511              }
...   ...
00519      }
```

```
00520              else /* 没有阻塞的任务 */
00521              {
...       ...
00534                  else /* 互斥信号量 */
00535                  {
00536                      /* 没有任务获取到互斥信号量 */
00537                      pstrSem->pstrSemTask = (M_TCB *)NULL;
00538                  }
00539              }
...       ...
00542      (void)MDS_IntUnlock();
...       ...
00545  }
```

本节的 MDS_SemGive 函数在结构上作了一些调整，但实现的原理是相同的，应该很容易看明白，上面仅列出了与互斥信号量相关的代码。

00376～00377 行，定义本函数使用的两种状态。

00393～00400 行，不能在中断中释放互斥信号量。

00404 行，操作信号量前先锁中断。

00446～00451 行，互斥信号量已经被其他任务获取，当前任务无法释放，返回失败。

00454 行，走到此处说明互斥信号量已经被当前任务获取，释放信号量需要将计数变量 uiCounter 自加 1。

00457～00460 行，信号量若不处于满状态，说明当前任务还没有将互斥信号量彻底释放完毕，不需要检查是否有被该信号量阻塞的任务。此处先为 ucPendTaskFlag 标志赋值，后面会通过这个标志来判断是否需要检查被阻塞的任务。

00461～00464 行，信号量已经处于满状态，说明当前任务已经将互斥信号量彻底释放完毕，需要检查是否有被该信号量阻塞的任务。

00468 行，走此分支说明可能有任务被该信号量阻塞，需要进行检查。

00474 行，走此分支说明 sem 中有被该信号量阻塞的任务。

00507～00511 行，走到此行说明互斥信号量已经被当前任务释放完毕，并且有另外一个任务被阻塞在这个信号量上，该被阻塞的任务已经被从 sem 表删除，如果在 delay 表上，也已经被删除，并且去掉了 pend 态标志，加入到了 ready 表并增加了 ready 态标志。此处将这个被激活任务的 TCB 关联到该信号量上，由于信号量被原任务释放又被另外一个任务重新获取，因此需要将 uiCounter 变量自减 1。

00520 行，走此分支说明没有任务被该信号量阻塞。

00534～00538 行，走到此分支说明互斥信号量已经被一个任务彻底释放完毕，并且没有任务阻塞在这个信号量上。直接将 NULL 关联到这个信号量上，表示没有任务获取到该信号量。

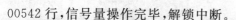

00542 行，信号量操作完毕，解锁中断。

上面就是本节新增加的互斥信号量功能。互斥信号量只能由获取到它的任务获取，也只能由获取到它的任务释放。除此之外，互斥信号量还有其他特性，比如任务优先级继承等特性，这些特性将在后面章节再去实现。

对比二进制信号量和计数信号量，使用互斥信号量也有一些限制，互斥信号量只能用于任务间的互斥，不能用于同步。由于与任务有关联，因此互斥信号量也不能在中断中使用，并且不能对互斥信号量使用 MDS_SemFlush 函数。

4.10.3　功能验证

本节使用 2 个测试任务 TEST_TestTask1 和 TEST_TestTask2 来验证互斥信号量功能，并设计 3 个测试函数：TEST_Test1、TEST_Test2 和 TEST_Test3。这三个测试函数都使用同一个互斥信号量，每个测试函数在开始时获取信号量。运行一段时间后再释放信号量。其中 TEST_Test1 测试函数在信号量保护期间内会调用 TEST_Test2 测试函数，形成信号量嵌套调用的应用。TEST_TestTask1 测试任务周而复始地调用 TEST_Test1 测试函数，TEST_TestTask2 测试任务周而复始地调用 TEST_Test3 测试函数，利用这 2 个测试任务就可以测试互斥信号量被同一个任务重复获取以及在不同任务间互斥的功能。

```
00019    void TEST_TestTask1(void * pvPara)
00020    {
00021        while(1)
00022        {
00023            /* 任务打印 */
00024            DEV_PutStrToMem((U8 * )"\r\nTask1 is running! Tick is: % d",
00025                        MDS_GetSystemTick());
00026
00027            /* 执行测试函数 */
00028            TEST_Test1();
00029        }
00030    }
00037    void TEST_TestTask2(void * pvPara)
00038    {
00039        while(1)
00040        {
00041            /* 任务打印 */
00042            DEV_PutStrToMem((U8 * )"\r\nTask2 is running! Tick is: % d",
00043                        MDS_GetSystemTick());
00044
00045            /* 执行测试函数 */
00046            TEST_Test3();
```

```
00047          }
00048    }
00055    void TEST_Test1(void)
00056    {
00057          /* 获取到信号量才运行 */
00058          (void)MDS_SemTake(gpstrSemMut, SEMWAITFEV);
00059
00060          /* 任务打印 */
00061          DEV_PutStrToMem((U8 * )"\r\nT1 is running! Tick is: % d", MDS_GetSys-
                 temTick());
00062
00063          /* 任务运行 1.5 s */
00064          TEST_TaskRun(1500);
00065
00066          /* 执行测试函数 */
00067          TEST_Test2();
00068
00069          /* 任务延迟 1 s */
00070          (void)MDS_TaskDelay(100);
00071
00072          /* 释放信号量 */
00073          (void)MDS_SemGive(gpstrSemMut);
00074
00075          /* 任务延迟 1 s */
00076          (void)MDS_TaskDelay(100);
00077    }
00084    void TEST_Test2(void)
00085    {
00086          /* 获取到信号量才运行 */
00087          (void)MDS_SemTake(gpstrSemMut, SEMWAITFEV);
00088
00089          /* 任务打印 */
00090          DEV_PutStrToMem((U8 * )"\r\nT2 is running! Tick is: % d", MDS_GetSys-
                 temTick());
00091
00092          /* 任务运行 0.5 s */
00093          TEST_TaskRun(500);
00094
00095          /* 任务延迟 2 s */
00096          (void)MDS_TaskDelay(200);
00097
00098          /* 释放信号量 */
```

```
00099        (void)MDS_SemGive(gpstrSemMut);
00100

00101        /*  任务延迟 3 s */
00102        (void)MDS_TaskDelay(300);
00103    }
00110    void TEST_Test3(void)
00111    {
00112        /*  获取到信号量才运行 */
00113        (void)MDS_SemTake(gpstrSemMut, SEMWAITFEV);
00114

00115        /*  任务打印 */
00116        DEV_PutStrToMem((U8 * )"\r\nT3 is running! Tick is: % d", MDS_GetSys-
         temTick());
00117

00118        /*  任务运行 0.5 s */
00119        TEST_TaskRun(500);
00120

00121        /*  任务延迟 2 s */
00122        (void)MDS_TaskDelay(200);
00123

00124        /*  释放信号量 */
00125        (void)MDS_SemGive(gpstrSemMut);
00126

00127        /*  任务延迟 2 s */
00128        (void)MDS_TaskDelay(200);
00129    }
```

编译本节代码,将目标程序加载到开发板中运行,串口输出如图 4.79 所示。

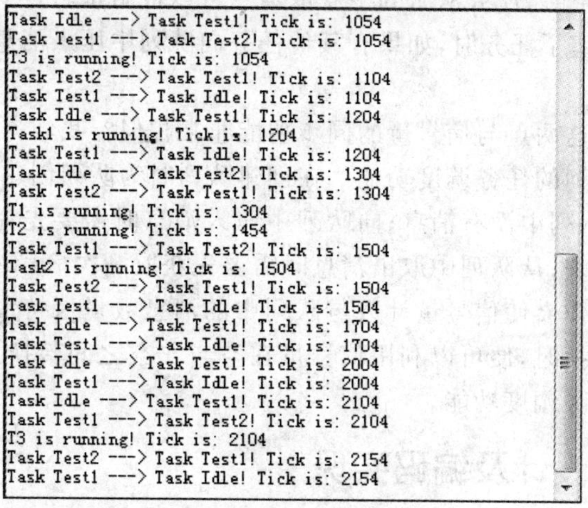

图 4.79 互斥信号量的串口打印

LCD 显示屏输出如图 4.80 所示。

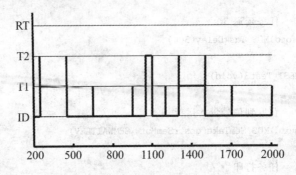

图 4.80 互斥信号量的 LCD 屏打印

从图 4.80 任务运行时间可以看出，在 TEST_TestTask1 测试任务中的两个测试函数——TEST_Test1 和 TEST_Test2 可以重复获取到互斥信号量，而不同的两个测试任务——TEST_TestTask1 和 TEST_TestTask2 之间由互斥信号量实现了任务的互斥运行。

4.11 队 列

在 4.3 节中曾介绍了有关队列功能的实现，并使用队列实现了串口打印功能，这个队列没有任务调度功能，需要任务不断地轮询队列，获取队列中的消息。

本节将完善队列功能，使其也具有触发任务调度的功能。

4.11.1 原理介绍

本节队列将新增加如下 2 个功能：

(1) 当队列为空时，任务从队列中获取消息可以被阻塞。

(2) 当队列阻塞了任务时，如果有其他任务向队列中压入消息，被阻塞的任务会被唤醒。

是否觉得上述这两点与信号量的同步功能非常相似？我们完全可以借用信号量的同步机制实现队列的任务调度功能。在创建队列时为队列创建一个初值为 0 的计数信号量，以表明队列中没有消息；向队列中压入消息时需要先释放一次信号量，再将消息加入队列链表；从队列中取出消息时需要先获取一次信号量，再从队列链表上获取消息。如此操作会使信号量计数与队列中的消息数量保持一致，当队列中的消息在有与无之间转换时，便可以利用信号量在空与非空之间转换所产生的任务调度功能实现队列的任务调度功能。

4.11.2 程序设计及编码实现

需要在原有的队列结构中封装一个计数信号量结构，使用计数信号量实现队列

阻塞、唤醒任务的功能,如下所示:

```
typedef struct m_que          /* 队列结构 */
{
    M_DLIST strList;          /* 队列链表 */
    M_SEM strSem;             /* 队列信号量 */
    U8 * pucQueMem;           /* 创建队列时的内存地址 */
}M_QUE;
```

其中,strList 变量用来存储队列中消息节点的双向链表,strSem 是队列信号量的结构,pucQueMem 用来记录由队列自己从堆中申请 M_QUE 结构所使用的内存地址。

队列代码改动较小,是在原有队列代码的基础上增加了一个信号量的功能,对照代码注释很好理解。代码如下:

```
00018    M_QUE * MDS_QueCreate(M_QUE * pstrQue, U32 uiQueOpt)
00019    {
00020        U8 * pucQueMemAddr;
00021
00022        /* 队列选项检查 */
00023        if((QUEFIFO != (QUESCHEDOPTMASK & uiQueOpt))
00024           && (QUEPRIO != (QUESCHEDOPTMASK & uiQueOpt)))
00025        {
00026            return (M_QUE *)NULL;
00027        }
00028
00029        /* 传入指针为空,需要自己申请内存 */
00030        if(NULL == pstrQue)
00031        {
00032            (void)MDS_IntLock();
00033
00034            pucQueMemAddr = malloc(sizeof(M_QUE));
00035            if(NULL == pucQueMemAddr)
00036            {
00037                (void)MDS_IntUnlock();
00038
00039                /* 申请不到内存,返回失败 */
00040                return (M_QUE *)NULL;
00041            }
00042
00043            (void)MDS_IntUnlock();
00044
00045            /* 队列指向申请的内存 */
```

```
00046                    pstrQue = (M_QUE *)pucQueMemAddr;
00047        }
00048        else /*  由入口参数传入队列使用的内存,无需自己申请  */
00049        {
00050            /*  将队列内存地址置为空  */
00051            pucQueMemAddr = (U8 *)NULL;
00052        }
00053
00054        /* 初始化队列根节点 */
00055        MDS_DlistInit(&pstrQue->strList);
00056
00057        /*  保存队列内存的起始地址  */
00058        pstrQue->pucQueMem = pucQueMemAddr;
00059
00060        /*  创建队列使用的计数信号量  */
00061        if(NULL != MDS_SemCreate(&pstrQue->strSem, SEMCNT | uiQueOpt, SEMEMPTY))
00062        {
00063            return pstrQue;
00064        }
00065        else
00066        {
00067            /*  创建信号量失败,释放申请的内存  */
00068            if(NULL != pucQueMemAddr)
00069            {
00070                free(pucQueMemAddr);
00071            }
00072
00073            return (M_QUE *)NULL;
00074        }
00075 }
```

　　该函数用来创建队列,函数返回值若为 NULL,则表明创建队列失败;若为其他值,则为新创建队列的指针,表明创建队列成功。入口参数 pstrQue 为队列指针,若该指针不为空,则表明由用户提供队列结构的内存空间;若为空,则需要该函数自行申请队列结构的内存空间。入口参数 uiQueOpt 为创建队列所使用的选项,创建先进先出方式的队列使用 QUEFIFO 选项,创建优先级方式的队列使用 QUEPRIO 选项。这个属性是针对被队列阻塞的任务,而不是针对放入队列中的消息,也就是说,队列中的消息都是按照 FIFO 形式存放的,但被队列阻塞的任务可以选择使用 FIFO 或 PRIO 模式激活。如果是 FIFO 模式,则按照被队列阻塞的先后顺序激活被阻塞的任务;如果是 PRIO 模式,就按照被队列阻塞任务的优先级激活被阻塞的任务。

　　MDS_QuePut 函数用来向队列中压入消息,MDS_QueGet 函数用来从队列中获取消息，MDS_QueDelete 函数用来删除队列，这几个函数不再详细介绍。代码如下：

```
00085    U32 MDS_QuePut(M_QUE * pstrQue, M_DLIST * pstrQueNode)
00086    {
00087        /* 入口参数检查 */
00088        if((NULL == pstrQue) || (NULL == pstrQueNode))
00089        {
00090            return RTN_FAIL;
00091        }
00092
00093        (void)MDS_IntLock();
00094
00095        /* 将节点加入队列 */
00096        MDS_DlistNodeAdd(&pstrQue ->strList, pstrQueNode);
00097
00098        (void)MDS_IntUnlock();
00099
00100        return MDS_SemGive(&pstrQue ->strSem);
00101    }
00122    U32 MDS_QueGet(M_QUE * pstrQue, M_DLIST * * ppstrQueNode, U32 uiDelayTick)
00123    {
00124        M_DLIST * pstrQueNode;
00125        U32 uiRtn;
00126
00127        /* 入口参数检查 */
00128        if((NULL == pstrQue) || (NULL == ppstrQueNode))
00129        {
00130            return RTN_FAIL;
00131        }
00132
00133        /* 没有获取到队列需要的信号量，返回失败 */
00134        uiRtn = MDS_SemTake(&pstrQue ->strSem, uiDelayTick);
00135        if(RTN_SUCD != uiRtn)
00136        {
00137            return uiRtn;
00138        }
00139
00140        (void)MDS_IntLock();
00141
00142        /* 从队列取出节点 */
00143        pstrQueNode = MDS_DlistNodeDelete(&pstrQue ->strList);
00144
```

```
00145            (void)MDS_IntUnlock();

00146

00147        /* 取出节点 */

00148        * ppstrQueNode = pstrQueNode;

00149

00150        return RTN_SUCD;

00151    }

00159    U32 MDS_QueDelete(M_QUE * pstrQue)

00160    {

00161        /* 入口参数检查 */

00162        if(NULL == pstrQue)

00163        {

00164            return RTN_FAIL;

00165        }

00166

00167        /* 释放队列信号量所阻塞的所有任务，返回信号量被删除 */

00168        if(RTN_SUCD != MDS_SemFlushValue(&pstrQue ->strSem, RTN_SMTKDL))

00169        {

00170            return RTN_FAIL;

00171        }

00172

00173        /* 如果是创建队列函数申请的队列内存，则需要释放 */

00174        if(NULL != pstrQue ->pucQueMem)

00175        {

00176            (void)MDS_IntLock();

00177

00178            free(pstrQue ->pucQueMem);

00179

00180            (void)MDS_IntUnlock();

00181        }

00182

00183        return RTN_SUCD;

00184    }
```

4.11.3　功能验证

本节使用 2 个测试任务——TEST_TestTask1 和 TEST_TestTask2 向串口打印消息来验证队列功能。从 4.3 节开始，就已经使用队列实现向串口打印消息了，这里将消息打印过程再介绍一遍：将消息打印到串口分两步走，第一步先将消息打印到内存中，第二步再将消息从内存中取出打印到串口上。任务需要打印消息时会调用 DEV_PutStrToMem 函数，由该函数申请存储消息的内存缓冲，并将消息打印到内存中,之后这些存储消息的缓冲被压入队列。此外,还有一个串口打印任务 TEST_SerialPrintTask,专门用来从队列中获取消息缓冲,并将消息缓冲中的消息从内存中读出来,打印到串口上,之后释放消息缓冲。

本节的 2 个测试任务向串口连续打印多条消息,可以验证队列的功能。代码如下:

```
00017   void TEST_TestTask1(void * pvPara)
00018   {
00019       while(1)
00020       {
00021           /* 任务打印 */
00022           DEV_PutStrToMem((U8 * )"\r\nTask1 is running! Tick is：%d",
00023                         MDS_GetSystemTick());
00024
00025           DEV_PutStrToMem((U8 * )"\r\nTask1 is running! Tick is：%d",
00026                         MDS_GetSystemTick());
00027
00028           /* 任务运行 0.5 s */
00029           TEST_TaskRun(500);
00030
00031           /* 任务延迟 2 s */
00032           (void)MDS_TaskDelay(200);
00033       }
00034   }
00041   void TEST_TestTask2(void * pvPara)
00042   {
00043       while(1)
00044       {
00045           /* 任务打印 */
00046           DEV_PutStrToMem((U8 * )"\r\nTask2 is running! Tick is：%d",
00047                         MDS_GetSystemTick());
00048
00049           DEV_PutStrToMem((U8 * )"\r\nTask2 is running! Tick is：%d",
00050                         MDS_GetSystemTick());
00051
00052           DEV_PutStrToMem((U8 * )"\r\nTask2 is running! Tick is：%d",
00053                         MDS_GetSystemTick());
00054
00055           /* 任务运行 2 s */
00056           TEST_TaskRun(2000);
00057
00058           /* 任务延迟 3 s */
00059           (void)MDS_TaskDelay(300);
```

```
00060        }
00061    }
```

对比上节和本节的 TEST_SerialPrintTask 函数,会发现上节中该函数如果从队列中获取不到消息,就会延迟一段时间后再去获取,而本节的该函数则不需要此操作。这是因为上节的队列不具备任务调度功能,而本节的队列具备任务调度功能。

表 4.8 列出了上节与本节 TEST_SerialPrintTask 函数的代码,不同之处使用黑斜体字标出。

表 4.8   队列不同实现方式的使用方法对比

不同情况	函数表述

队列不具备调度功能时	void TEST_SerialPrintTask(void * pvPara)
	    {
	        M_DLIST * pstrMsgQueNode;
	        MSGBUF * pstrMsgBuf;
	
	        /* 从队列循环获取消息 */
	        while(1)
	        {
	            /*从队列中获取到一条需要打印的消息,向串口打印消息数据 */
	            if(RTN_SUCD == MDS_QueGet
	            (gpstrSerialMsgQue, &pstrMsgQueNode))
	            {
	                pstrMsgBuf = (MSGBUF *)pstrMsgQueNode;
	
	                /* 将缓冲中的数据打印到串口 */
	                DEV_PrintMsg(pstrMsgBuf ->aucBuf,
	                pstrMsgBuf ->ucLength);
	
	                /* 缓冲消息中的数据发送完毕, 释放缓冲 */
	                DEV_BufferFree(&gstrBufPool, pstrMsgQueNode);
	            }
	            else /* 没有获取到消息, 延迟一段时间后再查询队列 */
	            {
	                (void)MDS_TaskDelay(100);
	            }
	        }
	    }

不同情况	函数表述
| 队列具备调度功能时 | ```
void TEST_SerialPrintTask(void* pvPara)
{
        M_DLIST* pstrMsgQueNode;
        MSGBUF* pstrMsgBuf;

        /* 从队列循环获取消息 */
        while(1)
        {
                /* 从队列中获取到一条需要打印的消息,向串口打印消息数
                   据。若获取不到队列消息任务,则挂在队列上进入 pend 状
                   态,等待有新消息进入队列后重新变为 ready 态 */
                if(RTN_SUCD == MDS_QueGet(gpstrSerialMsgQue,
                &pstrMsgQueNode, QUEWAITFEV))
                {
                        pstrMsgBuf = (MSGBUF*)pstrMsgQueNode;

                        /* 将缓冲中的数据打印到串口 */
                        DEV_PrintMsg(pstrMsgBuf->aucBuf,
                        pstrMsgBuf->ucLength);

                        /* 缓冲消息中的数据发送完毕,释放缓冲 */
                        DEV_BufferFree(&gstrBufPool, pstrMsgQueNode);
                }
        }
}
``` |

编译本节代码,将目标程序加载到开发板中运行,串口输出如图 4.81 所示。
LCD 显示屏输出如图 4.82 所示。
```

```
Task Idle ---> Task Test1! Tick is: 1904
Task1 is running! Tick is: 1904
Task1 is running! Tick is: 1904
Task Test1 ---> Task Idle! Tick is: 1954
Task Idle ---> Task Test2! Tick is: 2004
Task2 is running! Tick is: 2004
Task2 is running! Tick is: 2004
Task2 is running! Tick is: 2004
Task Test2 ---> Task Test1! Tick is: 2204
Task1 is running! Tick is: 2204
Task1 is running! Tick is: 2204
Task Test1 ---> Task Idle! Tick is: 2254
Task Idle ---> Task Test1! Tick is: 2454
Task1 is running! Tick is: 2454
Task1 is running! Tick is: 2454
Task Test1 ---> Task Test2! Tick is: 2504
Task2 is running! Tick is: 2504
Task2 is running! Tick is: 2504
Task2 is running! Tick is: 2504
Task Test2 ---> Task Test1! Tick is: 2704
Task Test1 ---> Task Idle! Tick is: 2704
Task Idle ---> Task Test1! Tick is: 2904
Task1 is running! Tick is: 2904
Task1 is running! Tick is: 2904
Task Test1 ---> Task Idle! Tick is: 2954
```

图 4.81　使用队列的串口打印

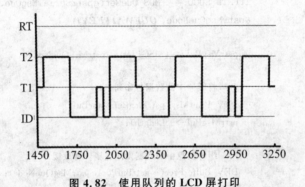

图 4.82　使用队列的 LCD 屏打印

4.12　在 Mindows 上编写俄罗斯方块游戏

本章我们逐步开发了 Mindows 操作系统的一些功能，实现了实时抢占式调度，并拥有了信号量和队列等功能，可控制任务状态转换，具备了操作系统最基本的调度功能。

本章的最后一节作为 Mindows 操作系统开发过程的一个小结，将在开发板上编写一个俄罗斯方块小游戏，用以展示如何使用这些功能，也间接对这些功能的正确性进行验证。

4.12.1　功能介绍

本小节将使用开发板的 LCD 显示屏显示游戏画面，通过串口可以查看这个游戏

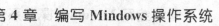

中各个任务的运行过程,按键作为系统的输入用来控制游戏。

俄罗斯方块这款经典游戏我们大都玩过,将这个游戏的基本功能整理一下,如表 4.9 所列。

表 4.9　俄罗斯方块游戏需求列表

功能分类	子功能	描　述
按键功能	开始键	按下开始键,游戏重新开始,所有状态归零
	旋转键	按下旋转键,图形可以旋转
	向下键	按下向下键,图形向下走
	向左键	按下向左键,图形向左走
	向右键	按下向右键,图形向右走
界面功能	全屏显示	需要能实时显示游戏画面
	下个图形显示	将屏幕分为左右两部分,左侧为游戏空间,右侧显示下个出现的图形
游戏功能	自动走	在没有按向下键时,图形应以一定速率自动向下走
	冲突检测	当图形移动、变形时,不能与其他图形重叠,不能超出显示界面
	下个图形开始	当图形向下走发生冲突时,结束对当前图形的操作,下个图形从屏幕顶端进入屏幕,并更新屏幕右侧的下个图形
	删除一行	当图形向下走发生冲突时,结束对当前图形的操作,检测是否有被图形占满的一行,若有需要删除此行
	删行闪烁	在删除一行时,需要反复改变被删除行的颜色,以呈现出闪烁效果,然后再删除此行
	图形下移	在一行被删除后,被删除行上面的所有图形都需要向下移一行
打印功能	任务切换打印	将任务切换过程从串口打印出来

263

游戏需要具有按键功能,可以通过按键重新开始游戏,也可以通过按键控制图形旋转、向下移动、向左移动或向右移动,在没有按下向下按键时图形还需要能自动向下走。在游戏过程中还需要遵守一些规则,比如说不同图形互相之间不能重叠,图形不能移出屏幕范围,当屏幕的一行被图形填满时该行需要被删除,并且上面所有的图形需要向下移动。还有最重要的一点,需要使用 LCD 将游戏运行过程显示出来。串口作为辅助功能,可以将游戏运行过程的任务信息打印出来。

4.12.2　程序设计及编码实现

表 4.9 中列出了需要的主要功能,接下来需要想办法来实现这些功能。

首先来解决按键问题。按键在按下时会有抖动现象产生,如果使用中断方式检测按键是否被按下,虽然实时性很高,但也会产生很多误触发的按键信号,此后还需要作进一步处理。俄罗斯方块游戏对实时性的要求并不是非常高,100 ms 时间已经感觉不到延迟了，而按键在 100 ms 时间内也可以处于稳定状态。我们可以设计一个按键检测任务，这个任务以 100 ms 为时间间隔循环读取按键值，这样既可以防止按键抖动情况发生，也可以在短时间内读取到按键值，而且处理方法简单。

再来解决游戏图形问题。我们需要找到一种方法，使处理器处理的图形数据能够与 LCD 中显示的图形产生对应关系，以便控制游戏中的各种图形时只需要处理器处理相关的图形数据就可以实现控制显示图形。比较简单的方法就是像显卡那样，在处理器内存中开辟一块显存，使显存中的数据与 LCD 中的像素一一对应，处理器只计算、更新显存中的数据，然后再将显存中更新后的数据输出到 LCD 中。这块开发板上的 LCD 屏幕大小是 240×400 像素，每个像素是 16 位，可以显示 65 536 色。那么如果 LCD 上的每个像素都对应到显存的话，则需要开辟一块 240×400×2＝192 000 字节的显存，差不多是 190 KB。而我们使用的处理器只有 48 KB 内存，硬件根本无法满足这样的软件设计。考虑到实际应用时该游戏只有图 4.83 中的 7 种图形，这些图形都是由一些基本的小方块组成的，而这些小方块又是 LCD 像素的 N 倍，因此可以使 N 个像素对应到显存中的一个点（2 字节）。这里 N 选用 16，也就是只需要（240/16）×（400/16）×2＝750 字节内存就够了。

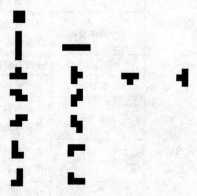

图 4.83　俄罗斯方块游戏基础图形

上面设计了按键检测任务，用来定时读取按键值，我们也可以使用另一个刷屏任务，定时将显存中的数据刷新到 LCD 显示屏上，然后再使用另外一个处理任务，根据读取到的按键值对内存数据进行处理。这样设计的 3 个任务相互之间的耦合性很小，每个任务仅将一种信息传给另一个任务，很适合使用并行的任务实现。按键任务负责检测按键输入，如有按键输入则向处理任务传送按键值，这 2 个任务之间可以使用队列进行通信。处理任务接收到按键值就根据按键值对显存数据进行处理，而刷屏任务只需要以固定的频率将显存数据刷新到 LCD 上就可以了。为避免操作显存数据的任务被打断而在屏幕上显示出瞬间乱码的现象，对显存数据操作的过程需要使用信号量保护起来。至于与游戏无关的打印任务，仍可以使用以前的方式实现，先将任务信息打印到内存中，再使用一个串口打印任务将内存中的数据打印到串口。

按键、处理、刷屏这 3 个用于实现游戏功能的任务结构关系如图 4.84 所示。

按键任务 KeyTask 以 100 ms 的时间间隔周而复始地检测按键是否按下，当该任务读取到一个有效的按键值时，就将这个按键值压入队列，发送给 ProcessTask 任务。

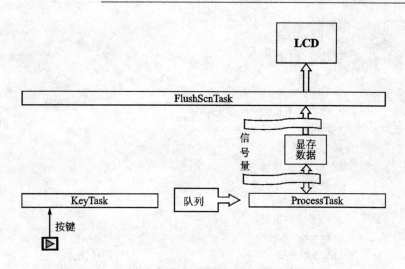

图 4.84 俄罗斯方块游戏任务结构图

该任务的伪码结构如下：

```
void TEST_KeyTask(void)
{
    while(1)
    {
        任务延迟一段时间

        读取按键值

        将按键值放入队列发送给处理任务
    }
}
```

处理任务 ProcessTask 周而复始地从队列取消息，当队列为空时该任务就会被队列阻塞，处于 pend 状态，直到队列里有了消息才又被激活。然后从队列里取出按键值，根据按键值对显存数据作相应的操作。显存数据是不可重入资源，操作前需要使用信号量保护。该任务的伪码结构如下：

```
void TEST_ProcessTask(void)
{
    while(1)
    {
        从队列中获取按键值

        /* 根据按键值对数组数据作相应处理 */
        switch(Key)
```

```
        {
            case  向上按键
                处理向上按键
                break;
            case  向下按键:
                处理向下按键
                break;
            case  向左按键:
                处理向左按键
                break;
            case  向右按键:
                处理向右按键
                break;
            case  开始按键:
                处理开始按键
                break;
        }
    }
}
```

　　FlushScnTask 任务以一定的频率将显存数据刷新到 LCD 屏幕上,操作时也需要使用信号量保护。该任务的伪码结构如下:

```
void TEST_FlushScnTask(void)
{
    while(1)
    {
        获取信号量

        刷新 LCD 屏幕

        释放信号量

        任务延迟一段时间
    }
}
```

　　本节只重点介绍俄罗斯方块游戏基于 Mindows 操作系统的整体设计,具体实现代码请读者自行阅读源代码,这里就不详细介绍了。

4.12.3　功能演示

　　编译本节代码,将目标程序加载到开发板中运行,LCD 屏输出如图 4.85 所示。

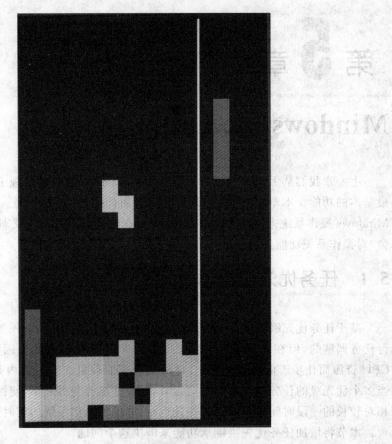

图 4.85 在开发板上运行俄罗斯方块游戏

第**5**章

Mindows 可裁剪的功能

上一章我们从无到有编写出了 Mindows 操作系统，并且实现了操作系统的一些最基本的功能。本章将为 Mindows 继续增加代码，完善其功能。但这些功能对于 Mindows 操作系统来说并非是必需的，可以在编译时通过宏定义对这些功能进行取舍，对操作系统功能进行裁剪。

5.1 任务优先级继承

基于任务优先级调度方式的操作系统在一般情况下都是以任务优先级为依据进行任务调度的，但在访问临界资源时，高优先级任务则可能会因暂时获取不到非 CPU 资源而让步于低优先级任务，这种不合理的现象在短时间内是可以接受的，但当多个优先级的任务混杂在一起运行时，这种情况会变得复杂，使得高优先级任务在相对较长的一段时间内可能无法优先运行，降低了操作系统的实时性。

本节将增加任务优先级继承功能来解决这个问题。

5.1.1 原理介绍

前面实现了信号量功能，这个功能可以阻塞任务，如果低优先级任务已经获取了保护临界资源的信号量，那么高优先级任务就可能会因为获取不到该信号量而被迫等待低优先级任务，而不需要获取该信号量的中等优先级任务就可以抢占低优先级任务，从而产生中等优先级任务可以运行而高优先级任务却无法运行的情况，这就发生了优先级反转现象。优先级反转延长了高优先级任务的延迟时间，使实时性大打折扣，来看图 5.1。

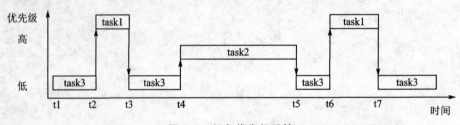

图 5.1　任务优先级反转

图 5.1 中有 task1、task2 和 task3 这 3 个任务，task1 任务优先级最高，task2 任务其次，task3 任务最低。task3 任务最先开始运行，在 t1 时刻获取到信号量并一直运行到 t2 时刻。t2 时刻 task1 任务开始运行，由于 task1 任务优先级最高从而抢占了 task3 任务，一直运行到 t3 时刻。t3 时刻 task1 任务也需要获取信号量，但由于获取不到信号量而被 task3 任务阻塞，于是发生任务切换，又继续运行 task3 任务。task3 任务运行到 t4 时刻时，task2 任务开始运行，由于 task2 任务优先级高于 task3 任务而抢占了 task3 任务，一直运行到 t5 时刻 task2 任务结束，task3 任务才得以继续运行，直到 t6 时刻 task3 任务释放信号量，task1 任务才获取到信号量被激活，抢占了 task3 任务继续运行。到 t7 时刻，task1 任务运行完毕，发生任务切换，运行最低优先级的 task3 任务。

上面所描述的过程中，在 t3～t6 期间 task1 任务与 task3 任务都需要对临界资源进行操作，但由于优先级最低的 task3 任务已经先获取到了信号量资源而使得这段期间内拥有最高优先级的 task1 任务一直处于阻塞状态而无法运行。低优先级任务为操作临界资源而短时间阻塞高优先级任务的情况是可以理解的，但在设计程序时需要进行合理设计，保证此阻塞期间不会因为高优先级任务被阻塞而带来问题。而图 5.1 在 t3～t6 期间出现的 task2 任务则是一个麻烦，由于它的优先级高于 task3 任务而又不需要获取信号量，因此它可以抢占 task3 任务优先执行，但它的优先级又低于 task1 任务，这就表明在任务设计时，task1 任务是要优先于 task2 任务运行的，而此刻由于信号量的问题，实际运行情况却反了过来，拥有最高优先级的 task1 任务无法运行，转而优先运行比其优先级低的 task2 任务。task2 任务的出现增加了 task3 任务对临界资源的操作时间，延长了 task1 任务被延迟的时间，也增加了降低操作系统实时性所带来的危险。

这个问题的根源在于，task3 任务在 t3～t6 期间被优先级高于其自身而又低于 task1 任务的 task2 任务抢占运行。如果在此段时间内将 task3 任务的优先级暂时提升为 task1 任务的优先级，那么就不会出现 task3 任务在操作临界资源时被 task2 任务抢占的情况了，如此一来，就只有高于 task1 任务优先级的任务才会抢占 task3 任务，这正好符合我们的软件设计。等 task3 任务对临界资源操作完毕后，再恢复到原有优先级，一切又正常如初了，只不过在 t3～ t6 期间，task3 任务以 task1 任务的优先级优先运行，task2 任务不会再抢占 task3 任务了，缩短了对临界资源的操作时间，并且也不会发生低优先级任务 task2 优先于高优先级任务 task1 运行的情况了，这正是我们所需要的，如图 5.2 所示。

task3 任务最先运行，在 t1 时刻获取到信号量并一直运行到 t2 时刻。t2 时刻 task1 任务开始运行，由于 task1 任务优先级最高，抢占了 task3 任务，一直运行到 t3 时刻。t3 时刻 task1 任务也需要获取信号量，但由于获取不到信号量而被 task3 任务阻塞，于是发生任务切换，又继续运行 task3 任务，此时 task3 任务的优先级提升至 task1 任务的优先级。task3 任务运行到 t4 时刻时 task2 任务开始运行，但由于

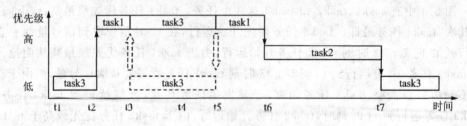

图 5.2　任务优先级继承

task2 任务优先级低于优先级提升后的 task3 任务而在 ready 表中处于等待状态。task3 任务一直运行到 t5 时刻，释放信号量并恢复为原有的任务优先级，此时 task1 任务被信号量激活并获取到信号量，抢占了 task3 任务继续运行。task1 任务运行到 t6 时刻，任务结束，由于 task2 任务优先级高于 task3 任务，从而从等待状态转换为运行状态开始运行。到 t7 时刻 task2 任务运行完毕，发生任务切换，运行优先级最低的 task3 任务。

　　这种方法就是优先级继承，让阻塞高优先级任务的低优先级任务临时继承高优先级任务的优先级，优先级反转的情况就避免了。

5.1.2　程序设计及编码实现

　　从任务优先级继承的原理来看，这个功能是比较好实现的。从上述介绍来看，当高优先级任务尝试获取信号量而又获取不到被阻塞时，就会发生任务优先级继承，正在执行的已获取到信号量的低优先级任务的优先级从原有的优先级提升为被阻塞任务的高优先级。这需要将已获取到信号量的任务从 ready 表删除，然后再以高优先级的身份重新加入到 ready 表中，此后再发生任务调度时，它就会以高优先级运行了。当已获取到信号量的任务释放信号量时，就需要从临时提升的高优先级恢复到原有的低优先级，这仍需要将该任务从 ready 表删除，然后再以原有的低优先级身份重新加入到 ready 表中参与任务调度。

　　为实现上述功能，需要在 TCB 中新增一个变量 ucTaskPrioBackup，用它保存任务原有的优先级，在原有的 uiTaskFlag 标志中使用 TASKPRIINHFLAG 宏定义，表示任务是否已经继承了优先级。

```
typedef struct m_tcb
{
    STACKREG strStackReg;          /* 备份寄存器组 */
    M_TCBQUE strTcbQue;            /* TCB 结构队列 */
    M_TCBQUE strSemQue;            /* sem 表队列 */
    M_SEM * pstrSem;               /* 阻塞任务的信号量指针 */
    U8 * pucTaskName;              /* 任务名称指针 */
    U8 * pucTaskStack;             /* 创建任务时的栈地址 */
    U32 uiTaskFlag;                /* 任务标志 */
```

```
      U8 ucTaskPrio;                          /* 任务优先级 */
# ifdef MDS_TASKPRIOINHER
      U8 ucTaskPrioBackup;                    /* 任务优先级继承后，用来保存原有的优先级 */
# endif
      M_TASKOPT strTaskOpt;                   /* 任务参数 */
      U32 uiStillTick;                        /* 延迟结束的时间 */
}M_TCB;
```

为使优先级继承功能是可裁剪的，就需要在 mds_userdef.h 文件中新定义一个宏 MDS_TASKPRIOINHER，打开该宏定义开关会使操作系统具有优先级继承功能。

先来编写继承任务优先级的函数，然后再编写恢复任务优先级的函数，这些函数都需要位于 MDS_TASKPRIOINHER 宏开关之内。

优先级继承函数 MDS_TaskPrioInheritance 的代码如下：

```
00532   void MDS_TaskPrioInheritance(M_TCB * pstrTcb, U8 ucTaskPrio)
00533   {
00534       M_DLIST * pstrList;
00535       M_DLIST * pstrNode;
00536       M_PRIOFLAG * pstrPrioFlag;
00537       U8 ucTaskPrioTemp;
00538
00539       /* 入口参数检查 */
00540       if(NULL == pstrTcb)
00541       {
00542           return;
00543       }
00544
00545       /* 如果任务的优先级高于或等于要继承的优先级，则直接返回，不继承优先级 */
00546       if(pstrTcb->ucTaskPrio <= ucTaskPrio)
00547       {
00548           return;
00549       }
00550
00551       /* 规避编译告警 */
00552       pstrNode = (M_DLIST * )NULL;
00553       pstrPrioFlag = (M_PRIOFLAG * )NULL;
00554
00555       /* 如果任务在 ready 表中，则需要更新 ready 表，先从 ready 表删除 */
00556       if(TASKREADY == (TASKREADY & pstrTcb->strTaskOpt.ucTaskSta))
00557       {
00558           ucTaskPrioTemp = pstrTcb->ucTaskPrio;
```

嵌入式操作系统内核调度——底层开发者手册

```
00559                pstrList = &gstrReadyTab.astrList[ucTaskPrioTemp];
00560                pstrPrioFlag = &gstrReadyTab.strFlag;
00561                pstrNode = MDS _ TaskDelFromSchedTab ( pstrList, pstrPrioFlag, uc-
                     TaskPrioTemp);
00562            }
00563
00564            /* 任务在优先级未继承状态下才备份任务的原始优先级 */
00565            if(TASKPRIINHFLAG != (pstrTcb ->uiTaskFlag & TASKPRIINHFLAG))
00566            {
00567                pstrTcb ->ucTaskPrioBackup = pstrTcb ->ucTaskPrio;
00568            }
00569
00570            /* 继承任务的优先级 */
00571            pstrTcb ->ucTaskPrio = ucTaskPrio;
00572
00573            /* 置继承优先级的任务为优先级继承状态 */
00574            pstrTcb ->uiTaskFlag | = TASKPRIINHFLAG;
00575
00576            /* 如果该任务在 ready 表中,则需要将更新过优先级的该任务重新加
                 入 ready 表 */
00577            if(TASKREADY == (TASKREADY & pstrTcb ->strTaskOpt.ucTaskSta))
00578            {
00579                pstrList = &gstrReadyTab.astrList[ucTaskPrio];
00580                MDS_TaskAddToSchedTab(pstrList, pstrNode, pstrPrioFlag, ucTaskPrio);
00581            }
00582        }
```

入口参数 pstrTcb 是需要继承优先级的任务 TCB 指针,入口参数 ucTaskPrio
是需要继承的优先级。

优先级恢复函数 MDS_TaskPrioResume 的代码如下:

```
00589    void MDS_TaskPrioResume(M_TCB * pstrTcb)
00590    {
00591        M_DLIST * pstrList;
00592        M_DLIST * pstrNode;
00593        M_PRIOFLAG * pstrPrioFlag;
00594        U8 ucTaskPrioTemp;
00595
00596        /* 入口参数检查 */
00597        if(NULL == pstrTcb)
00598        {
00599            return;
```

```
00600        }
00601
00602        /* 如果任务没有处于优先级继承状态,则直接返回,不需要恢复原优先级 */
00603        if(TASKPRIINHFLAG != (pstrTcb ->uiTaskFlag & TASKPRIINHFLAG))
00604        {
00605            return;
00606        }
00607
00608        /* 规避编译告警 */
00609        pstrNode = (M_DLIST * )NULL;
00610        pstrPrioFlag = (M_PRIOFLAG * )NULL;
00611
00612        /* 需要更新 ready 表,先从 ready 表删除 */
00613        ucTaskPrioTemp = pstrTcb ->ucTaskPrio;
00614        pstrList = &gstrReadyTab.astrList[ucTaskPrioTemp];
00615        pstrPrioFlag = &gstrReadyTab.strFlag;
00616        pstrNode = MDS_TaskDelFromSchedTab(pstrList, pstrPrioFlag, ucTaskPrioTemp);
00617
00618        /* 将任务优先级恢复为原优先级,并将任务状态恢复为未继承状态 */
00619        pstrTcb ->ucTaskPrio = pstrTcb ->ucTaskPrioBackup;
00620        pstrTcb ->uiTaskFlag & = (~((U32)TASKPRIINHFLAG));
00621
00622        /* 将更新过优先级的该任务重新加入 ready 表 */
00623        pstrList = &gstrReadyTab.astrList[pstrTcb ->ucTaskPrio];
00624        MDS_TaskAddToSchedTab(pstrList, pstrNode, pstrPrioFlag, pstrTcb -> uc-
               TaskPrio);
00625   }
```

　　入口参数 pstrTcb 是需要恢复优先级的任务 TCB 指针。

　　这 2 个函数比较简单,结合上面对优先级继承功能原理、设计分析以及函数的注释,比较容易理解这 2 个函数,具体细节就不再详细介绍了。

　　由于优先级继承功能需要信号量与获取到信号量的任务进行关联,在 3 种信号量中只有互斥信号量具有这一功能,因此我们仅为互斥信号量设计优先级继承功能。

　　优先级继承发生在高优先级任务获取信号量而被信号量阻塞的时刻,优先级恢复发生在低优先级任务释放信号量的时刻,这就需要在 MDS_SemTake 和 MDS_SemGive 函数中调用 MDS_TaskPrioInheritance 和 MDS_TaskPrioResume 函数,如下所示:

```
00126   U32 MDS_SemTake(M_SEM * pstrSem, U32 uiDelayTick)
00127   {
...        ...
```

```
00350    # ifdef MDS_TASKPRIOINHER
00351
00352                        /* 信号量开启了任务优先级继承功能 */
00353                        if(SEMPRIINH == (pstrSem ->uiSemOpt & SEMPRIINH))
00354                        {
00355                                MDS_TaskPrioInheritance(pstrSem ->pstrSemTask,
00356                                                gpstrCurTcb ->ucTaskPrio);
00357                        }
00358
00359    # endif
...      ...
00382    }
```

该函数只新增了 00350～00359 行代码。

00350 行，只有开启了宏定义 MDS_TASKPRIOINHER 才编译优先级继承功能的代码。

00353 行，检测该互斥信号量是否具备优先级继承功能，只有在创建信号量时开启了该功能才能执行优先级继承功能，这一点在后面介绍创建信号量函数 MDS_SemCreate 的改动时再作说明。

00355～00356 行，走到这一步说明任务在获取互斥信号量时需要等待时间，而该互斥信号量此时已被其他任务获取到，因此通过 MDS_SemTake 函数试图获取互斥信号量的任务会被阻塞。由于该信号量开启了优先级继承功能，因此本行通过 MDS_TaskPrioInheritance 函数实现任务优先级继承功能。

```
00391    U32 MDS_SemGive(M_SEM * pstrSem)
00392    {
...      ...
00484        /* 需要检查被该信号量阻塞的任务 */
00485        if(CHECKPENDTASK == ucPendTaskFlag)
00486        {
00487    # ifdef MDS_TASKPRIOINHER
00488
00489            /* 恢复当前任务的优先级 */
00490            MDS_TaskPrioResume(gpstrCurTcb);
00491
00492    # endif
...      ...
00564        }
...      ...
00569    }
```

该函数只新增了 00487～00492 行代码。

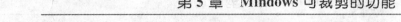

00490 行,走到此行说明可能有任务被该信号量阻塞,调用 MDS_TaskPrioResume 函数尝试恢复当前任务的优先级。

MDS_SemCreate 函数也作了一些改动,修改部分的代码如下:

```
00030    M_SEM * MDS_SemCreate(M_SEM * pstrSem, U32 uiSemOpt, U32 uiInitVal)
00031    {
...      ...
00034        /* 信号量选项检查 */
00035        if(((SEMBIN != (SEMTYPEMASK & uiSemOpt))
00036            && (SEMCNT != (SEMTYPEMASK & uiSemOpt))
00037            && (SEMMUT != (SEMTYPEMASK & uiSemOpt)))
00038            || ((SEMFIFO != (SEMSCHEDOPTMASK & uiSemOpt))
00039                && (SEMPRIO != (SEMSCHEDOPTMASK & uiSemOpt)))
00040            || (((SEMMUT != (SEMTYPEMASK & uiSemOpt))
00041                || (SEMPRIO != (SEMSCHEDOPTMASK & uiSemOpt)))
00042                && (SEMPRIINH == (SEMPRIINHMASK & uiSemOpt))))
00043        {
00044            return (M_SEM * )NULL;
00045        }
...      ...
00095        /* 初始化信号量参数 */
00096        pstrSem ->uiSemOpt = uiSemOpt;
...      ...
00105    }
```

该函数新增加的代码位于 00040～00042 行,对创建信号量的入口参数作了限制,只有互斥信号量使用 PRIO 属性才能使用优先级继承功能,并在 00096 行将优先级继承标志存入到信号量结构中的 uiSemOpt 变量中,在 MDS_SemTake 函数调用 MDS_TaskPrioInheritance 函数前,会根据该标志判断信号量是否具有优先级继承功能。

5.1.3　功能验证

本节使用 3 个测试任务 TEST_TestTask1～TEST_TestTask3 验证任务优先级继承功能。TEST_TestTask1～TEST_TestTask3 任务对应的优先级分别为 4、3、2,其中 TEST_TestTask1 任务和 TEST_TestTask3 任务需要获取和释放信号量,分别充当最低优先级和最高优先级任务,TEST_TestTask2 任务与信号量没有关系,充当中等优先级任务,其中信号量是开启了任务优先级继承功能的互斥信号量。

```
00019    void TEST_TestTask1(void * pvPara)
00020    {
00021        while(1)
00022        {
```

```
00023                    /* 任务打印 */
00024        DEV_PutStrToMem((U8 * )"\r\nTask1 is running! Tick is：% d",
00025                         MDS_GetSystemTick());
00026
00027                    /* 获取信号量 */
00028        (void)MDS_SemTake(gpstrSemMut, SEMWAITFEV);
00029
00030                    /* 任务运行 5 s */
00031        TEST_TaskRun(5000);
00032
00033                    /* 释放信号量 */
00034        (void)MDS_SemGive(gpstrSemMut);
00035
00036                    /* 任务延迟 1 s */
00037        (void)MDS_TaskDelay(100);
00038        }
00039  }
00046  void TEST_TestTask2(void * pvPara)
00047  {
00048      while(1)
00049      {
00050                    /* 任务打印 */
00051        DEV_PutStrToMem((U8 * )"\r\nTask2 is running! Tick is：% d",
00052                         MDS_GetSystemTick());
00053
00054                    /* 任务运行 1 s */
00055        TEST_TaskRun(1000);
00056
00057                    /* 任务延迟 1 s */
00058        (void)MDS_TaskDelay(100);
00059      }
00060  }
00067  void TEST_TestTask3(void * pvPara)
00068  {
00069      while(1)
00070      {
00071                    /* 获取信号量 */
00072        (void)MDS_SemTake(gpstrSemMut, SEMWAITFEV);
00073
00074                    /* 任务打印 */
00075        DEV_PutStrToMem((U8 * )"\r\nTask3 is running! Tick is：% d",
00076                         MDS_GetSystemTick());
```

```
00077
00078              /* 任务运行 1 s */
00079              TEST_TaskRun(1000);
00080
00081              /* 释放信号量 */
00082              (void)MDS_SemGive(gpstrSemMut);
00083
00084              /* 任务延迟 3 s */
00085              (void)MDS_TaskDelay(300);
00086         }
00087  }
```

虽然 TEST_TestTask1 任务的优先级比 TEST_TestTask3 任务低,但 TEST_TestTask1 任务运行的周期要比 TEST_TestTask3 任务长,这样在这 2 个任务循环运行的周期内就可以构造出低优先级任务通过信号量阻塞高优先级任务的情况,从而产生优先级继承。如果没有开启信号量的优先级继承功能,应该可以看到 TEST_TestTask2 任务会抢占 TEST_TestTask1 任务,间接延迟了 TEST_TestTask3 任务的运行;如果开启了优先级继承功能,就不会看到这一现象。

编译本节代码,将目标程序加载到开发板中运行,串口输出如图 5.3 所示。

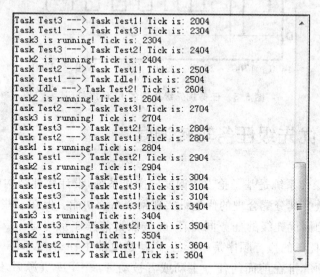

```
Task Test3 ---> Task Test1! Tick is: 2004
Task Test1 ---> Task Test3! Tick is: 2304
Task3 is running! Tick is: 2304
Task Test3 ---> Task Test2! Tick is: 2404
Task2 is running! Tick is: 2404
Task Test2 ---> Task Test1! Tick is: 2504
Task Test1 ---> Task Idle! Tick is: 2504
Task Idle ---> Task Test2! Tick is: 2604
Task2 is running! Tick is: 2604
Task Test2 ---> Task Test3! Tick is: 2704
Task3 is running! Tick is: 2704
Task Test3 ---> Task Test2! Tick is: 2804
Task Test2 ---> Task Test1! Tick is: 2804
Task1 is running! Tick is: 2804
Task Test1 ---> Task Test2! Tick is: 2904
Task2 is running! Tick is: 2904
Task Test2 ---> Task Test1! Tick is: 3004
Task Test1 ---> Task Test3! Tick is: 3104
Task Test3 ---> Task Test1! Tick is: 3104
Task Test1 ---> Task Test3! Tick is: 3404
Task3 is running! Tick is: 3404
Task Test3 ---> Task Test2! Tick is: 3504
Task2 is running! Tick is: 3504
Task Test2 ---> Task Test1! Tick is: 3604
Task Test1 ---> Task Idle! Tick is: 3604
```

图 5.3　任务优先级继承的串口打印

LCD 显示屏输出如图 5.4 所示。

从任务切换过程可以看出,TEST_TestTask1 任务在运行过程中没有被 TEST_TestTask2 任务打断,尽管 TEST_TestTask1 任务的优先级没有 TEST_TestTask2 任务高,这是因为 TEST_TestTask1 任务继承了 TEST_TestTask3 任务更高的优先级。如果去掉信号量的优先级属性,编译后再次运行这个程序,就可以看到 TEST_

TestTask1 任务的运行过程被 TEST_TestTask2 任务打断,并且 TEST_TestTask3 任务的运行时间也被 TEST_TestTask2 任务推迟了,出现了优先级反转现象,如图 5.5 所示。

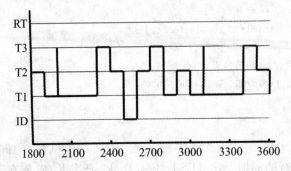

图 5.4　任务优先级继承的 LCD 屏打印

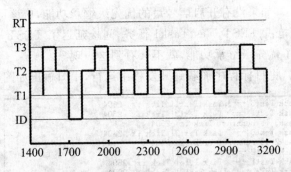

图 5.5　任务优先级反转的 LCD 屏打印

5.2　同等优先级任务轮转调度

　　Mindows 操作系统是基于抢占式调度的操作系统,设计软件结构时可以按照任务重要性的高低为其分配合理的优先级实现整个系统功能。但在某些情况下操作系统中会有多个相同优先级的任务同时存在,按照目前操作系统对 ready 表的调度方式,同等优先级任务的执行顺序是串行的,也就是说排在 ready 表同一优先级根节点后面的任务必须等排在前面的任务主动或者被动释放 CPU 资源后才能执行,在某些极端情况下,任务还是可能会被同等优先级的任务阻塞一会儿。

　　对于抢占式操作系统来说,不同优先级任务间采用优先级调度策略,相同优先级任务间可采用轮转调度方式,一个任务执行一段时间后就换到另一个任务执行,以减少排在后面的任务的等待时间。本节将增加同等优先级任务轮转调度功能。

5.2.1 原理介绍

Mindows 操作系统任务轮转调度只是针对同等优先级任务，不同优先级任务之间仍采用优先级抢占调度方式。按照前面 Mindows 操作系统的设计，一个任务主动释放 CPU 进入 delay 态或者被动释放 CPU 进入 pend 态后，当它再次重新加入 ready 表时是从 ready 表中它所在的优先级链表尾部加入的，这对于处于同一优先级的多个任务来说也是一种轮转调度。因此，本节所需要解决的问题就主要集中在同等优先级任务不释放 CPU 资源连续运行的情况（期间可能会被其他高优先级任务抢占）。在这种情况下，需要能在同等优先级任务间实现轮转调度，让同等优先级任务都有机会运行。

要实现这个功能，需要设置一个轮转调度时间，在任务调度时如果发现同一任务连续运行的时间达到了这个时间并且仍需要继续运行时，就需要寻找与其优先级相同的任务，如果有优先级相同的任务就切换到这个任务继续运行，将原来的任务从 ready 表头部移到尾部，实现同等优先级任务轮转调度。同等优先级任务轮转调度的执行过程如图 5.6 所示。

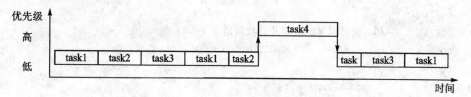

图 5.6 同等优先级任务轮转调度

图 5.6 中 task1～task3 任务拥有相同的任务优先级，task4 任务优先级最高。开始时 task1～task3 任务所处的优先级任务占有 CPU 资源，基于同等优先级任务轮转调度策略，在它们之间轮转运行，每个任务运行一段时间后切换到另一个任务继续运行，直到出现更高优先级的 task4 任务抢占它们的运行。task4 任务放弃 CPU 资源后，task1～task3 任务又继续轮转运行。

5.2.2 程序设计及编码实现

在程序里定义全局变量 guiTimeSlice 来存储轮转调度的周期，定义全局变量数组 gauiSliceCnt 来存储每个优先级等级的轮转调度计数值，如下所示：

```
# ifdef MDS_TASKROUNDROBIN
U32 guiTimeSlice;                    /* 轮转调度的时间周期值 */
U32 gauiSliceCnt[PRIORITYNUM];       /* 轮转调度的时间计数值 */
# endif
```

当一个任务连续执行的时间达到了 guiTimeSlice 变量中设定的周期值时，就意

嵌入式操作系统内核调度——底层开发者手册

味着相同优先级任务之间需要进行任务轮转调度了。需要记录所有不同优先级任务的运行时间,当达到 guiTimeSlice 变量中的数值时就进行同等优先级间任务切换。操作系统中共有 PRIORITYNUM 个优先级,因此需要使用具有相同数量的 gauiSliceCnt 数组记录下每个优先级的任务运行时间。为使同等优先级任务轮转调度功能具有可裁剪性,需要在 mds_userdef.h 文件中新定义一个宏 MDS_TASK-ROUNDROBIN,打开该宏定义开关才编译同等优先级任务轮转功能。

可以使用下面的函数设定轮转调度时间的周期值,该函数需要被包括在 MDS_TASKROUNDROBIN 宏范围之内。

```
00666    void MDS_TaskTimeSlice(U32 uiTimeSlice)
00667    {
00668        U32 i;
00669
00670        (void)MDS_IntLock();
00671
00672        /* 设置轮转调度时间片数值 */
00673        guiTimeSlice = uiTimeSlice;
00674
00675        /* 轮转调度的时间片计数值清 0 */
00676        for(i = 0; i < PRIORITYNUM; i++)
00677        {
00678            gauiSliceCnt[i] = 0;
00679        }
00680
00681        (void)MDS_IntUnlock();
00682    }
```

该函数的入口参数 uiTimeSlice 可以设定同等优先级轮转调度的周期,单位是tick。

系统初始化时通过该函数将轮转调度周期设置为 0,代表不使用同等优先级轮转调度功能,用户如果希望使用同等优先级轮转调度功能,则使用该函数设定需要的周期就可以了。

同等优先级轮转调度的周期以 tick 为单位,需要在 tick 中断调度函数中对guiSliceCnt 数组变量进行累加计数。

```
00151    void MDS_TaskTick(void)
00152    {
...      ...
00159    #ifdef MDS_TASKROUNDROBIN
00160
00161        /* 如果设置的轮转调度周期值不为 0,则增加当前任务优先级的轮转调度计数
```

```
              值 */
00162         if ((0 != guiTimeSlice) && (NULL != gpstrCurTcb))
00163         {
00164             gauiSliceCnt[gpstrCurTcb ->ucTaskPrio] ++ ;
00165         }
00166
00167    # endif
...      ...
00171    }
```

该函数新增了 00159~00167 行的代码，如果定义了 MDS_TASKROUNDROB-IN 宏就会编译这部分代码。如果 guiTimeSlice 变量不为 0 并且 gpstrCurTcb 变量不为 NULL，说明开启了同等优先级轮转调度功能，并且当前任务没有被删除，在这种情况下，每次 tick 中断发生时任务的轮转调度次数加 1。

接下来就需要在 ready 表调度函数里根据上述 2 个全局变量的数值对同等优先级任务进行处理。代码如下：

```
00549    M_TCB * MDS_TaskReadyTabSched(void)
00550    {
00551        M_TCB * pstrTcb;
00552        M_DLIST * pstrList;
00553        M_DLIST * pstrNode;
00554    # ifdef MDS_TASKROUNDROBIN
00555        M_DLIST * pstrNextNode;
00556    # endif
00557        M_TCBQUE * pstrTaskQue;
00558        U8 ucTaskPrio;
00559
00560        /* 获取 ready 表中优先级最高的任务的 TCB */
00561        ucTaskPrio = MDS_TaskGetHighestPrio(&gstrReadyTab. strFlag);
00562        pstrList = &gstrReadyTab. astrList[ucTaskPrio];
00563        pstrNode = MDS_DlistEmpInq(pstrList);
00564        pstrTaskQue = (M_TCBQUE *)pstrNode;
00565        pstrTcb = pstrTaskQue ->pstrTcb;
00566
00567    # ifdef MDS_TASKROUNDROBIN
00568
00569        /* 需要执行任务轮转调度 */
00570        if(0 != guiTimeSlice)
00571        {
00572            /* 下个调度任务仍为当前任务 */
00573            if(gpstrCurTcb == pstrTcb)
```

```
00574              {
00575                  /* 同一任务已经达到轮转调度的周期值 */
00576                  if(gauiSliceCnt[gpstrCurTcb->ucTaskPrio] >= guiTimeSlice)
00577                  {
00578                      /* 将当前任务优先级的轮转调度计数值清 0 */
00579                      gauiSliceCnt[gpstrCurTcb->ucTaskPrio] = 0;
00580
00581                      /* 取出与当前任务同等优先级的任务 */
00582                      pstrNextNode = MDS_DlistNextNodeEmpInq(pstrList, pstr-
                         Node);
00583
00584                      /* 若有，则需要发生任务轮转调度 */
00585                      if(NULL != pstrNextNode)
00586                      {
00587                          /* 将当前任务放到 ready 表中当前最高优先级任务链表的
                             最后 */
00588                          /* 从链表删除当前任务节点 */
00589                          (void)MDS_DlistNodeDelete(pstrList);
00590
00591                          /* 将当前任务节点加入链表尾 */
00592                          MDS_DlistNodeAdd(pstrList, pstrNode);
00593
00594                          /* 更新下个任务 */
00595                          pstrTaskQue = (M_TCBQUE *)pstrNextNode;
00596                          pstrTcb = pstrTaskQue->pstrTcb;
00597                      }
00598                  }
00599              }
00600          }
00601
00602      #endif
00603
00604          return pstrTcb;
00605      }
```

00561～00565 行，获取即将运行的任务的 TCB。

00570 行，如果 guiTimeSlice 变量不为 0，说明开启了同等优先级轮转调度功能，走此分支。

00573 行，即将运行的任务仍是当前任务，可能会发生同等优先级任务轮转，走此分支进行判断。

00576 行，同一个任务运行的时间已经达到同等优先级轮转周期，走此分支实现同等优先级任务轮转调度。

00579 行,将同等优先级任务轮转计数值清 0,为下次同等优先级任务轮转调度做准备。

00582 行,尝试从 ready 表取出与当前运行任务优先级相同的任务。

00585 行,若取出的指针不为空,则说明有同等优先级的任务,需要走此分支进行轮转调度。

00589~00592 行,将当前任务从 ready 表该优先级的链表头删除,然后再添加到链表尾,实现轮转调度。

00595~00596 行,获取即将运行的任务的 TCB 指针。

00604 行,返回即将运行任务的 TCB 指针。

经过上面的设计,多个相同优先级任务连续运行时就会进行同等优先级任务轮转调度,这个过程可能会被更高优先级的任务抢占,但当再次切换回这些相同优先级任务运行时,它们会接着被抢占前的同等优先级任务轮转调度计时,继续进行同等优先级任务轮转调度。比如,图 5.6 中,task1~task3 任务轮转运行,假如轮转调度周期被设定为 100 ms,当 task2 运行 80 ms 时被 task4 任务抢占了,那么当 task2 任务重新运行时,将继续运行剩下的 20 ms,而不是重新运行 100 ms。

下面 3 种情况则需要对同等优先级任务轮转调度计时进行重新计时,分别是任务被删除、任务主动放弃 CPU 资源进入 delay 态以及任务被动放弃 CPU 资源进入 pend 态。在这 3 种情况下,程序重新运行该优先级的任务时,很可能不是继续运行原来的任务。新的同等优先级任务需要重新计时,就需要在 MDS_TaskDelete 函数、MDS_TaskDelay 函数以及 MDS_TaskPend 函数中增加清除同等优先级任务计时的代码。代码如下:

```
gauiSliceCnt[gpstrCurTcb->ucTaskPrio] = 0;
```

这 3 个函数的改动非常简单,就不详细介绍了,请读者自行阅读源代码。

5.2.3　功能验证

本节使用 3 个测试任务——TEST_TestTask1~TEST_TestTask3,向串口打印消息来验证同等优先级任务轮转调度功能。这 3 个测试任务的优先级相同,在系统运行的 20 s 之前,TEST_TestTask1 任务循环执行"运行 2 s—延迟 5 s"的操作,TEST_TestTask2 任务循环执行"运行 2 s—延迟 3.5 s"的操作,TEST_TestTask3 任务循环执行"运行 2 s—延迟 1.5 s"的操作。由于操作系统默认是关闭同等优先级轮转调度功能的,因此应该看到在前 20 s 这 3 个测试任务是串行执行的,只有当一个任务运行 2 s 后进入 delay 态才能运行下一个任务。在 20 s 后 TEST_TestTask1 和 TEST_TestTask2 任务将各自延迟时间改为 1.5 s,这 3 个测试任务均循环执行"运行 2 s—延迟 1.5 s"的操作,并且由 TEST_TestTask1 任务开启同等优先级任务轮转调度,调度时间为 0.5 s,此时应该可以看到这 3 个测试任务只要连续运行时间达到 0.5 s 就会切换到另一个测试任务继续运行,实现同等优先级任务轮转调度功能。

```
00017    void TEST_TestTask1(void * pvPara)
00018    {
00019        U32 uiDelayTime;
00020
00021        uiDelayTime = 500;
00022
00023        while(1)
00024        {
00025            /* 任务打印 */
00026            DEV_PutStrToMem((U8 *)"\r\nTask1 is running! Tick is: % d",
00027                                MDS_GetSystemTick());
00028
00029            /* 任务运行 2 s */
00030            TEST_TaskRun(2000);
00031
00032            /* 任务延迟 */
00033            (void)MDS_TaskDelay(uiDelayTime);
00034
00035            /* 满足条件则修改任务轮转调度时间 */
00036            if((500 == uiDelayTime) && (MDS_GetSystemTick() > 2000))
00037            {
00038                uiDelayTime = 150;
00039
00040                /* 设置任务轮转调度时间 */
00041                MDS_TaskTimeSlice(50);
00042
00043                /* 任务打印 */
00044                DEV_PutStrToMem((U8 *)"\r\nSet time slice to 50 ticks! Tick is: % d",
00045                                    MDS_GetSystemTick());
00046            }
00047        }
00048    }
00055    void TEST_TestTask2(void * pvPara)
00056    {
00057        U32 uiDelayTime;
00058
00059        uiDelayTime = 350;
00060
```

```
00061        while(1)
00062        {
00063            /* 任务打印 */
00064            DEV_PutStrToMem((U8 *)"\r\nTask2 is running! Tick is：%d",
00065                            MDS_GetSystemTick());
00066
00067            /* 任务运行 2 s */
00068            TEST_TaskRun(2000);
00069
00070            /* 任务延迟 */
00071            (void)MDS_TaskDelay(uiDelayTime);
00072
00073            /* 满足条件则修改任务延迟时间 */
00074            if((350 == uiDelayTime) && (MDS_GetSystemTick() > 2000))
00075            {
00076                uiDelayTime = 150;
00077            }
00078        }
00079    }
00086    void TEST_TestTask3(void * pvPara)
00087    {
00088        while(1)
00089        {
00090            /* 任务打印 */
00091            DEV_PutStrToMem((U8 *)"\r\nTask3 is running! Tick is：%d",
00092                            MDS_GetSystemTick());
00093
00094            /* 任务运行 2 s */
00095            TEST_TaskRun(2000);
00096
00097            /* 任务延迟 1.5 s */
00098            (void)MDS_TaskDelay(150);
00099        }
00100    }
```

编译本节代码，将目标程序加载到开发板中运行，串口输出如图 5.7 所示。

LCD 显示屏输出如图 5.8 所示。

另外再说明一点，如果 20 s 后没开启同等优先级任务轮转调度，那么将看不到串口和 LCD 显示屏的输出。这是因为 20 s 后，这 3 个测试任务的运行时间大于它们的延迟时间。如果没有开启同等优先级任务轮转调度，它们将始终占有 CPU 资源，那么串口打印任务 TEST_SerialPrintTask 和 LCD 打印任务 TEST_LcdPrint-

Task 将没有机会运行,因此也就看不到输出信息了。

```
Task Test1 ---> Task Test2! Tick is: 1604
Task2 is running! Tick is: 1604
Task Test2 ---> Task Test3! Tick is: 1804
Task3 is running! Tick is: 1804
Task Test3 ---> Task Idle! Tick is: 2004
Task Idle ---> Task Test1! Tick is: 2104
Set time slice to 50 ticks! Tick is: 2104
Task1 is running! Tick is: 2104
Task Test1 ---> Task Test2! Tick is: 2154
Task2 is running! Tick is: 2154
Task Test2 ---> Task Test3! Tick is: 2204
Task3 is running! Tick is: 2204
Task Test3 ---> Task Test1! Tick is: 2254
Task Test1 ---> Task Test2! Tick is: 2304
Task Test2 ---> Task Test3! Tick is: 2354
Task Test3 ---> Task Test1! Tick is: 2404
Task Test1 ---> Task Test2! Tick is: 2454
Task Test2 ---> Task Test3! Tick is: 2504
Task Test3 ---> Task Test1! Tick is: 2554
Task Test1 ---> Task Test2! Tick is: 2604
Task Test2 ---> Task Test3! Tick is: 2654
Task Test3 ---> Task Test1! Tick is: 2704
Task Test1 ---> Task Test2! Tick is: 2704
Task Test2 ---> Task Test3! Tick is: 2704
Task Test3 ---> Task Idle! Tick is: 2704
```

图 5.7　同等优先级任务轮转调度的串口打印

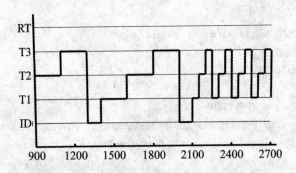

图 5.8　同等优先级任务轮转调度的 LCD 屏打印

5.3　记录任务切换信息

从宏观角度来看,操作系统的多个任务是并行执行的,这在定位问题时要比没有操作系统的情况显得更加困难,尤其是产品在现场应用出现问题导致死机时更是无从下手分析。因为在这种情况下一般不会留下太多可用于定位问题的信息,也没有条件使用仿真器进行跟踪,由于程序在多个任务之间快速切换,甚至无法确定问题是由哪个任务引起,最终死在哪个任务里。

本节将增加记录任务栈信息的功能,记录下任务运行过程中栈中的数值,当程序发生异常时,可以将这些信息打印出来,为定位问题提供帮助。

5.3.1　原理介绍

　　程序运行的过程就是使用指令对数据运算,并根据数据选择不同指令分支的过程,指令+数据就决定了程序运行的结果。如果将一个 C 函数进行反汇编得到汇编指令,就可以结合数据推导出指令的运行结果,一条指令一条指令地推导,也就实现了程序的运行,只不过是使用人工的方法运行程序。这正与在 4.2 节中介绍 MDS_SwitchToTask 函数和 MDS_PendSvContextSwitch 函数时相似,使用人工的方法运行每一条汇编指令。任务也是如此,如果记录下任务切换时栈中的数据,就可以从任务转换为 running 态执行的第一条指令开始推导,使用人工的方法运行任务,如果拥有每次任务切换时的数据,那么就可以用人工的方法运行多任务了。这是正向的推导过程,如果有足够的数据,也可以从指令运行的结果向回逆向推导,从指令运行的结果推导出指令运行前的数据,一条指令一条指令地推导,就可以逆向运行程序。可以利用这个反推过程定位问题,记录下每次任务上下文切换的信息及分析问题所需要的数据,当程序出错时会触发异常中断,在异常中断中将这些记录的数据打印出来,从记录的数据中找到程序运行的最后一条指令及相关的数据,然后就可以使用这些数据结合反汇编得到的指令,从最后一条指令开始反推,直到发现某一指令出错,就可以找到错误所在。

5.3.2　程序设计及编码实现

　　首先实现记录任务上下文切换时数据的功能,这些数据包括寄存器组中的数据以及函数保存在栈中的数据,这些数据记录了任务运行的过程。任务上下文切换函数 MDS_PendSvContextSwitch 首先会备份当前任务的寄存器组数据,此时通过 SP 寄存器可以获取到当前任务栈中的数据,这些正是我们需要保存的数据。将它们记录到特定的内存空间中,任务不断地运行,任务的这些数据就被不断地记录下来,当程序出现异常时,就可以从这个特定的内存空间中取出已保存的数据,将它们打印到串口,为定位问题提供依据。

　　首先来看对 MDS_PendSvContextSwitch 函数的修改:

```
00017    MDS_PendSvContextSwitch
...      ...
00022        ;调用 C 语言任务调度函数
...      ...
00027        ;保存当前任务的栈信息
...      ...
00044        ;将切换前任务的寄存器组和栈信息保存到内存
00045    LDR    R0, = MDS_SaveTaskContext  ;函数地址存入 R0
00046    ADR.W  R14, {PC} + 0x7          ;保存返回地址
00047    BX     R0                        ;执行 MDS_SaveTaskContext 函数
```

```
...        ...
00049        __BACKUP_REG
00050
00051        ;任务调度完毕,恢复将要运行任务现场 00051
...        ...
```

该函数只增加了 00044 -00047 行代码,使用 MDS_SaveTaskContext 函数将任务寄存器组和栈中的数据记录到指定的内存中。

MDS_SaveTaskContext 函数的代码如下:

```
00020    void MDS_SaveTaskContext(void)
00021    {
00022    # ifdef MDS_DEBUGCONTEXT
00023
00024        U32 uiStack;
00025        U32 uiTcbAddr;
00026        U32 uiSaveLen;
00027
00028        /* uiAbsAddr 为 0 代表此功能不可用 */
00029        if(0 == gpstrContext ->uiAbsAddr)
00030        {
00031            return;
00032        }
00033
00034        /* 同一任务之间切换,则不记录任务切换信息 */
00035        if(gpstrCurTaskReg == gpstrNextTaskReg)
00036        {
00037            return;
00038        }
00039
00040        /* 获取切换前任务的 SP 寄存器数值 */
00041        uiStack = gpstrCurTaskReg ->uiR13;
00042
00043        /* 获取切换前任务的 TCB 存放的地址 */
00044        uiTcbAddr = (U32)gpstrCurTaskReg;
00045
00046        /* 计算需要保存的数据长度,包括栈结构体以及寄存器组和切换前任务的局
             部变量 */
00047        uiSaveLen = sizeof(M_CONTMSG) + (uiTcbAddr - uiStack);
00048
00049        /* 要保存的数据长度大于总长度,将 uiAbsAddr 置为 0,代表此功能不可用 */
00050        if(uiSaveLen > gpstrContext ->uiLen)
```

```
00051        {
00052            gpstrContext ->uiAbsAddr = 0;
00053
00054            return;
00055        }
00056
00057        while(1)
00058        {
00059            /*  要保存的数据长度大于剩余长度，则覆盖最开始记录的数据 */
00060            if(uiSaveLen > gpstrContext ->uiRemLen)
00061            {
00062                MDS_CoverFirstContext();
00063            }
00064            else /*  剩余长度能够容纳下要保存的数据 */
00065            {
00066                break;
00067            }
00068        }
00069
00070        /*  保存数据 */
00071        MDS_SaveLastContext(uiTcbAddr - uiStack);
00072
00073    # endif
00074    }
```

　　调用该函数时已经完成了对当前正在运行的任务的备份工作，因此从当前正在运行的任务的 STACKREG 结构中可以直接获取到需要记录的寄存器组数据，从 SP寄存器指向的栈可以获取到需要记录的栈中数据。

　　00022 行，只有在 mds_userdef. h 文件中定义了 MDS_DEBUGCONTEXT 宏才能使用记录任务切换信息的功能。

　　00029～00032 行，只有当 gpstrContext→uiAbsAddr 变量不为 0 时才可记录数据，有关 gpstrContext 全局变量的功能在后面会有说明。

　　00035～00038 行，切换前后是同一个任务之间，则不记录信息。

　　00041 行，通过 gpstrCurTaskReg→uiR13 变量获取当前正在运行的任务切换时的栈地址，也就是需要记录的栈中数据的最低地址。

　　00044 行，获取 TCB 的地址，也就是存放任务栈数据的栈顶地址。

　　00047 行，计算需要记录的数据长度。M_CONTMSG 结构记录每条消息的头结构，其中包含了寄存器组结构 STACKREG，用来记录寄存器组中的数据；uiTcbAddr-uiStack 是需要保存的栈中数据的长度。该行计算出需要记录的数据长度，包括每条消息的消息头长度、寄存器组长度及栈中数据的长度。

00050~00055 行,如果需要记录的数据长度大于记录缓冲的总长度,则返回失败。

00057~00068 行,如果需要记录的数据长度大于记录缓冲中剩余的长度,则覆盖最先保存的数据。

00071 行,将数据记录到记录缓冲内存空间中。

我们使用了一个环形缓存充当记录缓冲,用来记录这些数据。当不同任务间发生任务切换时,数据不断地被记录到环形缓冲中,若环形缓冲存满了数据,新的数据就会覆盖旧的数据。当出现问题时,就可以从环形缓冲中取出记录的数据,从最后一组记录的数据向前打印,打印出程序出错前所记录下的数据。

这个环形缓冲的位置可以在链接文件 STM3210E—EVAL. sct 中指定,将其中的 RW_IRAM1 大小从 0x0000C000 修改为 0x0000B000,这是告诉链接器只能使用 0x0000B000 大小的内存空间,而处理器实际的物理内存空间大小是 0x0000C000,这样在内存最高端多出来 0x1000 大小的内存空间就用作环形缓冲,记录任务切换信息。这样做相比使用全局变量或堆申请内存空间的好处,是环形缓冲空间的地址可以任意指定,而且将它的地址放在内存最高端,可以减小它被异常程序破坏的概率。

经过上面的处理,链接器虽然无法将变量分配到这块最高端的内存,但这块内存是实实在在存在的物理内存,软件是可以使用的,因此可以编写代码,使用绝对地址直接对这块内存进行操作,将任务切换信息记录到这块环形缓冲中。

这块环形缓冲的最低端保存的是 M_CONTHEAD 类型的变量,剩余空间按照环形缓冲的方式记录每条任务切换信息。M_CONTHEAD 结构体定义如下:

```
typedef struct m_conthead
{
    U32 uiAbsAddr;              /* 记录寄存器组和栈信息的内存起始地址,绝对地址 */
    U32 uiRelAddr;             /* 记录寄存器组和栈信息的当前地址,相对地址 */
    U32 uiLen;                 /* 记录寄存器组和栈信息的长度 */
    U32 uiRemLen;              /* 记录寄存器组和栈信息的剩余长度 */
    VFUNC1 vfSendChar;         /* 发送字符的钩子变量 */
}M_CONTHEAD;
```

这个结构体用来维护环形缓冲中的记录消息。其中 uiAbsAddr 是记录任务切换信息的绝对地址,代码可以通过这个地址对每一条记录的消息直接寻址;uiRelAddr 是记录的最后一条任务切换信息相对 uiAbsAddr 地址的相对地址;uiLen 是环形缓冲可记录消息的总长度,uiRemLen 是环形缓冲可记录消息的剩余长度;vfSendChar 是一个钩子变量,用户需要将串口打印函数挂接到这个钩子上,操作系统通过这个钩子函数向串口打印记录的任务切换信息。

环形缓冲中每条任务切换信息都是由消息头和消息数据组成的,消息头结构体如下:

```
typedef struct m_contmsg
```

```
{
    U32 uiLen;              /* 保存数据的长度 */
    U32 uiPreAddr;          /* 上个记录地址 */
    U32 uiPreTcb;           /* 前一个任务的 TCB */
    U32 uiNextTcb;          /* 下一个任务的 TCB */
    STACKREG strReg;        /* 保存的寄存器组 */
}M_CONTMSG;
```

这个消息头用来维护每条记录消息。其中 uiLen 记录着每条消息的长度,打印消息时可以根据该变量获取每条消息需要打印的长度;uiPreAddr 记录着上条消息的地址,打印消息时可以根据该变量查找存放上条消息的地址;uiPreTcb 和 uiNextTcb 分别记录着当前消息所对应的切换前和切换后任务的 TCB 指针,打印消息时可以从这 2 个变量中获取有关任务的信息;strReg 是寄存器组结构,用来记录任务切换时的寄存器组信息。在每个消息头后面存放的就是任务栈中的数据,加上消息头中的寄存器组数据,就可以完整记录每条任务切换信息了。

M_CONTHEAD 结构和 M_CONT-MSG 与环形缓冲的关系如图 5.9 所示。

MDS_CoverFirstContext 函数和 MDS_SaveLastContext 函数是对环形缓冲操作的具体代码,这里就不详细介绍了,如有兴趣请自行阅读源代码。

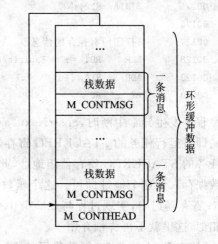

图 5.9　记录任务切换信息的环形缓冲

任务上下文切换函数 MDS_PendSv-ContextSwitch 只能记录任务切换时的信息,当程序出错触发异常进入异常中断时,还需要记录下最后时刻的任务寄存器组及任务栈信息。因此需要在异常中断中记录最后时刻的任务信息,并将这些信息记录到环形缓冲中,最后从环形缓冲中取出记录的所有任务信息,打印到串口。

为实现这个功能,需要修改异常中断服务函数,使用 MDS_FaultIsrContext 函数代替原有的 HardFault_Handler 函数。MDS_FaultIsrContext 函数需由汇编语言编写,以便可以将异常中断发生那一时刻寄存器中的数据记录到任务 STACKREG 寄存器组中,然后再调用 C 语言函数 MDS_FaultIsrPrint,在这个函数里将最后时刻的任务信息记录到环形缓冲中,最后再将环形缓冲中的所有信息打印到串口。

```
00109    MDS_FaultIsrContext
00110
00111        ;保存当前任务的栈信息
00112        PUSH   {R14}                    ;将返回值压入栈中
```

```
00113      MOV      R14, R13                  ;将 SP 存入 LR
00114      LDR      R0，= gpstrNextTaskReg     ;获取变量 gpstrNextTaskReg 的地址
00115      LDR      R12, [R0]                 ;将当前任务寄存器组地址存入 R12
00116      ADD      R14, #0x4                 ;LR 指向栈中 8 个寄存器中的 R0
00117      LDMIA    R14!, {R0 - R3}           ;取出 R0～R3 数值
00118      STMIA    R12!, {R0 - R11}          ;将 R0～R11 保存到寄存器组中
00119      LDMIA    R14, {R0 - R3}            ;取出 R12、LR、PC 和 XPSR 值
00120      SUB      R14, #0x10                ;LR 指向栈中 8 个寄存器中的 R0
00121      STMIA    R12!, {R0}                ;将 R12 保存到寄存器组中
00122      STMIA    R12!, {R14}               ;将 SP 保存到寄存器组中
00123      STMIA    R12!, {R1 - R3}           ;将 LR、PC 和 XPSR 保存到寄存器组中
00124      POP      {R0}                      ;取出压入栈中的 LR
00125      STMIA    R12, {R0}                 ;将 LR 保存到寄存器组中的 Exc_Rtn
00126
00127      ;打印所有保存的信息
00128      LDR      R0，= MDS_FaultIsrPrint    ;函数地址存入 R0
00129      ADR.W    R14, {PC} + 0x7           ;保存返回地址
00130      BX       R0                        ;执行 MDS_FaultIsrPrint 函数
```

程序发生异常中断时，gpstrNextTaskReg 全局变量中存放的是上次任务切换存入的即将运行任务的 STACKREG 寄存器组地址，也就是程序发生异常时正在运行的任务的 STACKREG 寄存器组地址，此时发生异常备份任务数据，只需要将寄存器组数据存入到这个地址即可。这个函数用来将寄存器组数据备份到任务 STACK-REG 寄存器组中，实现过程与 5.2 节中介绍的 MDS_PendSvContextSwitch 函数非常相似，这里就不再详细介绍了。

MDS_FaultIsrPrint 函数代码如下，用来将最后产生异常时的任务信息从任务 STACKREG 中保存到环形缓冲中，并将环形缓冲中保存的所有消息打印到串口。

```
00081    void MDS_FaultIsrPrint(void)
00082    {
00083    # ifdef MDS_DEBUGCONTEXT
00084
00085        /* 将 gpstrCurTaskReg 指向当前的寄存器组 */
00086        gpstrCurTaskReg = &gpstrCurTcb ->strStackReg;
00087
00088        /* 将 gpstrNextTaskReg 指向空，以表明发生异常中断 */
00089        gpstrNextTaskReg = (STACKREG * )NULL;
00090
00091        /* 将当前寄存器组和栈信息保存到指定内存中 */
00092        MDS_SaveTaskContext();
00093
00094        /* 打印内存中记录的任务寄存器组和栈信息 */
```

```
00095        MDS_PrintTaskContext();
00096
00097  #endif
00098  }
```

MDS_SaveTaskContext 函数在前面介绍过,用来将任务寄存器组和栈中的数据记录到环形缓冲中。MDS_PrintTaskContext 函数用来将环形缓冲中记录的所有数据打印到串口,就是从环形缓冲中记录的第一条消息开始,一直打印到记录的最后一条消息为止。该函数细节不再介绍,请读者自行阅读源代码。

不同任务间发生切换时,需要使用 MDS_SaveTaskContext 函数将任务切换前的任务信息记录到环形缓冲中,程序发生异常时也需要使用 MDS_SaveTaskContext 函数将程序所运行的最后一个任务最后时刻的任务信息记录到环形缓冲中。除此之外,在任务被删除时也需要使用 MDS_SaveTaskContext 函数将该任务最后时刻的任务信息记录到环形缓冲中,因此需要修改任务删除函数 MDS_TaskDelete。修改部分的代码如下:

```
00117  U32 MDS_TaskDelete(M_TCB * pstrTcb)
00118  {
... ...
00181      /*  删除的是当前任务  */
00182      if(pstrTcb == gpstrCurTcb)
00183      {
00184          /*  将当前寄存器组和栈信息保存到指定内存中  */
00185          MDS_SaveTaskContext();
00186
00187          /* 将 gpstrCurTcb 置为 NULL,后面在任务上下文切换时不备份当前任务 */
00188          gpstrCurTcb = NULL;
00189      }
... ...
00203  }
```

该函数只增加了 00185 行,不再详细介绍。

到这里已经介绍完记录任务切换信息功能的主要设计及编码,下面再将这个功能的工作流程梳理一下。当任务发生切换时,会进行任务上下文信息切换,先是备份当前正在运行的任务的信息,再恢复即将运行的任务的信息。如果这 2 个任务不是同一个任务,那么在这 2 个操作中间就会加入一个记录任务切换信息的操作,将当前正在运行的任务的寄存器组和栈中的数据保存到环形缓冲中,作为本次到上次任务切换之间程序运行的阶段性记录。程序在不同任务中连续不断地运行和切换,就会在环形缓冲中不断地记录下不同任务在切换时刻的任务信息,当程序出现异常触发异常中断时,也会将最后时刻的任务信息也存入到环形缓冲中,当任务被删除时也会将该任务最后时刻的任务信息存入到环形缓冲中,这样,环形缓冲中就连续记录下了不同任务每个运行周期最后阶段的数据。虽然从宏观上看多任务是并行运行的,但从环形缓冲中记录的任务信息却可以得到多个任务串行运行的过程,这就为分析问题提供了方便。

下面将使用测试任务构建出异常情况触发异常中断,打印出记录的任务切换信息,然后再根据这些打印的任务切换信息找出异常所在。

5.3.3　功能验证

本节使用 3 个测试任务——TEST_TestTask1～TEST_TestTask3 构造异常,来验证记录任务切换信息功能,并根据记录的任务切换信息找到触发异常的代码。这 3 个测试任务都是循环执行"打印信息—延迟—任务切换"这 3 个过程,其中TEST_TestTask1 任务会在系统时间超过 20 s 后为数组赋值,但该赋值操作会超出数组长度,从而引发异常中断,打印出任务切换信息。

```
00017    void TEST_TestTask1(void * pvPara)
00018    {
00019        U32 auiArray[10];
00020        U32 i;
00021
00022        while(1)
00023        {
00024            /* 任务打印 */
00025            DEV_PutStrToMem((U8 * )"\r\nTask1 is running! Tick is: % d",
00026                            MDS_GetSystemTick());
00027
00028            /* 系统运行超过 20 s 后填充数组 */
00029            if(MDS_GetSystemTick() >= 2000)
00030            {
00031                for(i = 0; i < 100; i++)
00032                {
00033                    auiArray[i] = i;
00034                }
00035            }
00036
00037            /* 任务运行 0.5 s */
00038            TEST_TaskRun(500);
00039
00040            /* 任务延迟 0.5 s */
00041            (void)MDS_TaskDelay(50);
00042        }
```

```
00043     }
00050     void TEST_TestTask2(void * pvPara)
00051     {
00052         while(1)
00053         {
00054             /* 任务打印 */
00055             DEV_PutStrToMem((U8 * )"\r\nTask2 is running! Tick is: % d",
00056                             MDS_GetSystemTick());
00057
00058             /* 任务运行 2 s*/
00059             TEST_TaskRun(2000);
00060
00061             /* 任务延迟 3 s*/
00062             (void)MDS_TaskDelay(300);
00063         }
00064     }
00071     void TEST_TestTask3(void * pvPara)
00072     {
00073         while(1)
00074         {
00075             /* 任务打印 */
00076             DEV_PutStrToMem((U8 * )"\r\nTask3 is running! Tick is: % d",
00077                             MDS_GetSystemTick());
00078
00079             /* 任务运行 1 s*/
00080             TEST_TaskRun(1000);
00081
00082             /* 任务延迟 2.5 s*/
00083             (void)MDS_TaskDelay(250);
00084     }
00085     }
```

编译本节代码,将目标程序加载到开发板中运行,串口输出如图 5.10 所示。

从运行结果可以看出,这 3 个测试任务在运行时触发了异常中断,打印出了程序运行过程中的任务切换信息,下面将根据这些打印信息定位问题所在。

假设是在这样一种情况下使用打印的任务切换信息来定位问题:产品在应用现场出现了问题,打印出了如图 5.10 所示的任务切换信息,并且软件开发人员距离应用现场很远,无法直接接触产品,不能使用仿真器跟踪程序,只能通过技术服务人员发回的任务切换信息来定位问题。下面从打印的任务切换信息来分析问题产生的原因。这个过程是比较痛苦的,不过如果能够理解这个过程,就说明对 C 语言、汇编语言以及操作系统已经有了较深的理解。

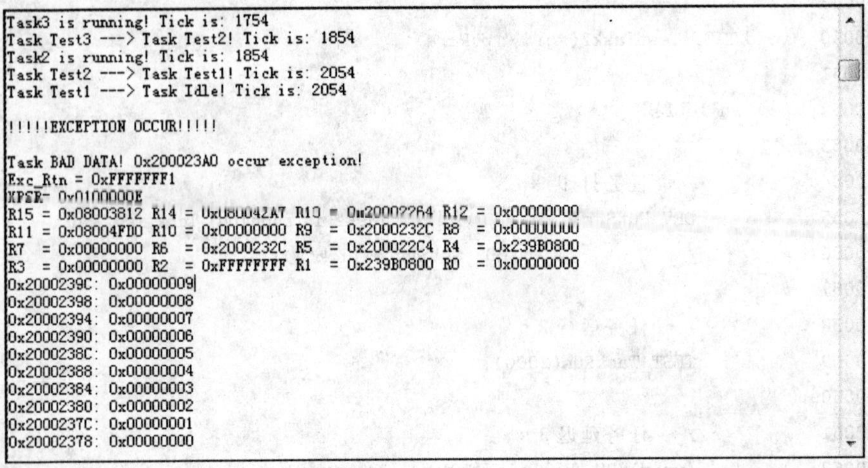

```
Task3 is running! Tick is: 1754
Task Test3 ---> Task Test2! Tick is: 1854
Task2 is running! Tick is: 1854
Task Test2 ---> Task Test1! Tick is: 2054
Task Test1 ---> Task Idle! Tick is: 2054

!!!!!EXCEPTION OCCUR!!!!!

Task BAD DATA! 0x200023A0 occur exception!
Exc_Rtn = 0xFFFFFFF1
XPSR= 0x0100000E
R15 = 0x08003812 R14 = 0x080042A7 R13 = 0x20002264 R12 = 0x00000000
R11 = 0x08004FD0 R10 = 0x00000000 R9  = 0x2000232C R8  = 0x00000000
R7  = 0x00000000 R6  = 0x2000232C R5  = 0x200022C4 R4  = 0x239B0800
R3  = 0x00000000 R2  = 0xFFFFFFFF R1  = 0x239B0800 R0  = 0x00000000
0x2000239C: 0x00000009
0x20002398: 0x00000008
0x20002394: 0x00000007
0x20002390: 0x00000006
0x2000238C: 0x00000005
0x20002388: 0x00000004
0x20002384: 0x00000003
0x20002380: 0x00000002
0x2000237C: 0x00000001
0x20002378: 0x00000000
```

图 5.10　记录任务切换信息的串口打印信息

　　在这个分析过程中，需要使用到本节串口输出文件 5.3. txt 文件，其包含了任务正常运行时的打印信息和出现异常时的打印信息。还需要使用 mindows. axf 文件，该文件是本节编译生成的 axf 格式目标文件，可以从该文件中反汇编出汇编指令，将生成的汇编指令存入到 mindows. txt 文本文件中。mindows. map 文件是本节代码生成的 map 文件，里面记录着程序、数据在处理器存储空间中的分布情况，通过该文件就可以找到代码中函数、全局变量等信息在内存中的地址。

　　5.3. txt 文件较长，这里只贴出部分内容。程序出现异常时最后时刻的打印信息如下：

```
00059    Task BAD DATA! 0x200023A0 occur exception!
00060    Exc_Rtn = 0xFFFFFFF1
00061    XPSR = 0x0100000E
00062    R15 = 0x08003812 R14 = 0x080042A7 R13 = 0x20002264 R12 = 0x00000000
00063    R11 = 0x08004FD0 R10 = 0x00000000 R9  = 0x2000232C R8  = 0x00000000
00064    R7  = 0x00000000 R6  = 0x2000232C R5  = 0x200022C4 R4  = 0x239B0800
00065    R3  = 0x00000000 R2  = 0xFFFFFFFF R1  = 0x239B0800 R0  = 0x00000000
00066    0x2000239C：0x00000009
00067    0x20002398：0x00000008
00068    0x20002394：0x00000007
00069    0x20002390：0x00000006
00070    0x2000238C：0x00000005
00071    0x20002388：0x00000004
00072    0x20002384：0x00000003
00073    0x20002380：0x00000002
00074    0x2000237C：0x00000001
00075    0x20002378：0x00000000
```

```
00076    0x20002374：0x81000000
00077    0x20002370：0x08039016
00078    0x2000236C：0x08001FA5
00079    0x20002368：0x00000000
00080    0x20002364：0x000015A4
00081    0x20002360：0x002A4450
00082    0x2000235C：0x0000BDF2
00083    0x20002358：0x000001F4
00084    0x20002354：0xFFFFFFF9
00085    0x20002350：0x08004D3B
00086    0x2000234C：0x000007D0
00087    0x20002348：0x000001F4
00088    0x20002344：0x20002378
00089    0x20002340：0x08000553
00090    0x2000233C：0x000007D0
00091    0x20002338：0x0000001E
00092    0x20002334：0x20000000
00093    0x20002330：0x0000089D
00094    0x2000232C：0x239B0800
00095    0x20002328：0x00000023
00096    0x20002324：0x08002194
00097    0x20002320：0x080020AB
00098    0x2000231C：0x200023A0
00099    0x20002318：0x0000001E
00100    0x20002314：0x20002328
00101    0x20002310：0x08001BAD
00102    0x2000230C：0x20000FDC
00103    0x20002308：0x20000DAC
00104    0x20002304：0x20000FF7
00105    0x20002300：0x0800359B
00106    0x200022FC：0x20000880
00107    0x200022F8：0x00000000
00108    0x200022F4：0x00000000
00109    0x200022F0：0x00000000
00110    0x200022EC：0x00000000
00111    0x200022E8：0x000007D0
00112    0x200022E4：0x00000012
00113    0x200022E0：0x00000000
00114    0x200022DC：0x00000000
00115    0x200022D8：0x00000000
00116    0x200022D4：0x080021AA
00117    0x200022D0：0x080038E9
```

嵌入式操作系统内核调度——底层开发者手册

00118	0x200022CC: 0x20002304
00119	0x200022C8: 0x08003919
00120	0x200022C4: 0x00000000
00121	0x200022C0: 0x0800390F
00122	0x200022BC: 0x00000000
00123	0x200022B8: 0x00000000
00124	0x200022B4: 0x00000000
00125	0x200022B0: 0x00000000
00126	0x200022AC: 0x00000000
00127	0x200022A8: 0x00000000
00128	0x200022A4: 0x20000804
00129	0x200022A0: 0x200023A0
00130	0x2000229C: 0x08002194
00131	0x20002298: 0x08003CC5
00132	0x20002294: 0x200022C4
00133	0x20002290: 0x080042A7
00134	0x2000228C: 0x2000232C
00135	0x20002288: 0x00000073
00136	0x20002284: 0x200022C4
00137	0x20002280: 0x0100000E
00138	0x2000227C: 0x08003812
00139	0x20002278: 0x080042A7
00140	0x20002274: 0x00000000
00141	0x20002270: 0x00000000
00142	0x2000226C: 0xFFFFFFFF
00143	0x20002268: 0x239B0800
00144	0x20002264: 0x00000000

其中 PC 寄存器记录的 0x08003812 是中断返回的地址，通过该数值就可以找到触发异常中断的指令。在查看 0x08003812 地址之前，需要生成本节程序对应的汇编指令。Keil 在此机器上的安装路径是"C:\Keil"，在"C:\Keil\ARM\ARMCC\bin"目录下会有一些工具可以使用，现在我们需要使用 fromelf.exe 工具，它可以将 axf 格式的目标文件转换成文本格式的汇编指令。将"RTOS_Mindows\outfile"目录下的 mindows.axf 目标文件复制到"C:\Keil\ARM\ARMCC\bin"目录下，在运行窗口执行 cmd 命令打开命令窗口，在命令窗口里执行下面的 2 条语句：

```
cd C:\Keil\ARM\ARMCC\bin
fromelf.exe - c mindows.axf >> mindows.txt
```

这时在"C:\Keil\ARM\ARMCC\bin"目录下就会发现多出一个 mindows.txt 文件，这个文件里面存放的就是本节程序对应的汇编指令。现在我们可以使用文本编辑器打开 mindows.txt 文件，搜索 PC 寄存器中的数值 0x08003812：

```
06073    _printf_str
06074    0x080037f2:   b570     p.    PUSH    {r4 - r6,lr}
...      ...
06089    0x08003810:   d202     ..    BCS     0x8003818 ; _printf_str + 38
06090    0x08003812:   5ce0     .\    LDRB    r0,[r4,r3]
...      ...
```

　　可以看到 0x08003812 地址位于 _printf_str 函数内，出错的地方应该在这之前，只要向前查找就可以找到问题所在。但 _printf_str 函数并不是我们编写的函数，从函数名来看，这应该是一个打印函数，位于我们调用的系统函数 vsprintf 里面，由于我们没有这个函数的 C 语言源代码，因此不能通过查看源代码来分析问题。这个函数是系统函数，应该不是函数代码出错，更大的可能性是传给该函数的入口参数出错，导致这个函数出现错误误触发异常中断。顺着这个思路，就需要找到调用 _printf_str 函数的历代父辈函数，直到找到我们自己编写的函数，从编写的函数传给系统函数的入口参数分析，看看是否有问题。

　　异常中断发生时 SP 寄存器的数值是 0x20002264，它对应着异常中断发生时的栈地址，从这个地址开始向上的 8 个栈地址中存放的是异常中断发生时硬件自动存入的 8 个寄存器数值，因此在执行产生异常中断的指令前，也就是在执行 0x08003812 地址中的 LDRB 指令前，栈地址在 0x20002264＋8×4＝0x20002284。看一下 _printf_str 函数的汇编代码，在异常发生前，只有在 06074 行对栈作了 PUSH 操作，依次压入了 LR、R6、R5 和 R4 这 4 个寄存器，因此栈地址 0x20002284 中的数值对应的就是最后压入的 R4 寄存器，栈中 0x20002288～0x20002290 地址中分别对应 R5、R6 和 LR 寄存器数值，栈地址 0x20002294 是 _printf_str 函数的父函数调用 _printf_str 函数时的栈地址，_printf_str 函数返回其父函数的地址就保存在此时的 LR 寄存器中，也就是栈中 0x20002290 地址中，它的数值是 0x080042A7，0x080042A7 应该就是 _printf_str 函数的父函数调用 _printf_str 函数后的返回地址。需要注意的是，存入到 LR 寄存器的返回地址的最低 bit 始终为 1，表明这是 Thumb－2 指令集，而实际的地址应该将最低 bit 置为 0。也就是说，我们应该查找 0x080042A6 地址，在 mindows.txt 文件中找一下这个地址看看，找到的汇编代码如下：

```
07212    _printf_cs_common
07213    0x08004296:   b510     ..    PUSH    {r4,lr}
...      ...
07218    0x080042a2:   f7fffaa6 ....  BL      _printf_str ; 0x80037f2
07219    0x080042a6:   2001     .     MOVS    r0,#1
...      ...
```

　　可以看到 0x080042A6 地址位于 _printf_cs_common 函数内，同样不是我们自己编写的函数，仍需要寻找它的父函数。_printf_cs_common 函数只在 07213 行对栈

作了 PUSH 操作,将 LR 和 R4 寄存器压入栈中,因此从该函数的栈地址 0x20002294
向上找,可以找到 LR 寄存器保存在栈地址 0x20002298 中,它的数值为
0x08003CC5,该函数的父函数栈地址为 0x2000229C。在 mindows. txt 文件中寻找
0x08003CC4 地址,找到的汇编代码如下:

```
06468      printf
06469        0x08003b6c:    e92d5ff0     -.._     PUSH    {r4 - r12,lr}
...          ...
06611        0x08003cc0:    f7fcfa6e     ..n.     BL      _printf_n ; 0x80001a0
06612        0x08003cc4:    b180         ..       CBZ     r0,0x8003ce8 ; __printf
                                                          + 380
...          ...
```

可以看到 0x08003CC4 地址位于__printf 函数内,同样不是我们自己编写的函
数,仍需要寻找它的父函数。__printf 函数只在 06469 行对栈作了 PUSH 操作,将
LR、R12~R4 这 10 个寄存器压入栈中,因此从该函数的栈地址 0x2000229C 向上
找,可以找到 LR 寄存器保存在栈地址 0x200022C0 中,它的数值为 0x0800390F,该
函数的父函数栈地址为 0x200022C4。在 mindows. txt 文件中寻找 0x0800390E 地
址,找到的汇编代码如下:

```
06192      _printf_char_common
06193        0x080038f2:    b500         ..       PUSH    {lr}
06194        0x080038f4:    b08f         ..       SUB     sp,sp, # 0x3c
...          ...
06203        0x0800390a:    f000f92f     ../.     BL      __printf ; 0x8003b6c
06204        0x0800390e:    b00f         ..       ADD     sp,sp, # 0x3c
...          ...
```

可以看到 0x0800390E 地址位于_printf_char_common 函数内,同样不是我们自
己编写的函数,仍需要寻找它的父函数。_printf_char_common 函数在 06192 和
06193 行对栈寄存器 SP 作了操作,先将 LR 寄存器压入栈中,然后又将 SP 减去
0x3C,这相当于将 SP 向下移动 0x40 个地址,因此 0x200022C4+0x40=0x20002304
地址就是其父函数的栈地址,LR 寄存器就保存在这个地址的下面,即 0x20002300
地址中,其值为 0x0800359B。在 mindows. txt 文件中寻找 0x0800359A 地址,找到
的汇编代码如下:

```
05785      __c89vsprintf
05786        0x08003588:    b51c         ..       PUSH    {r2 - r4,lr}
...          ...
05793        0x08003596:    f000f9ac .... BL       _printf_char_common ; 0x80038f2
05794        0x0800359a:    4604         .F       MOV     r4,r0
...          ...
```

可以看到 0x0800359A 地址位于 __c89vsprintf 函数内,同样不是我们自己编写的函数,仍需要寻找它的父函数。__c89vsprintf 函数只在 05786 行对栈作了 PUSH 操作,将 LR、R4～R2 这 4 个寄存器压入栈中,因此从该函数的栈地址 0x20002304 向上找,可以找到 LR 寄存器保存在栈地址 0x20002310 中,它的数值为 0x08001BAD,该函数的父函数栈地址为 0x20002314。在 mindows.txt 文件中寻找 0x08001BAC 地址,找到的汇编代码如下:

```
02983   DEV_PutStrToMem
02984   0x08001b88: b40f      ..     PUSH    {r0 - r3}
02985   0x08001b8a: b538      8.     PUSH    {r3 - r5,lr}
02986   0x08001b8c: 4887      .H     LDR
                                            r0,[pc,#540];[0x8001dac] = 0x20000880
02987   0x08001b8e: f7fffffe1 ....    BL      DEV_BufferAlloc ; 0x8001b54
02988   0x08001b92: 4604      .F     MOV     r4,r0
02989   0x08001b94: b914      ..     CBNZ    r4,0x8001b9c ; DEV_PutStrToMem + 20
02990   0x08001b96: bc38      8.     POP     {r3 - r5}
02991   0x08001b98: f85dfb14  ]...    LDR     pc,[sp],#0x14
02992   0x08001b9c: a805      ..     ADD     r0,sp,#0x14
02993   0x08001b9e: 9000      ..     STR     r0,[sp,#0]
02994   0x08001ba0: f1040009  ....    ADD     r0,r4,#9
02995   0x08001ba4: 9a00      ..     LDR     r2,[sp,#0]
02996   0x08001ba6: 9904      ..     LDR     r1,[sp,#0x10]
02997   0x08001ba8: f001fcee  ....    BL      __c89vsprintf ; 0x8003588
02998   0x08001bac: 2000      ..     MOVS    r0,#0
02999   0x08001bae: 9000      ..     STR     r0,[sp,#0]
03000   0x08001bb0: f1040009  ....    ADD     r0,r4,#9
03001   0x08001bb4: f001fcfa  ....    BL      strlen ; 0x80035ac
03002   0x08001bb8: 7220      r      STRB    r0,[r4,#8]
03003   0x08001bba: 4621      ! F    MOV     r1,r4
03004   0x08001bbc: 487c      |H     LDR
                                            r0,[pc,#496];[0x8001db0] = 0x20000804
03005   0x08001bbe: 6800      .h     LDR     r0,[r0,#0]
03006   0x08001bc0: f7fff955  ..U.    BL      MDS_QuePut ; 0x8000e6e
03007   0x08001bc4: bf00      ..     NOP
03008   0x08001bc6: e7e6      ..     B       0x8001b96 ; DEV_PutStrToMem + 14
```

可以看到 0x08001BAC 地址位于 DEV_PutStrToMem 函数内,经过这么多步骤,终于找到了我们自己编写的函数。在前面分析时我们怀疑传给 vsprintf 函数的参数有问题,但在此处并没有记录下这些入口参数,无法知道这些入口参数的数值是什么,因此需要再向前寻找 DEV_PutStrToMem 函数的父函数,看看能否找到一些线索。

查看这些汇编指令,可以看到在 02984 和 02985 行对栈作了 PUSH 操作,分别压入了 R3～R0 以及 LR、R5～R3 共 8 个寄存器,在 02990 行从栈中 POP 出了 R5～R3 共 3 个寄存器,但在 POP 指令前的 02989 行有一个条件跳转指令 CBNZ,这会影响到是否执行 POP 指令。假设没有执行该跳转指令,那么就会直接执行 POP 指令以及它下面 02991 行的 LDR 指令,这条 LDR 指令会直接返回到该函数的父函数,并没有机会运行__c89vsprintf 函数,这是与栈打印信息对应不上的,因此,一定是执行了 CBNZ 跳转指令。通过对比 C 代码,可以看出 CBNZ 跳转指令实际上对应的是 DEV_BufferAlloc 函数申请的缓冲地址是否为 NULL 的判断。

为方便对比汇编代码,下面贴出 DEV_PutStrToMem 函数的代码:

```
00633    void DEV_PutStrToMem(U8 * pvStringPt, ...)
00634    {
00635        MSGBUF * pstrMsgBuf;
00636        va_list args;
00637
00638        /* 申请 buf,用来存放需要打印的字符 */
00639        pstrMsgBuf = (MSGBUF *)DEV_BufferAlloc(&gstrBufPool);
00640        if(NULL == pstrMsgBuf)
00641        {
00642            return;
00643        }
00644
00645        /* 将字符串打印到内存 */
00646        va_start(args, pvStringPt);
00647        (void)vsprintf(pstrMsgBuf ->aucBuf, pvStringPt, args);
00648        va_end(args);
00649
00650        /* 填充 buf 参数 */
00651        pstrMsgBuf ->ucLength = strlen(pstrMsgBuf ->aucBuf);
00652
00653        /* 将 buf 挂入队列 */
00654        (void)MDS_QuePut(gpstrSerialMsgQue, &pstrMsgBuf ->strList);
00655    }
```

既然在执行__c89vsprintf 函数之前没有执行 POP 指令,那么就只需要考虑向栈中 PUSH 的 R3～R0 以及 LR、R5～R3 这 8 个寄存器了,因为 0x20002314～0x20002330 栈地址内保存的分别是 R3～R5、LR、R0～R3 寄存器,可以知道 LR 寄存器保存在 0x20002320 地址,其值为 0x080020AB,它的父函数栈地址是 0x20002334。在 mindows.txt 文件中寻找 0x080020AA 地址,找到的汇编代码如下:

```
03433    TEST_TaskSwitchPrint
...      ...
```

```
03457    0x0800209a：   f7fefa5e    ..^.    BL     MDS_GetSystemTick；0x800055a
03458    0x0800209e：   4603        .F      MOV    r3,r0
03459    0x080020a0：   6e62        bn      LDR    r2,[r4,#0x64]
03460    0x080020a2：   a03c        <.      ADR    r0,{pc}+0xf2；0x8002194
03461    0x080020a4：   6e69        in      LDR    r1,[r5,#0x64]
03462    0x080020a6：   f7fffd6f    ..o.    BL     DEV_PutStrToMem；0x8001b88
03463    0x080020aa：   e006        ..      B      0x80020ba；TEST_TaskSwitch-
                                                   Print + 82
...      ...
```

可以看到 0x080020AA 地址位于 TEST_TaskSwitchPrint 函数内。调用 DEV_PutStrToMem 函数的 C 代码如下：

```
00181    void TEST_TaskSwitchPrint(M_TCB * pstrOldTcb, M_TCB * pstrNewTcb)
00182    {
...      ...
00200        /* 没有删除切换前任务 */
00201        if(NULL != pstrOldTcb)
00202        {
00203            /* 向内存打印任务切换信息 */
00204            DEV_PutStrToMem((U8 *)"\r\nTask %s --->Task %s! Tick is：%d",
00205                        pstrOldTcb->pucTaskName, pstrNewTcb->pucTaskName,
00206                        MDS_GetSystemTick());
00207        }
00208        else /* 切换前的任务被删除 */
00209        {
00210            /* 向内存打印任务切换信息 */
00211            DEV_PutStrToMem((U8 *)"\r\nTask NULL --->Task %s! Tick is：%d",
00212                        pstrNewTcb->pucTaskName, MDS_GetSystemTick());
00213        }
...      ...
00217    }
```

可以看到共有 2 处调用了 DEV_PutStrToMem 函数，需要确定是执行了哪个分支的该函数。对照 TEST_TaskSwitchPrint 函数的汇编代码，03457 行调用了 MDS_GetSystemTick 函数，返回值存入了 R0 寄存器，03458 行将 R0 存入 R3。03459 行在 R4 基址上加上偏移地址 0x64，将其中的数值存入 R2 寄存器。03460 行将 0x08002194 存入 R0 寄存器，下面即将调用 DEV_PutStrToMem 函数，R0 寄存器是该函数的第一个入口函数，里面存放的应该是字符串"\r\nTask %s --->Task %s! Tick is：%d"或者是"\r\nTask NULL --->Task %s! Tick is：%d"。在 mindows.txt 文件中寻找 0x08002194 地址，找到的数据如下：

03529	0x08002194：	61540a0d	..Ta	DCD	1632897549
03530	0x08002198：	25206b73	sk %	DCD	622881651
03531	0x0800219c：	2d2d2073	s --	DCD	757932147
03532	0x080021a0：	54203e2d	->T	DCD	1411399213
03533	0x080021a4：	206b7361	ask	DCD	543912801
03534	0x080021a8：	20217325	% s!	DCD	539063077
03535	0x080021ac：	6b636954	Tick	DCD	1801677140
03536	0x080021b0：	3a736920	is:	DCD	980642080
03537	0x080021b4：	00642520	% d.	DCD	6563104

从第 3 列 ASCII 码可以看出，传入的字符串是前者，因此 TEST_TaskSwitch-Print 函数调用的是 00204~00206 行的 DEV_PutStrToMem 函数。

TEST_TaskSwitchPrint　函数的汇编代码在 03461 行将 R5 基址加上偏移地址 0x64，将其中的数值存入 R1 寄存器，可以看出 R4 寄存器对应的是 pstrOldTcb 变量，R5 寄存器对应的是 pstrNewTcb 变量，0x64 是 pucTaskName 变量相对 M_TCB 结构体的偏移地址。03462 行调用 DEV_PutStrToMem 函数，此时 R0~R3 寄存器中已经存入了 4 个入口参数，其中 R0 中存储的是 0x08002194，是字符串"\r\nTask %s ——>Task %s! Tick is：%d"的地址，这与 C 代码中的第一个参数吻合。R1 和 R2 寄存器中存储的是 pstrNewTcb —> pucTaskName 和 pstrOldTcb —> puc-TaskName，是 2 个任务名字符串的地址。从记录的信息无法看到这 2 个变量的数值，但可以肯定的是，这 2 个变量的数值是可以被更改的，存在出错的可能。从 ex-ception. txt 文件中记录的任务切换信息可以看出，TEST_TestTask1 任务的名称变成了"BAD DATA"，因此可以初步判定 TEST_TestTask1 任务的任务名指针出了问题。R3 中存储的是 MDS_GetSystemTick 函数的返回值，这个数值传入 DEV_PutStrToMem 函数不会有问题。

经过上述分析，基本可以确定是 TEST_TestTask1 任务的任务名指针出现了问题，但以我们记录的任务切换信息，还不足以分析出是什么原因导致了这个问题。可以试着从 TEST_TestTask1 任务上次切换出去时记录的任务信息开始向前推，看看在这个过程中能否找到蛛丝马迹。可以在 exception. txt 文件的 00230 行找到 TEST_TestTask1 任务上次切换出去时记录的信息：

```
00230    Task BAD DATA! 0x200023A0 switch to task SrlPrt 0x20002FB8
00231    Exc_Rtn = 0xFFFFFFF9
00232    XPSR = 0x01000000
00233    R15 = 0x08004DB8 R14 = 0x080009E1 R13 = 0x20002340 R12 = 0x00000000
00234    R11 = 0x00000000 R10 = 0x00000000 R9  = 0x00000000 R8  = 0x2000085C
00235    R7  = 0x2000087C R6  = 0x20000014 R5  = 0x00000004 R4  = 0x00000032
00236    R3  = 0x00000010 R2  = 0x200023E8 R1  = 0x2000002C R0  = 0x10001001
00237    0x2000239C：0x01000000
```

```
00238    0x20002398: 0x08001F75
00239    0x20002394: 0x0800095D
00240    0x20002390: 0x00000000
00241    0x2000238C: 0x00000000
00242    0x20002388: 0x00000000
00243    0x20002384: 0x00000000
00244    0x20002380: 0x00000000
00245    0x2000237C: 0x00000000
00246    0x20002378: 0x00000000
00247    0x20002374: 0x08001FAB
00248    0x20002370: 0x00000000
00249    0x2000236C: 0x00000000
00250    0x20002368: 0x000007D0
00251    0x20002364: 0x000001F4
00252    0x20002360: 0x20002378
00253    0x2000235C: 0x01000000
00254    0x20002358: 0x08004DB8
00255    0x20002354: 0x080009E1
00256    0x20002350: 0x00000000
00257    0x2000234C: 0x00000010
00258    0x20002348: 0x200023E8
00259    0x20002344: 0x2000002C
00260    0x20002340: 0x10001001
```

　　栈内 0x2000235C～0x20002340 存放的是任务调度中断发生时存入的 8 个寄存器数值,其中 0x20002358 地址存放的数值 0x08004DB8 是返回到 TEST_TestTask1 任务的地址,任务的栈地址在 0x20002360。在 mindows.txt 文件中查找 0x08004DB8 地址,找到的汇编代码如下:

```
08181    MDS_TaskOccurSwi
08182        0x08004db6:    df00       ..     SVC      #0x0 ; formerly SWI
08183        0x08004db8:    4770       pG     BX       lr
```

　　这是触发软中断的函数,LR 寄存器此时的数值会在 08182 行执行 SVC 指令发生任务调度中断时存入栈中 0x20002354,可以看到它的值为 0x080009E1。在 mindows.txt 文件中查找 0x080009E0 地址,找到的汇编代码如下:

```
01177    MDS_TaskDelay
01178        0x08000962:    e92d41f0    -..A    PUSH     {r4-r8,lr}
...      ...
01188        0x08000978:    e8bd81f0    ....    POP      {r4-r8,pc}
...      ...
01224        0x080009dc:    f7fffe9e    ....    BL       MDS_TaskSwiSched
```

; 0x800071c

01225	0x080009e0:	6830	0h	LDR	r0,[r6,#0]
01226	0x080009e2:	6f80	.o	LDR	r0,[r0,#0x78]
01227	0x080009e4:	e7c8	..	B	0x8000978 ; MDS_TaskDelay
					+ 22

程序调用 MDS_TaskSwiSched 函数，返回后接下来会执行 01225 行 0x080009E0 地址的 LDR 指令，可以看出 01225～01227 行对应到 MDS_TaskDelay 函数的最后一条返回指令：

| 00406 | return gpstrCurTcb->strTaskOpt.uiDelayTick; |

将 gpstrCurTcb→strTaskOpt.uiDelayTick 中的数值存入到 R0 寄存器中，准备从 MDS_TaskDelay 函数返回。01227 行跳转到 01188 行，使用 POP 指令从栈中弹出 5 个寄存器数值，这 5 个寄存器是在 01178 行刚进入 MDS_TaskDelay 函数时被压入栈中的。发生 SVC 中断前栈地址在 0x20002360，因此栈中 0x20002360～0x20002374 中分别存储着运行 MDS_TaskDelay 函数时的 R4～R8 以及返回到其父函数的 LR 寄存器数值，分别为 0x20002378、0x000001F4、0x000007D0、0x00000000、0x00000000 和 0x08001FAB，它的父函数栈地址是 0x20002360+6×4=0x20002378。在 mindows.txt 文件中查找 0x08001FAA 地址，找到的汇编代码如下：

03338	TEST_TestTask1				
03339	0x08001f74:	b08a	..	SUB	sp,sp,#0x28
03340	0x08001f76:	f44f66fa	O..f	MOV	r6,#0x7d0
03341	0x08001f7a:	466c	lF	MOV	r4,sp
03342	0x08001f7c:	10b5	..	ASRS	r5,r6,#2
03343	0x08001f7e:	f7fefaec	....	BL	MDS_GetSystemTick ; 0x800055a
03344	0x08001f82:	4601	.F	MOV	r1,r0
03345	0x08001f84:	a055	U.	ADR	r0,{pc}+0x158 ; 0x80020dc
03346	0x08001f86:	f7fffdff	....	BL	DEV_PutStrToMem ; 0x8001b88
03347	0x08001f8a:	f7fefae6	....	BL	MDS_GetSystemTick ; 0x800055a
03348	0x08001f8e:	42b0	.B	CMP	r0,r6
03349	0x08001f90:	d305	..	BCC	0x8001f9e ; TEST_TestTask1 + 42
03350	0x08001f92:	2000	.	MOVS	r0,#0
03351	0x08001f94:	f8440020	D..	STR	r0,[r4,r0,LSL #2]
03352	0x08001f98:	1c40	@.	ADDS	r0,r0,#1
03353	0x08001f9a:	2864	d(	CMP	r0,#0x64
03354	0x08001f9c:	d3fa	..	BCC	0x8001f94 ; TEST_TestTask1 + 32
03355	0x08001f9e:	4628	(F	MOV	r0,r5
03356	0x08001fa0:	f037f830	7.0.	BL	DEV_DelayMs ; 0x8039004
03357	0x08001fa4:	2032	2	MOVS	r0,#0x32
03358	0x08001fa6:	f7fefcdc	....	BL	MDS_TaskDelay ; 0x8000962

```
03359    0x08001faa:    e7e8      ..      B      0x8001f7e ; TEST_TestTask1 + 10
```

可以看到 TEST_TestTask1 任务调用 MDS_TaskDelay 函数后会从 03359 行的 0x08001FAA 地址跳转到 03343 行的 0x08001F7E 地址,03343～03346 行汇编代码对应的 C 语言代码为:

```
00025              DEV_PutStrToMem((U8 *)"\r\nTask1 is running! Tick is: %d",
00026                             MDS_GetSystemTick());
```

其中 03343～03344 行指令将 DEV_PutStrToMem 函数的第二个入口参数,即 MDS_GetSystemTick 函数的返回值存入到 R1 寄存器中,这 2 行语句没有问题。03345 行指令将 0x080020DC 地址存入到 R0 寄存器中,这个地址应该是存放字符串 "\r\nTask1 is running! Tick is: %d"的首地址,可以在 mindows.txt 文件中查找这个地址进行验证。然后 03346 行指令调用 DEV_PutStrToMem 函数,通过 R0 和 R1 寄存器传入该函数的 2 个参数,到目前来说一切正常。

03347 行调用了 MDS_GetSystemTick 函数,将其返回值存入到 R0 寄存器中。03348 行指令比较 R0 和 R6,其中 R0 中保存的是当前 tick 值,从上面的推导中可以知道 R6 中的数值为 0x000007D0,换成十进制是 2 000,可以看出这对应着 C 语言代码为:

```
00029              if(MDS_GetSystemTick() >= 2000)
```

我们现在需要知道 R0 寄存器中保存的当前 tick 数值是多少,以判断是否走这个 if 分支,但仅从我们保存的任务切换信息是无法知道的,不过从 exception.txt 文件中任务切换钩子函数打印出的任务切换信息可以知道,当时 tick 已经超过了 2 000,因此 03349 行对应的 BCC 指令是不成立的。接下来需要执行 03350～03354 行指令,对应的 C 语言代码如下:

```
00031              for(i = 0; i < 100; i++)
00032              {
00033                  auiArray[i] = i;
00034              }
```

03350～03354 行汇编代码中的 R0 寄存器相当于是 C 代码中的 i 变量,R4 寄存器相当于是 auiArray 数组的首地址,从上面的推导中已经知道其值为 0x20002378,这些行指令以 4 字节为存储单元,将 0～0x63 数值分别存储到栈中 0x20002378～0x20002504。注意,问题就出现在这里,从 exception.txt 文件中记录的信息,可以知道 TEST_TestTask1 任务的 TCB 指针是 0x200023A0,包含在 0x20002378～0x20002504 地址范围之中,这就说明 TEST_TestTask1 任务改写了自身的 TCB 指针,内存被踩了,因而 TCB 中的任务名指针会出现错误,从而导致 TEST_TaskSwitchPrint 函数打印任务名时出现了异常。

那么,为什么上述对数组赋值的操作会踩内存呢?仔细查看一下 auiArray 数组,其大小是 10,而 for 循环中的赋值操作却是 100,因此就出现了踩内存的问题,从而导致异常中断。

问题找到了,将 for 循环中的 100 改为 10,重新编译代码,运行,可以看到问题解决了。

在上述问题的分析过程中,可以感觉到记录的信息明显有些不够用。如果我们记录了任务 TCB 中的信息,那么这个问题就会更容易解决;如果在任务切换时记录了即将运行的任务的任务信息,那么我们就不但能向前推导还可以向后推导。但问题是我们不可能记录所有的信息。为解决这个问题,可以为操作系统增加一个函数,由用户根据自身需要通过这个函数自由增加需要记录的信息。

另外,在某些情况下系统出现错误并不会产生异常中断,而是陷入死循环。例如,将 auiArray 数组的类型由 U32 改为 U8 就会出现这种现象,在这种情况下不会触发异常中断,我们也就不会得到任何异常打印信息。为解决这个问题,需要增加看门狗功能,程序陷入死循环时由看门狗咬死程序,触发看门狗中断,在看门狗中断中打印记录的任务切换信息。剩下的工作就只是分析任务切换信息了,这与分析异常中断打印的任务切换信息相同。

这些功能在本手册就不再实现了,读者可以自行尝试编写这些功能。

本节介绍的例子不简单也不算复杂。简单之处,通过最后保存的 PC 值可能直接就可以找到出问题的地方;复杂的,可能因为记录的信息不够或者情况太复杂而无法分析出问题原因。无论何种情况,定位过程几乎都不会相同,本节介绍的分析过程只是其中的一个例子,并不代表每个问题都可以按照本节的方法定位。本节只是起到抛砖引玉的作用,提出一种分析问题的方法,更好、更完备的方法还有待读者进一步探索。

在某些极端的情况下,记录的任务切换信息也会被破坏,这将导致无法打印出记录的任务切换信息或者打印出的任务切换信息是错误的。

5.4　任务栈统计

创建任务时需要为每个任务指定任务栈大小,栈如果分配大了会浪费内存,如果分配小了则不够用,会导致程序崩溃,因此我们需要对每个任务所使用栈的大小有个初步了解,这样才能做到合理分配栈空间。

本节将增加检测任务所使用栈大小的功能。

5.4.1　原理介绍

指令运行时会使用到处理内核中的寄存器,寄存器还肩负着保存临时数据的功能,当临时数据比较多时,就需要将数据压入栈中保存,一般来说函数的局部变量越多所需要的栈就越多,函数调用的层次越深所需要的栈也越多。但无论一个函数使用了多少栈空间,一旦它返回到父函数时,栈指针又会回到父函数调用它时的位置,因此任务栈的深度并不是任务中所有函数所使用的栈长度加到一起,而是从任务函数开始,沿着其中一脉函数家族,由它们调用所使用的最大长度所决定。同一个任务运行在不同函数家族之间时所使用的栈长度是不同的。

由于数据入栈时会改写栈中的原有数值,而从栈中弹出时则会保留原有的数值,因此可以在创建任务时将栈中数据初始化为一个特殊值,此后可以根据栈内特殊值是否改变来判断任务栈使用的深度。

5.4.2　程序设计及编码实现

根据上面的介绍,我们很容易实现这个功能。首先需要在创建任务时将栈内的数值初始化为特殊值,如下所示:

```
00015    void MDS_TaskStackInit(M_TCB * pstrTcb, VFUNC vfFuncPointer, void * pvPara)
00016    {
...      ...
00022        /* 对 TCB 中的寄存器组初始化 */
00023        pstrRegSp ->uiXpsr = MODE_USR;                    /* XPSR */
00024        pstrRegSp ->uiR0 = (U32)pvPara;                   /* R0 */
...      ...
00042    # ifdef MDS_DEBUGSTACKCHECK
00043
00044        /* 向栈填充数据, 供检查栈时使用 */
00045        MDS_TaskStackCheckInit(pstrTcb);
00046
00047    # endif
00048
00049        /* 构造任务初始运行时的栈, 该栈在任务运行时由硬件自动取出 */
00050        puiStack = (U32 * )pstrTcb;
00051        *( -- puiStack) = pstrRegSp ->uiXpsr;
...      ...
00059    }
```

其中新增加的代码是 00042～00047 行,MDS_TaskStackCheckInit 函数将栈中数据初始化为默认值,这需要在 mds_userdef. h 文件中定义 MDS_DEBUGSTACK-CHECK 宏才能使用这个功能。该函数的代码如下:

```
00580    void MDS_TaskStackCheckInit(M_TCB * pstrTcb)
00581    {
00582        U32 uiStackBottom;
00583        U32 i;
00584
00585        /* 栈底也需要是 4 字节对齐 */
00586        uiStackBottom = ((U32)pstrTcb ->pucTaskStack + 3) & ALIGN4MASK;
```

```
00587
00588            /* 将申请的内存空间填入特殊字符，供检查栈空间时使用 */
00589            for(i = 0; i < (U32)pstrTcb - uiStackBottom; i += 4)
00590            {
00591                ADDRVAL(uiStackBottom + i) = STACKCHECKVALUE;
00592            }
00593        }
```

该函数的入口参数 pstrTcb 是需要将任务栈填充为特殊值的任务的 TCB 指针。本手册使用的 STM32F103VCT6 处理器是递减栈,栈顶位于内存高端,栈底位于内存低端,pstrTcb→pucTaskStack 记录的栈起始地址位于栈底,pstrTcb 指向的 TCB 地址位于栈顶。这个函数的功能是从栈底开始到栈顶结束将栈中数据置为默认值,这个默认值由 STACKCHECKVALUE 宏定义,定义如下:

$\sharp$ define STACKCHECKVALUE   0xCCCCCCCC

这个函数比较简单,这里就不详细介绍了。

检查任务栈使用情况时,只需要从栈底开始向栈顶方向检查栈中数值是否为填充的默认值,可以判断出栈使用的深度,下面的 MDS_TaskStackCheck 函数就用来实现这个功能。

```
00600   U32 MDS_TaskStackCheck(M_TCB * pstrTcb)
00601   {
00602        U32 uiStackBottom;
00603        U32 i;
00604
00605        /* 获取需要检查栈的地址 */
00606        uiStackBottom = ((U32)pstrTcb->pucTaskStack + 3) & ALIGN4MASK;
00607
00608        /* 检查栈是否为初始化的特殊字符 */
00609        for(i = 0; i < (U32)pstrTcb - uiStackBottom; i += 4)
00610        {
00611            /* 非特殊字符，说明这部分栈已经被用过 */
00612            if(STACKCHECKVALUE != ADDRVAL(uiStackBottom + i))
00613            {
00614                break;
00615            }
00616        }
00617
00618        return i;
00619   }
```

该函数的入口参数 pstrTcb 是需要检查任务栈使用情况的任务的 TCB 指针。

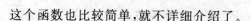

这个函数也比较简单，就不详细介绍了。

至此，我们已经完成了任务栈统计功能的设计、编写，将通过下面的例子来展示如何使用这个功能。

5.4.3　功能验证

本节使用 3 个测试任务——TEST_TestTask1～TEST_TestTask3 来测试任务栈使用的长度，每个任务都会使用递归函数 TEST_Add 计算累加和。TEST_Add 函数代码如下：

```
00176   U32 TEST_Add(U32 uiNum)
00177   {
00178       if(1 == uiNum)
00179       {
00180           return 1;
00181       }
00182
00183       return uiNum + TEST_Add(uiNum - 1);
00184   }
```

该函数将计算从 1 到入口参数 uiNum 之间所有数据的累加和。

我们知道递归函数需要不断地递归调用，这个过程就会在栈中不断压入数值，直到满足递归函数的初始条件，然后再从栈中弹出先前递归调用函数时压入的数值。可以说递归调用的次数越多，使用的任务栈就越多，对应到 TEST_Add 函数就是计算的累加和越多，使用的任务栈就越多。

TEST_TestTask1 任务在 10～20 s 之间计算 1～40 的累加和，在 20～30 s 之间计算 1～60 的累加和，在 30 s 以后计算 1～80 的累加和，在这个过程中应该可以看到该任务使用的栈越来越多。TEST_TestTask2 任务在 10～20 s 之间计算 1～80 的累加和，在 20～30 s 之间计算 1～60 的累加和，在 30 s 以后计算 1～40 的累加和，应该可以看到该任务在计算 1～80 累加和之后，使用的任务栈就达到了最大值。TEST_TestTask3 任务在 10 s 后连续计算 1～60、1～80、1～40 之间的累加和，应该可以看到该任务使用的任务栈一直维持在计算 1～80 时的最大值。

```
00017   void TEST_TestTask1(void * pvPara)
00018   {
00019       U32 uiStackRemainLen;
00020       U32 uiTick;
00021
00022       /* 打印栈信息 */
00023       uiStackRemainLen = MDS_TaskStackCheck(MDS_GetCurrentTcb());
00024       DEV_PutStrToMem((U8 * )"\r\nTask1 stack remain % d bytes, Tick is: % d",
```

```
00025                          uiStackRemainLen, MDS_GetSystemTick());
00026
00027          while(1)
00028          {
00029              /* 任务运行 0.5 s */
00030              TEST_TaskRun(500);
00031
00032              /* 获取系统时间 */
00033              uiTick = MDS_GetSystemTick();
00034
00035              /* 系统运行时间在 10～20 s 之间 */
00036              if((uiTick >= 1000) && (uiTick < 2000))
00037              {
00038                  /* 打印计算数值 */
00039                  DEV_PutStrToMem((U8 *)"\r\nTask1 1 add to 40 value is %d, Tick
                     is: %d",
00040                                  TEST_Add(40), MDS_GetSystemTick());
00041              }
00042              /* 系统运行时间在 20～30 s 之间 */
00043              else if((uiTick >= 2000) && (uiTick < 3000))
00044              {
00045                  /* 打印计算数值 */
00046                  DEV_PutStrToMem((U8 *)"\r\nTask1 1 add to 60 value is %d, Tick
                     is: %d",
00047                                  TEST_Add(60), MDS_GetSystemTick());
00048              }
00049              /* 系统运行时间超过 30 s */
00050              else if(uiTick >= 3000)
00051              {
00052                  /* 打印计算数值 */
00053                  DEV_PutStrToMem((U8 *)"\r\nTask1 1 add to 80 value is %d, Tick
                     is: %d",
00054                                  TEST_Add(80), MDS_GetSystemTick());
00055              }
00056
00057              /* 任务延迟 2 s */
00058              (void)MDS_TaskDelay(200);
00059
00060              /* 打印栈信息 */
00061              uiStackRemainLen = MDS_TaskStackCheck(MDS_GetCurrentTcb());
00062              DEV_PutStrToMem((U8 *)"\r\nTask1 stack remain %d bytes, Tick is: %
                 d",
```

```
00063                          uiStackRemainLen, MDS_GetSystemTick());
00064        }
00065   }
00072   void TEST_TestTask2(void * pvPara)
00073   {
00074        U32 uiStackRemainLen;
00075        U32 uiTick;
00076
00077        /* 打印栈信息 */
00078        uiStackRemainLen = MDS_TaskStackCheck(MDS_GetCurrentTcb());
00079        DEV_PutStrToMem((U8 *)"\r\nTask2 stack remain % d bytes, Tick is：% d",
00080                          uiStackRemainLen, MDS_GetSystemTick());
00081
00082        while(1)
00083        {
00084            /* 任务运行 0.5 s */
00085            TEST_TaskRun(500);
00086
00087            /* 获取系统时间 */
00088            uiTick = MDS_GetSystemTick();
00089
00090            /* 系统运行时间在 10～20 s 之间 */
00091            if((uiTick >= 1000) && (uiTick < 2000))
00092            {
00093                /* 打印计算数值 */
00094                DEV_PutStrToMem((U8 *)"\r\nTask2 1 add to 80 value is % d, Tick
                     is：% d",
00095                                TEST_Add(80), MDS_GetSystemTick());
00096            }
00097            /* 系统运行时间在 20～30 s 之间 */
00098            else if((uiTick >= 2000) && (uiTick < 3000))
00099            {
00100                /* 打印计算数值 */
00101                DEV_PutStrToMem((U8 *)"\r\nTask2 1 add to 60 value is % d, Tick
                     is：% d",
00102                                TEST_Add(60), MDS_GetSystemTick());
00103            }
00104            /* 系统运行时间超过 30 s */
00105            else  if(uiTick >= 3000)
00106            {
00107                /* 打印计算数值 */
00108                DEV_PutStrToMem((U8 *)"\r\nTask2 1 add to 40 value is % d, Tick
```

313

嵌入式操作系统内核调度——底层开发者手册

```
                                        is: %d",
00109                                            TEST_Add(40), MDS_GetSystemTick());
00110            }
00111
00112        /* 任务延迟 2 s */
00113        (void)MDS_TaskDelay(200);
00114
00115        /* 打印栈信息 */
00116        uiStackRemainLen = MDS_TaskStackCheck(MDS_GetCurrentTcb());
00117        DEV_PutStrToMem((U8 *)"\r\nTask2 stack remain %d bytes, Tick is: %d",
00118                    uiStackRemainLen, MDS_GetSystemTick());
00119        }
00120 }
00127 void TEST_TestTask3(void * pvPara)
00128 {
00129    U32 uiStackRemainLen;
00130    U32 uiTick;
00131
00132    /* 打印栈信息 */
00133    uiStackRemainLen = MDS_TaskStackCheck(MDS_GetCurrentTcb());
00134    DEV_PutStrToMem((U8 *)"\r\nTask3 stack remain %d bytes, Tick is: %d",
00135                uiStackRemainLen, MDS_GetSystemTick());
00136
00137    while(1)
00138    {
00139        /* 任务运行 0.5 s */
00140        TEST_TaskRun(500);
00141
00142        /* 获取系统时间 */
00143        uiTick = MDS_GetSystemTick();
00144
00145        /* 系统运行时间超过 10 s */
00146        if(uiTick >= 1000)
00147        {
00148            /* 打印计算数值 */
00149            DEV_PutStrToMem((U8 *)"\r\nTask3 1 add to 60 value is %d, Tick
                    is: %d",
00150                            TEST_Add(60), MDS_GetSystemTick());
00151
00152            /* 打印计算数值 */
00153            DEV_PutStrToMem((U8 *)"\r\nTask3 1 add to 80 value is %d, Tick
                    is: %d",
```

```
00154                                   TEST_Add(80), MDS_GetSystemTick());
00155
00156             /* 打印计算数值 */
00157             DEV_PutStrToMem((U8 *)"\r\nTask3 1 add to 40 value is %d, Tick
                  is: %d",
00158                                   TEST_Add(40), MDS_GetSystemTick());
00159         }
00160
00161         /* 任务延迟 2 s */
00162         (void)MDS_TaskDelay(200);
00163
00164         /* 打印栈信息 */
00165         uiStackRemainLen = MDS_TaskStackCheck(MDS_GetCurrentTcb());
00166         DEV_PutStrToMem((U8 *)"\r\nTask3 stack remain %d bytes, Tick is: %
                  d",
00167                                   uiStackRemainLen, MDS_GetSystemTick());
00168     }
00169 }
```

编译本节代码，将目标程序加载到开发板中运行，串口输出如图 5.11 所示。

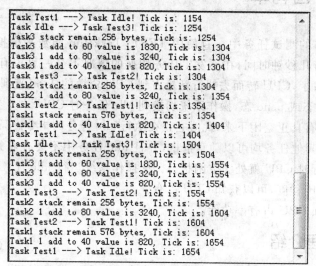

图 5.11　任务栈已使用长度的串口打印

LCD 显示屏输出如图 5.12 所示。

从串口打印的数据可以看到运行结果与我们设想的结果是相同的，递归的层次越多，使用的栈空间就越多。另外说明一点，由于嵌入式系统内存较小，一般不要在嵌入式系统中使用递归函数。

编写完程序后，就可以在测试中加入任务栈统计功能检测任务栈使用的大小了，

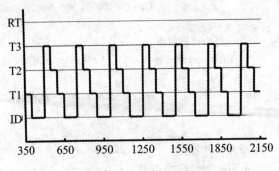

图 5.12　任务栈已使用长度的 LCD 屏打印

根据这个结果再合理安排任务栈的大小。一般要多留出一些栈空间,这是因为在测试时未必会测试到程序的所有分支,因此这个统计结果可能并不会检测出栈的最大深度,而且在某些极端情况下,比如在栈中填充了默认值 STACKCHECKVALUE,检测出来的结果可能就是错误的。但无论如何,本节提供了一种检查任务栈使用大小的简单方法,在绝大多数情况下还是能提供一个比较准确的栈使用情况供用户参考的。

5.5　CPU 占有率

在前面章节的测试任务中一直使用 TEST_TaskRun 函数来模拟任务的业务,一般会连续运行几秒钟时间,在不发生任务切换的情况下会一直占有 CPU,即使是被其他任务抢占了,CPU 转而去执行新抢占到 CPU 资源的任务,直到所有非 idle 任务进入到 delay 态或 pend 态,操作系统切换到 idle 任务时 CPU 才会空闲下来,但实际上 CPU 并没有真正空闲下来,此时它正在执行 idle 任务的指令。只是由于 idle 任务优先级最低,其他任务均可以随意抢占,并且 idle 任务中不会有业务功能,因此认为 idle 任务运行时 CPU 就处于空闲状态。从操作系统运行 idle 任务的情况就可以看出 CPU 的空闲程度,可以获知 CPU 占有率。

本节将增加 CPU 占有率功能。

5.5.1　原理介绍

在一段时间内,与整个系统功能相关的指令运行所花费的时间与这段时间的比值叫作 CPU 占有率,如果具体到每个任务指令运行所花费的时间与这段时间的比值,就可以统计出每个任务的 CPU 占有率。图 5.13 是 Windows 7 显示的 CPU 占有率界面。

若要实现 CPU 占有率功能,就需要能在一定时间内计算出每个任务运行的时间,这里取 1 s 作为 CPU 占有率的统计时间。1 s 计时很容易实现,我们已经将操作系统 1 个 tick 设定为 10 ms,只需要计数 100 个 tick 就可以确定 1 s 时间。实现

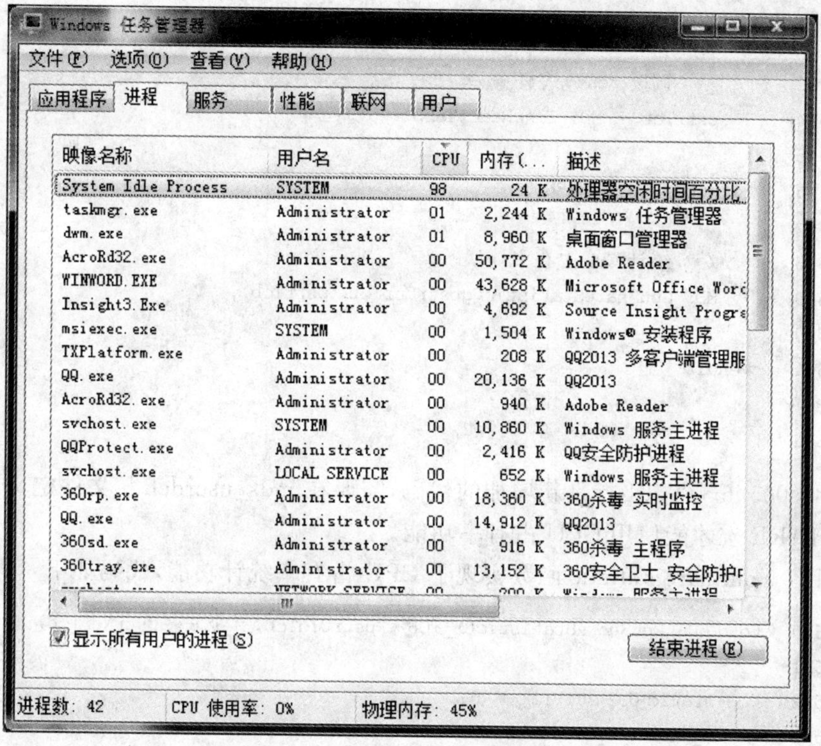

图 5.13　Windows7 CPU 占有率界面

CPU 占有率功能的难点,在于在 1 s 时间内统计出每个任务执行的时间。操作系统在 1 s 内会发生多次任务切换,可以在任务切换函数中记录下每个任务每次进入以及退出 running 态的时间,然后每到 1 s 定时结束时计算出每个任务在这 1 s 时间内处于 running 态的时间,就可以计算出每个任务的 CPU 占有率了。但这其中有一个问题需要解决,目前 Mindows 操作系统最小的计时单位是 tick,而且在 2 个 tick 中断之间可能会发生实时事件触发的任务调度,也就是说任务切换的时间小于操作系统最小的时间精度,这样依靠 tick 计时就无法精确计算出 CPU 占有率。为了解决这个问题,可以读取 tick 定时器的数值,STM32F103VCT6 处理器的 tick 定时器是 24 位递减定时器,以 10 ms 的 tick 来说,tick 定时器从 0xFFFFFF 减到 0 需要花费 10 ms,因此通过读取 tick 定时器的数值就可以得到小于 1 个 tick 的时间,从而能精确地计算每个任务执行的时间。

5.5.2　程序设计及编码实现

根据前面的分析,可以在任务调度函数 MDS_TaskSched 中增加 CPU 占有率统计函数,以便每次任务调度时都可以记录任务处于 running 态的时间。

00539　void MDS_TaskSched(void)

```
00540    {
...      ...
00553        /* 调度 ready 表任务 */
00554        pstrTcb = MDS_TaskReadyTabSched();
00555
00556    # ifdef MDC_CPUSHARE
00557
00558        /* 统计 CPU 占有率 */
00559        MDS_CpuShareStatistic(gpstrCurTcb, pstrTcb);
00560
00561    # endif
...      ...
00576    }
```

其中 00556～00561 行是新增加的代码，需要在 mds_userdef.h 文件定义 MDS_CPUSHARE 宏才能使用 CPU 占有率功能。

MDS_CpuShareStatistic 函数实现了 CPU 占有率统计功能，代码如下：

```
00650    void MDS_CpuShareStatistic(M_TCB * pstrOldTcb, M_TCB * pstrNewTcb)
00651    {
00652        static U32 suiTick = 0;
00653        M_DLIST * pstrTaskList;
00654        M_TCB * pstrTaskTcb;
00655        U32 uiSysTickVal;
00656
00657        /* 获取 tick 定时器每个 tick 的计数值 */
00658        uiSysTickVal = SysTick ->VAL;
00659
00660        /* 当前运行任务没有被删除，统计 CPU 占有率 */
00661        if(NULL != pstrOldTcb)
00662        {
00663            /* CPU 占有率计数，tick 定时器是 24 位递减定时器 */
00664            if(suiTick == guiTick) /* 计数器未溢出 */
00665            {
00666                pstrOldTcb ->strCpuShare.uiCounter + =
00667                            (pstrOldTcb ->strCpuShare.uiSysTickVal - ui-
                             SysTickVal);
00668            }
00669            else /* 计数器溢出 */
00670            {
00671                pstrOldTcb ->strCpuShare.uiCounter + =
00672                    (pstrOldTcb ->strCpuShare.uiSysTickVal + SYSTICKPERIOD - ui-
                     SysTickVal);
```

```
00673                }
00674            }
00675
00676        /* 更新保存的 tick 值 */
00677        suiTick = guiTick;
00678
00679        /* 更新任务时钟值 */
00680        pstrNewTcb->strCpuShare.uiSysTickVal = uiSysTickVal;
00681
00682        /* 满足条件则计算 CPU 占有率 */
00683        if(CPUSHARETIME == guiCpuSharePeriod)
00684        {
00685            pstrTaskList = &gstrTaskList;
00686
00687            /* 循环统计每个任务的 CPU 占有率 */
00688            while(NULL !=
00689                (pstrTaskList = MDS_DlistNextNodeEmpInq(&gstrTaskList, pstr-
                   TaskList)))
00690            {
00691                /* 指向任务的 TCB */
00692                pstrTaskTcb = ((M_TCBQUE *)pstrTaskList)->pstrTcb;
00693
00694                /* 计算 CPU 占有率百分比，采用四舍五入计算 */
00695                pstrTaskTcb->strCpuShare.uiCpuShare =
00696                            (pstrTaskTcb -> strCpuShare. uiCounter + SY-
                            STICKPERIOD / 2)
00697                            / SYSTICKPERIOD * 100 / CPUSHARETIME;
00698
00699                /* CPU 占有率计数清 0，准备进行下次统计 */
00700                pstrTaskTcb->strCpuShare.uiCounter = 0;
00701            }
00702
00703            /* CPU 占有率统计周期清 0，准备进行下次统计 */
00704            guiCpuSharePeriod = 0;
00705        }
00706  }
```

00650 行，该函数的入口参数 pstrOldTcb 是切换前的任务 TCB 指针，pstrNewTcb 是切换后的任务 TCB 指针。

由于需要计算每个任务的 CPU 占有率，因此需要在 TCB 中增加一个 CPU 占有率的结构，将有关 CPU 占有率的数据存储在这个结构中。新的 TCB 结构如下：

```
typedef struct m_tcb
```

```
{
    STACKREG strStackReg;                /* 备份寄存器组 */
    M_TCBQUE strTaskQue;                 /* 任务链表 */
    M_TCBQUE strTcbQue;                  /* TCB 结构队列 */
    M_TCBQUE strSemQue;                  /* sem 表队列 */
    M_SEM * pstrSem;                     /* 阻塞任务的信号量指针 */
    U8 * pucTaskName;                    /* 任务名称指针 */
    U8 * pucTaskStack;                   /* 创建任务时的栈地址 */
    U32 uiTaskFlag;                      /* 任务标志 */
    U8 ucTaskPrio;                       /* 任务优先级 */
# ifdef MDS_TASKPRIOINHER
    U8 ucTaskPrioBackup;                 /* 任务优先级继承后,用来保存原有的优先级 */
# endif
    M_TASKOPT strTaskOpt;                /* 任务参数 */
    U32 uiStillTick;                     /* 延迟结束的时间 */
# ifdef MDS_CPUSHARE
    M_CPUSHARE strCpuShare;              /* CPU 占有率结构 */
# endif
}M_TCB;
```

其中,新增的 M_CPUSHARE 类型变量 strCpuShare 用来保存 CPU 占有率相关的信息。TCB 中除了增加 M_CPUSHARE 结构外,还增加了一个 M_TCBQUE 类型的 strTaskQue 变量。这个变量后面再作说明,先来看看 M_CPUSHARE 结构的定义:

```
typedef struct m_cpushare
{
    U32 uiSysTickVal;                    /* 任务切换进来的时钟值 */
    U32 uiCounter;                       /* CPU 占有率计数值 */
    U32 uiCpuShare;                      /* CPU 占有率 */
}M_CPUSHARE;
```

uiSysTickVal 变量用来记录任务切换到 running 态时 tick 定时器的数值;uiCounter 变量用来记录 1 s 内该任务处于 running 态的时间,单位是 tick 定时器的数值;uiCpuShare 变量用来保存计算出的 CPU 占有率。

该函数通过 pstrOldTcb 和 pstrNewTcb 这 2 个 TCB 指针入口参数就可以将有关 CPU 占有率的信息保存到各自任务的 TCB 中。

00658 行,读取 tick 定时器当前的数值。

00661 行,当前运行的任务没有被删除,走此分支统计任务的 tick 定时器数值。

00664 行,非 tick 中断引起的任务调度走此分支。suiTick 是静态局部变量,它用来保存上次执行该函数时的 tick 数值,guiTick 是操作系统当前的 tick 数值。若这 2 个数值相同,则说明没有产生 tick 中断,此次任务调度是由实时事件触发的。

00666～00667 行,计算当前任务已经运行的时间,单位是 tick 定时器的数值。程序走到此行说明没有产生 tick 中断,tick 定时器还没有过 0 溢出。由于本手册使用处理器的 tick 定时器是递减计时,因此切换前任务在 pstrOldTcb→strCpuShare. uiSysTickVal 变量中保存的上次读取的 tick 定时器数值要比在 uiSysTickVal 变量中保存的本次读取的 tick 定时器数值大,二者相减便可得到切换前任务在上次任务切换与本次任务切换之间所处 running 态的时间,将这个时间值累加到 pstrOldTcb →strCpuShare. uiCounter 变量中,可以记录切换前任务处于 running 态的累计时间。

00669 行,tick 中断引起的任务调度走此分支。

00671～00672 行,计算当前任务已经运行的时间,单位是 tick 定时器的数值。程序走到此行说明产生了 tick 中断,tick 定时器已经减到 0 而溢出,重新开始另一个循环,因此在计算当前任务已经运行的时间时,需要额外增加 tick 定时器的计数周期值 SYSTICKPERIOD,这个宏的定义如下,是 24 位所能表达的最大周期值:

```
#define SYSTICKPERIOD            0x1000000
```

00677 行,更新保存的 tick 值。将当前的 tick 值更新到 suiTick 静态局部变量中,下次执行该函数时通过该变量就可以知道上次执行该函数时的 tick 值。

00680 行,保存即将运行的任务进入 running 态时的 tick 定时器数值。任务调度后将运行即将运行的任务,此行记录下该任务进入 running 态的时间,等下次任务调度时根据此值就可以算出这 2 次任务调度之间该任务运行的时间。

00683 行,CPU 占有率统计时间累计到 1 s 时间,走此分支计算各个任务的 CPU 占有率。guiCpuSharePeriod 全局变量中保存的是 CPU 占有率统计周期的计数值,该变量在 tick 中断函数 MDS_TaskTick 中会加 1。CPUSHARETIME 的宏定义是 CPU 占有率统计周期,它的定义如下,可以根据 tick 周期宏定义 TICK 算出 CPU 占有率统计周期。

```
#define CPUSHARETIME             (1000 / TICK)
```

00685 行,获取任务链表根节点的地址。本节增加了任务链表功能,每个任务创建时都会挂接到任务链表上,删除时也会从任务链表删除,通过任务链表就可以遍历所有任务。任务链表是一个双向链表,gstrTaskList 全局变量的定义如下:

```
M_DLIST gstrTaskList;
```

它是任务链表的根节点,所有任务在创建时都会通过 TCB 中的 strTaskQue 变量挂接到任务链表上。

00688～00701 行,遍历任务链表上的所有任务,计算每个任务的 CPU 占有率。其中 00695～00697 行使用任务在 CPU 统计周期这 1 s 时间内处于 running 态的时间 pstrTaskTcb→strCpuShare. uiCounter 除以 tick 定时器运行 1 个周期的时间

SYSTICKPERIOD，得到的结果就是该任务在 CPU 统计周期内以 tick 为时间单位的计数值。为了避免 C 语言除法产生向 0 舍弃的误差，在除以 SYSTICKPERIOD 之前先加上 0.5 倍的 SYSTICKPERIOD，以四舍五入的方式计算任务运行的 tick 值，之后乘以 100 将其转换为百分制，再除以 CPU 统计周期，100 个 tick，最后就得到了任务的 CPU 占有率。

00700 行，清除每个任务的 CPU 占有率计数值，准备开始下个 CPU 占有率统计周期。

00704 行，将 CPU 占有率统计周期计数值清零，准备开始下个 CPU 占有率统计周期。

通过上面的设计，只要打开 MDS_CPUSHARE 宏定义，操作系统就会每隔 1 s 时间计算一次所有任务的 CPU 占有率，用户需要获取 CPU 占有率时就可以使用下面的函数获取：

```
00713   U32 MDS_GetCpuShare(M_TCB * pstrTcb)
00714   {
00715       return pstrTcb ->strCpuShare.uiCpuShare;
00716   }
```

00713 行，该函数的返回值是任务的 CPU 占有率，入口参数是需要查询 CPU 占有率的任务 TCB 指针。

00715 行，返回任务的 CPU 占有率。MDS_CpuShareStatistic 函数每秒钟都会刷新存储在每个任务 TCB 中的 pstrTcb—>strCpuShare. uiCpuShare 变量中的 CPU 占有率，读取该变量就可以得到任务的 CPU 占有率。

任务 TCB 中有关任务链表的代码非常简单，在创建任务时加入链表，在删除任务时从链表中删除，这里就不介绍了，请读者自行阅读源代码。

5.5.3　功能验证

本节使用 3 个测试任务——TEST_TestTask1～TEST_TestTask3 来测试 CPU 占有率功能。这 3 个任务都是运行一段时间后延迟一段时间，循环执行此过程。不同的是，TEST_TestTask3 任务在系统时间超过 30 s 后会自动结束，TEST_TestTask2 任务在系统时间超过 50 s 后会自动结束，TEST_TestTask1 任务在系统时间超过 70 s 后会自动结束。

```
00017   void TEST_TestTask1(void * pvPara)
00018   {
00019       while(1)
00020       {
00021           /* 任务打印 */
00022           DEV_PutStrToMem((U8 * )"\r\nTask1 will run 2s! Tick is: % d",
```

```
00023                        MDS_GetSystemTick());
00024
00025          /* 任务运行 2 s */
00026          TEST_TaskRun(2000);
00027
00028          /* 任务打印 */
00029          DEV_PutStrToMem((U8 *)"\r\nTask1 will delay 5s! Tick is: %d",
00030                        MDS_GetSystemTick());
00031
00032          /* 任务延迟 5 s */
00033          (void)MDS_TaskDelay(500);
00034
00035          /* 超过 70 s 后退出该任务 */
00036          if(MDS_GetSystemTick() > 7000)
00037          {
00038              break;
00039          }
00040      }
00041  }
00048  void TEST_TestTask2(void * pvPara)
00049  {
00050      while(1)
00051      {
00052          /* 任务打印 */
00053          DEV_PutStrToMem((U8 *)"\r\nTask2 will run 0.5s! Tick is: %d",
00054                        MDS_GetSystemTick());
00055
00056          /* 任务运行 0.5 s */
00057          TEST_TaskRun(500);
00058
00059          /* 任务打印 */
00060          DEV_PutStrToMem((U8 *)"\r\nTask2 will delay 0.5s! Tick is: %d",
00061                        MDS_GetSystemTick());
00062
00063          /* 任务延迟 2 s */
00064          (void)MDS_TaskDelay(200);
00065
00066          /* 超过 50 s 后退出该任务 */
00067          if(MDS_GetSystemTick() > 5000)
00068          {
00069              break;
00070          }
```

```
00071            }
00072    }
00079    void TEST_TestTask3(void * pvPara)
00080    {
00081        while(1)
00082        {
00083            /* 任务打印 */
00084            DEV_PutStrToMem((U8 * )"\r\nTask3 will run 0.5s! Tick is: %d",
00085                            MDS_GetSystemTick());
00086
00087            /* 任务运行 0.2 s */
00088            TEST_TaskRun(200);
00089
00090            /* 任务打印 */
00091            DEV_PutStrToMem((U8 * )"\r\nTask3 will delay 0.5s! Tick is: %d",
00092                            MDS_GetSystemTick());
00093
00094            /* 任务延迟 0.4 s */
00095            (void)MDS_TaskDelay(40);
00096
00097            /* 超过 70 s 后退出该任务 */
00098            if(MDS_GetSystemTick() > 7000)
00099            {
00100                break;
00101            }
00102        }
00103    }
```

　　本节修改了任务切换钩子函数,在任务切换钩子函数 TEST_TaskSwitchPrint 中,每 1 s 会释放一次信号量,用于同步 LCD 打印任务 TEST_LcdPrintTask,后者获取到信号量后就会将 CPU 占有率信息以图形加文字的形式显示在开发板的 LCD 显示屏上。TEST_LcdPrintTask 任务的优先级高于 3 个测试任务,以便每次发生任务切换时都可以在 LCD 上实时观看到 CPU 占有率的变化。

　　我们应该可以看到,随着上述 3 个测试任务在运行、延迟等不同状态之间转换,CPU 占有率也随之发生变化。当任务连续运行时,CPU 占有率会达到 100%。由于 Mindows 是基于任务优先级调度的操作系统,因此高优先级的 LCD 打印任务并没有受到影响,仍可以实时输出,而低优先级的串口打印任务则会有明显的延迟,这就显示出 CPU 占有率过高会使系统的部分功能、性能受到影响。

　　按照我们的设计,这 3 个测试任务会依次停止运行,应该可以看到每减少一个测试任务,CPU 占有率过高的时间就会少一些,当 3 个测试任务全部结束后,可以看到

CPU 占有率只有 3%,这 3%是 LCD 打印任务和串口打印任务消耗的 CPU 资源。通过 CPU 占有率,就可以大概了解每个任务对 CPU 资源的消耗情况。

编译本节代码,将目标程序加载到开发板中运行,串口输出如图 5.14 所示。

```
Task2 will delay 0.5s! Tick is: 2930
Task3 will run 0.5s! Tick is: 2967
Task3 will delay 0.5s! Tick is: 2987
Task Test3 is deleted! Tick is: 3027
Task1 will delay 5s! Tick is: 3116
Task2 will run 0.5s! Tick is: 3130
Task2 will delay 0.5s! Tick is: 3180
Task2 will run 0.5s! Tick is: 3380
Task2 will delay 0.5s! Tick is: 3433
Task1 will run 2s! Tick is: 3616
Task2 will delay 0.5s! Tick is: 3683
Task1 will delay 5s! Tick is: 3872
Task2 will run 0.5s! Tick is: 3883
Task2 will delay 0.5s! Tick is: 3936
Task2 will run 0.5s! Tick is: 4136
Task2 will delay 0.5s! Tick is: 4186
Task1 will run 2s! Tick is: 4372
Task2 will run 0.5s! Tick is: 4386
Task2 will delay 0.5s! Tick is: 4439
Task1 will delay 5s! Tick is: 4631
Task2 will run 0.5s! Tick is: 4639
Task2 will delay 0.5s! Tick is: 4689
Task2 will run 0.5s! Tick is: 4889
Task2 will delay 0.5s! Tick is: 4942
```

图 5.14　CPU 占有率的串口打印

LCD 显示屏输出如图 5.15 所示。

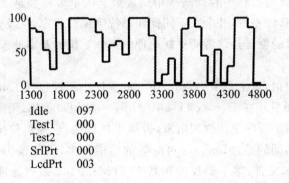

Idle	097
Test1	000
Test2	000
SrlPrt	000
LcdPrt	003

图 5.15　CPU 占有率的 LCD 屏打印

从 CPU 占有率的定义可以看出,CPU 占有率越高,CPU 剩下的处理能力就越少,如果 CPU 占有率过高,那么整个系统的功能、性能就可能会受到影响。比如说在 CPU 占有率较高的情况下,如果还有很多任务处于 ready 态,那么 CPU 就会变得更加繁忙,此时如果突发事件需要使用更多的 CPU 资源,则可能会因为 CPU 占有率过高而无法运行,导致系统功能、性能丧失。如果 CPU 占有率达到了 100%,那么必然会有一些任务由于得不到 CPU 资源而无法运行,这样系统就会丧失一些功能,性能也会受到影响。因此在设计产品时,要合理设计软件结构,避免浪费 CPU 资源的设计,当然也要根据产品的功能、性能选择合适的处理器,在业务不繁忙时,要保证 CPU 占有率处于较低的水平,留有足够的 CPU 资源以备满业务负载或突发事件使用。

本手册的测试任务中都会使用 TEST_TaskRun 函数连续运行几秒时间,用来模拟当前任务正在运行的业务,这段时间 CPU 占有率会非常高,甚至会连续几秒达到 100%,所以低优先级的串口打印任务和 LCD 打印任务就会有延迟,这点从视频中也可以看到,在这段时间内串口打印任务和 LCD 打印任务的功能、性能受到了影响。在实际项目中,这种情况是不可以存在的,每个任务连续运行的时间不会很长,每运行一小段时间就要让出 CPU 资源,保证整个系统的 CPU 占有率保持在较低的水平。

5.6　发布 Mindows 操作系统

对 Mindows 操作系统的开发到此就结束了,我们已经实现了基于任务优先级的抢占式操作系统的一部分调度功能。通过 Mindows 操作系统功能循序渐进的开发过程,我们应该已经了解了操作系统基本的调度原理,本手册的立足点正是希望读者能够通过阅读本手册了解操作系统基本的调度原理,而不奢望将 Wanlix 和 Mindows 做成功能完备的操作系统推向市场,希望本手册能起到一个问路石的作用,为读者在学习操作系统的过程中起到一些帮助。余下的章节将会基于 Mindows 操作系统做一个嵌入式软件平台,并会在不同操作系统下编写程序,以及介绍一些有关进程最基础的知识,目的就是让读者能更好地理解操作系统的基本原理,并能更好地使用操作系统。

与 Wanlix 类似,以上章节中 Mindows 的程序中不仅包含了 mindows 目录下的 Mindows 程序,而且还在 srccode 目录中使用了一些用户程序,用来演示操作系统功能,现在将操作系统程序单独整理出来,去掉用户程序,仅保留与操作系统相关的文件。与 Wanlix 不同的是,Mindows 可配置的功能较多,不能像 Wanlix 那样简单地编译成一个 lib 库文件,本手册仅发布基于 STM32F103 系列处理器带有源代码的 Mindows 操作系统。

Mindows 操作系统在进入 MDS_RootTask 任务前通过下面函数将处理器置为 Thread 用户级模式:

```
MDS_SetChipWorkMode(UNPRIVILEGED);
```

这样做降低了用户程序对硬件操作的权限,可以避免用户程序破坏关键硬件的配置,但这也限制了用户程序的功能。以目前 Mindows 的功能来看,Mindows 还不具备完善的服务来支持诸多硬件的配置,很多硬件信息还是需要用户程序来配置的,这就需要为用户开放操作硬件的特权模式,因此在发布 Mindows 时,我们将上述函数屏蔽掉,使用户具有操作硬件的所有特权。对于这个功能,尽管发布的 Mindows 没有使用,但已经达到了介绍该功能的目的,读者在使用其他功能完善的操作系统时很可能会遇到这方面的问题。

Mindows 操作系统的用户入口是 MDS_RootTask 函数,而不是 main 函数,在进入到用户程序后,用户可直接编写用户代码而无需考虑操作系统初始化过程,初始化操作系统的过程已经发生在 MDS_RootTask 函数之前,被屏蔽在用户程序之外。

用户可以在 mds_userdef.h 文件里对操作系统进行裁剪,去掉不需要的功能,并通过修改一些宏定义修改操作系统的基本配置。

Mindows 操作系统所提供的接口函数会在附录 B 中列出。

最后为 Mindows 操作系统设定一个发布的版本号,与 Wanlix 一样,版本号的格式为 Major. Minor. Revision. Build,这个格式的具体解释请参考 3.6 节。此次 Mindows 操作系统发布的版本号为 001.001.001.000,后续若还有发展的话,就在此版本号基础上修改。

本节增加了获取 Mindows 版本号的函数,如下所示:

```
00965   U8 * MDS_GetMindowsVersion(void)
00966   {
00967       return MINDOWS_VER;
00968   }
```

其中 MINDOWS_VER 宏定义的就是 Mindows 的版本号,如下所示:

```
#define MINDOWS_VER                "001.001.001.000"
```

5.7　编写基于 Mindows 的嵌入式软件平台

关于 Mindows 操作系统的开发工作已经完成,读者在阅读本手册后应该对嵌入式操作系统有了一定的了解,在本章最后一小节将设计一个下位机软件平台结构,该软件平台基于 Mindows 操作系统,具有一定的通用性及扩展性,能够满足大部分小型嵌入式系统的需求。通过编写该软件平台,读者可以看到如何使用嵌入式操作系统构建一个软件平台,可以更好地理解嵌入式操作系统及其应用。

5.7.1　嵌入式软件系统结构

有些嵌入式设备是单机工作模式,比如闹钟等,它不需要与其他设备通信,一般使用一个 while 死循环软件结构就可以实现其功能,如图 5.16(a)。还有一些嵌入式系统在整个设备系统中充当下位机,需要能够与上位机通信,能够接收上位机设备发来的消息,能够处理这些消息,并能将生成的消息发送回上位机。这些功能在软件实现上也就会更复杂一些,需要在单机工作模式的基础上增加通信功能,这也可以使用一个 while 死循环来实现,如图 5.16(b)所示。

```
while(1)                              while(1)
{                                     {
    功能 1;                               接收消息;
    功能 2;                               处理消息;
                                         发送消息;
    功能 N;
}                                        功能 1;
                                         功能 2;
                                         …
                                         功能 N;
                                     }
        (a)                                      (b)
```

图 5.16　嵌入式系统 while 循环结构

为了使编写的软件结构简单一些,很多人都是使用上述的 while 死循环来实现下位机功能的:申请 2 个全局变量数组作为消息通信的缓冲,一个用来存放接收消息,另一个用来存放发送消息,然后在 while 死循环里不断执行"接收消息—从通信接口将消息读取到接收缓冲中、处理消息—执行接收缓冲中的消息并将生成的消息存入到发送缓冲区中、发送消息—将发送缓冲区中的消息从通信接口发送出去"这样 3 个步骤,再加上其他一些自身的功能。这样做虽然软件结构设计上会非常简单,但也会面临一些问题,比如:

(1) 无法同时接收多条消息

对于很多嵌入式系统下位机,单从通信机制上来讲,只使用一个接收消息缓冲并没有问题,因为这些系统的上下位机之间的通信协议是串行的,上位机只有在发送并接收到一条消息后才会发送另外一条消息给下位机。从下位机的角度来看,只有在接收、处理并发送完一条消息后才会接收到另外一条消息,因此使用一个接收缓冲就足够了。但在某些异常情况下,下位机可能会连续接收到多条消息;如果下位机采用的是软件轮询方式接收消息,就会丢失消息;如果采用的是中断方式,则接收缓冲中的消息数据就会被破坏;如果发生在正在处理接收消息的过程中,则这条错误消息就会导致程序错误;如果软件保护机制做得不好;则系统很可能就会出现跑飞死机。

(2) 无法同时处理多条消息

某些系统需要下位机能同时处理多条消息,比如说某些控制电机的下位机,执行电机运行的消息命令可能会持续几分钟,在此命令执行期间,下位机仍需要能与上位机通信,执行上位机下发的消息命令,这就存在多任务同时运行的情况。如果只使用一个 while 死循环也可以实现,但软件在实现上会比较困难,设计上也会显得比较凌乱,难以维护、扩展。

(3) 软件架构不独立,与硬件相关性大

串口以其软硬件简单、易用的特性在小型嵌入式系统间仍有着广泛的应用,相当

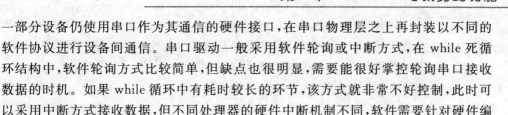

一部分设备仍使用串口作为其通信的硬件接口,在串口物理层之上再封装以不同的软件协议进行设备间通信。串口驱动一般采用软件轮询或中断方式,在 while 死循环结构中,软件轮询方式比较简单,但缺点也很明显,需要能很好掌控轮询串口接收数据的时机。如果 while 循环中有耗时较长的环节,该方式就非常不好控制,此时可以采用中断方式接收数据,但不同处理器的硬件中断机制不同,软件需要针对硬件编写不同的中断服务程序,这使得软硬件的耦合性增大,不利于软件架构从硬件中独立出来。

(4) 不同产品重复编码、测试

while 死循环不具备良好的软件架构,为实现一个产品的功能可能会不得已编写一些函数将一个完整的功能分解的支离破碎。不同产品的需求不同,使用的处理器等硬件设备也不同,软件功能也不同,这往往使得一个产品的 while 死循环软件结构很难应用于另外一个不同的产品,这时软件开发人员往往会选择重新编写另外一个支离破碎的 while 死循环结构来满足新产品的需求,这就需要重新编写、测试所编写的软件,增加了开发时间及出错的可能性。不同产品之间主要是应用层的变化,如果硬件发生改变,软件驱动层也需要作相应的变化,但对于一个好的软件架构来说,不管产品功能如何变化,软件架构不应该发生大的改变,它可以调用驱动层来实现应用层功能,起到协调软件运行的功能,对于不同的产品来说,软件开发人员只需要重新编写驱动层及应用层即可,减少开发及调试软件架构的时间,这也增加了系统的可靠性。

使用简单的 while 死循环结构实现产品功能将可能面对上述问题,在某些情况下,其内部的函数设计将变得非常混乱,并且无法在不同项目间继承。下面将针对上述存在的问题设计一个软件平台,此软件平台将提供一个统一的软件架构解决问题,软件开发人员在此软件平台上开发小型嵌入式下位机软件时,只需要将精力集中于修改底层驱动和上层应用部分,即使是不同的项目、使用不同的硬件、实现不同的功能,这个软件平台结构也不会发生大的变化,软件开发的进度、可靠性都会更有保证,并且可以根据需要方便地扩展功能。

下面将针对 while 死循环结构存在的问题介绍软件平台结构的解决方法:

(1) 针对单接收缓冲问题,软件平台将封装内存管理功能,当需要使用缓冲时,从缓冲池中申请缓冲,当缓冲使用完毕时再将缓冲释放到缓冲池中以备再用,并且可以从缓冲池中同时申请多个缓冲。

(2) 针对无法同时处理多条消息的问题,软件平台将引入 Mindows 操作系统,使用 Mindows 操作系统的多任务功能实现同时处理多条消息的功能,并封装一个任务池。当需要使用任务处理消息时,就从任务池中申请处理任务;当处理任务处理完消息时再将处理任务释放回任务池中以备再用,并且可以从任务池中同时申请多个处理任务同时处理消息。

(3) 针对软件架构硬件相关性的问题,软件平台将与硬件相关的通信部分独立出来,构造一个环形接收缓冲和一个环形发送缓冲,由软件驱动向环形接收缓冲中存储接收的消息数据,并将环形发送缓冲中的消息数据发送出去,而软件平台则专注于与环形缓冲间的数据交互,这是由纯软件实现的,与硬件无关。

(4) 针对不同产品间重用性的问题,软件平台已经将硬件部分独立出去,可以做到与硬件无关,并且其结构可以满足大部分小型嵌入式下位机的功能需求,因此可以适用于不同的硬件和不同的软件需求,软件开发人员只需要编写驱动层和应用层软件,而整个软件的架构没有大的变化,方便在不同产品间重复使用。

下面将详细讲述实现该软件平台各个功能的细节。

5.7.2　结构设计

(1) 缓冲池设计

本软件平台中存储数据的缓冲全部需要从缓冲池中申请,缓冲池支持不同长度的缓冲,申请缓冲时将从缓冲池中分配一个大于所申请缓冲长度的最小长度缓冲。例如,缓冲池如果支持 64、128 和 256 字节长度的缓冲,那么申请 100 字节长度的缓冲将会被分配给 128 字节的缓冲。

缓冲池采用单向链表管理其中的缓冲。缓冲池在初始化时处于空状态,里面并没有任何缓冲,此时申请缓冲将从堆中申请缓冲供程序使用,当缓冲被释放时,使用单向链表挂入缓冲池中而不是释放回堆中,以避免频繁申请、释放内存产生内存碎片。申请缓冲时若缓冲池不为空,则从缓冲池单向链表中删除一个缓冲供程序使用。

缓冲池的结构如下:

```
typedef struct buf_pool          /* 缓冲池结构 */
{
    SLIST list;                  /* 缓冲池链表的根节点 */
    M_SEM * psem;                /* 缓冲池互斥操作的二进制信号量 */
    U32 len;                     /* 缓冲池中缓冲的长度 */
    U32 s_num;                   /* 从栈中静态申请的缓冲的数量 */
    U32 d_num;                   /* 从缓冲池中动态申请的缓冲的数量 */
}BUF_POOL;
```

其中 list 是单向链表根节点,缓冲池中的缓冲使用该链表链接;psem 是缓冲池的信号量指针,实现对缓冲池的串行操作;len 是缓冲池的长度,表明该缓冲池中的缓冲字节数;s_num 是统计计数,用来统计缓冲池从堆中静态申请缓冲的数量;d_num 也是统计计数,用来统计从缓冲池中动态申请缓冲的数量。

为使缓冲池支持不同长度的缓冲,缓冲池使用 BUF_POOL 结构定义数组,如下所示:

```
BUF_POOL gabuf_pool[BUF_TYPE_NUM];
```

其中涉及到的宏及变量定义如下:

```
#define BUF_TYPE_NUM            (sizeof(gabuf_len) / sizeof(U32))
U32 gabuf_len[] = BUF_CONFIG_VAL;
#define BUF_CONFIG_VAL \
{\
    64, 128, BUF_MAX_LEN\
}
#define BUF_MAX_LEN                256
```

BUF_MAX_LEN 宏定义的是缓冲池中最长缓冲的长度，BUF_CONFIG_VAL 宏定义的是缓冲池中各种不同缓冲的长度，将该宏中的数值赋给全局变量 gabuf_len，这样通过 BUF_TYPE_NUM 宏就可以计算出缓冲池中有多少种长度的缓冲，缓冲池 gabuf_pool 就可以通过 BUF_TYPE_NUM 宏正确定义出不同长度的缓冲池了。

如果需要修改缓冲池中缓冲的长度及数量，则只需要修改 BUF_CONFIG_VAL 宏定义即可，其他地方无需修改，例如：

```
#define BUF_CONFIG_VAL \
{\
    10, 20, 30, 40\
}
```

上面定义的缓冲池支持长度分别为 10、20、30 和 40 这 4 种不同长度的缓冲，但需要注意的是，BUF_CONFIG_VAL 宏中定义的缓冲长度需要是递增的。

缓冲池中缓冲的结构如下：

```
typedef struct buf_node            /* 缓冲节点结构 */
{
    M_DLIST list;                  /* 挂接到缓冲池的缓冲链表 */
    BUF_POOL * phead;              /* 指向缓冲池的指针 */
}BUF_NODE;
```

list 是缓冲挂接到缓冲池的链表，请注意，缓冲的 list 是双向链表，而缓冲池的链表是单向链表。这是因为 Mindows 队列采用的是双向链表，当缓冲被从缓冲池中申请出来后，会使用这个双向链表挂入队列，在任务间通信，这就要求我们在缓冲中设计一个双向链表。当缓冲挂入缓冲池中时，只使用它双向链表中的一个链表指针作为单向链表使用即可。

phead 是指向缓冲池的指针，缓冲可以通过该指针得知自己所属的缓冲池。

缓冲、缓冲池与队列的关系如图 5.17 所示。

图 5.17 中有 3 种不同长度的缓冲池，里面可以存放 3 种不同长度的缓冲。第一种长度的缓冲有 2 个空闲缓冲在缓冲池中；第二种长度的缓冲没有空闲缓冲在缓冲池中，但有 2 个正在使用的缓冲在队列中；第三种长度的缓冲有 1 个空闲的缓冲在缓

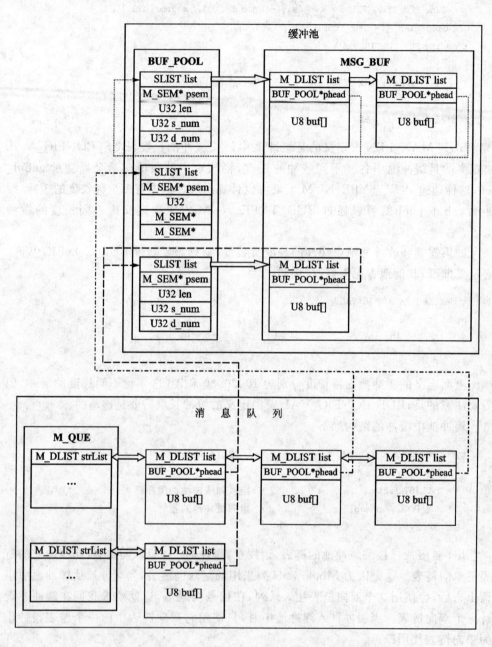

图 5.17　缓冲与缓冲池、队列关系图

冲池中,也有 2 个正在使用的缓冲在队列中。队列中的缓冲释放时就会被释放回相对应的缓冲池中,如虚线箭头所指。

实现缓冲池的具体代码如下:

```
00015   void buf_pool_init(void)
```

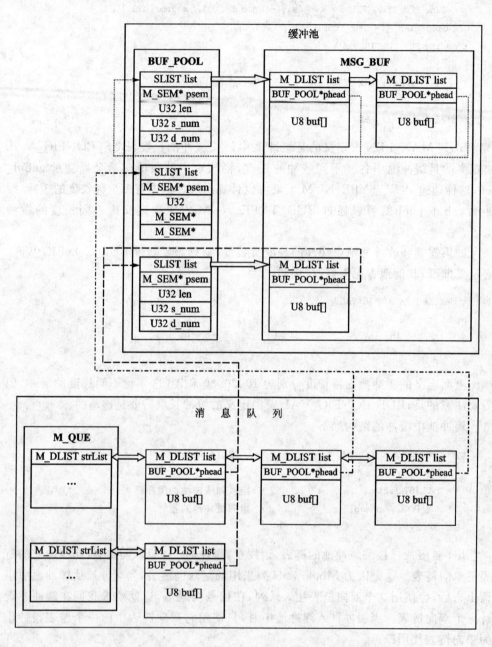

```
00016  {
00017      U32 i;
00018
00019      /* 检查缓冲长度是否是按照递增的方式排列 */
00020      if(BUF_TYPE_NUM > 1)
00021      {
00022          for(i = 0; i < BUF_TYPE_NUM - 1; i++)
00023          {
00024              /* 不是按照递增方式排列, 退出 */
00025              if(gabuf_len[i] > gabuf_len[i + 1])
00026              {
00027                  return;
00028              }
00029          }
00030      }
00031
00032      /* 初始化缓冲池 */
00033      for(i = 0; i < BUF_TYPE_NUM; i++)
00034      {
00035          /* 初始化每种缓冲的链表根节点 */
00036          slist_init(&gabuf_pool[i].list);
00037
00038          /* 初始化每种缓冲的信号量 */
00039          gabuf_pool[i].psem = MDS_SemCreate(NULL, SEMCNT | SEMPRIO, SEMFULL);
00040
00041          /* 初始化缓冲长度及统计值 */
00042          gabuf_pool[i].len = gabuf_len[i];
00043          gabuf_pool[i].s_num = 0;
00044          gabuf_pool[i].d_num = 0;
00045      }
00046  }
```

buf_pool_init 函数用来初始化缓冲池。

00020～00030 行,对不同长度的缓冲作检查,要求 BUF_CONFIG_VAL 宏中定义的缓冲长度需要是递增的。

00033～00045 行,初始化每种缓冲池,包括初始化缓冲池链表、初始化缓冲池信号量、初始化缓冲池的长度及统计数值。

```
00053  BUF_NODE * buf_malloc(U32 len)
00054  {
00055      BUF_POOL * pbuf_pool;
00056      BUF_NODE * pnode;
```

```
00057        U32 i;
00058        U32 j;
00059
00060        /* 从缓冲池中寻找能容纳下申请长度的缓冲 */
00061        for(i = 0; i < BUF_TYPE_NUM; i++)
00062        {
00063            if(len <= gabuf_len[i])
00064            {
00065                pbuf_pool = &gabuf_pool[i];
00066
00067                break;
00068            }
00069        }
00070
00071        /* 超出所支持的缓冲长度范围 */
00072        if(i >= BUF_TYPE_NUM)
00073        {
00074            print_msg(PRINT_IMPORTANT, PRINT_BUF,
00075                    "\r\ncan't support length of %d buf, max length is %d. (%
                        d, %s)",
00076                    len, BUF_MAX_LEN, __LINE__, __FILE__);
00077
00078            return NULL;
00079        }
00080
00081        /* 获取信号量，保证链表操作的串行性 */
00082        if(RTN_SUCD != MDS_SemTake(pbuf_pool->psem, SEMWAITFEV))
00083        {
00084            print_msg(PRINT_IMPORTANT, PRINT_BUF,
00085                    "\r\nbuf length %d wait sem failed! buf pool is 0x%x. (%
                        d, %s)",
00086                    len, pbuf_pool, __LINE__, __FILE__);
00087
00088            return NULL;
00089        }
00090
00091        /* 从缓冲链表删除一个缓冲节点 */
00092        pnode = (BUF_NODE *)slist_node_delete(&pbuf_pool->list);
00093
00094        /* 从链表上申请到内存 */
00095        if(NULL != pnode)
00096        {
```

```
00097                    /* 增加从链表动态申请的计数统计 */
00098            pbuf_pool ->d_num ++ ;
00099
00100        print_msg(PRINT_SUGGEST, PRINT_BUF,
00101                    "\r\nmalloc % d bytes 0x% x from buf pool successfully. ( %
                    d, % s)",
00102                    len, pnode, __LINE__, __FILE__);
00103        }
00104    /* 如果链表上没有可用的缓冲,则使用 malloc 函数申请一块缓冲 */
00105    else
00106    {
00107        /* 从系统申请内存成功 */
00108        if(NULL != (pnode = (BUF_NODE * )malloc(gabuf_len[i] + sizeof(BUF_
            NODE))))
00109            {
00110                /* 增加从系统静态申请的计数统计 */
00111                pbuf_pool ->s_num ++ ;
00112
00113                /* 增加从链表动态申请的计数统计 */
00114                pbuf_pool ->d_num ++ ;
00115
00116                /* 填充申请到的缓冲的链表根节点指针 */
00117                pnode ->phead = pbuf_pool;
00118
00119                print_msg(PRINT_SUGGEST, PRINT_BUF,
00120                    "\r\nmalloc % d( + % d) bytes 0x% x from system suc-
                    cessfully."
00121                    " ( % d, % s)",
00122                    gabuf_len[i], sizeof(BUF_NODE), pnode, __LINE__, __
                    FILE__);
00123            }
00124        else /*  从系统申请内存失败 */
00125            {
00126                print_msg(PRINT_IMPORTANT, PRINT_BUF,
00127                    "\r\nmalloc % d( + % d) bytes from system failed. ( % d,
                    % s)",
00128                    gabuf_len[i], sizeof(BUF_NODE), __LINE__, __FILE__);
00129
00130                /* 打印已申请的缓冲 */
00131                for(j = 0; j < BUF_TYPE_NUM; j ++)
00132                    {
```

```
00133                    print_msg(PRINT_IMPORTANT, PRINT_BUF,
00134                            "\r\nalready malloc %d buf: length is %d( + %
                               d). (%s, %d)",
00135                            gabuf_pool[j].s_num, gabuf_pool[j].len, sizeof
(BUF_NODE),
00136                               __FILE__, __LINE__);
00137                }
00138
00139            }
00140        }
00141
00142        /* 释放信号量 */
00143        if(RTN_SUCD != MDS_SemGive(pbuf_pool->psem))
00144        {
00145            print_msg(PRINT_IMPORTANT, PRINT_BUF,
00146                    "\r\nbuf length %d post sem failed! buf pool is 0x%x. (%
                       d, %s)",
00147                    len, pbuf_pool, __LINE__, __FILE__);
00148
00149            return NULL;
00150        }
00151
00152        return pnode;
00153    }
```

　　buf_malloc 函数用来从缓冲池中申请缓冲,其入口参数 len 是所申请缓冲的长度,其返回值则是申请到的缓冲的指针,若为 NULL 则表示申请失败。

　　00061～00069 行,在缓冲池中查找大于等于所申请缓冲长度且长度最小的缓冲池。

　　00072～00079 行,没有找到所需长度的缓冲池,返回失败。

　　00082～00089 行,对缓冲池操作前先获取信号量,以保证对缓冲池操作的串行性。

　　00092 行,从缓冲池链表上删除一个缓冲。

　　00095～00103 行,走此分支说明缓冲池链表不为空,可以从缓冲池中获取到缓冲,需要增加计数统计。

　　00105～00140 行,走此分支说明缓冲池链表为空,无法从缓冲池中获取到缓冲,需要从堆中申请缓冲,并增加计数统计。需要注意的是,从堆中申请的缓冲长度是入口参数 len+缓冲结构 BUF_NODE 的长度,因为使用 buf_malloc 函数申请到的缓冲是可存放数据的长度,不包括用于维护缓冲的缓冲头 BUF_NODE 的长度。

　　00143～00150 行,对缓冲池操作完毕,释放信号量。

　　00152 行,返回申请到的缓冲指针。

　　其中的 print_msg 函数是打印函数,在后面设计打印任务时会有详细的介绍。

```
00160    void buf_free(BUF_NODE * pbuf)
00161    {
00162        U32 len;
00163        U32 i;
00164
00165        if(NULL == pbuf)
00166        {
00167            return;
00168        }
00169
00170        /* 获取需要释放的缓冲所在缓冲池中的长度 */
00171        len = pbuf ->phead ->len;
00172
00173        /* 从缓冲池中寻找与所释放缓冲长度相等的缓冲 */
00174        for(i = 0; i < BUF_TYPE_NUM; i ++)
00175        {
00176            if(len == gabuf_len[i])
00177            {
00178                break;
00179            }
00180        }
00181
00182        /* 缓冲长度不符，无法释放 */
00183        if(i >= BUF_TYPE_NUM)
00184        {
00185            print_msg(PRINT_IMPORTANT, PRINT_BUF,
00186                    "\r\ncant free the buf of % d length. ( % d, % s)", len,
00187                    __LINE__ , __FILE__ );
00188
00189            return;
00190        }
00191
00192        /* 对缓冲链表操作前获取信号量，保证链表操作的串行性 */
00193        if(RTN_SUCD != MDS_SemTake(gabuf_pool[i].psem, SEMWAITFEV))
00194        {
00195            print_msg(PRINT_IMPORTANT, PRINT_BUF,
00196                    "\r\nbuf length % d wait sem failed. ( % d, % s)", len,
00197                    __LINE__ , __FILE__ );
00198
00199            return;
00200        }
00201
```

```
00202        /* 将释放的缓冲加入到缓冲链表中 */
00203        slist_node_add((SLIST *)&gabuf_pool[i].list, (SLIST *)&pbuf->list);
00204
00205        gabuf_pool[i].d_num--;
00206
00207        /* 释放信号量 */
00208        if(RTN_SUCD != MDS_SemGive(gabuf_pool[i].psem))
00209        {
00210            print_msg(PRINT_IMPORTANT, PRINT_BUF,
00211                "\r\nbuf length %d post sem failed! error is 0x%x. (%d,
                    %s)",
00212                len, __LINE__, __FILE__);
00213        }
00214
00215        print_msg(PRINT_SUGGEST, PRINT_BUF,
00216            "\r\nbuf length %d free successfully. (%d, %s)", len,
00217            __LINE__, __FILE__);
00218  }
```

buf_free 函数用来将缓冲释放回缓冲池，其入口参数 pbuf 是需要释放的缓冲的指针。

00165～00168 行，对入口参数进行检查。

00171～00180 行，在缓冲池中寻找与所释放缓冲长度相等的缓冲池，以便确定缓冲释放到缓冲池中的链表。

00183～00190 行，缓冲池中没有与所释放缓冲长度相等的缓冲，返回失败。

00193～00200 行，对缓冲池操作前先获取信号量，以保证对缓冲池操作的串行性。

00203 行，将缓冲挂接到缓冲池链表上，意味着缓冲已经释放回缓冲池中了。

00205 行，减少在缓冲池中动态分配缓冲的计数统计值。

00208～00213 行，对缓冲池操作完毕，释放信号量。

上述代码中有关单向链表的操作这里就不作介绍了，请读者自行阅读源代码。

(2) 任务池设计

考虑到软件平台中可能会有多个任务同时运行，因此引入 Mindows 操作系统的多任务机制，并且仿照缓冲池设计了任务池。任务池也采用单向链表管理其中的任务，任务池在初始化时处于空状态，里面并没有任何可供使用的处理任务，此时申请任务将重新建立一个任务供程序使用。当任务被释放时，会使用单向链表将其挂入任务池中而不是删除任务，以避免频繁创建、删除任务。挂入任务池的任务处于 delay 态，不占用 CPU 资源，在后面的任务设计中会有详细的介绍。申请任务时若任务池不为空，则从任务池单向链表中删除一个任务供程序使用。

任务池的结构如下：

```
typedef struct task_pool            /* 任务池结构 */
{
    SLIST list;                     /* 任务池链表根节点 */
    M_SEM * psem;                   /* 任务池链表串行操作的信号量 */
    U32 s_num;                      /* 静态创建 handle 任务的数量 */
    U32 d_num;                      /* 动态创建 handle 任务的数量 */
}TASK_POOL;
```

其中 list 是单向链表根节点，任务池中的任务使用该链表链接；psem 是任务池的信号量指针，实现对任务池的串行操作；s_num 是统计计数，用来统计新创建的任务数量；d_num 也是统计计数，用来统计从任务池中动态申请的任务数量。

使用 TASK_POOL 结构体定义的任务池如下：

```
TASK_POOL gtask_pool;
```

任务池中的任务结构如下：

```
typedef struct task_str              /* 任务结构 */
{
    SLIST list;                      /* 任务池链表子节点 */
    M_QUE * pque;                    /* 用来向任务传递消息的队列 */
    M_TCB * ptcb;                    /* 任务 TCB */
}TASK_STR;
```

list 是任务结构挂接到任务池的链表；pque 是与该任务通信的队列指针，在创建任务时就会创建该队列，其他任务就是通过该队列向该任务传递缓冲的；ptcb 是该任务的 TCB 指针。

任务池与任务结构以及缓冲、队列之间的关系如图 5.18 所示，该图中的任务池中有 3 个空闲的处理任务。

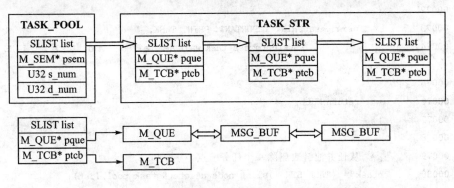

图 5.18　任务池与任务结构以及缓冲、队列之间的关系图

下面通过代码来了解任务池的具体实现过程：

```
00043    void process_task_pool_init(void)
```

嵌入式操作系统内核调度——底层开发者手册

```
00034    {
00035        /* 初始化任务池信号量 */
00046        if(NULL = = (gtask_pool.psem = MDS_SemCreate(NULL, SEMCNT | SEMPRIO,
             SEMFULL)))
00047        {
00048            print_msg(PRINT_IMPORTANT, PRINT TASK,
00049                    "\r\ntask_pool sem init failed. (%s, %d)", __FILE__, __
                     LINE__);
00050        }
00051
00052        /* 初始化任务池链表 */
00053        slist_init(&gtask_pool.list);
00054
00055        /* 初始化任务池统计值 */
00056        gtask_pool.s_num = 0;
00057        gtask_pool.d_num = 0;
00058    }
```

process_task_pool_init 函数用来初始化任务池。

00046～00050 行,创建任务池信号量,通过该信号量保证对任务池操作的串行性。

00053～00057 行,初始化任务池链表和计数统计值。

```
00066    TASK_STR * process_task_malloc(void)
00067    {
00068        TASK_STR * ptask;
00069
00070        /* 获取信号量，保证任务池链表操作的串行性 */
00071        if(RTN_SUCD != MDS_SemTake(gtask_pool.psem, SEMWAITFEV))
00072        {
00073            print_msg(PRINT_IMPORTANT, PRINT_TASK,
00074                    "\r\nprocess_task wait sem failed. (%d, %s)", __LINE__,
                     __FILE__);
00075
00076            return NULL;
00077        }
00078
00079        /* 从任务池链表删除一个任务节点 */
00080        ptask = (TASK_STR * )slist_node_delete(&gtask_pool.list);
00081
00082        /* 从链表上申请到任务 */
00083        if(NULL != ptask)
00084        {
```

```
00085              /*  增加动态申请任务的计数统计  */
00086              gtask_pool.d_num++;
00087
00088              print_msg(PRINT_SUGGEST, PRINT_TASK,
00089                      "\r\nmalloc 0x%x process_task successfully. (%s, %d)",
                         ptask,
00090                      __FILE__, __LINE__);
00091         }
00092         /*  如果链表上没有可用的任务,则新创建一个任务  */
00093         else
00094         {
00095             /*  申请任务结构  */
00096             ptask = malloc(sizeof(TASK_STR));
00097
00098             /*  从系统申请内存成功  */
00099             if(NULL != ptask)
00100             {
00101                 print_msg(PRINT_SUGGEST, PRINT_TASK,
00102                          "\r\nmalloc 0x%x process_task from system successfully."
00103                          " (%s, %d)", ptask, __FILE__, __LINE__);
00104             }
00105             else /*  从系统申请内存失败  */
00106             {
00107                 print_msg(PRINT_IMPORTANT, PRINT_TASK,
00108                          "\r\nmalloc %d bytes from system failed. (%s, %d)",
00109                          sizeof(TASK_STR), __FILE__, __LINE__);
00110
00111                 goto RTN;
00112             }
00113
00114             /*  创建 process 任务  */
00115             if(RTN_SUCD != create_process_task(ptask))
00116             {
00117                 /*  释放申请的任务结构缓冲  */
00118                 free(ptask);
00119
00120                 goto RTN;
00121             }
00122             else /*  创建任务成功  */
00123             {
00124                 /*  增加静态创建任务的计数统计  */
00125                 gtask_pool.s_num++;
```

```
00126
00127                    /* 增加动态申请任务的计数统计 */
00128                    gtask_pool.d_num++;
00129               }
00130          }
00131
00132   RTN:
00133
00134          /* 释放信号量 */
00135          if(RTN_SUCD != MDS_SemGive(gtask_pool.psem))
00136          {
00137               print_msg(PRINT_IMPORTANT, PRINT_TASK,
00138                    "\r\nprocess_task post sem failed. (%d, %s)", __LINE__,
                         __FILE__);
00139
00140               return NULL;
00141          }
00142
00143          return ptask;
00144   }
```

process_task_malloc 函数用来从任务池中申请处理任务,它的返回值是申请到的处理任务的任务结构指针,若申请不到任务则返回 NULL。

00071～00077 行,对任务池操作前先获取信号量,以保证对任务池操作的串行性。

00080 行,从任务池链表上删除一个任务。

00083～00091 行,走此分支说明任务池链表不为空,可以从任务池中获取到任务,需要增加计数统计。

00093～00130 行,走此分支说明任务池链表为空,无法从任务池中获取到任务,需要重新创建任务并增加计数统计。00096 行,从堆中申请了一块内存用来存放新创建任务的任务结构 TASK_STR。在 00115 行调用 create_process_task 函数创建新的任务,并初始化该任务的 TASK_STR 任务结构,create_process_task 函数在后面任务设计时再进行介绍。

00135～00141 行,对任务池操作完毕,释放信号量。

00143 行,返回申请到的任务结构指针。

```
00151   void process_task_free(TASK_STR * ptask)
00152   {
00153          /* 获取信号量,保证任务池链表操作的串行性 */
00154          if(RTN_SUCD != MDS_SemTake(gtask_pool.psem, SEMWAITFEV))
00155          {
00156               print_msg(PRINT_IMPORTANT, PRINT_TASK,
```

```
00157                            "\r\nprocess_task wait sem failed. (%d, %s)", __LINE__,
                                 __FILE__);
00158
00159        return;
00160    }
00161
00162    /* 将释放的任务加入到任务链表中 */
00163    slist_node_add(&gtask_pool.list, &ptask->list);
00164
00165    gtask_pool.d_num--;
00166
00167    /* 释放信号量 */
00168    if(RTN_SUCD != MDS_SemGive(gtask_pool.psem))
00169    {
00170        print_msg(PRINT_IMPORTANT, PRINT_TASK,
00171                            "\r\nprocess_task post sem failed. (%d, %s)", __LINE__,
                                 __FILE__);
00172
00173        return;
00174    }
00175
00176    print_msg(PRINT_SUGGEST, PRINT_TASK,
00177                            "\r\nfree process_task 0x%x to taskpool successfully. (%s, %
                                 d)",
00178                            ptask, __FILE__, __LINE__);
00179 }
```

process_task_free 函数用来将处理任务释放回任务池中,其入口参数 ptask 是需要释放的任务结构指针。

00154～00160 行,对任务池操作前先获取信号量,以保证对任务池操作的串行性。

00163 行,将任务挂接到任务池链表上,意味着任务已经释放回任务池中了。

00165 行,减少在任务池中动态分配任务的计数统计值。

00168～00178 行,对任务池操作完毕,释放信号量。

(3) 消息结构设计

所有通信消息都存储在缓冲中,位于上层的消息承载在下层消息之上,如图 5.19 所示。

按目前的设计来看,平台级的消息暂时分为 2 层。下面一层是缓冲维护层 BUF_NODE,它里面的 M_DLIST 是双向链表结构,使用双向链表中的一个链表指针作为单向链表挂入缓冲池,压入队列则使用双向链表;BUF_POOL * 结构指向缓冲池的指针结构,用来与缓冲池关联。可以看到缓冲中 BUF_NODE 这层结构的作用是

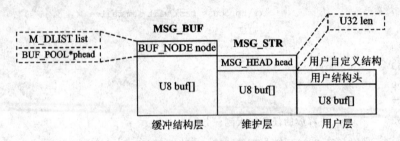

图 5.19　消息结构图

用于维护缓冲功能,对用户来说是黑盒的,不用关心。

再往上一层是消息维护层 MSG_HEAD,目前这层结构中只有一个 U32 类型,用来记录缓冲中已经存储了的数据长度。这层结构的作用是维护消息,由软件平台维护,用户仍无需关心。

再往上是用户层消息结构,这个就与具体项目相关了,超出了软件平台的范围,需要用户自行添加,在后面的应用实例中我们会添加该层消息结构。

任务处理消息数据时会使用到消息结构,在后面介绍任务代码时再对消息结构的具体使用方法进行详细的介绍。

(4) 环形缓冲设计

环形缓冲作为软件平台与中断之间的隔离带,使软件平台不与中断直接发生关系。环形缓冲分为 2 个,一个作为环形接收缓冲,用来存储接收到的数据,接收中断会将接收到的数据自动存入环形接收缓冲中,并会使用信号量通知软件平台读取数据,此时软件平台就可以从环形缓冲中读取接收到的数据。中断一直存入数据,软件平台一直读出数据,环形接收缓冲是环形的,可以循环周转接收到的数据。另外一个环形缓冲作为环形发送缓冲使用,用来存储需要发送的数据,软件平台需要发送数据时就将数据存入到环形发送缓冲中,如果此时发送中断没有工作,则由软件平台触发发送中断将环形发送缓冲中的数据发送出去。软件平台不断地向环形发送缓冲中存入数据,发送中断不断地从环形发送缓冲中取出数据,环形发送缓冲可以循环周转需要发送的数据。

环形缓冲的结构体定义如下所示:

```
typedef struct ring_buf
{
    U32 head;                      /* 环形缓冲头索引 */
    U32 tail;                      /* 环形缓冲尾索引 */
    U8 buf[RING_BUF_LEN];          /* 环形缓冲 */
}RING_BUF;
```

其中 buf 是一个数组变量,RING_BUF_LEN 宏定义了数组的长度,环形缓冲中的数据就存储在这个数组里。head 变量记录的是最先存入的数据在数组中的位置,

tail 变量记录的是最新存入的数据在数组中的位置,当有数据从环形缓冲中读出时,就会从 head 变量指向的数组元素中读取,当有数据存入环形缓冲时,就会被存入 tail 变量指向的数组元素中。每当向环形缓冲中存入数据或从环形缓冲中读取数据后,head 变量或 tail 变量就需要指向下一个位置,如果下一个位置超出了数组长度,则转而指向数组的第一个元素,由此构成环形缓冲。读取数据时,如果 tail 变量与 head 变量相等,则表明环形缓冲已空,无法再读出数据。写入数据时,如果 head 变量在 tail 变量的下一个位置,则表明环形缓冲已满,需要写入的数据会被丢弃。

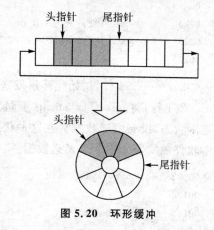

图 5.20　环形缓冲

环形缓冲结构如图 5.20 所示。

软件平台定义的 2 个环形缓冲如下:

```
RING_BUF grx_ring;              /* 环形接收缓冲 */
RING_BUF gtx_ring;              /* 环形发送缓冲 */
```

下面来看有关环形缓冲的代码:

```
00242   void msg_rx_ring_buf_init(void)
00243   {
00244       grx_ring.head = 0;
00245       grx_ring.tail = 0;
00246
00247       gprx_sycn_sem = MDS_SemCreate(NULL, SEMBIN | SEMFIFO, SEMEMPTY);
00248   }
```

00244~00245 行,初始化环形接收缓冲区,将头尾变量置为 0,同指向第一个数组元素,代表缓冲为空。

00247 行,初始化环形接收缓冲的信号量。当接收中断将数据存入环形接收缓冲后,就表明软件平台可以从环形接收缓冲中读取到数据,中断接收函数会释放该信号量,而软件平台读取环形接收缓冲时需要获取该信号量,软件通过该信号量就可以得知是否可以从环形缓冲中读取数据。这里使用二进制信号量,是因为软件平台从环形接收缓冲读取数据时会连续读取多个数据,只需要区分环形接收缓冲是可读状态还是不可读状态,一旦处于可读状态就会一直读取,直到环形接收缓冲为空为止。这与环形接收缓冲中具体有多少数据无关,因此计数信号量并不适合,二进制信号量表明了 2 种状态才是适合的。

```
00255   void msg_tx_ring_buf_init(void)
00256   {
```

```
00257        gtx_ring.head = 0;
00258        gtx_ring.tail = 0;
00259
00260        /* 将硬件置为空闲态 */
00261        guart_tx_status = UART_TX_IDLE;
00262  }
```

00257～00258 行,初始化环形发送缓冲区,将缓冲置为空状态。

00261 行,将 guart_tx_status 变量置为 UART_TX_IDLE,表明串口发送硬件处于空闲状态,没有发送数据。在这种状态下,如果向环形发送缓冲区写入数据,就需要由软件触发发送中断来发送数据。

```
00123  void msg_rx_isr(void)
00124  {
00125     U32 temp;
00126
00127     /* 环形接收缓冲区头尾指针间隔在 1 以上, 说明有空间可以接收数据 */
00128     if(grx_ring.head != (grx_ring.tail + 1) % RING_BUF_LEN)
00129     {
00130         grx_ring.buf[grx_ring.tail++] = USART_ReceiveData(USART1);
00131         grx_ring.tail %= RING_BUF_LEN;
00132     }
00133     else /* 缓冲区已满, 读出接收的数据后丢弃 */
00134     {
00135         temp = USART_ReceiveData(USART1);
00136         temp = temp;
00137     }
00138
00139     /* 释放信号量, 通知 data_receive 函数可以接收数据 */
00140     (void)MDS_SemGive(gprx_sycn_sem);
00141  }
```

该函数是串口接收中断函数,每当串口接收到数据时就会自动执行该函数。

00128 行,判断环形接收缓冲是否已满,如果没有满则走此分支。

00130～00131 行,将串口接收到的数据存入环形接收缓冲,并将 tail 变量指向数组下一个位置。

00133～00137 行,环形接收缓冲已满,读取接收到的数据然后丢弃。USART_ReceiveData 函数是处理器自带的库驱动函数,用来读取串口接收寄存器中接收到的数据。

00140 行,释放信号量,通知软件平台可以从环形接收缓冲中读取数据。

```
00149  void msg_tx_isr(void)
```

嵌入式操作系统内核调度——底层开发者手册

```
00150   {
00151       /* 环形发送缓冲区头尾指针不同，说明有数据可以发送 */
00152       if(gtx_ring.head != gtx_ring.tail)
00153       {
00154           USART_SendData(USART1, gtx_ring.buf[gtx_ring.head++]);
00155           gtx_ring.head %= RING_BUF_LEN;
00156       }
00157       else
00158       {
00169           /* 数据发送完毕，关闭发送中断 */
00160           USART_ITConfig(USART1, USART_IT_TXE, DISABLE);
00161
00162           /* 将硬件置为空闲态 */
00163           guart_tx_status = UART_TX_IDLE;
00164       }
00165   }
```

该函数是串口发送中断函数，当串口发送中断每发完一个字节数据后就会自动执行该函数。

00152 行，判断环形发送缓冲是否为空，如果不为空，则说明有数据可以发送，走此分支。

00154～00155 行，将需要发送的数据从环形发送缓冲中取出，通过串口发送出去，并更新 head 变量，指向数组的下个位置。USART_SendData 函数是处理器自带的库驱动函数，用来向串口发送寄存器写入数据，并由硬件将数据发送出去。

00157～00164 行，环形发送缓冲已经为空，没有数据可以发送，关闭串口发送中断，并将其置为 UART_TX_IDLE，代表串口发送硬件处于空闲状态。USART_IT-Config 函数是处理器自带的库驱动函数，用来使能或禁止串口中断。

接收中断自动将接收到的数据存入环形接收缓冲，接下来就需要软件平台从环形接收缓冲中读取数据，下面的函数实现这个功能：

```
00174   U32 data_receive(U8 * pbuf, U32 len)
00175   {
00176       U32 copy_len;
00177
00178       if(0 == len)
00179       {
00180           return 0;
00181       }
00182
00183   REREAD:
00184
```

```
00185        /* 读取数据前获取信号量，若没有数据该函数会被信号量阻塞 */
00186        (void)MDS_SemTake(gprx_sycn_sem, SEMWAITFEV);
00187
00188        /* 计算环形接收缓冲内的数据长度 */
00189        copy_len = (grx_ring.tail + RING_BUF_LEN - grx_ring.head) % RING_BUF_LEN;
00190
00191        /* 避免出现读取不到数据而该函数又可以返回的情况 */
00192        if(0 == copy_len)
00193        {
00194            goto REREAD;
00195        }
00196
00197        /* 确定需要复制的数据长度 */
00198        if(len < copy_len)
00199        {
00200            copy_len = len;
00201
00202            /* 释放信号量，避免再次使用该函数读取数据时获取不到信号量 */
00203            (void)MDS_SemGive(gprx_sycn_sem);
00204        }
00205
00206        /* 从环形接收缓冲区中复制数据 */
00207        copy_data_from_ring_rx_buf(pbuf, copy_len);
00208
00209        return copy_len;
00210    }
```

入口参数 pbuf 是存储接收数据的缓冲，软件平台调用该函数前会从缓冲池中申请一个缓冲作为该入口参数，用来存储从环形接收缓冲中读出的数据。入口参数 len 指明了 pbuf 缓冲最多可读入的数据长度。函数返回值则表明执行该函数后从环形接收缓冲中实际读取到的字节数。

00178～00181 行，如果入口参数 len 为 0，表明无需读取数据，直接返回读取到 0 个字节数据。

00186 行，获取 gprx_sycn_sem 信号量。接收中断 msg_rx_isr 将接收到的数据存入环形接收缓冲后就会释放该信号量，如果本函数在获取信号量时环形缓冲中有数据，则说明可以直接获取到信号量，程序可以继续向下执行。如果在获取信号量时环形缓冲中没有数据，则说明无法获取到信号量，调用该函数的任务就会被挂在该信号量上，处于 pend 状态，此后如果接收中断接收到了数据就会释放信号量，调用该函数的任务就会转换为 ready 态继续运行。

00189 行，计算环形接收缓冲中可读取的数据长度。

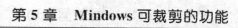

00192～00195 行，走此分支说明环形接收缓冲中没有数据。经过在 00186 行获取信号量，此时信号量已经为空状态，在这种情况下，调用该函数的任务需要被信号量挂起而转换为 pend 态，因此需要在 00194 行跳转到 00183 行 REREAD 处重新获取信号量。由于此时获取不到信号量，调用该函数的任务就会被阻塞而不占用 CPU 资源，等到环形接收缓冲接收到数据时会释放信号量，该函数就可以继续运行了，从而激活了调用该函数的任务继续工作。

00198 行，如果软件平台读取数据的长度小于环形接收缓冲中数据的长度，说明可以读取到指定长度的数据，走此分支。

00200 行，将 copy_len 变量更新为实际读取数据的长度。

00203 行，释放信号量，避免再次使用该函数读取数据时获取不到信号量。因为此次读取的数据长度小于环形接收缓冲区中的数据长度，如果不释放信号量，那么此时信号量可能会处于空状态，此后如果接收中断没有接收到数据，则信号量就会一直处于空状态，再次使用该函数从环形缓冲中读取数据，就会出现即使环形接收缓冲中有数据，但由于信号量为空仍无法读出数据的情况。

00207 行，调用 copy_data_from_ring_rx_buf 函数从环形接收缓冲中读取数据，下面会介绍这个函数。

00209 行，返回读取到数据的实际长度。

```
00270    void copy_data_from_ring_rx_buf(U8 * pbuf, U32 len)
00271    {
00272        U32 head;
00273        U32 i;
00274
00275        head = grx_ring.head;
00276
00277        for(i = 0; i < len; i++)
00278        {
00279            pbuf[i] = grx_ring.buf[head++];
00280            head %= RING_BUF_LEN;
00281        }
00282
00283        grx_ring.head = head;
00284    }
```

该函数将环形接收缓冲中 len 长度的数据读取到 pbuf 缓冲中，并更新环形接收缓冲 head 变量的位置。该函数很好理解，不再详细介绍。

发送中断函数会将环形发送缓冲中的数据发送出去，在这之前需要软件平台先将数据存入到环形发送缓冲中，下面的函数就实现这个功能：

```
00218    U32 data_send(U8 * pbuf, U32 len)
```

```
00219  {
00220      U32 copy_len;
00221
00222      /* 计算环形发送缓冲可存放的数据长度 */
00223      copy_len = (gtx_ring.head + RING_BUF_LEN - gtx_ring.tail - 1) % RING_
           BUF_LEN;
00224
00225      /* 确定需要复制的数据长度 */
00226      if(len < copy_len)
00227      {
00228          copy_len = len;
00229      }
00230
00231      /* 将数据复制到环形发送缓冲区中 */
00232      copy_data_to_ring_tx_buf(pbuf, copy_len);
00233
00234      return copy_len;
00235  }
```

入口参数 pbuf 缓冲中存储的是需要存入到环形发送缓冲中的数据。软件平台调用该函数前会从缓冲池申请一个缓冲,将需要发送的数据存入该缓冲,然后将该缓冲作为函数入口参数调用该函数。入口参数 len 指明了 pbuf 缓冲中需要发送的数据长度。函数返回值则表明执行该函数后实际存入环形发送缓冲的字节数。

00223 行,计算环形发送缓冲可存放的数据长度。

00226 行,如果软件平台存入数据的长度小于环形发送缓冲可存放的数据长度,则说明可以存放全部数据,走此分支。

00228 行,将 copy_len 变量更新为实际存入数据的长度。

00232 行,调用 copy_data_to_ring_tx_buf 函数将数据存入环形发送缓冲中,下面会介绍这个函数。

00234 行,返回存入环形发送缓冲数据的实际长度。

```
00292  void copy_data_to_ring_tx_buf(U8 * pbuf, U32 len)
00293  {
00294      U32 tail;
00295      U32 i;
00296
00297      tail = gtx_ring.tail;
00298
00299      for(i = 0; i < len; i++)
00300      {
00301          gtx_ring.buf[tail++] = pbuf[i];
```

```
00302              tail % = RING_BUF_LEN;
00303          }
00304
00305      gtx_ring.tail = tail;
00306
00307      /* 硬件处于空闲状态, 触发 UART 中断开始发送数据 */
00308      if(UART_TX_IDLE == guart_tx_status)
00309      {
00310          /* 将硬件置为发送态 */
00311          guart_tx_status = UART_TX_BUSY;
00312
00313          /* 使能串口发送中断, 开始发送数据 */
00314          USART_ITConfig(USART1, USART_IT_TXE, ENABLE);
00315
00316          return;
00317      }
00318  }
```

该函数将 pbuf 缓冲中 len 长度的数据存入到环形发送缓冲中,并更新环形发送缓冲 tail 变量的位置。需要说明的是 00308~00317 行,串口发送硬件没有工作,则走此分支。执行该函数就表明环形发送缓冲中有数据需要发送,此时串口发送中断如果没有工作,则需要由软件使能串口发送中断,将环形发送缓冲中的数据发送出去。执行该函数时如果发送中断正在工作,则无需软件平台开启发送中断,因为正在工作的串口发送中断会自动将环形发送缓冲中的所有数据一起发送出去。

(5) 消息流程设计

软件平台接收到一条消息需要经过几个环节后才能被处理,软件平台生成的消息也需要经过几个环节才能发送出去,如图 5.21 所示。

消息数据首先由接收中断自动存入环形接收缓冲,然后软件平台的接收任务 rx_task 从环形接收缓冲中读取数据进行组包,存入从缓冲池中申请的缓冲中。当一包消息组包完毕,接收任务将存入该消息的缓冲通过调度任务 sched_task 的队列发送给调度任务。调度任务从其队列中获取到缓冲后将会从任务池中申请处理任务 process_task,并将缓冲通过处理任务的队列发送给处理任务。处理任务从其队列中获取到缓冲后开始对其中的消息数据进行处理,并从缓冲池中申请另外一个缓冲存放生成的消息。处理任务处理完接收到的消息就会将存有接收消息的缓冲释放回缓冲池,并将存有新生成消息的缓冲通过发送任务 tx_task 的队列发送给发送任务,并将自身释放回任务池。发送任务从其队列中获取到缓冲后将其中的消息数据存入环形发送缓冲,并将缓冲释放回缓冲池,最后启动发送中断发送数据。

上述消息流程是处理一条消息的整体流程,处理消息的实际过程在某些部分会有细节上的差异,比如说 rx_task 任务可能会申请多个缓冲用于组包,这在后面介绍

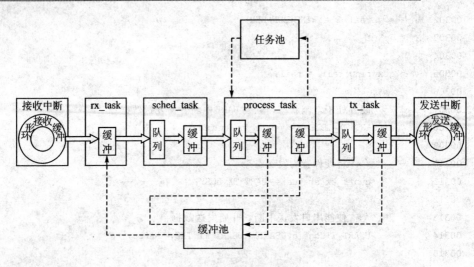

图 5.21　业务消息流程图

代码时就可以看到。

(6) 任务设计

软件平台中有 4 个固定的任务,分别是接收任务 rx_task,用来从环形接收缓冲中接收数据;调度任务 sched_task,用来对其他任务进行调度,是软件平台的控制中心;发送任务 tx_task,用来将数据发送到环形发送缓冲,进而触发发送中断发送数据;打印任务 print_task,用来打印调试信息。

软件平台为这些任务设计了任务结构 TASK_STR(前面任务池设计中讲过),用于管理任务信息,每个任务都拥有一个队列用于与其他任务通信,这些队列会在创建任务时一起创建,创建任务的代码如下:

```
00013    void create_rx_task(void)
00014    {
00015        /* 创建 rx 任务 */
00016        grx_task.ptcb = MDS_TaskCreate("rx_task", msg_rx_task, NULL, NULL,
00017                                RX_TASK_STACK, RX_TASK_PRIO, NULL);
00018        if(NULL == grx_task.ptcb)
00019        {
00020            print_msg(PRINT_IMPORTANT, PRINT_RX, "\r\ncreate rx_task failed. ( %
         s, % d)",
00021                        __FILE__, __LINE__);
00022        }
00023
00024        /* 初始化任务的队列 */
00025        if(NULL == (grx_task.pque = MDS_QueCreate(NULL, QUEFIFO)))
00026        {
```

```
00027            print_msg(PRINT_IMPORTANT, PRINT_RX,
00028                    "\r\nrx_task queue init failed. (%s, %d)", __FILE__, __
                         LINE__);
00029        }
00030
00031        print_msg(PRINT_SUGGEST, PRINT_RX, "\r\nrx_task init finished. (%s, %d)",
00032                __FILE__, __LINE__);
00033    }
00013    void create_sched_task(void)
00014    {
00015        /* 创建 sched_task 任务 */
00016        gsched_task.ptcb = MDS_TaskCreate("sched_task", msg_sched_task, NULL,
         NULL,
00017                                    SCHED_TASK_STACK, SCHED_TASK_PRIO,
                                        NULL);
00018        if(NULL == gsched_task.ptcb)
00019        {
00020            print_msg(PRINT_IMPORTANT, PRINT_SCHED,
00021                    "\r\ncreate sched_task failed. (%s, %d)", __FILE__, __
                         LINE__);
00022        }
00023
00024        /* 初始化任务的队列 */
00025        if(NULL == (gsched_task.pque = MDS_QueCreate(NULL, QUEFIFO)))
00026        {
00027            print_msg(PRINT_IMPORTANT, PRINT_SCHED,
00028                    "\r\nsched_task queue init failed. (%s, %d)", __FILE__,
                         __LINE__);
00029        }
00030
00031        print_msg(PRINT_SUGGEST, PRINT_SCHED, "\r\nsched_task init finished. (%
         s, %d)",
00032                __FILE__, __LINE__);
00033    }
00013    void create_tx_task(void)
00014    {
00015        /* 创建 tx 任务 */
00016        gtx_task.ptcb = MDS_TaskCreate("tx_task", msg_tx_task, NULL, NULL,
00017                                    TX_TASK_STACK, TX_TASK_PRIO, NULL);
00018        if(NULL == gtx_task.ptcb)
00019        {
00020            print_msg(PRINT_IMPORTANT, PRINT_TX, "\r\ncreate tx_task failed. (%
```

```
                              s, %d)",
00021                             __FILE__, __LINE__);
00022          }
00023
00024          /* 初始化任务的队列 */
00025          if(NULL == (gtx_task.pque = MDS_QueCreate(NULL, QUEFIFO)))
00026          {
00027              print_msg(PRINT_IMPORTANT, PRINT_TX,
00028                      "\r\ntx_task queue init failed. (%s, %d)", __FILE__, __
                         LINE__);
00029          }
00030
00031          print_msg(PRINT_SUGGEST, PRINT_TX, "\r\ntx_task init finished. (%s, %d)",
00032                  __FILE__, __LINE__);
00033      }
00020      void create_print_task(void)
00021      {
00022          /* 初始化打印开关,关闭打印功能,防止 print 任务正常输出的打印陷入死循
                 环 */
00023          print_init();
00024
00025          /* 创建 print_task 任务 */
00026          gprint_task.ptcb = MDS_TaskCreate("print_task", msg_print_task, NULL,
             NULL,
00027                                          PRINT_TASK_STACK, PRINT_TASK_PRIO,
                                             NULL);
00028          if(NULL == gprint_task.ptcb)
00029          {
00030              print_msg(PRINT_IMPORTANT, PRINT_PRINT,
00031                      "\r\ncreate print_task failed. (%s, %d)", __FILE__, __
                         LINE__);
00032          }
00033
00034          /* 初始化任务的队列 */
00035          if(NULL == (gprint_task.pque = MDS_QueCreate(NULL, QUEFIFO)))
00036          {
00037              print_msg(PRINT_IMPORTANT, PRINT_PRINT,
00038                      "\r\nprint_task queue init failed. (%s, %d)", __FILE__,
                         __LINE__);
00039          }
00040
00041          print_msg(PRINT_SUGGEST, PRINT_PRINT, "\r\nprint_task init finished. (%
```

```
                  s, %d)",
00042                        __FILE__, __LINE__);
00043 }
```

这 4 个函数非常相似,都是创建任务后再创建任务队列,并将任务相关信息存入到任务结构 TASK_STR 中,只有 print_task 任务多了一个初始化打印的操作——print_init,有关打印任务的细节在后面再作详细介绍。

这 4 个创建任务的函数会在 task_create 函数里统一调用,创建这 4 个固定的任务,之后这 4 个任务就开始运行了。

这 4 个任务的结构都是相同的,代码如下:

```
00041 void msg_rx_task(void * pvPara)
00042 {
00043     while(1)
00044     {
00045         /* 接收数据 */
00046         msg_rx();
00047     }
00048 }
00040 void msg_sched_task(void * pvPara)
00041 {
00042     while(1)
00043     {
00044         /* 调度消息 */
00045         msg_dispatch();
00046     }
00047 }
00041 void msg_tx_task(void * pvPara)
00042 {
00043     while(1)
00044     {
00045         /* 发送数据 */
00046         msg_tx();
00047     }
00048 }
00050 void msg_print_task(void * pvPara)
00051 {
00052     while(1)
00053     {
00054         /* 打印数据 */
00055         msg_print();
00056     }
```

```
00057    }
```

每个任务都循环执行一个函数,在这 4 个不同函数里分别实现每个任务不同的功能。这 4 个函数都会获取信号量,或者从队列里获取消息作为它们的处理对象,如果获取不到,则调用这些函数的任务就会被阻塞,直到它们的消息源(如图 5.21 所示)释放信号量或者向它们的队列中存入消息后,它们才能重新转为 ready 态再次运行,处理新获取到的对象。软件平台就是依靠任务间的这种制约关系控制软件平台各个任务运行的。

下面来看看实现这 4 个任务不同功能的函数细节:

```
00055    void msg_rx(void)
00056    {
00057        static MSG_BUF * psrx_buf = NULL;
00058        static MSG_BUF * pspacket_buf = NULL;
00059        static U32 msg_len = 0;
00060        MSG_STR * ppacket_msg;
00061        U32 packet_len_in_rx_msg;
00062        U32 recv_len;
00063        U32 used_len;
00064        U32 rtn;
00065
00066        /* 若没有缓冲在接收数据则申请缓冲,永不释放,循环利用 */
00067        if(NULL == psrx_buf)
00068        {
00069            /* 申请接收数据的缓冲 */
00070            psrx_buf = (MSG_BUF * )buf_malloc(BUF_MAX_LEN);
00071            if(NULL == psrx_buf)
00072            {
00073                print_msg(PRINT_IMPORTANT, PRINT_RX, "\r\ncant malloc buf. ( %s,
                     %d)",
00074                        __FILE__, __LINE__);
00075
00076                return;
00077            }
00078        }
00079
00080        /* 若没有缓冲在组包数据则申请缓冲 */
00081        if(NULL == pspacket_buf)
00082        {
00083            /* 申请接收数据的缓冲 */
00084            pspacket_buf = (MSG_BUF * )buf_malloc(BUF_MAX_LEN);
00085            if(NULL == pspacket_buf)
```

```
00086            {
00087                print_msg(PRINT_IMPORTANT, PRINT_RX, "\r\ncant malloc buf. (% s,
                 % d)",
00088                            __FILE__, __LINE__);
00089
00090                return;
00091            }
00092    }
00093
00094    /*  读取接收到的数据  */
00095    recv_len = data_receive(psrx_buf ->buf, BUF_MAX_LEN);
00096
00097    packet_len_in_rx_msg = 0;
00098
00099    /*  接收到的数据可能会组成多帧数据，需要循环组包  */
00100    while(0 != recv_len)
00101    {
00102        /*  将消息结构指向消息缓冲  */
00103        ppacket_msg = (MSG_STR *)pspacket_buf ->buf;
00104
00105        /*  对接收的数据进行组包，该函数需要用户根据通信协议进行改写  */
00106        rtn = rx_message_packet(psrx_buf ->buf + packet_len_in_rx_msg,
                 ppacket_msg,
00107                            recv_len, &used_len);
00108        msg_len + = used_len;                    /*  已组包的长度  */
00109        packet_len_in_rx_msg + = used_len;    /* 接收的数据中已组包的长度 */
00110        recv_len - = used_len;                    /* 减去已经用去的字节数  */
00111
00112        /*  一包数据接收完毕  */
00113        if(RTN_SUCD == rtn)
00114        {
00115            /*******以下需要用户根据通信协议补充该函数*******/
00116
00117
00118
00119
00120
00121            /*******以上需要用户根据通信协议补充该函数*******/
00122
00123            /*  将存放消息的缓冲挂入队列发送给 sched 任务  */
00124            send_msg_to_sched_task(&pspacket_buf ->node);
```

嵌入式操作系统内核调度——底层开发者手册

```
00125
00126                    /* 重置组包长度 */
00127                    msg_len = 0;
00128
00129                    /* 所有数据组包完毕 */
00130                    if(0 == recv_len)
00131                    {
00132                        /* 组包缓冲置为 NULL，下次调用该函数时申请缓冲 */
00133                        pspacket_buf = NULL;
00134                    }
00135                    /* 仍有剩余的字节没有组包，则需要申请新的内存开始组包 */
00136                    else
00137                    {
00138                        print_msg(PRINT_NORMAL, PRINT_RX,
00139                            "\r\nthere are still % d byte need packet. ( % s,
                                   % d)",
00140                            recv_len, __FILE__, __LINE__);
00141
00142                        /* 申请组包数据存放的缓冲 */
00143                        pspacket_buf = (MSG_BUF * )buf_malloc(BUF_MAX_LEN);
00144                        if(NULL == pspacket_buf)
00145                        {
00146                            print_msg(PRINT_IMPORTANT, PRINT_RX,
00147                                "\r\ncant malloc buf. ( % s, % d)", __FILE__,
                                       __LINE__);
00148
00149                            return;
00150                        }
00151                    }
00152                }
00153            }
00154  }
```

00067～00078 行，从缓冲池中申请缓冲 psrx_buf。这个缓冲用来存储从环形接收缓冲中读取到的数据，后面代码将会按照通信协议对该缓冲中的数据进行组包。由于每次调用该函数都需要使用一个缓冲存放从环形接收缓冲中读取的数据，为了避免每次都重复执行申请、释放缓冲的操作，这里将 psrx_buf 缓冲指针定义为静态变量，永不释放，每次调用该函数都使用这个缓冲存储组包前的数据。

00081～00092 行，从缓冲池申请缓冲 pspacket_buf。psrx_buf 缓冲中的数据组包后就存储在 pspacket_buf 缓冲中。由于 psrx_buf 缓冲内的数据可能无法组包成一条完整的消息，因此在 pspacket_buf 缓冲内保存的可能就是一条不完整的组包消息,需要将 pspacket_buf 缓冲指针定义为静态变量,以便下次再次调用该函数时可以继续上次已组包的数据继续组包。

00095 行,从环形接收缓冲中读取数据,存入到 psrx_buf 缓冲中。在前面介绍过,如果环形接收缓冲中没有数据,那么该任务就会被阻塞,直到有新数据到来。

00097 行,将 packet_len_in_rx_msg 变量清 0,准备组包。该变量中保存的是组包已使用掉的数据长度。

00100 行,开始对 psrx_buf 缓冲内的数据循环组包。

00103~00110 行,调用 rx_message_packet 函数将 psrx_buf 缓冲内的数据组包到 pspacket_buf 缓冲内。组包函数 rx_message_packet 的实现过程与用户的通信协议相关,在软件平台中作了保留,提供了一个空的函数框架,具体实现代码需要由用户进行补充,下面会有介绍。

00113 行,如果已经组成一包完整消息,则走此分支。

00124 行,通过调度任务的队列将 pspacket_buf 缓冲发送给调度任务,此时 pspacket_buf 缓冲中存放的是一条完整的组好包的消息。send_msg_to_sched_task 函数非常简单,只是将向队列存入消息的函数 MDS_QuePut 针对调度任务的队列 gsched_task.pque 重新封装一遍,代码就不介绍了,请读者自行参考源代码。

00127 行,已处理完一包数据,准备重新开始组包,将 msg_len 变量清 0。该变量中保存的是已组包消息中的数据长度。

00130~00134 行,如果 psrx_buf 缓冲内的数据已经全部组包完毕,没有数据可以组包了,则走此分支。此时 pspacket_buf 缓冲已经发送给了调度任务,在该函数返回前将 pspacket_buf 指针置为 NULL,以便下次调用该函数时可以将 pspacket_buf 指向重新申请的缓冲,用来存储另外一个组包数据。

00136~00151 行,组成一包消息后 psrx_buf 缓冲内如果还剩有没有组包的数据,则走此分支。pspacket_buf 缓冲已经发送给了调度任务,此时需要重新申请缓冲用来存储 psrx_buf 缓冲中剩余数据组成的另外一包组包数据,并将 pspacket_buf 指针指向该缓冲。

rx_message_packet 函数与用户通信协议紧密相关,需要由用户补充代码,在下一小节的例子中,将根据例子中的通信协议展示该函数的功能。

```
00206   U32 rx_message_packet(U8 * pbuf, MSG_STR * ppacket_buf, U32 data_len, U32 *
pused_len)
00207   {
00208       /***********以下需要用户根据通信协议补充该函数***********/
00209
00210       * pused_len = 0;
00211
00212       return RTN_SUCD;
00213
```

```
00214          /***********以上需要用户根据通信协议补充该函数 ***********/
00215    }
```

msg_dispatch 函数是实现调度任务功能的函数，它从队列里获取接收任务发送来的一条完整消息包，对这条消息进行处理。

```
00054    void msg_dispatch(void)
00055    {
00056         BUF_NODE * pbuf;
00057
00058         /* 从队列获取要处理的消息 */
00059         pbuf = sched_task_receive_msg();
00060         if(NULL == pbuf)
00061         {
00062              return;
00063         }
00064
00065         /* sched 任务进行调度，分配任务执行接到的消息 */
00066         sched_task_schedule(pbuf);
00067    }
```

00059～00063 行，从调度任务队列里获取消息缓冲。sched_task_receive_msg 函数非常简单，只是将从队列获取消息的函数 MDS_QueGet 针对调度任务的队列 gsched_task.pque 重新封装一遍，代码就不介绍了，请读者自行参考源代码。它与前面提过的 send_msg_to_sched_task 函数一起提供其他任务与调度任务间通信的功能，其他的每个任务也有与这 2 个函数功能类似的函数，用来进行通信。

下面来看看调度任务的工作细节：

```
00114    void sched_task_schedule(BUF_NODE * pbuf)
00115    {
00116         /***********用户可以根据自身需要修改该函数 *********** */
00117
00118         TASK_STR * ptask;
00119
00120         /* 从任务池中申请可用的任务 */
00121         ptask = process_task_malloc();
00122         if(NULL == ptask)
00123         {
00124              print_msg(PRINT_IMPORTANT, PRINT_SCHED,
00125                       "\r\ncan't malloc process_task, free message buf 0x%x. (%
                          s, %d)",
00126                       pbuf, __FILE__, __LINE__);
00127
```

```
00128            goto RTN;
00129        }
00130
00131        /*  将消息转发给 process 任务 */
00132        send_msg_to_process_task(ptask, pbuf);
00133
00134        return;
00135
00136        /*  出错返回，释放存放接收消息的缓冲 */
00137    RTN:
00138
00139        buf_free(pbuf);
00140    }
```

入口参数 pbuf 缓冲中存放着需要处理的消息。

00121 行，从任务池中申请一个处理任务，用于处理接收到的消息。

00122～00129 行，申请不到处理任务则走此分支，说明无法处理接收到的消息，需要将存储消息的缓冲释放回缓冲池，因此跳转到 00137 行释放消息缓冲。

00132 行，代码运行到此处说明已经申请到处理任务，可以处理接收到的消息。将消息缓冲通过处理任务的队列发送给处理任务，后续工作由处理任务完成。

00134 行，函数返回。

从这个函数来看，调度任务的工作很少，只是从任务池中申请了处理任务，然后将缓冲发送给这个处理任务进行处理。但我们还可以扩充调度任务的功能，比如说软件平台中的所有消息都需要由调度任务进行转发，这样就可以通过调度任务实现对软件平台的控制。还可以增加流控功能，当某些情况下接收的消息过多导致处理器处理不过来时，就可以在调度任务中限制接收消息的流量。设置这个任务的目的是为了能掌控全局，相当于软件平台的控制中心，至于其他功能，可以由读者自由发挥。

按照消息处理流程，接下来应该介绍处理任务了，但由于处理任务是从缓冲池中申请的，与其他 4 个固定任务有所不同，因此暂时先介绍其他任务，最后再介绍处理任务。下面来看发送任务的代码：

```
00055   void msg_tx(void)
00056   {
00057       BUF_NODE * pbuf;
00058
00059       /* tx 任务接收消息 */
00060       pbuf = tx_task_receive_msg();
00061       if(NULL == pbuf)
00062       {
```

嵌入式操作系统内核调度——底层开发者手册

```
00063          return;
00064      }
00065
00066      /* * * * * * * * * * * *以下需要用户根据通信协议补充该函数 * * * * * * * * * * */
00067
00068
00069
00070      /* tx 任务发送数据 */
00071      tx_task_send_data(pbuf);
00072
00073      /* * * * * * * * * * * *以上需要用户根据通信协议补充该函数 * * * * * * * * * * */
00074  }
```

处理任务处理完上位机下发的消息后会生成返回给上位机的消息,并通过发送任务的队列发送给发送任务。

00060～00064 行,从发送任务队列中获取需要发送的消息缓冲。

00066～00073 行,将消息缓冲中的数据存入到环形发送缓冲中,并启动发送中断开始发送数据,具体细节在介绍 tx_task_send_data 函数时再作详细说明。用户需要在 msg_tx 函数中根据通信协议对发送的消息进行组包,在下一小节的例子中将根据例子中的通信协议完善该函数。

362

下面来看 tx_task_send_data 函数的代码:

```
00121  void tx_task_send_data(BUF_NODE * pbuf)
00122  {
00123      MSG_BUF * pmsg_buf;
00124      MSG_STR * pmsg_str;
00125      U32 sent_len;
00126      U32 send_len;
00127      U32 len;
00138
00139      pmsg_buf = (MSG_BUF * )pbuf;
00130      pmsg_str = (MSG_STR * )pmsg_buf ->buf;
00131
00132      sent_len = 0;
00133      send_len = pmsg_str ->head.len;
00134
00135      /* 如果不能一次发送完所有数据则循环发送数据 */
00136      while(sent_len < send_len)
00137      {
00148          /* 发送数据 */
00149          len = data_send(pmsg_str ->buf + sent_len, send_len - sent_len);
```

```
00140              sent_len + = len;
00141        }
00142
00143        /* 释放存放消息的缓冲 */
00144        buf_free(pbuf);
00145  }
```

该函数将需要发送的消息从消息缓冲存储到环形发送缓冲中,存储时需要判断环形发送缓冲能否存储下所有消息,具体的存储过程由 data_send 函数实现,这在前面已经介绍过。消息缓冲在数据存储到环形发送缓冲之后就没有用了,该函数最后将消息缓冲释放回缓冲池。

上位机下发的消息经过上述所介绍的函数在软件平台中走了一圈,执行后生成的消息又发送给了上位机,完成了上位机与下位机之间一收一发的通信过程。这些消息用来实现系统功能,可以称之为业务消息,还有一类消息是用来调试的,通过调试串口打印出来,走的流程与业务消息不同。这些调试消息是由打印任务处理的,来看一下调试消息的流程,如图 5.22 所示。

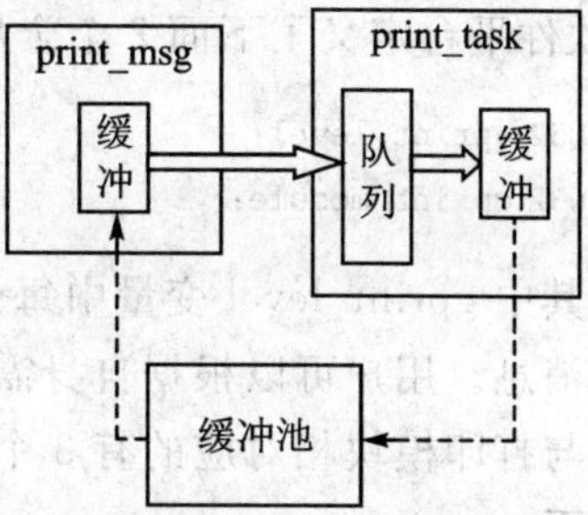

图 5.22　调试消息流程图

调试消息由 print_msg 函数生成,在上面所介绍的代码中能看到很多 print_msg 函数打印的调试消息,该函数从缓冲池中申请缓冲,先将调试消息打印到缓冲中,然后将缓冲通过打印任务的队列发送给打印任务,剩下的工作就交给打印任务完成了。打印任务从其队列中取出缓冲,将缓冲中的数据打印到调试串口。在软件平台中调试消息走的串口 2,业务消息走的是串口 1,在硬件上是分开的。由于调试消息只向外打印不用接收数据,因此没有使用串口硬件中断＋环形缓冲的机制,只采用了串口轮询方式打印调试消息。

为了可以控制打印不同模块的消息和控制打印不同级别的消息,软件平台对调试消息进行了分类,每条打印消息可以分属于不同的模块,并且拥有不同的级别,通过设置模块和打印级别就可以筛选出希望打印的调试消息。比如下面这条调试消息属于 RX 模块的重要级别:

```
print_msg(PRINT_IMPORTANT, PRINT_RX, "\r\ncreate rx_task failed. (%s, %d)", __FILE_
_, __LINE__);
```

其中 PRINT_IMPORTANT 宏指明该调试消息是重要级别的消息,PRINT_RX 宏指明该调试消息是隶属于 RX 模块的消息,软件平台中还有其他类似的宏定义,如下所示:

```
# define PRINT_ALL                          0xFFFFFFFF   /* 全部 */
# define PRINT_SUGGEST                      0x1          /* 提示 */
```

```
# define PRINT_NORMAL        0x2          / *  一般  * /
# define PRINT_IMPORTANT     0x4          / *  重要  * /
# define PRINT_BUF           0x00000001   / *  buf 模块  * /
# define PRINT_COM           0x00000002   / *  通信模块  * /
# define PRINT_TASK          0x00000004   / *  任务模块  * /
# define PRINT_RX            0x00000008   / *  接收模块  * /
# define PRINT_TX            0x00000010   / *  发送模块  * /
# define PRINT_SCHED         0x00000020   / *  调度模块  * /
# define PRINT_PROCESS       0x00000040   / *  处理模块  * /
# define PRINT_PRINT         0x00000080   / *  打印模块  * /
```

只有开启了相关模块和重要级别的开关才能打印出调试消息，为了实现这个功能，软件平台定义了下面 2 个全局变量：

```
U32 gprint_level;
U32 gprint_module;
```

其中 gprint_level 变量中每个位代表一个模块，只有模块对应的位为 1 时才可以打印消息。用户可以根据自身需要增、减或重新定义这些模块。

与打印模块相对应的有 3 个函数，分别用来设置、清除和获取模块打印开关，代码如下：

```
00278    void print_module_set(U32 module)
00279    {
00280        gprint_module | = module;
00281    }
00297    void print_module_clr(U32 module)
00298    {
00299        gprint_module & =  ~module;
00300    }
00316    U32 print_module_get(void)
00317    {
00318        return gprint_module;
00319    }
```

gprint_level 变量中每个位代表一个打印级别，只有打印级别对应的位为 1 时才可以打印。用户可以根据自身需要增、减或重新定义这些打印级别。

与打印级别相对应的有 3 个函数，分别用来设置、清除和获取打印级别开关，代码如下：

```
00231    void print_level_set(U32 level)
00232    {
00233        gprint_level | = level;
00234    }
```

```
00245    void print_level_clr(U32 level)
00246    {
00247        gprint_level &= ～level;
00248    }
00259    U32 print_level_get(void)
00260    {
00261        return gprint_level;
00262    }
```

用户编写代码时需要使用 print_msg 函数为每条调试消息设置所属模块和打印
级别,程序运行时用户可以通过上述控制模块和打印级别的函数过滤掉不希望看到
的调试信息,只保留自己希望看到的调试消息。

例如,如果希望只看 RX 模块的调试信息,则需要作如下设置:

```
print_level_set(PRINT_ALL);
print_module_set(PRINT_RX);
```

如果只希望看到 RX 模块和 TX 模块重要级别的调试信息,则需要作如下设置:

```
print_level_set(PRINT_IMPORTANT);
print_module_set(PRINT_RX  |  PRINT_TX);
```

下面来看看 print_msg 函数的具体实现代码:

```
00151    void print_msg(U32 level, U32 module, U8 * fmt, ...)
00152    {
00153        MSG_BUF * pmsg_buf;
00154        MSG_STR * pmsg_str;
00155        va_list args;
00156
00157        /* 不符合打印条件则直接返回 */
00158        if(! ((0 != (level & gprint_level)) && (0 != (module & gprint_module))))
00159        {
00160            return;
00161        }
00162
00163        /* 申请 buf,用来存放需要打印的字符 */
00164        pmsg_buf = (MSG_BUF * )buf_malloc_without_print(PRINT_BUF_LEN);
00165        if(NULL == pmsg_buf)
00166        {
00167            print_msg(PRINT_IMPORTANT, PRINT_PRINT, "\r\ncan't malloc buf. (%s,
                 %d)",
00168                    __FILE__, __LINE__);
00169
```

```
00170          return;
00171      }
00172
00173      pmsg_str = (MSG_STR *)pmsg_buf ->buf;
00174
00175      /* 将字符串打印到内存 */
00176      va_start(args, fmt);
00177      (void)vsprintf(pmsg_str ->buf, fmt, args);
00178      va_end(args);
00179
00180      /* 填充维护层参数 */
00181      pmsg_str ->head. len = strlen(pmsg_str ->buf);
00182
00183      /* 将 buf 挂入队列 */
00184      send_msg_to_print_task(&pmsg_buf ->node);
00185  }
```

第一个入口参数是本条调试消息的打印级别,第二个入口参数是本条调试消息所属的模块,第三个入口参数 fmt 对应于所打印的字符串,第四个入口参数是省略的其他打印参数。其中第三个和第四个参数的用法与系统打印函数 printf 的第一和第二个入口参数的用法相同。

00158～00161 行,判断调试消息是否需要打印,如果不符合模块和打印级别的限制,则直接返回。

00164～00171 行,从缓冲池中申请缓冲,用于存储调试消息。此处调用了 buf_malloc_without_print 函数而不是 buf_malloc 函数,是因为 buf_malloc 函数中会打印调试消息,会调用 print_msg 函数,而 print_msg 函数又会调用 buf_malloc 函数,会造成循环打印调试消息导致系统挂死,而 buf_malloc_without_print 函数仅仅是 buf_malloc 函数的缩减版,不打印调试消息,除此之外两者别无差别。

00173 行,将 pmsg_str 指针指向缓冲中存储数据的 buf,将消息维护层承载在缓冲维护层之上。

00176～00178 行,将调试消息进行格式化,将格式化后的数据存储到 pmsg_str ->buf 中。va_start 和 va_end 是 C 语言库里自带的宏定义,使用这 2 个宏可以对变参函数进行操作。vsprintf 函数是 C 语言自带的库函数,其用法与 printf 函数非常相似,不同之处在于 printf 函数将数据格式化后打印到终端,而 vsprintf 函数则是将数据格式化后打印到内存。后面介绍的打印任务会将内存中由 vsprintf 函数格式化好的数据打印到串口终端,由此我们就能看到打印的调试信息了。

00181 行,填充消息维护层参数,该参数指明消息中有效的数据长度。

00184 行,将缓冲挂入打印任务的队列。

软件平台使用 print_msg 函数时会将__FILE__和__LINE__作为函数的最后 2 个参数,这 2 个参数是系统定义的 2 个宏,分别代表该宏所在的文件和在文件中所在的行数。通过这 2 个宏就可以得知每条调试消息在源文件中的位置了,方便我们利用调试信息找到出现问题的代码。

在前面介绍过打印任务在 while 循环里使用 msg_print 函数实现其打印功能,下面就来看看该函数的代码:

```
00064    void msg_print(void)
00065    {
00066        BUF_NODE * pbuf;
00067
00068        /* 从队列获取要处理的消息 */
00069        pbuf = print_task_receive_msg();
00070        if(NULL == pbuf)
00071        {
00072            return;
00073        }
00074
00075        /* 打印接收到的消息 */
00076        print_task_send_data(pbuf);
00077    }
```

该函数从队列获取到存储调试消息的缓冲,然后使用 print_task_send_data 函数将缓冲中的数据打印到串口终端。

```
00192    void print_task_send_data(BUF_NODE * pbuf)
00193    {
00194        MSG_BUF * pmsg_buf;
00195        MSG_STR * pmsg_str;
00196        U32 sent_len;
00197        U32 send_len;
00198
00199        pmsg_buf = (MSG_BUF * )pbuf;
00200        pmsg_str = (MSG_STR * )pmsg_buf ->buf;
00201
00202        sent_len = 0;
00203        send_len = pmsg_str ->head.len;
00204
00205        /* 采用查询的方式发送数据 */
00206        while(sent_len < send_len)
00207        {
00208            /* 等待串口可发送数据 */
```

```
00209              while(USART_GetFlagStatus(USART2, USART_FLAG_TXE) == RESET)
00210              {
00211                  ;
00212              }
00213
00214              /* 向串口发一个字符 */
00215              USART_SendData(USART2, pmsg_str->buf[sent_len++]);
00216          }
00217
00218          /* 释放打印消息 */
00219          buf_free_without_print(pbuf);
00220      }
```

该函数的入口参数 pbuf 是存储打印消息的缓冲,缓冲中的打印消息已经被格式化过,直接打印到串口即可。

00199～00200 行,将消息维护层承载于缓冲维护层之上,将 pmsg_str 指针指向缓冲中打印消息所在的地址。

00202 行,sent_len 变量是已打印的数据长度,置为 0 时,准备打印数据。

00203 行,获取缓冲中需要打印的数据的长度。

00206～00216 行,利用轮询方式将缓冲中的调试消息打印到串口 2。

00219 行,数据打印完毕,释放存储打印消息的缓冲。

软件平台除了 4 个固定的任务外还包含若干个不固定的任务,它们用来处理业务消息的处理任务 process_task。说它们不固定,是因为它们是由调度任务从任务池中申请的,是在申请时才创建或者从任务池中获得的,每次运行时可能会处理功能不同的业务消息,而不像 4 个固定任务一样始终在做相同的工作。

process_task 任务的任务结构与 4 个固定任务的任务结构相同,如下所示:

```
00045   void msg_process_task(void * pvPara)
00046   {
00047       while(1)
00048       {
00049           /* 处理消息 */
00050           msg_process((TASK_STR * )pvPara);
00051       }
00052   }
```

但 process_task 任务相比固定任务多了一个入口参数 pvPara,这个参数是该任务的 TASK_STR 任务结构指针,软件平台正是通过这个参数来识别不同 process_task 任务的。process_task 任务的 TASK_STR 结构是在创建任务时进行初始化的,这在前面介绍任务池申请函数 process_task_malloc 时曾经提到过。当调度任务调用 process_task_malloc 函数从任务池中申请 process_task 处理任务时,若没有空闲

的处理任务,则会使用 create_process_task 函数创建一个新的处理任务,如下所示:

```
00011   U32 create_process_task(TASK_STR * ptask)
00012   {
00013        /* 创建 process_task 任务 */
00014        ptask ->ptcb = MDS_TaskCreate("process_task", msg_process_task, ptask,
             NULL,
00015                                    PROCESS_ TASK _ STACK, PROCESS_ TASK _ PRIO,
                                         NULL);
00016        if(NULL == ptask ->ptcb)
00017        {
00018            print_msg(PRINT_IMPORTANT, PRINT_PROCESS,
00019                    "\r\ncreate process_task failed. (% s, % d)", __FILE__, __
                        LINE__);
00020
00021            return RTN_FAIL;
00022        }
00023
00024        /* 初始化任务的队列 */
00025        if(NULL == (ptask ->pque = MDS_QueCreate(NULL, QUEFIFO)))
00026        {
00027            print_msg(PRINT_IMPORTANT, PRINT_PROCESS,
00028                    "\r\nprocess_task queue init failed. (% s, % d)",
00029                    __FILE__, __LINE__);
00030
00031            return RTN_FAIL;
00032        }
00033
00034        print_msg(PRINT_SUGGEST, PRINT_PROCESS,
00035                "\r\nprocess_task init finished. (% s, % d)", __FILE__, __LINE
                __);
00036
00037        return RTN_SUCD;
00038   }
```

该函数结构与前面介绍的创建 4 个固定任务的函数结构相同,只是多了一个 TASK_STR * 型的入口参数,用这个入口来初始化不同的 process_task 任务。

从上面介绍可以看出,处理任务 process_task 的主要功能是由 msg_process 函数实现的,该函数代码如下:

```
00059   void msg_process(TASK_STR * ptask)
```

```
00060   {
00061       BUF_NODE * pbuf;
00062
00063       /* process 任务接收消息 */
00064       pbuf = process_task_receive_msg(ptask);
00065       if(NULL == pbuf)
00066       {
00067           return;
00068       }
00069
00070       /* 处理一条消息 */
00071       process_one_msg(pbuf);
00072
00073       /* 消息处理完毕，将 process 任务释放到任务池 */
00074       process_task_free(ptask);
00075   }
```

函数入口参数是处理任务的 TASK_STR * 型任务结构指针，通过该指针可以获取到任务的队列和 TCB。

00064～00068 行，从处理任务的队列接收调度任务发送过来的消息缓冲。

00071 行，调用 process_one_msg 函数处理业务消息。process_one_msg 函数是与用户业务紧密相关的函数，用户在使用时需要根据自身需求改写该函数。软件平台在这里只提供了 process_one_msg 函数的一个框架，没有作任何业务处理，只是将接收缓冲 pbuf 释放回缓冲池中，具体细节请读者自行参考源代码。

00074 行，处理任务处理完消息，调用 process_task_free 函数将自身释放回缓冲池。该处理任务在下个 while 循环调用 msg_process 函数时，就会因为无法从其队列中获取到消息而被阻塞，此时它已经位于任务池中，直到有消息需要处理时再由调度任务将其从任务池内申请出来，并通过向其队列发送消息激活它，该处理任务才能再次运行。

上面详细讲解了软件平台各部分的设计及代码实现的细节。为了使读者对软件平台各任务启动流程有更好的了解，下面再画一张软件平台各个任务启动流程图，如图 5.23 所示。

软件平台从 Mindows 操作系统的用户任务 MDS_RootTask 开始运行，先调用了 software_init 函数初始化软件平台的缓冲池和环形缓冲，调用 hardware_init 函数初始化硬件通信串口，然后调用 task_create 函数创建 4 个固定任务并初始化任务池。之后 4 个任务开始运行，每个任务会在 while 循环里重复调用实现自身功能的函数。打印任务 print_task 调用的是 msg_print 函数，msg_print 函数会从其队列获取消息缓冲，如果获取不到消息缓冲，该任务则会被阻塞，等待新消息到来。调度任

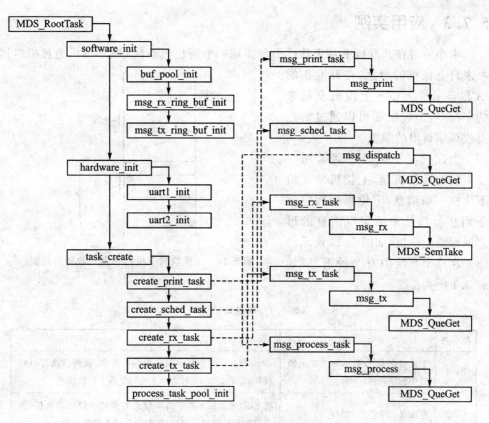

图 5.23 软件平台任务启动流程图

务 sched_task 调用的是 msg_dispatch 函数,msg_dispatch 函数会从其队列获取消息缓冲,如果获取不到消息缓冲,该任务则会被阻塞,等待新消息到来。接收任务 rx_task 调用的是 msg_rx 函数,msg_rx 函数会获取信号量,如果获取不到信号量,该任务则会被阻塞,等待新接收的数据到来。发送任务 tx_task 调用的是 msg_tx 函数,msg_tx 函数会从其队列获取消息缓冲,如果获取不到消息缓冲,该任务就会被阻塞,等待新消息到来。处理任务 process_task 与其他任务不同,它不是由 task_create 函数创建的,而是由调度任务从任务池中申请的,若申请不到空闲的处理任务,则会新创建一个处理任务。它调用的是 msg_process 函数,msg_process 函数会从其队列获取消息缓冲,如果获取不到消息缓冲,该任务则会被阻塞,等待新消息到来。

　　本小节介绍了软件平台的设计,但只实现了其最基本的框架,还无法形成处理一条消息的完整流程,这需要用户根据自身需求补充代码。下节将在软件平台的基础上设计一个应用实例,编写程序,使用软件平台实现一个完整的系统功能。

5.7.3　应用实例

　　本小节将在开发板上基于软件平台实现一个下位机系统,该下位机通过串口接收来自上位机的消息,在开发板的 LCD 显示屏上显示上位机发送来的字符串,上位机还可以通过消息更改该字符串的颜色。

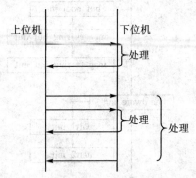

图 5.24　上位机与下位机一发一收通信机制

　　上位机与下位机之间采用一发一收的通信机制,上位机发送给下位机一条消息,下位机处理完该条消息便将处理结果以消息的形式返回给上位机,如图 5.24 所示。

　　在这个系统中有 2 种消息,如表 5.1 所列。

表 5.1　消息功能说明

消　息	功　能	说　明
0x01	下位机在 LCD 显示屏上显示消息中的字符串	在 LCD 显示屏上显示消息中的字符串,该消息执行时间较长,需要显示 10 s,之后才能回复给上位机消息
0x02	更改显示字符串的颜色	将 LCD 显示屏上的字符串修改为消息中设定的颜色,该消息执行时间较短,可以立刻回复给上位机消息

　　下位机接收到 0x01 消息后开始处理,在 LCD 显示屏上显示接收到的字符串,共显示 10 s,在此期间若接收到 0x02 消息,则会使用 0x02 消息中设定的颜色修改 LCD 显示屏上字符串的颜色,在 LCD 屏上应该能立刻看到字符串颜色变化。每条消息执行后,下位机都会返回给上位机对应的返回消息。由于 0x01 消息执行时间较长,因此可能会出现 2 种消息并行处理的情况,这就需要软件平台支持多任务处理功能。

　　下面来定义一下上位机与下位机之间的通信协议。

　　为了可以正确识别每条消息,定义消息包以 0x7E 字符开头,以 0x8E 字符结尾,如果消息中出现了 0x7E 或 0x8E,则使用下述规则进行转换:

```
0x7E   <——>   0x7D 0x5E
0x8E   <——>   0x7D 0x6E
0x7D   <——>   0x7D 0x5D
```

　　不包含消息头尾,发送消息时,消息中若含有 0x7E,则转换为 0x7D 和 0x5E;若含有 0x8E,则转换为 0x7D 和 0x6E;若含有 0x7D,则转换为 0x7D,和 0x5D。接收消息时,消息中若含有 0x7D 和 0x5E,则转换为 0x7E;若含有 0x7D 和 0x6E,则转换为

0x8E;若含有 0x7D 和 0x5D,则转换为 0x7D。

经过如此处理,就可以保证在上位机与下位机之间的通信链路中只有消息头包含 0x7E,只有消息尾包含 0x8E,通过这 2 个特殊的字符就可以确定消息数据的开始和结尾了。

国际标准化组织(ISO)制定了 OSI(Open System Interconnection,开放式系统互联)模型,这个模型把通信协议分为 7 层,分别是物理层、数据链路层、网络层、传输层、会话层、表示层和应用层。这个软件平台只是一个功能简单的软件结构,主要应用于上位机与少数几个下位机之间的通信,不需要使用到全部 7 层结构,只使用到了低 3 层和最高层。其中,物理层由处理器的串口硬件提供,在硬件传输通道中由硬件对传输数据进行编解码,软件平台只实现了链路层、网络层和应用层;链路层用来解决上下位机之间传送一整包数据的问题;网络层用来解决在不同设备之间寻址的问题;应用层用来解决实现应用业务的问题。为了使协议简单,该协议并没有将各层协议严格区分开来,如图 5.25 所示,链路层使用了消息头尾用来确定消息的开始和结束,使用校验和功能对一包数据进行检验,网络层使用源地址和目的地址来区分网络中不同的设备,应用层则直接承载在这几层之上传送业务消息。

消息头	校验和	源地址	目的地址	命令	长度	数据	消息尾

图 5.25　通信协议结构

消息头:一条消息的开始字符,1 字节长度,固定为 0x7E。

校验和:可对消息正确性进行校验,1 字节长度,采用累加和校验方式。消息中"源地址"、"目的地址"、"命令"、"长度"、"数据"中的数据按字节累加求和,将累加和的最低 1 字节存入"校验和"中。接收到一条消息时可以将消息中的数据进行累加计算,计算结果与"校验和"进行对比,判断消息在传输过程中是否有误码。

源地址:消息发送端地址,1 字节长度,在多设备的网络中可以据此判断消息的来源。

目的地址:消息接收端地址,1 字节长度,接收端设备可以据此判断接收到的消息是否是自己需要接收的消息。

命令:该消息所代表的命令,1 字节长度,接收端据此执行相应的操作。

长度:"数据"的字节长度,4 字节长度,按小端方式存放。

数据:消息中需要传送的信息,"数据"的内容与"数据"的长度与"命令"相关,具体请见表 5.2 所列。

消息尾:一条消息的结束字符,1 字节长度,固定为 0x8E。

除包头包尾外,消息内如果包含 0x7E、0x8E 或 0x7D,则发送端在发送时需要对这些数据进行转义,接收端接收时再将转义数据进行还原。

在这个协议里,暂时只定义 2 种命令来实现整个系统的 2 个功能,如表 5.2 所列。

表 5.2　命令说明

命　令	方　向	数据长度	数据内容
0x01	主发从收	数据的字节数	显示在下位机 LCD 显示屏上的 ASCII 码字符串
	从发主收	1	操作成功:返回 0x00,操作失败:返回 0x01
0x02	主发从收	2	字符串显示的颜色,16 位数据,采用小端模式
	从发主收	1	操作成功:返回 0x00,操作失败:返回 0x01

上位机可以使用 0x01 命令在下位机的 LCD 显示屏上显示字符串,使用 0x02 命令改变下位机显示字符串的颜色。

按照上面规定的通信协议,可以构造出下面的消息数据(十六进制),如果上位机下发下面这些数据,下位机就应该在 LCD 屏上显示"Softplatform for Mindows"。

7E 88 01 05 01 18 00 00 00 53 6F 66 74 70 6C 61 74 66 6F 72 6D 20 66 6F 72 20 4D 69 6E 64 6F 77 73 8E

我们按照协议的规定解析一下这条消息:

7E:消息头,下位机接收到这个数据,则认为一条消息开始。

88:校验和,除消息头尾和校验和,其他数据相加的结果为 0x988,取 1 字节为 0x88。

01:源地址,设定上位机的地址为 0x01。

05:目的地址,设定下位机的地址为 0x05。

01:命令,表明这是一条 0x01 命令。

18 00 00 00:长度,"数据"中有 0x18 即 24 字节长度的数据。

53~73:消息中的数据,为字符串"Softplatform for Mindows"的 ASCII 码。

8E:消息尾,如果下位机接收到这个数据,则认为一条消息结束。

下面是 3 条 0x02 命令,分别将字符串的颜色设置为红色(0xF800)、绿色(0x07E0)和蓝色(0x001F)。颜色的定义是由 LCD 显示屏规定的,这不在我们讨论之列。

7E 02 01 05 02 02 00 00 00 00 F8 8E
7E F1 01 05 02 02 00 00 00 E0 07 8E
7E 29 01 05 02 02 00 00 00 1F 00 8E

通信协议已经制定完毕,下面将根据通信协议补充软件平台中的代码。

下位机首先要对接收到的消息进行组包,我们首先来完善 rx_message_packet 函数:

```
00254   U32 rx_message_packet(U8 * pbuf, MSG_STR * ppacket_buf, U32 data_len, U32 *
pused_len)
00255   {
```

```
00256        /* * * * * * *以下需要用户根据通信协议补充该函数 * * * * * * */
00257
00258        static RX_STA srx_status = RX_IDLE;
00259        U32 i;
00260        U8 rx_char;
00261
00262        /* 处理需要组包的数据 */
00263        for(i = 0; i < data_len; i++)
00264        {
00265             /* 读取需要组包的数据 */
00266             rx_char = pbuf[i];
00267
00268    FRAME_START:
00269
00270             /* 准备接收数据状态 */
00271             if(RX_IDLE == srx_status)
00272             {
00273                  /* 不是包头字符，直接返回 */
00274                  if(0x7E != rx_char)
00275                  {
00276                       continue;
00277                  }
00278
00279                  ppacket_buf ->head.len = 0;
00280                  ppacket_buf ->buf[ppacket_buf ->head.len++ ] = 0x7E;
00281
00282                  /* 改变状态，开始接收数据 */
00283                  srx_status = RX_NORMAL;
00284
00285                  continue;
00286             }
00287             /* 正常接收数据状态 */
00288             else if(RX_NORMAL == srx_status)
00289             {
00290                  /* 接收到转义字符 0x7D, 更改接收状态 */
00291                  if(0x7D == rx_char)
00292                  {
00293                       srx_status = RX_TRANSFER;
00294
00295                       continue;
00296                  }
00297                  /* 接收到帧结束符 */
```

```
00298                          else if(0x8E == rx_char)
00299                          {
00300                              /*  将接收状态恢复为空闲态  */
00301                              srx_status = RX_IDLE;
00302
00303                              /*  组包完成，返回已组好包和已用掉的字节长度  */
00304                              *pused_len = i + 1;
00305
00306                              ppacket_buf ->buf[ppacket_buf ->head.len ++ ] = 0x8E;
00307
00308                              return RTN_SUCD;
00309                          }
00310                          /*  接收到帧开始符，认为是下一帧数据的开始，丢弃已组的数据，
                                重新组包  */
00311                          else if(0x7E == rx_char)
00312                          {
00313                              /*  将接收状态恢复为空闲态  */
00314                              srx_status = RX_IDLE;
00315
00316                              /*  进入重新开始接收数据的流程  */
00317                              goto FRAME_START;
00318                          }
00319                          else /*  正常接收字符  */
00320                          {
00321                              /*  已组包的数据超过缓冲区长度，丢弃已组的数据，重新组
                                    包  */
00322                              if(ppacket_buf ->head.len >= GET_BUF_LEN(BUF_MAX_LEN))
00323                              {
00324                                  /*  将接收状态恢复为空闲态  */
00325                                  srx_status = RX_IDLE;
00326
00327                                  /*  进入重新开始接收数据的流程  */
00328                                  goto FRAME_START;
00329                              }
00330
00331                              /*  存储接收到的字符  */
00332                              ppacket_buf ->buf[ppacket_buf ->head.len ++ ] = rx_char;
00333
00334                              continue;
00335                          }
00336                      }
00337                      /*  字符转义状态  */
```

```
00338              else //if(RX_TRANSFER == rx_status)
00339              {
00340                  /* 已组包的数据超过缓冲区长度，丢弃已组的数据，重新组包 */
00341                  if(ppacket_buf ->head.len >= GET_BUF_LEN(BUF_MAX_LEN))
00342                  {
00343                      /* 将接收状态恢复为空闲态 */
00344                      srx_status = RX_IDLE;
00345
00346                      /* 进入重新开始接收数据的流程 */
00347                      goto FRAME_START;
00348                  }
00349
00350                  /* 恢复为 7E */
00351                  if(0x5E == rx_char)
00352                  {
00353                      ppacket_buf ->buf[ppacket_buf ->head.len ++ ] = 0x7E;
00354                  }
00355                  /* 恢复为 7D */
00356                  else if(0x5D == rx_char)
00357                  {
00358                      ppacket_buf ->buf[ppacket_buf ->head.len ++ ] = 0x7D;
00359                  }
00350                  /* 恢复为 8E */
00361                  else if(0x6E == rx_char)
00362                  {
00363                      ppacket_buf ->buf[ppacket_buf ->head.len ++ ] = 0x8E;
00364                  }
00365                  else /* 出错，丢弃已组的数据，重新组包 */
00366                  {
00367                      /* 将接收状态恢复为空闲态 */
00368                      srx_status = RX_IDLE;
00369
00370                      /* 进入重新开始接收数据的流程 */
00371                      goto FRAME_START;
00372                  }
00373
00374                  srx_status = RX_NORMAL;
00375
00376                  continue;
00377              }
00378          }
```

嵌入式操作系统内核调度——底层开发者手册

```
00379
00380      /* 返回已用掉的字节长度 */
00381       * pused_len = i;
00382
00383      /* 环形接收缓冲区内的数据已全部组完,还没有组成一个完整包 */
00384      return RTN FAIL;
00385
00386    /*************以上需要用户根据通信协议补充该函数************/
00387  }
```

该函数使用了 RX_STA 型的静态局部变量 srx_status 作为接收数据的状态机,RX_STA 枚举类型定义如下:

```
typedef enum rx_sta
{
    RX_IDLE = 0,
    RX_NORMAL,
    RX_TRANSFER
}RX_STA;
```

该枚举类型定义了接收数据时的 3 种状态:RX_IDLE 表示空闲状态,随时准备接收消息数据;RX_NORMAL 表示正常接收状态,正在接收消息数据;RX_TRANSFER 表示转义状态,已经接收到了转义标志字符 0x7D,需要接收下一个字符进行转义。

这 3 种状态就构成了一个状态机,组包函数 rx_message_packet 就在这 3 种状态间切换工作,状态机切换条件如图 5.26 所示。

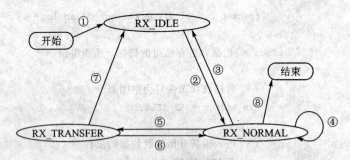

图 5.26　接收数据状态机

①:开始接收数据,转换为 RX_IDLE 态。

②:由 RX_IDLE 态转换为 RX_NORMAL 态。满足条件:RX_IDLE 态接收到 0x7E。0x7E 是消息头,标志着一条消息的开始,转换为 RX_NORMAL 态开始接收数据。

③:由 RX_NORMAL 态转换为 RX_IDLE 态。满足条件:RX_NORMAL 态接

收到 0x7E、0x8E 或出现错误。0x7E 是消息头,0x8E 是消息尾,接收到其中的任何一个都表示需要结束当前正在接收的消息,需要转换到 RX_IDLE 态重新准备接收新消息。如果接收数据的长度超出了接收缓冲的长度,则说明数据出错,无法继续接收数据,需要转换到 RX_IDLE 态重新接收数据。

④:RX_NORMAL 态维持不变。满足条件:RX_NORMAL 态接收到非转义正常字符,维持 RX_NORMAL 态不变,继续接收正常字符。

⑤:由 RX_NORMAL 态转换为 RX_TRANSFER 态。满足条件:RX_NORMAL 态接收到 0x7D。在 RX_NORMAL 态接收到 0x7D,说明下一个接收到的字符需要转义,进入到 RX_TRANSFER 态准备转义字符。

⑥:由 RX_TRANSFER 态转换为 RX_NORMAL 态。满足条件:RX_TRANSFER 态接收到 0x5E、0x5D 或 0x6E。该状态处于转义状态,可以对 0x5E、0x5D 或 0x6E 进行转义,接收到其中任何一个字符则进行转义,然后恢复为 RX_NORMAL 态接收数据。

⑦:由 RX_TRANSFER 态转换为 RX_IDLE 态。满足条件:RX_TRANSFER 态接收数据时出错。转义态需要接收到 0x5E、0x5D 或 0x6E 进行转义,如果接收到的不是这些字符,则说明数据出错,无法继续接收数据,需要转换到 RX_IDLE 态重新接收数据。如果接收数据的长度超出了接收缓冲的长度,也说明数据出错,无法继续接收数据,需要转换到 RX_IDLE 态重新接收数据。

⑧:在 RX_NORMAL 态接收到结束字符 0x8E,结束接收一包数据。

上述 rx_message_packet 函数实现了这个状态机,代码比较简单,配合状态机的介绍很好理解,这里就不再进行介绍了。

rx_message_packet 函数对接收到的消息数据进行组包,如果组成了一包完整数据,则需要对这包数据进行校验,这需要完善 msg_rx 函数:

```
00055    void msg_rx(void)
00056    {
...          ...
00108           rtn = rx_message_packet(psrx_buf ->buf + packet_len_in_rx_msg,
         ppacket_msg,
00109                              recv_len, &used_len);
...          ...
00114           /* 一包数据接收完毕 */
00115           if(RTN_SUCD == rtn)
00116           {
00117                /*******以下需要用户根据通信协议补充该函数*******/
00118
00119                /* 用户消息结构体指针指向存储的位置 */
00120                pusr_msg = (USR_MSG * )ppacket_msg ->buf;
```

```
00121
00122                print_msg(PRINT_SUGGEST, PRINT_RX,
00123                        "\r\npacket %d bytes to %d bytes successfully. (%s,
                             %d)",
00124                        msg_len, ppacket_msg->head.len, __FILE__, __LINE__);
00125
00126            /* 对接收的数据长度进行校验 */
00127            if(RTN_SUCD != check_msg_len(ppacket_msg->head.len, pusr_msg-
                 >len))
00128            {
00129                print_msg(PRINT_NORMAL, PRINT_RX,
00130                        "\r\nmessage length error. (%s, %d)", __FILE__,
                             __LINE__);
00131
00132                return;
00133            }
00134
00135            /* 对接收的数据校验和进行校验，不包括消息头尾及校验和 */
00136            crc = calc_msg_crc(&pusr_msg->s_addr,
00137                        USR_DATA_LEN_2_USR_CRC_LEN(pusr_msg->
                             len));
00138            if(pusr_msg->crc != crc)
00139            {
00140                print_msg(PRINT_NORMAL, PRINT_RX,
00141                        "\r\nmessage crc error, receive 0x%x, calc
                             0x%x."
00142                        "(%s, %d)", pusr_msg->crc, crc, __FILE__, __
                             LINE__);
00143
00144                return;
00145            }
00146
00147            /* 对接收消息的地址进行校验 */
00148            if(RTN_SUCD != check_msg_addr(pusr_msg->d_addr))
00149            {
00150                print_msg(PRINT_NORMAL, PRINT_RX,
00151                        "\r\nreceive message address 0x%x != local
                             0x%x."
00152                        "(%s, %d)", pusr_msg->d_addr, LOCAL_ADDR,
00153                        __FILE__, __LINE__);
00154
```

```
00155                     return;
00156               }
00157
00158          /*******以上需要用户根据通信协议补充该函数*******/
...            ...
00189          }
00190      }
00191  }
```

00108～00109 行，使用 rx_message_packet 函数对接收到的数据进行组包。

00115 行，判断 rx_message_packet 函数是否已经组成了一包完整的数据，如果组成了则走此分支。

00120 行，程序运行到此行说明已经组成了一包完整的数据。此行将用户层指针 pusr_msg 承载于消息维护层之上，USR_MSG 结构体需要与通信协议相对应，这样就可以通过 pusr_msg 指针对接收的消息进行操作了，USR_MSG 结构体定义如下：

```
typedef __packed struct usr_msg
{
    U8 head;                            /*  消息头  */
    U8 crc;                             /*  校验和  */
    U8 s_addr;                          /*  源地址  */
    U8 d_addr;                          /*  目的地址  */
    U8 cmd;                             /*  命令  */
    U32 len;                            /*  长度  */
    U8 data[GET_USR_BUF_LEN(BUF_MAX_LEN)];  /*  数据缓冲  */
}USR_MSG;
```

其中 __packed 伪指令用来告诉编译器该结构体使用字节对齐方式，该结构中的各个元素间不留间隙。

00122～00124 行，打印已组包的数据信息。

00127～00133 行，对消息包长度进行校验，check_msg_len 检查了组包时记录在消息维护层内的消息长度是否与用户层消息内的长度相一致，函数细节请读者自行阅读源代码。

00136～00145 行，对消息包校验和进行校验，calc_msg_crc 函数根据消息的数据计算出校验和，与消息中自带的校验和作比较，函数细节请读者自行阅读源代码。

00148～00156 行，对消息包目的地址进行校验，check_msg_addr 函数检测消息包的目的地址与下位机地址是否相同，函数细节请读者自行阅读源代码。

msg_rx 函数的其他部分没有修改，组包后的数据如果通过了上述 3 个步骤的检验，则存储该消息的缓冲就会被压入调度任务队列进行下一步处理。调度任务将从任务池中申请处理任务处理该消息，这需要根据协议处理该消息，process_one_msg

函数是实现处理任务功能的函数，它也需要修改，如下所示：

```
00123    void process_one_msg(BUF_NODE * pbuf)
00124    {
00125        / **********用户需要根据自身需求修改该函数 **********/
00126
00127        BUF_NODE * pbuf_rtn;
00128        MSG_BUF * pmsg_buf;
00129        MSG_BUF * pmsg_buf_rtn;
00130        MSG_STR * pmsg_str;
00131        MSG_STR * pmsg_str_rtn;
00132        USR_MSG * pusr_msg;
00133
00134        pmsg_buf = (MSG_BUF * )pbuf;
00135        pmsg_str = (MSG_STR * )pmsg_buf ->buf;
00136        pusr_msg = (USR_MSG * )pmsg_str ->buf;
00137
00138        / *  处理不同的命令  * /
00139        switch(pusr_msg ->cmd)
00140        {
00141            case TEST_CMD1:
00142
00143                pbuf_rtn = test_cmd1(pusr_msg);
00144
00145                break;
00146
00147            case TEST_CMD2:
00148
00149                pbuf_rtn = test_cmd2(pusr_msg);
00150
00151                break;
00152
00153            default:
00154
00155                pbuf_rtn = NULL;
00156        }
00157
00158        / *  不需要回复消息  * /
00159        if(NULL == pbuf_rtn)
00160        {
00161            goto RTN;
00162        }
```

```
00163
00164          /* 填充接收到的消息的地址 */
00165          pmsg_buf_rtn = (MSG_BUF *)pbuf_rtn;
00166          pmsg_str_rtn = (MSG_STR *)pmsg_buf_rtn->buf;
00167
00168          /* 填充维护层参数 */
00169          pmsg_str_rtn->head.r_addr = pusr_msg->s_addr;
00170
00171          /* 将返回的消息发送给 tx 任务 */
00172          send_msg_to_tx_task(pbuf_rtn);
00173
00174    RTN:
00175
00176          /* 释放接收的消息缓冲 */
00177          buf_free(pbuf);
00178    }
```

该函数的入口参数是存储消息的缓冲指针，该函数处理该缓冲中的数据。

00134～00136 行，将 pusr_msg 指针指向缓冲中存储用户层消息的位置。

00139～00156 行，根据消息中的命令区分不同的消息，调用不同的函数对消息进行处理。test_cmd1 和 test_cmd2 函数的返回值如果是 NULL，则说明不需要给上位机回复消息，否则返回值是存储回复上位机消息的缓冲指针。

00159～00162 行，如果不需要回应消息，则直接跳转到 00174 行，将已处理完的缓冲释放掉，结束处理流程。

00165～00166 行，将 pmsg_str_rtn 指针指向缓冲中存储消息维护层的位置。

00169 行，将接收到的消息的源地址填入消息维护层，发送任务在后面填充消息数据时会从维护层中取出这个地址存入到消息的目的地址中，使返回给上位机的目的地址就是上位机发送给下位机的源地址。为了实现这个功能，需要在消息维护层结构 MSG_HEAD 中增加一个 r_addr 变量：

```
typedef struct msg_head            /* 消息头结构 */
{
    U32 len;                       /* 消息长度 */
    /* 用户可以根据通信协议修改该结构体 */
    U32 r_addr;                    /* 接收到的消息的地址 */
}MSG_HEAD;
```

00172 行，将回复给上位机的消息缓冲压入发送任务队列，后续由发送任务继续处理。

00177 行，将已处理完的缓冲释放掉，结束处理流程。

test_cmd1 和 test_cmd2 函数是处理每条消息的具体函数；test_cmd1 函数用来

处理 0x01 命令的消息，显示消息中的字符串；test_cmd2 用来处理 0x02 命令的消息，改变字符串的颜色，代码如下：

```
00185   BUF_NODE * test_cmd1(USR_MSG * pbuf)
00186   {
00187       BUF_NODE * pbuf_node;
00188       MSG_BUF * pmsg_buf;
00189       MSG_STR * pmsg_str;
00190       USR_MSG * pusr_msg;
00191       U32 i;
00192
00193       /* 执行命令 */
00194
00195       /* 申请存储回复消息的缓冲 */
00196       pbuf_node = buf_malloc(BUF_MAX_LEN);
00197       if(NULL == pbuf_node)
00198       {
00199           print_msg(PRINT_IMPORTANT, PRINT_PROCESS, "\r\ncan't malloc buf. ( %
        s, % d)",
00200                       __FILE__, __LINE__);
00201
00202           return NULL;
00203       }
00204
00205       /* 显示 10 次字符串 */
00206       for(i = 0; i < 10; i++)
00207       {
00208           /* 显示消息中的字符串 */
00209           display_string(pbuf ->data, pbuf ->len, i * 16, i * 8);
00210
00211           MDS_TaskDelay(100);
00212       }
00213
00214       pmsg_buf = (MSG_BUF *)pbuf_node;
00215       pmsg_str = (MSG_STR *)pmsg_buf ->buf;
00216       pusr_msg = (USR_MSG *)pmsg_str ->buf;
00217
00218       /* 填充回复消息 */
00219       pusr_msg ->cmd = pbuf ->cmd;
00220       pusr_msg ->len = 1;
00221       pusr_msg ->data[0] = CMD_OK;
00222
```

```
00223        return pbuf_node;
00224    }
```

入口参数是需要处理的消息的缓冲指针,该指针指向缓冲中的用户层位置。函数返回值是生成的返回消息的指针,如果为 NULL 则不返回消息。

00196～00203 行,从缓冲池中申请缓冲,用于存放生成的返回消息。

00206～00212 行,在 LCD 显示屏的不同位置显示 10 次消息中的字符串,每次显示 1 s 时间。显示功能是由 display_string 函数实现的,这个函数与 LCD 显示屏有关,这里就不详细介绍了。

00214～00216 行,将 pusr_msg 指针指向缓冲中存储用户层消息的位置。

00219～00221 行,填充用户层消息的"命令"、"长度"和"数据"域里的数据。

00223 行,返回发送给上位机的缓冲指针。

```
00231  BUF_NODE * test_cmd2(USR_MSG * pbuf)
00232  {
00233      BUF_NODE * pbuf_node;
00234      MSG_BUF * pmsg_buf;
00235      MSG_STR * pmsg_str;
00236      USR_MSG * pusr_msg;
00237
00238      /* 执行命令 */
00239
00240      /* 申请存储回复消息的缓冲 */
00241      pbuf_node = buf_malloc(BUF_MAX_LEN);
00242      if(NULL == pbuf_node)
00243      {
00244          print_msg(PRINT_IMPORTANT, PRINT_PROCESS, "\r\ncant malloc buf. ( %
             s, % d)",
00245                      __FILE__, __LINE__);
00246
00247          return NULL;
00248      }
00249
00250      /* 设置画笔颜色 */
00251      set_pen_color(pbuf ->data[0] | (U16)pbuf ->data[1] << 8);
00252
00253      pmsg_buf = (MSG_BUF * )pbuf_node;
00254      pmsg_str = (MSG_STR * )pmsg_buf ->buf;
00255      pusr_msg = (USR_MSG * )pmsg_str ->buf;
00256
00257      /* 填充回复消息 */
```

```
00258        pusr_msg ->cmd = pbuf ->cmd;
00259        pusr_msg ->len = 1;
00260        pusr_msg ->data[0] = CMD_OK;
00261
00262        return pbuf_node;
00263    }
```

入口参数是需要处理的消息的缓冲指针，该指针指向缓冲中的用户层位置。函数返回值是生成的返回消息的指针，如果为 NULL 则不返回消息。

00241～00248 行，从缓冲池中申请缓冲，用于存放生成的返回消息。

00251 行，设置 LCD 画笔颜色。test_cmd1 函数中调用的 display_string 函数会使用画笔的颜色打印字符串，因此该命令可以改变 LCD 显示屏上字体的颜色。

00253～00255 行，将 pusr_msg 指针指向缓冲中存储用户层消息的位置。

00258～00260 行，填充用户层消息的"命令"、"长度"和"数据"域里的数据。

00262 行，返回发送给上位机的缓冲指针。

test_cmd1 和 test_cmd2 函数生成了返回给上位机的消息，但这些消息还不完整，只填充了用户层数据，链路层和网络层的数据还没有填充，这些将在发送任务的 msg_tx 函数里进行统一填充。

```
00055    void msg_tx(void)
00056    {
00057        BUF_NODE * pbuf;
00058        BUF_NODE * pbuf_fill;
00059
00060        /* tx 任务接收消息 */
00061        pbuf = tx_task_receive_msg();
00062        if(NULL == pbuf)
00053        {
00054            return;
00055        }
00056
00067        /* *******以下需要用户根据通信协议补充该函数 ******* */
00068
00069        /* 填充需要发送的数据包 */
00070        if(NULL == (pbuf_fill = fill_tx_msg(pbuf)))
00071        {
00072            return;
00073        }
00074
00075        /* tx 任务发送数据 */
00076        tx_task_send_data(pbuf_fill);
00077
00078        /* ***********以上需要用户根据通信协议补充该函数 *********** */
00079    }
```

相比平台中原有的 msg_tx 函数，该函数在 00070 行增加了 fill_tx_msg 函数，用来填充需要发送给上位机的消息，并对消息进行转义，使之符合通信协议的规定。然后 msg_tx 函数在 00076 行将 fill_tx_msg 函数处理完毕的消息存入环形发送缓冲区进行发送。

```
00157    BUF_NODE * fill_tx_msg(BUF_NODE * pbuf)
00158    {
00159        BUF_NODE * pbuf_node_tran;
00160        MSG_BUF * pmsg_buf;
00161        MSG_STR * pmsg_str;
00162        USR_MSG * pusr_msg;
00163
00164        pmsg_buf = (MSG_BUF * )pbuf;
00165        pmsg_str = (MSG_STR * )pmsg_buf ->buf;
00166        pusr_msg = (USR_MSG * )pmsg_str ->buf;
00167
00168        /* 填充用户层消息 */
00169        pusr_msg ->head = 0x7E;                              /* 消息头 */
00170        pusr_msg ->s_addr = LOCAL_ADDR;                      /* 源地址 */
00171        pusr_msg ->d_addr = pmsg_str ->head.r_addr;          /* 目的地址 */
00172        pusr_msg ->data[pusr_msg ->len] = 0x8E;              /* 消息尾 */
00173
00174        /* 添加校验和 */
00175        pusr_msg ->crc = calc_msg_crc(&pusr_msg ->s_addr,
00176                               USR_DATA_LEN_2_USR_CRC_LEN(pusr_msg ->
                                   len));
00177
00178        /* 对需要发送的消息进行转义 */
00179        pbuf_node_tran = tx_message_transfer(pusr_msg);
00180
00181        /* 释放消息缓冲 */
00182        buf_free(pbuf);
00183
00184        return pbuf_node_tran;
00185    }
```

入口参数 pbuf 缓冲中的数据只填充了用户层的数据，需要在该函数里填充链路层和网络层数据，使之成为完整的消息，最后再对该消息进行转移，使之符合通信协议对传送过程的定义。函数返回值是经上述处理之后的数据所在的缓冲。

00164～00166 行，将 pusr_msg 指针指向缓冲中存储用户层消息的位置。

00169～00175 行，填充链路层和网络层中的消息头、源地址、目的地址、消息尾和校验和,应用层数据已经由 test_cmd1 或 test_cmd2 函数填充完毕,此时已经生成了一条完整的消息。

00179 行,消息发送前需要进行转义,使之符合协议规定。tx_message_transfer 函数在其内部申请了新的缓冲用于存储转义后的消息,也就是该函数的返回值 pbuf node tran。

00182 行,pbuf 中的数据已经在 00179 行的 tx_message_transfer 函数中处理完毕,此处将该缓冲释放回缓冲池。

00184 行,返回需要发送数据的缓冲指针。

与 rx_message_packet 函数的接收状态机类似,tx_message_transfer 函数里面也使用了一个状态机用于控制发送消息的转义过程,发送状态机有如下几种状态:

```
typedef enum tx_sta
{
    TX_7E = 0,
    TX_NORMAL,
    TX_TRANSFER_7E,
    TX_TRANSFER_7D,
    TX_TRANSFER_8E
}TX_STA;
```

TX_7E 表示开始发送一包数据,先发送 0x7E。TX_NORMAL 表示正常发送状态,发送正常的字符,如果遇到 0x7E、0x8E 或 0x7D,则发送 0x7D,并进入到转义状态。TX_TRANSFER_7E 表示转义状态,需要发送 0x5E。TX_TRANSFER_7D 表示转义状态,需要发送 0x5D。TX_TRANSFER_8E 表示转义状态,需要发送 0x6E。

这 5 种状态就构成了一个状态机,组包函数 tx_message_packet 就在这 5 种状态间切换工作,状态机切换条件如图 5.27 所示。

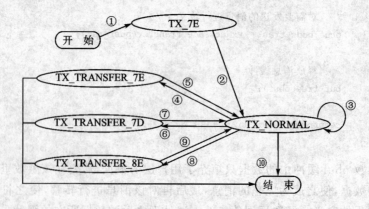

图 5.27　发送数据状态机

①:准备转换数据,转换为 TX_7E 态。

②：由 TX_7E 态转换为 TX_NORMAL 态。满足条件：TX_7E 态在消息内填充完 0x7E。0x7E 是消息头，接下来需要转换为 TX_NORMAL 态，按照通信协议对消息内的数据进行转义。

③：TX_NORMAL 态维持不变。满足条件：字符是非转义正常字符，无需转义，维持 TX_NORMAL 态不变，继续转换字符。

④：由 TX_NORMAL 态转换为 TX_TRANSFER_7E 态。满足条件：TX_NORMAL 态需要转义 0x7E。0x7E 是消息头，在消息中出现该字符需要转义为 0x7D 和 0x5E，此处先在消息内填充 0x7D，然后转换为 TX_TRANSFER_7E 态。

⑤：由 TX_TRANSFER_7E 态转换为 TX_NORMAL 态。满足条件：TX_TRANSFER_7E 态在消息内填充完 0x5E。已经将 0x7E 转义为 0x7D 和 0x5E，转换为 TX_NORMAL 态继续转换字符。

⑥：由 TX_NORMAL 态转换为 TX_TRANSFER_7D 态。满足条件：TX_NORMAL 态需要转义 0x7D。在消息中出现 0x7D 需要转义为 0x7D 和 0x5D，此处先在消息内填充 0x7D，然后转换为 TX_TRANSFER_7D 态。

⑦：由 TX_TRANSFER_7D 态转换为 TX_NORMAL 态。满足条件：TX_TRANSFER_7D 态在消息内填充完 0x5D。已经将 0x7D 转义为 0x7D 和 0x5D，转换为 TX_NORMAL 态继续转换字符。

⑧：由 TX_NORMAL 态转换为 TX_TRANSFER_8E 态。满足条件：TX_NORMAL 态需要转义 0x8E。0x8E 是消息尾，在消息中出现该字符需要转义为 0x7D 和 0x6E，此处先在消息内填充 0x7D，然后转换为 TX_TRANSFER_8E 态。

⑨：由 TX_TRANSFER_8E 态转换为 TX_NORMAL 态。满足条件：TX_TRANSFER_8E 态在消息内填充完 0x6E。已经将 0x8E 转义为 0x7D 和 0x6D，转换为 TX_NORMAL 态继续转换字符。

⑩：已经完成所有数据转换，在消息内填充消息尾 0x8E，转换过程结束；或者转换后的数据长度超出了缓冲的长度，转换失败。

tx_message_transfer 函数实现了这个状态机，代码比较简单，配合状态机的介绍很好理解，这里就不再进行介绍了，代码如下：

```
00193    BUF_NODE * tx_message_transfer(USR_MSG * pbuf)
00194    {
00195        BUF_NODE * pbuf_node;
00196        MSG_BUF * pmsg_buf;
00197        MSG_STR * pmsg_str;
00198        U8 * pin_buf;
00199        U8 * pout_buf;
00200        TX_STA tx_status;
00201        U32 in_len;
00202        U32 in_cnt;
```

```
00203        U32 out_cnt;
00204
00205        /* 申请存储转义消息的缓冲 */
00206        pbuf_node = buf_malloc(BUF_MAX_LEN);
00207        if(NULL == pbuf_node)
00208        {
00209            print_msg(PRINT_IMPORTANT, PRINT_TX, "\r\ncarrt malloc buf. ( % s, %
             d)",
00210                        __FILE__, __LINE__);
00211
00212            return NULL;
00213        }
00214
00215        pmsg_buf = (MSG_BUF *)pbuf_node;
00216        pmsg_str = (MSG_STR *)pmsg_buf->buf;
00217
00218        /* 需要转换的数据的指针 */
00219        pin_buf = (U8 *)pbuf;
00220
00221        /* 转换后存放数据的指针 */
00222        pout_buf = pmsg_str->buf;
00223
00224        in_cnt = 0;
00225        out_cnt = 0;
00226
00227        /* 需要转换的数据长度 */
00228        in_len = USR_DATA_LEN_2_USR_TOTAL_LEN(pbuf->len);
00229
00230        /* 初始化转换状态 */
00231        tx_status = TX_7E;
00232
00233        /* 转义整条消息 */
00234        while(in_cnt < in_len - 1)
00235        {
00236            /* 转义的数据超长, 返回失败 */
00237            if(out_cnt >= GET_USR_BUF_LEN(BUF_MAX_LEN))
00238            {
00239                goto RTN;
00240            }
00241
00242            if(TX_NORMAL == tx_status)
00243            {
```

```
00244                    /* 需要转义发送 7E */
00245                    if(0x7E == pin_buf[in_cnt])
00246                    {
00247                        /* 先发送 7D */
00248                        pout_buf[out_cnt++] = 0x7D;
00249
00250                        tx_status = TX_TRANSFER_7E;
00251                    }
00252                    /* 需要转义发送 7D */
00253                    else if(0x7D == pin_buf[in_cnt])
00254                    {
00255                        /* 先发送 7D */
00256                        pout_buf[out_cnt++] = 0x7D;
00257
00258                        tx_status = TX_TRANSFER_7D;
00259                    }
00260                    /* 需要转义发送 8E */
00261                    else if(0x8E == pin_buf[in_cnt])
00262                    {
00263                        /* 先发送 7D */
00264                        pout_buf[out_cnt++] = 0x7D;
00265
00266                        tx_status = TX_TRANSFER_8E;
00267                    }
00268                    else /* 发送普通字符 */
00269                    {
00270                        pout_buf[out_cnt++] = pin_buf[in_cnt++];
00271                    }
00272                }
00273            else if(TX_7E == tx_status)
00274            {
00275                /* 先发送 7E 头 */
00276                pout_buf[out_cnt++] = 0x7E;
00277                in_cnt++;
00278
00279                tx_status = TX_NORMAL;
00280            }
00281            else if(TX_TRANSFER_7E == tx_status)
00282            {
00283                /* 7E 转义，发送 5E 转义字符 */
00284                pout_buf[out_cnt++] = 0x5E;
00285                in_cnt++;
```

```
00286
00287                    tx_status = TX_NORMAL;
00288              }
00289          else if(TX_TRANSFER_7D == tx_status)
00290          {
00291              /* 7D 转义，发送 5D 转义字符 */
00292              pout_buf[out_cnt ++] = 0x5D;
00293              in_cnt ++;
00294
00295              tx_status = TX_NORMAL;
00296          }
00297          else if(TX_TRANSFER_8E == tx_status)
00298          {
00299              /* 8E 转义，发送 5E 转义字符 */
00300              pout_buf[out_cnt ++] = 0x6E;
00301              in_cnt ++;
00302
00303              tx_status = TX_NORMAL;
00304          }
00305      }
00306
00307      /* 转义的数据超长，返回失败 */
00308      if(out_cnt >= GET_USR_BUF_LEN(BUF_MAX_LEN))
00309      {
00310          goto RTN;
00311      }
00312
00313      /* 填充消息尾 */
00314      pout_buf[out_cnt ++] = 0x8E;
00315      in_cnt ++;
00316
00317      print_msg(PRINT_SUGGEST, PRINT_TX, "\r\n% d data transfer to % d data.
         (% s, % d)",
00318                  in_cnt, out_cnt, __FILE__, __LINE__);
00319
00320      /* 填充维护层参数 */
00321      pmsg_str ->head. len = out_cnt;
00322
00323      return pbuf_node;
00324
00325  RTN:
00326
```

```
00327          /*  释放转义消息缓冲 */
00328          buf_free(pbuf_node);
00329
00330          pbuf_node = NULL;
00331
00332          return pbuf_node;
00333    }
```

　　至此已经在软件平台的架构上补充完了下位机代码,按照通信协议上位机与下位机之间就可以通信了。我们在 PC 机上使用 sscom42 串口通信软件模拟上位机,通过串口向下位机发送 0x01 和 0x02 命令,通过下位机的 LCD 显示屏观察命令执行结果。sscom42 软件可以在 www.daxia.com 网站下载。

　　上位机发送 0x01 命令的串口截图如图 5.28 所示。

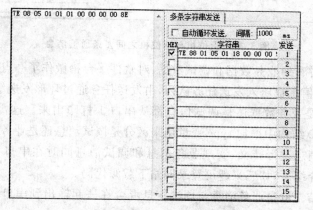

图 5.28　0x01 命令通信数据截图

　　图 5.28 中右侧文本框中是上位机发送的数据,中间文本框中是下位机发回的数据。

　　上位机发送 0x02 命令的串口截图如图 5.29 所示。

图 5.29　0x02 命令通信数据截图

　　图 5.30 显示了上位机连续发送和接收多条命令的串口截图。由于本手册所使

用的开发板只有一个串口 1 充当业务串口,因此只能看到业务串口的通信数据,无法看到调试串口的数据。

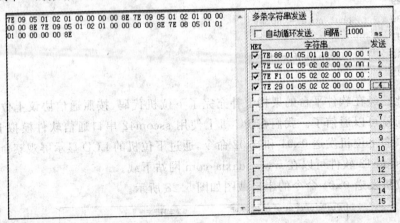

图 5.30　上位机与下位机之间多条通信消息

为了能同时看到业务数据和调试数据,对软件平台稍微作了一点调整:将打印任务去掉,将调试信息也压入发送任务队列,由发送任务通过环形发送缓冲区打印到串口 1,这样无论是业务数据还是调试信息都从串口 1 打印出来。这需要在消息维护层 MSG_HEAD 结构中增加 type 变量用来区分是调试消息还是业务消息,以便发送任务不对调试消息进行转义,实现业务消息和调试消息同时在串口 1 输出的功能。具体代码就不介绍了,如感兴趣可登录网站下载源代码。

这样做的结果就是业务消息与调试信息混合在一起输出到串口调试软件中,如图 5.31 所示。

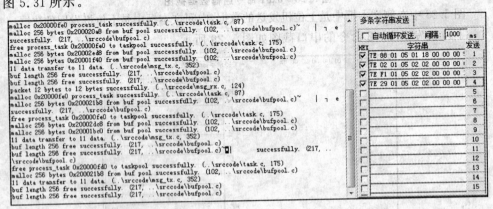

图 5.31　业务消息与调试消息并存

这样调试消息也会发送给上位机,由于调试消息只是一串字符串,没有业务消息的结构,因此就会对业务消息造成影响,在实际应用时要避免此种情况发生。由于调试信息输出的是 ASCII 码而业务数据输出的是十六进制数据,因此如果串口调试软件是按字符方式显示,我们就会看到业务数据是乱码。如果将串口调试软件更改为十六进制显示,就可以看到业务消息数据,但调试消息显示为十六进制后却又难以分辨,如图 5.32 所示。

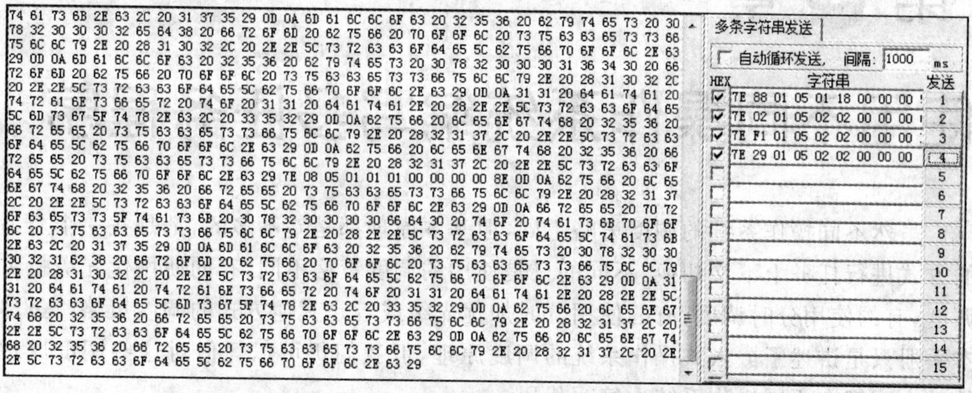

图 5.32　以十六进制方式显示业务消息和调试消息

为在同一个物理层(串口)上能同时传输业务消息和调试消息而又使二者互不影响,有一个方法是在协议中增加端口号,业务消息使用一个端口号,调试消息使用另外一个端口号,这就好比是 TCP/IP 协议在同一根网线(物理层)上可以传输多种消息一样。但这样修改协议的同时,也必须修改上位机和下位机软件来支持端口号功能,将不同端口的消息分开处理。如果这样就不能再简单地使用串口调试软件来模拟上位机,而需要重新开发一个支持我们自定义协议的上位机软件来与下位机通信。端口号的功能这里只作一个简单的介绍,读者若感兴趣可以自行实现,若有问题可以到网站发布信息,作者将在网站给予帮助。

LCD 显示屏输出如图 5.33 所示。

现在这个软件平台已经具备了最基本的功能,具备了接收、处理、发送消息的能力,而且可以同时处理多个消息。在此基础上,还可以修改或增加更多的功能。比如可以更换所使用的通信协议、修改通信机制、增加告警功能,以使上位机实时掌握下位机的状态;可以增加 log 功能,在下位机出现严重问题时增加可定位问题的信息;还可以加入很多其他功能。但无论怎么改,软件平台的基本框架无需太多改变,在此基础上作一些功能性的改动就可以适用于多种情况,这也是我编写软件平台的一个目的。

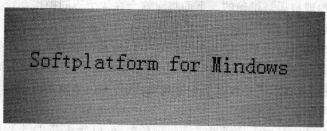

图 5.33　任务栈已使用长度的 LCD 屏打印

第 **6** 章

使用不同操作系统编写多任务程序

虽然不同操作系统的调度策略不同,但基本原理都是差不多的,都是找一个合适的方式进行任务上下文切换,不同的只是使用的调度策略不同,有的使用优先级抢占调度,有的使用分时调度,有的使用分时加优先级或者是其他方式的调度策略。虽然本手册只是讲述了嵌入式操作系统的调度原理,但我们仍可以凭借对这些调度原理的基本理解在不同操作系统上编写代码。

除了本手册重点介绍的 Mindows 操作系统,这里还找出了其他 3 种常见的操作系统,分别是 μCos、Windows 和 Linux 操作系统。本章将在这 4 种操作系统上编写代码,使用相同的软件结构实现一个简单的下位机功能。

6.1 程序结构介绍

笔者在编写本手册前并没有在 μCos、Windows 以及 Linux 操作系统上编写过任何有关多任务调度的程序,只在其他操作系统上编写过一些简单的操作系统应用层程序。本手册的编写过程加深了本人对操作系统调度功能的认识,在此过程中由于工作的需要,需要在 μCos、Windows 以及 Linux 上编写一些简单的程序,这对于我来说是从头起步,遇到问题就在网上找答案,但这仅限于解决一些编程语法上的问题,对于如何在不同操作系统上进行合理的程序设计,在短时间内是无法在网上找到答案的,尤其是 Windows 和 Linux 这样大型的操作系统。因此我只能根据自己对操作系统已有的基本理解去设计软件结构,无论设计的程序结构是否是主流结构,是否使用了合理的实现方法,设计的程序最终还是实现了项目的功能要求,这也证明了本人对操作系统的理解还是正确的。下面将对这个在 4 个不同操作系统上运行的软件结构作一个了解。

这个程序结构可以说是第 5.7 节软件平台结构的简化版本,这种简单的结构在实际使用中可能会遇到一些问题,但在本章它只是用来演示如何在不同操作系统上进行编程,重点在于在不同操作系统上实现功能,并不过多地考虑它的实用性。其整体结构如图 6.1 所示。

这个程序的功能是向上位机发送接收到的数据,也就是说,这个程序从上位机接收到了什么数据就将这些数据再发送回上位机。这个结构中使用了 3 个任务:rx_

图 6.1 4 种操作系统的程序结构图

thread 任务用来接收数据,handle_thread 任务用来处理接收到的数据,tx_thread 任务用来发送接收到的数据。使用一个全局变量 grx_buf 当作接收数据的缓冲,使用一个全局变量 gtx_buf 当作发送数据的缓冲。当上位机发送数据时,下位机的接收驱动就会将数据存入到数据接收缓冲中,当满足接收一帧数据的条件时,接收驱动就会通过某种机制同步 rx_thread 任务将之激活,而此前 rx_thread 任务则会因无法获取到接收数据而处于 pend 状态。rx_thread 任务被激活后就会通过数据接收队列将数据接收缓冲发送给 handle_thread 任务处理数据,而此前 handle_thread 任务会因无法从数据接收队列中获取到消息而处于 pend 状态。handle_thread 任务被数据接收队列中的消息激活后,将数据接收缓冲中的数据复制到数据发送缓冲中,并通过数据发送队列将数据发送缓冲发送给 tx_thread 任务发送数据,而此前 tx_thread 任务会因无法从数据发送队列中获取到消息而处于 pend 状态。tx_thread 任务被数据发送队列中的消息激活后,将数据发送缓冲中的数据交给发送驱动,由发送驱动将这些数据发送给上位机,完成整个工作流程,实现接收并回复上位机数据的功能。

简而言之,在没有接收到数据时,3 个任务都因获取不到资源而处于 pend 态,当接收到一帧数据时,这 3 个任务就被串行激活,完成自己的功能,然后重新处于 pend 态。这个过程中将使用数据接收缓冲和数据发送缓冲存储数据,通过队列实现数据在不同任务之间的传递。

上述这个软件结构会因这 4 种操作系统不同而在实现的细节上有所不同,在下面的章节会分别讲述。

还有一点需要说明,Mindows 和 μCos 操作系统都是实时抢占式操作系统,而Windows 和 Linux 操作系统的调度策略则与分时操作系统相近。本章这个软件结构并没有体现出实时抢占的特性,所以在这 4 个操作系统上编写代码时也就没有考虑这一点。

6.2 使用 Mindows 操作系统编写程序

本节将基于 Mindows 操作系统实现 6.1 节中介绍的软件结构,大部分用户代码存放于 main.c 和 main.h 文件中。main.c 文件用于定义全局变量、编写函数,main.h文件用于定义宏、结构体,声明全局变量和结构体,另外需要在 stm32f10x_ it. c文件中编写少量的串口中断代码。

编写的下位机代码将在开发板中运行,仍使用 Keil MDK 4.70 作为下位机开发环境,下位机软件采用串口中断方式通信,通过串口与 PC 机中的上位机软件通信。使用 PC 机作为上位机,在 PC 机中仍使用 sscom42 串口通信软件通过串口与下位机通信。

约定每帧数据以回车符 0x0D 作为结束符。在上位机软件中,发送数据后需要按下回车键发出以 0x0D 结尾的一帧数据,下位机接收到数据并将之存储在数据接收缓冲中,当接收到 0x0D 后便认为一帧数据接收完毕,开始其内部处理流程,最后将这帧数据回复给上位机。

下面开始编写代码。

Mindows 操作系统的用户入口函数是 MDS_RootTask 函数,软件结构中使用了 3 个任务、2 个队列和 1 个信号量,需要在该函数里初始化。

```
00010    void MDS_RootTask(void)
00011    {
00012        /* 串口初始化 */
00013        uart1_init();
00014
00015        /* 初始化接收缓冲 */
00016        grx_buf.len = 0;
00017
00018        /* 创建信号量 */
00019        gprx_sem = MDS_SemCreate(NULL, SEMBIN | SEMPRIO, SEMEMPTY);
00020
00021        /* 创建队列 */
00022        gprx_que = MDS_QueCreate(NULL, QUEPRIO);
00023        gptx_que = MDS_QueCreate(NULL, QUEPRIO);
00024
00025        /* 创建 rx_thread 任务 */
00026        (void)MDS_TaskCreate(NULL, rx_thread, NULL, NULL, TASK_STASK_LEN, 2,
                 NULL);
00027
00028        /* 创建 handle_thread 任务 */
00029        (void)MDS_TaskCreate(NULL, handle_thread, NULL, NULL, TASK_STASK_LEN, 3,
                 NULL);
00030
00031        /* 创建 tx_thread 任务 */
00032        (void)MDS_TaskCreate(NULL, tx_thread, NULL, NULL, TASK_STASK_LEN, 4,
                 NULL);
00033    }
```

00013 行，初始化串口，采用 115 200 波特率，中断方式通信。

00016 行，将数据接收缓冲的接收长度初始化为 0，准备接收数据。数据接收缓冲的结构体如下：

```
typedef struct msg_buf
{
    M_DLIST list;        /* 缓冲子节点 */
    U32 len;             /* 数据长度 */
    U8 buf[BUF_LEN];     /* 缓冲 */
}MSG_BUF;
```

其中 list 变量是用来将数据接收缓冲挂接到队列的双向链表，len 变量用来存储接收到的数据长度，buf 数组用来存储接收到的数据，BUF_LEN 是 buf 数组的长度。

00019～00032 行，创建信号量、队列和任务，其中信号量用于同步接收数据，当串口中断接收到一帧完整数据后释放该信号量，激活数据接收任务。

串口中断服务函数如下：

```
00160   void USART1_IRQHandler(void)
00161   {
00162       /* 接收中断 */
00163       if(USART_GetITStatus(USART1, USART_IT_RXNE) != RESET)
00164       {
00165           msg_rx_isr();
00166       }
00167
00168       /* 发送中断 */
00169       if(USART_GetITStatus(USART1, USART_IT_TXE) != RESET)
00170       {
00171           msg_tx_isr();
00172       }
00173   }
```

每当接收到 1 字节数据或发送 1 字节数据时，硬件便会自动触发串口中断，由硬件自动调用该函数。

00163～00166 行，串口接收触发的中断走此分支，由 msg_rx_isr 函数接收数据。

00169～00172 行，串口发送触发的中断走此分支，由 msg_tx_isr 函数发送数据。

msg_rx_isr 函数代码如下：

```
00203   void msg_rx_isr(void)
00204   {
00205       U32 rcv_char;
00206
00207       /* 接收数据 */
```

```
00208        rcv_char = USART_ReceiveData(USART1);
00209
00210        /* 有空间可以接收数据 */
00211        if(grx_buf.len < BUF_LEN)
00212        {
00213            /* 没接收到回车符则存储数据 */
00214            if(0x0D != rcv_char)
00215            {
00216                grx_buf.buf[grx_buf.len++] = rcv_char;
00217            }
00218            else /* 接收到回车符代表数据接收完毕,释放信号量激活任务处理数据 */
00219            {
00220                (void)MDS_SemGive(gprx_sem);
00221            }
00222        }
00223    }
```

00208 行,读取从串口接收到的 1 字节数据。

00211 行,如果数据接收缓冲没满,则走此分支。

00214～00217 行,没有接收到帧结束符,则将接收到的数据存储到数据接收缓冲中。

00218～00221 行,接收到帧结束符,表示一帧数据已经接收完毕,释放信号量,激活数据接收任务。

数据接收任务代码如下:

```
00020  void rx_thread(void* pdata)
00021  {
00022      while(1)
00023      {
00024          /* 接收数据 */
00025          msg_rx();
00026      }
00027  }
```

msg_rx 函数代码如下:

```
00062  void msg_rx(void)
00063  {
00064      /* 获取信号量,串口已经接收到数据 */
00065      if(RTN_SUCD != MDS_SemTake(gprx_sem, SEMWAITFEV))
00066      {
00067          return;
00068      }
00069
```

```
00070        /* 将接收到的消息放入消息接收队列 */
00071        if(RTN_SUCD != MDS_QuePut(gprx_que, &grx_buf.list))
00072        {
00073            return;
00074        }
00075
00076        return;
00077    }
```

该函数会获取信号量,该信号量由串口接收中断在接收到一帧完整数据后释放。如果任务获取不到信号量,就会处于 pend 态永久等待;如果获取到了就会被激活,将存放数据的数据接收缓冲放入数据接收队列,然后退出该函数,返回到上级父函数 rx_thread,rx_thread 函数又会再次调用 msg_rx 函数,重复上述过程。

数据处理任务 handle_thread 用来处理接收到的消息,代码如下:

```
00034    void handle_thread(void * pdata)
00035    {
00036        while(1)
00037        {
00038            /* 处理消息 */
00039            msg_process();
00040        }
00041    }
```

msg_process 函数代码如下:

```
00084    void msg_process(void)
00085    {
00086        MSG_BUF * prx_buf;
00087        M_DLIST * pque_node;
00088
00089        /* 从消息接收队列获取接收到的消息 */
00090        if(RTN_SUCD != MDS_QueGet(gprx_que, &pque_node, QUEWAITFEV))
00091        {
00092            return;
00093        }
00094
00095        prx_buf = (MSG_BUF * )pque_node;
00096
00097        /* 将接收缓冲内的消息复制到发送缓冲内 */
00098        memcpy(gtx_buf.buf, prx_buf ->buf, prx_buf ->len);
00099        gtx_buf.len = prx_buf ->len;
00100
```

```
00101        /* 数据处理完毕，接收缓冲清 0，为下次接收数据做准备 */
00102        grx_buf.len = 0;
00103
00104        /* 将需要发送的消息放入发送队列 */
00105        if(RTN_SUCD != MDS_QuePut(gptx_que, &gtx_buf.list))
00106        {
00107            return;
00108        }
00109    }
```

该函数会从数据接收队列中获取消息。如果获取不到，则会处于 pend 态永久等待；如果获取到了，则会被激活，将存放在数据接收缓冲中的数据复制到数据发送缓冲中，再将数据发送缓冲压入数据发送队列，然后退出本函数，返回到上级父函数 handle_thread，handle_thread 函数又会再次调用 msg_process 函数，重复上述过程。

数据发送任务 tx_thread 用来发送消息，代码如下：

```
00048    void tx_thread(void * pdata)
00049    {
00050        while(1)
00051        {
00052            /* 发送数据 */
00053            msg_tx();
00054        }
00055    }
```

msg_tx 函数代码如下：

```
00116    void msg_tx(void)
00117    {
00118        M_DLIST * pque_node;
00119
00120        /* 从消息发送队列获取需要发送的消息 */
00121        if(RTN_SUCD != MDS_QueGet(gptx_que, &pque_node, QUEWAITFEV))
00122        {
00123            return;
00124        }
00125
00126        /* 启动串口发送中断发送数据 */
00127        start_to_send_data();
00128    }
```

该函数会从数据发送队列中获取消息。如果获取不到，则会处于 pend 态永久等待；如果获取到了，则会被激活，开启串口发送中断，将存放在数据发送缓冲中的数据从串口发送出去,然后退出本函数,返回到上级父函数 tx_thread,tx_thread 函数又会再次调用 msg_tx 函数,重复上述过程。

串口发送中断函数 msg_tx_isr 的代码如下:

```
00230    void msg_tx_isr(void)
00231    {
00232        static U32 sent_len = 0;
00233
00234        /* 数据没发送完毕则发送数据 */
00235        if(sent_len < gtx_buf.len)
00236        {
00237            USART_SendData(USART1, gtx_buf.buf[sent_len++]);
00238        }
00239        else
00240        {
00241            /* 数据发送完毕,关闭发送中断 */
00242            USART_ITConfig(USART1, USART_IT_TXE, DISABLE);
00243
00244            /* 已发送的数据长度清 0,为下次发送数据做准备 */
00245            sent_len = 0;
00246        }
00247    }
```

00235~00238 行,如果数据没发送完毕,则每次发送 1 字节数据。

00239~00246 行,数据发送完毕,则关闭发送中断,停止数据发送。

以上就是在 Mindows 操作系统上实现 6.1 节中软件结构的主要代码。编译本节代码并加载到开发板上运行,在 PC 机上打开 sscom 软件,输入字符后再回车就可以看到开发板返回了相同的字符,串口通信数据截图如图 6.2所示。

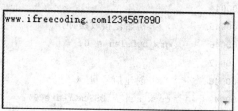

图 6.2　Mindows 操作系统程序的串口打印

6.3　使用 μCos 操作系统编写程序

本节将基于 μCos 操作系统实现 6.1 节中介绍的软件结构,其版本号是 μCosII 2.86。与上节一样,大部分用户代码存放于 main.c 和 main.h 文件中。main.c 文件用于定义全局变量、编写函数,main.h 文件用于定义宏、结构体,声明全局变量和结构体,另外需要在 stm32f10x_it.c 文件中编写少量的串口中断代码。

编写的下位机代码将在开发板中运行,仍使用 Keil MDK 4.70 作为下位机开发环境,下位机软件采用串口中断方式通信,通过串口与 PC 机中的上位机软件通信。使用 PC 机作为上位机,在 PC 机中使用 sscom42 串口通信软件通过串口与下位机通信。

μCos 操作系统与 Mindows 操作系统一样是基于优先级抢占的嵌入式操作系统,工作机制相同,但在功能实现细节上有所不同,下面将主要讲述 μCos 在编码上与 Mindows 的不同之处。

μCos 操作系统的用户入口函数是 main 函数,需要用户在 main 函数中先初始化操作系统,操作系统启动后才能编写用户代码。这点与 Mindows 操作系统不同,Mindows 将操作系统的启动过程封装到其内部,用户只需要关心用户代码即可。

main 函数代码如下:

```
00028    S32 main(void)
00029    {
00036        /* 系统 tick 定时器初始化 */
00037        sys_tick_init();
00038
00039        /* 串口初始化 */
00040        uart1_init();
00041
00042        /* 操作系统初始化 */
00043        OSInit();
00044
00045        /* 初始化接收缓冲 */
00046        grx_buf.len = 0;
00047
00048        /* 创建信号量 */
00049        gprx_sem = OSSemCreate(0);
00050
00051        /* 创建队列 */
00052        gprx_que = OSQCreate(&garx_buf[0], QUE_RING_LEN);
00053        gptx_que = OSQCreate(&gatx_buf[0], QUE_RING_LEN);
00054
00055        /* 创建 rx_thread 任务 */
00056        OSTaskCreate(rx_thread, NULL, (OS_STK *)&garx_stack[TASK_STASK_LEN -
1], 8);
00057
00058        /* 创建 handle_thread 任务 */
00059        OSTaskCreate(handle_thread, NULL, (OS_STK *)&gahandle_stack[TASK_STASK_
```

```
                LEN - 1],
00060                   10);
00061
00062        /* 创建 tx_thread 任务 */
00063        OSTaskCreate(tx_thread, NULL, (OS_STK *)&gatx_stack[TASK_STASK_LEN -
             1], 12);
00064
00065        /* 启动操作系统 */
00066        OSStart();
00067
00068        return 0;
00069    }
```

00037 行,初始化操作系统使用的 tick 定时器。

00040 行,初始化串口,与 Mindows 相同,采用 115 200 波特率,中断通信方式。

00043 行,初始化操作系统。

00046～00063 行,与 Mindows 相同,初始化软件系统需要使用的功能。其中 OSSemCreate 函数用来创建信号量,入口参数是信号量的初始值。OSQCreate 函数用来创建队列,队列需要使用一个环形缓冲存放队列中的数据,第一个参数是这个缓冲的地址,第二个参数是这个环形缓冲的大小。OSTaskCreate 函数用来创建任务,第一个入口参数是任务函数,第二个入口参数是任务函数的入口参数,第三个入口参数是任务栈地址,这里使用全局变量数组作为任务栈,第四个入口参数是任务优先级。

00066 行,启动操作系统,此后操作系统开始工作,切换到已经创建的任务继续运行。

其余部分的代码 μCos 与 Mindows 非常相似,只是函数的用法不同,下面介绍不同之处。

μCos 释放信号量的函数是 OSSemPost,它的函数原型是:

```
INT8U OSSemPost(OS_EVENT * pevent);
```

入口参数是信号量指针,返回值代表该函数的操作结果。

μCos 获取信号量的函数是 OSSemPend,它的函数原型是:

```
void OSSemPend(OS_EVENT * pevent, INT16U timeout, INT8U * perr);
```

第一个入口参数是信号量指针,第二个入口参数是等待信号量的超时时间,该参数为 0 则代表永久等待。该函数产生的错误将存入第三个入口参数所指向的变量中。

μCos 向队列压入消息的函数是 OSQPost,它的函数原型是:

```
INT8U OSQPost(OS_EVENT * pevent, void * pmsg);
```

第一个入口参数是队列指针,第二个入口参数是需要压入队列的消息指针。

μCos 从队列中获取消息的函数是 OSQPend,它的函数原型是:

```
void * OSQPend(OS_EVENT * pevent, INT16U timeout, INT8U * perr);
```

第一个入口参数是队列指针,第二个入口参数是等待队列的超时时间,该参数为 0 代表永久等待,该函数产生的错误将存入第三个入口参数所指向的变量中,函数返回值代表该函数的操作结果。

为了能在 μCos 上运行 6.1 节设计的软件,需要使用 μCos 中的上述 4 个函数替换 Mindows 中对应的函数。此外,由于 Mindows 和 μCos 操作系统实现细节上的不同,接收数据缓冲和发送数据缓冲结构也有所不同,μCos 的数据缓冲比 Mindows 的数据缓冲少了一个 M_DLIST 双向链表结构,如下所示:

```
typedef struct msg_buf
{
    U32 len;              /* 数据长度 */
    U8 buf[BUF_LEN];      /* 缓冲 */
}MSG_BUF;
```

这是因为 μCos 的队列使用一个环形数组来存放队列中的消息缓冲指针,不需要再使用消息缓冲中的链表将每个消息缓冲连起来。这样做的好处是对存入队列的消息结构没有限制,但缺点是只能存入有限个数的消息,存入消息的个数不能超过其环形数组的长度。

以上就是 μCos 操作系统相对 Mindows 操作系统实现 6.1 节软件结构所作的改动。编译本节代码并加载到开发板上运行,在 PC 机上打开 sscom 软件,输入字符后再回车就可以看到开发板返回了相同的字符,串口通信数据截图如图 6.3 所示。

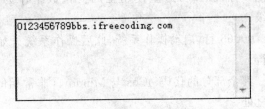

图 6.3　μCos 操作系统程序的串口打印

6.4　使用 Windows 操作系统编写程序

本节将基于 Windows 7 操作系统实现 6.1 节中介绍的软件结构,大部分用户代码存放于 main.cpp 和 main.h 文件中。main.cpp 文件用于定义全局变量、编写函数,仅使用 C 语言语法,未使用 C++语法,main.h 文件用于定义宏、结构体,声明全局变量和结构体。

Windows 操作系统不支持开发板所使用的 STM32F103VCT6 处理器,并且该处理器资源太少,也无法运行 Windows 操作系统,因此我们只能另找其他方法运行下位机程序。可以使用 Oracle VM VirtualBox 虚拟机软件在 PC 机上虚拟出另外一台 PC 机,将该虚拟机当作下位机使用,在虚拟机上安装 Windows 操作系统,本节编写的下位机软件就可以在该虚拟机上运行了。本节将在 Microsoft Visual Studio 2010 开发环境下开发下位机软件,下位机与上位机之间将通过 IPV4 网络采用 TCP 协议通信。使用物理 PC 机作为上位机,在上位机中使用"TCP&UDP 测试工具"软件作为 TCP 服务器端,在下位机中我们自己编写 TCP 客户端软件,与上位机服务器端软件通信。TCP&UDP 测试工具软件可以在 www.zlgmcu.com 网站下载,在此十分感谢该软件的作者——周立功的软件工程师们允许我在本手册中使用该软件。

可以在 VS 2010 开发环境中直接使用 Socket 对 TCP 进行操作,Socket 将 TCP 通信细节封装在其内部,不再需要约定每帧数据以回车符 0x0D 作为结束符,在上位机软件中填写需要发送的数据发送后,下位机软件使用 Socket 数据接收函数就会接收到这些数据,并将数据存储在数据接收缓冲中,开始其内部处理流程,最后再将这帧数据回复给上位机。

使用 VS 2010 开发环境建立一个 Win32 控制台程序,它的用户入口函数是_tmain 函数,_tmain 函数是为了支持 unicode 而使用的 main 函数的别名,原型如下:

```
int _tmain(int argc, _TCHAR * argv[]);
```

第一个入口参数 argc 用于指出命令行中字符串的数量,包括命令自身和命令参数的个数;第二个入口参数是一个_TCHAR * 型指针数组,分别指向命令行中的各个字符串,包括命令自身的字符串以及各个参数的字符串。本节的下位机程序将通过 TCP 协议连接到上位机,需要通过_tmain 函数的入口参数将上位机的 IP 地址以及通信端口传递给下位机。将下位机生成的目标文件命名为 Windows.exe,再运行窗口执行 cmd 命令调出命令窗口,并进入到 Windows.exe 文件所在的目录执行类似下面的命令行:

```
Windows.exe  192.168.1.5 9000 9001
```

其中 192.168.1.5 是上位机 TCP 服务器的 IP 地址,可以在上位机的命令窗口中使用 ipconfig 命令获得,9000 是 TCP 服务器的端口号,9001 是 TCP 客户端的端口号,这 2 个端口号是我们自行指定的。执行这个命令行,_tmain 函数就会获得入口参数,入口参数 argc 的数值是 4,表明有 4 个字符串,参数 argv[0]~argv[3]分别指向字符串"Windows"、"192.168.1.5"、"9000"和"9001"。

_tmain 函数代码如下:

```
00025    int _tmain(int argc, _TCHAR * argv[])
00026    {
00033        char * pserver_ip;
00034        U32 server_port;
```

```
00035        U32 client_port;
00036
00037        /* 入口参数检查 */
00038        if(4 != argc)
00039        {
00040            printf("please input 3 papameters: server ip, server port, client
                 port.\n");
00041
00042            return RTN_FAIL;
00043        }
00044
00045        /* 获取参数 */
00046    #define STRING_BUF_LEN    16
00047        char string_buf[STRING_BUF_LEN];
00048
00049        /* 将宽字符串转换为窄字符串 */
00050        if(-1 == wcstombs(string_buf, argv[1], STRING_BUF_LEN))
00051        {
00052            printf("convert ip failed! \n");
00053
00054            return RTN_FAIL;
00055        }
00056
00057        pserver_ip = string_buf;
00058        server_port = wcstol(argv[2], NULL, 10);
00059        client_port = wcstol(argv[3], NULL, 10);
00060
00061        /* 程序开始运行 */
00062        printf("windows program is running! \n");
00063
00064        /* Socket 连接前置为未连接状态 */
00065        gsocket_status = SOCKET_DOWN;
00066
00067        /* 初始化接收队列 */
00068        queue_init(&grx_que);
00069
00070        /* 初始化发送队列 */
00071        queue_init(&gtx_que);
00072
00073        /* 创建 rx_thread 线程 */
00074        if(0 == CreateThread(NULL, 0, rx_thread, NULL, 0, NULL))
00075        {
```

```
00076            printf("create rx_thread failed! \n");
00077        }
00078
00079        /* 创建 handle_thread 线程 */
00080        if(0 == CreateThread(NULL, 0, handle_thread, NULL, 0, NULL))
00081        {
00082            printf("create handle_thread failed! \n");
00083        }
00084
00085        /* 创建 tx_thread 线程 */
00086        if(0 == CreateThread(NULL, 0, tx_thread, NULL, 0, NULL))
00087        {
00088            printf("create tx_thread failed! \n");
00089        }
00090
00091        /* 检查 Socket 链接 */
00092        while(1)
00093        {
00094            /* Socket 链接断开则重新连接 */
00095            if(SOCKET_DOWN == gsocket_status)
00096            {
00097                /* 建立 TCP 连接 */
00098                socket_tcp_connect(pserver_ip, server_port, client_port);
00099            }
00100
00101            /* 延迟 1s 后再尝试 */
00102            Sleep(1000);
00103        }
00104
00105        return RTN_SUCD;
00106    }
```

00038～00043 行,对入口参数数量进行检查,需要 4 个入口参数。

00050～00055 行,将存放服务器 IP 地址的宽字符串转换为 char 型窄字符串。

00057 行,将 pserver_ip 指针指向存放服务器 IP 地址的 char 型缓冲。

00058～00059 行,将存储服务器端口号和客户端端口号的宽字符串分别转换为长整型数。

00062 行,在命令窗口打印调试信息。

00065 行,在 Socket 连接前先将 Socket 连接状态置为未连接状态。

00068～00071 行,创建数据接收队列和数据发送队列。

00074～00089 行,创建数据接收任务、数据处理任务以及数据发送任务。

00092～00103 行,循环检测 Socket 连接状态,Socket 若断开则重新连接,其中 socket_tcp_connect 函数的功能是使用 Socket 建立 TCP 连接,其细节不再详细介绍。

VS 2010 中有信号量、队列等接口函数可以使用,但在本节我们仅使用最基本的信号量,并使用信号量构造一个队列功能,定义队列的结构体如下:

```
typedef struct que
{
    HANDLE sem_mut;        /* 用于队列操作互斥的信号量 */
    HANDLE sem_cnt;        /* 用于队列操作同步的信号量 */
    DLIST list;            /* 队列链表根节点 */
}QUE;
```

队列结构体中定义了 sem_mut 和 sem_cnt 共 2 个信号量。其中 sem_mut 信号量用于实现队列操作的串行性,保证不同线程同时对队列操作时不会出现重入问题;sem_cnt 信号量用于对队列中的消息进行计数,当队列中没有消息时起到同步线程的作用;list 双向链表与 Mindows 中的使用方法相同,用于关联队列中的消息。

实现队列操作的代码如下:

```
00507    void queue_init(QUE * pque)
00508    {
00509        /* 初始化队列互斥信号量 */
00510        if(NULL == (pque ->sem_mut = CreateSemaphore(NULL, 1, 100, NULL)))
00511        {
00512            printf("queue sem_mut init failed! \n");
00513        }
00514
00515        /* 初始化队列计数信号量 */
00516        if(NULL == (pque ->sem_cnt = CreateSemaphore(NULL, 0, 100, NULL)))
00517        {
00518            printf("queue sem_cnt init failed! \n");
00519        }
00520
00521        /* 初始化队列根节点 */
00522        dlist_init(&pque ->list);
00523    }
```

该函数比较简单,sem_mut 信号量用于保证队列操作的串行性,将其初值初始化为 1;sem_cnt 信号量用于计数、同步,将其初始化为 0,最后初始化队列根节点。其中实现双向链表功能的代码与 Mindows 中的完全相同。

```
00532    U32 queue_put(QUE * pque, DLIST * pque_node)
00533    {
```

```
00534        /* 入口参数检查 */
00535        if((NULL == pque) || (NULL == pque_node))
00536        {
00537            return RTN_FAIL;
00538        }
00539
00540        /* 获取信号量，保证链表操作的串行性 */
00541        if(WAIT_OBJECT_0 != WaitForSingleObject(pque->sem_mut, INFINITE))
00542        {
00543            printf("wait sem failed! \n");
00544
00545            return RTN_FAIL;
00546        }
00547
00548        /* 将节点加入队列 */
00549        dlist_node_add(&pque->list, pque_node);
00550
00551        /* 释放信号量 */
00552        if(0 == ReleaseSemaphore(pque->sem_mut, 1, NULL))
00553        {
00554            printf("post sem failed! \n");
00555
00556            return RTN_FAIL;
00557        }
00558
00559        return RTN_SUCD;
00560    }
```

该函数也很简单，在向队列链表增加节点的过程中使用 sem_mut 信号量，保证操作的串行性。

```
00570    U32 queue_get(QUE * pque, DLIST * * pque_node)
00571    {
00572        DLIST * pnode;
00573
00574        /* 入口参数检查 */
00575        if((NULL == pque) || (NULL == pque_node))
00576        {
00577            return RTN_FAIL;
00578        }
00579
00580        /* 获取信号量，保证链表操作的串行性 */
```

```
00581    if(WAIT_OBJECT_0 != WaitForSingleObject(pque->sem_mut, INFINITE))
00582    {
00583        printf("wait sem failed! \n");
00584
00585        return RTN_FAIL;
00586    }
00587
00588    /* 从队列取出节点 */
00589    pnode = dlist_node_delete(&pque->list);
00590
00591    /* 释放信号量 */
00592    if(0 == ReleaseSemaphore(pque->sem_mut, 1, NULL))
00593    {
00594        printf("post sem failed! \n");
00595
00596        return RTN_FAIL;
00597    }
00598
00599    /* 队列不为空，可以取出节点 */
00600    if(NULL != pnode)
00601    {
00602        * pque_node = pnode;
00603
00604        return RTN_SUCD;
00605    }
00606    else /* 队列为空，无法取出节点 */
00607    {
00608        printf("the queue is empty! \n");
00609
00610        * pque_node = NULL;
00611
00612        return QUE_RTN_NULL;
00613    }
00614 }
```

　　该函数也很简单,在从队列链表取出节点的过程中使用 sem_mut 信号量,保证操作的串行性。

　　下面在 queue_put 和 queue_get 函数外面再封装一层函数,使用 sem_cnt 信号量实现队列的消息计数及同步功能:

```
00367    void send_msg_to_que(QUE * pque, DLIST * plist)
00368    {
```

```
00369        printf("send message to queue! \n");
00370
00371        /* 将消息放入队列 */
00372        queue_put(pque, plist);
00373
00374        /* 释放信号量，激活从队列中获取消息的线程 */
00375        if(0 == ReleaseSemaphore(pque ->sem_cnt, 1, NULL))
00376        {
00377            printf("post sem failed! \n");
00378
00379            return;
00380        }
00381    }
```

该函数将消息放入队列，之后释放 sem_cnt 信号量用于实现队列的计数及同步功能，与 Mindows 中的 MDS_QuePut 函数功能相同。

```
00388    DLIST * receive_msg_from_que(QUE * pque)
00389    {
00390        DLIST * pbuf;
00391        U32 rtn;
00392
00393        /* 若能获取到计数信号量则说明队列中有消息，开始处理消息 */
00394        if(WAIT_OBJECT_0 != WaitForSingleObject(pque ->sem_cnt, INFINITE))
00395        {
00396            printf("wait sem failed! \n");
00397
00398            return NULL;
00399        }
00400
00401        /* 获取到计数信号量，说明队列中有消息，从队列中获取消息 */
00402        rtn = queue_get(pque, &pbuf);
00403        if(RTN_SUCD != rtn)
00404        {
00405            printf("get message error % d! \n", rtn);
00406
00407            pbuf = NULL;
00408        }
00409
00410        printf("get message from queue! \n");
00411
00412        return pbuf;
```

```
00413    }
```

该函数从队列中获取消息,在此之前先获取 sem_cnt 信号量,若获取不到则调用该函数的线程会被挂起,该函数与 Mindows 中的 MDS_QueGet 函数功能相同。

由于操作系统不同,数据接收任务 rx_thread、数据处理任务 handle_thread 和数据发送任务 tx_thread 的原型发生了变化,但函数内的结构没有发生变化,如下所示:

```
00192    DWORD WINAPI rx_thread(LPVOID lpThreadParameter)
00193    {
00194        while(1)
00195        {
00196            /* 接收数据 */
00197            msg_rx();
00198        }
00199    }
00206    DWORD WINAPI handle_thread(LPVOID lpThreadParameter)
00207    {
00208        while(1)
00209        {
00210            /* 处理消息 */
00211            msg_process();
00212        }
00213    }
00220    DWORD WINAPI tx_thread(LPVOID lpThreadParameter)
00221    {
00222        while(1)
00223        {
00224            /* 发送数据 */
00225            msg_tx();
00226        }
00227    }
```

Mindows 和 μCos 操作系统由用户编写串口中断服务函数,在串口中断服务函数里使用 grx_buf 和 gtx_buf 缓冲收发数据,而 Windows 操作系统则将 Socket 的读写功能封装到其内部。Socket 收发数据的过程无需我们关心,只需要使用 recv 函数读取数据,使用 send 函数发送数据即可。同时,也不需要使用信号量同步数据接收,因为 recv 函数具有被同步的功能,当 Socket 接收到数据后会自动同步 recv 函数,这个功能被封装到了 Socket 内部,可以直接使用。

msg_rx 函数需要先使用 recv 函数接收数据,若没有数据可接收,则 rx_thread 线程就会被阻塞,直到接收到数据后被激活,然后将数据接收缓冲压入数据接收队列。msg_process 函数则没有太大的变化,从数据接收队列获取接收到的消息进行处理,然后将生成的消息压入数据发送缓冲并放入数据发送队列,接下来由 msg_tx 函数从数据发送队列中获取数据发送缓冲,获取到数据发送缓冲后,便使用 send 函数将数据发送出去。

msg_rx、msg_process、msg_tx 这 3 个函数的代码如下:

```
00234    void msg_rx(void)
00235    {
00236        U32 rtn;
00237
00238        /* 处于已连接状态则接收数据 */
00239        if(SOCKET_UP == gsocket_status)
00240        {
00241            /* 接收数据,如果没有数据,该线程会被阻塞在这里 */
00242            rtn = recv(gsocket_fd, grx_buf.buf, BUF_LEN, 0);
00243
00244            /* 接收错误 */
00245            if(0 == rtn) /* 与服务器端连接断开,会接收到 0 字节数据 */
00246            {
00247                printf("receive 0 byte data! break from host! \n");
00248
00249                /* 关闭 Socket 连接 */
00250                closesocket(gsocket_fd);
00251
00252                /* Socket 置为未创建状态 */
00253                gsocket_status = SOCKET_DOWN;
00254
00255                return;
00256            }
00257
00258            /* 填充接收数据的长度 */
00259            grx_buf.len = rtn;
00260
00261            printf("socket_receive % d bytes data from host successfully! \n",
                 rtn);
00262
00263            /* 将接收到的消息放入消息接收队列 */
00264            send_msg_to_que(&grx_que, &grx_buf.list);
00265
00266            return;
00267        }
00268        else /* 处于未连接状态则延迟 1s */
00269        {
```

```
00270            Sleep(1000);
00271        }
00272  }
00279  void msg_process(void)
00280  {
00281       DLIST * pbuf;
00282
00283       /* 从消息接收队列获取接收到的消息 */
00284       pbuf = receive_msg_from_que(&grx_que);
00285       if(NULL == pbuf)
00286       {
00287           return;
00288       }
00289
00290       /* 将接收缓冲内的消息复制到发送缓冲内 */
00291       memcpy(gtx_buf.buf, grx_buf.buf, grx_buf.len);
00292       gtx_buf.len = grx_buf.len;
00293
00294       /* 将需要发送的消息放入消息发送队列 */
00295       send_msg_to_que(&gtx_que, &gtx_buf.list);
00296  }
00303  void msg_tx(void)
00304  {
00305       MSG_BUF * pbuf;
00306       U32 rtn;
00307       U32 send_len;
00308
00309       /* 从消息发送队列获取需要发送的消息 */
00310       pbuf = (MSG_BUF * )receive_msg_from_que(&gtx_que);
00311       if(NULL == pbuf)
00312       {
00313           return;
00314       }
00315
00316       send_len = 0;
00317
00318       /* 处于已连接状态则发送数据 */
00319       if(SOCKET_UP == gsocket_status)
00320       {
00321           /* 循环发送数据，直至数据发送完毕 */
00322           while(1)
00323           {
```

```
00324                /* 发送数据 */
00325                rtn = send(gsocket_fd, pbuf ->buf + send_len, gtx_buf.len -
                     send_len, 0);
00326
00327                /* 发送错误 */
00328                if(SOCKET_ERROR == rtn)
00329                {
00330                        printf("send error! data length is %d! \n", gtx_buf.len);
00331
00332                        /* 关闭 Socket 连接 */
00333                        closesocket(gsocket_fd);
00334
00335                        /* Socket 置为未创建状态 */
00336                        gsocket_status = SOCKET_DOWN;
00337
00338                        return;
00339                }
00340
00341                /* 已发送的数据长度 */
00342                send_len + = rtn;
00343
00344                /* 数据发送完毕 */
00345                if(gtx_buf.len == send_len)
00346                {
00347                        printf("send %d bytes data to host successfully! \n", gtx_
                        buf.len);
00348
00349                        return;
00350                }
00351                /* 数据没有发送完毕，继续发送 */
00352                else if(send_len < gtx_buf.len)
00353                {
00354                        printf("send part of data! %d/%d already send! \n", send
                        _len,
00355                                gtx_buf.len);
00356                }
00357            }
00358        }
00359    }
```

　　以上就是在 Windows 操作系统上实现 6.1 节中软件结构的主要代码。编译本
节代码并将生成的目标文件复制到 Windows 虚拟机上运行，在物理 PC 机上打开

嵌入式操作系统内核调度——底层开发者手册

TCP&UDP 测试工具软件,在其中输入字符后发送,可以看到虚拟机返回了相同的字符。网口通信数据截图如图 6.4 所示。

图 6.4　Windows 操作系统程序的网口打印

6.5　使用 Linux 操作系统编写程序

本节将基于 Linux 操作系统实现 6.1 节中介绍的软件结构。使用的 Linux 是 ubuntu 12.04,其 Linux 内核版本是 3.2.0。大部分用户代码存放于 main.c 和 main.h 文件中,main.c 文件用于定义全局变量、编写函数,main.h 文件用于定义宏、结构体,声明全局变量和结构体。

开发板上的 STM32F103VCT6 处理器资源太少,无法运行 Linux 操作系统,同上节一样,可以使用 Oracle VM VirtualBox 虚拟机软件在 PC 机上虚拟出另外一台 PC 机,将该虚拟机当作下位机使用,在虚拟机上安装 Linux 操作系统,本节编写的下位机软件就可以在该虚拟机上运行了。使用物理 PC 机作为上位机,下位机与上位机之间仍通过 IPV4 网络采用 TCP 协议通信,在上位机中使用 TCP&UDP 测试工具软件作为 TCP 服务器端,在下位机中我们自己编写 TCP 客户端软件,与上位机的服务器端软件通信。

Linux 操作系统中自带开发环境,编写代码后可以直接在 Linux 下进行编译。

Linux 的用户入口函数是 main 函数,原型如下:

int main(int argc, char * argv[]);

与 Windows 相比,尽管函数名和第二个入口参数的类型不同,但所提供的函数功能是相同的,只有一点区别,Linux 中第二个入口参数是窄字符型。

由于 Windows 和 Linux 都使用 Socket 通信,因此代码非常相似,单从软件结构上来说几乎没有变化,只是针对具体函数使用方法不同会有少量变化,本节就不对

Linux 下的代码作详细介绍了,请读者自行参考源文件。

　　编译代码并将生成的目标文件复制到 Linux 虚拟机上运行,在物理 PC 机上打开 TCP&UDP 测试工具软件,在其中输入字符后发送,可以看到虚拟机返回了相同的字符。网口通信数据截图如图 6.5 所示。

图 6.5　Linux 操作系统程序的网口打印

第**7**章

浅析进程

Wanlix 和 Mindows 操作系统都是从一个 main 函数开始运行的,其他函数都是由 main 函数直接或间接调用的,这其中可以有多个任务,这多个任务配合工作共同完成整个系统的功能,但如果其中一个任务出现了问题,那么整个软件系统很可能就无法正常工作了。但在 Windows 或 Linux 等操作系统上,一个程序出错时大部分情况下不会影响到其他程序,并且可以自由地运行或退出一个程序,这似乎要比 Wanlix 和 Mindows 操作系统先进很多,这是如何实现的?

在这里我来告诉你,Wanlix 和 Mindows 操作系统是单进程操作系统,而 Windows 和 Linux 则是多进程操作系统,每个进程都是从一个 main 函数开始运行的,一个进程可以由多个线程组成,Wanlix 和 Mindows 操作系统中的任务其实就是这单一进程中的线程,而我们在 PC 上点击一个图标运行一个程序,其实是启动了一个进程。多个程序之间是进程与进程的关系,进程的工作机制决定了进程之间的无关性,我们可以安装或删除一个程序,也可以运行或退出一个程序而几乎不会影响到其他程序。

本章虽不能详细讲述进程知识,但会介绍一些基本知识,会使用单进程模拟多进程的工作状态,并编码实现。在这个过程中我们会发现,实现进程工作机制并不像线程那样可以单靠软件就可以实现,必须要有相应的硬件作基础,在此基础上需要软件提供内存管理、文件管理、驱动管理等多种功能,这也是基于进程的操作系统所不可缺少的功能。

7.1　单进程工作原理

我们在编写程序时认为软件是从 main 函数开始运行的,但实际上在 main 函数之前软件就已经工作了。就拿本手册所使用的 STM32F103VCT6 处理器来说,处理器上电后硬件会自动跳转到复位向量去执行第一条指令,该处理器的向量表位于 startup_stm32f10x_hd. s 文件中,下面截取了其中一部分向量表:

```
__Vectors       DCD      __initial_sp              ; Top of Stack
                DCD      Reset_Handler             ; Reset Handler
                DCD      NMI_Handler               ; NMI Handler
```

```
        DCD      MDS_FaultIsrContext        ; Hard Fault Handler
        DCD      MemManage_Handler          ; MPU Fault Handler
        DCD      BusFault_Handler           ; Bus Fault Handler
        DCD      UsageFault_Handler         ; Usage Fault Handler
        DCD      0                          ; Reserved
        DCD      0                          ; Reserved
        DCD      0                          ; Reserved
        DCD      0                          ; Reserved
        DCD      SVC_Handler                ; SVCall Handler
        DCD      DebugMon_Handler           ; Debug Monitor Handler
        DCD      0                          ; Reserved
        DCD      MDS_PendSvContextSwitch     ; PendSV Handler
        DCD      SysTick_Handler            ; SysTick Handler

; External Interrupts
        DCD      WWDG_IRQHandler            ; Window Watchdog
        DCD      PVD_IRQHandler             ; PVD through EXTI Line detect
        DCD      TAMPER_IRQHandler          ; Tamper
        DCD      RTC_IRQHandler             ; RTC
            ...
```

在这个向量表里,第一行__initial_sp 并不是中断向量,而是栈指针初始值,从第二行开始才是中断向量,其中 Reset_Handler 中断就是复位中断。STM32F103VCT6 处理器的中断向量表里存储的是中断所对应的中断服务函数的地址,而有些处理器的中断向量里存放的是跳转到对应中断服务函数的指令或者直接就是中断服务函数,前者存放的是数据,后者存放的是指令,但这并不影响中断服务函数的执行。对于前者来说,中断产生时硬件就会根据中断类型自动计算中断向量所在中断向量表中的位置,并从该位置取出中断服务函数的地址,然后跳转到这个地址执行中断服务函数。对于后者来说,中断产生时硬件会根据产生的中断类型自动计算中断向量所在中断向量表中的位置,并直接执行该位置的指令。

处理器上电时会产生一个复位中断,接下来会执行复位中断服务函数,这才是软件运行的根源。复位中断服务函数在 startup_stm32f10x_hd.s 文件中也有定义,如下:

```
00151  Reset_Handler    PROC
00152                   EXPORT  Reset_Handler              [WEAK]
00153      IMPORT  __main
00154      IMPORT  SystemInit
00155               LDR     R0, = SystemInit
00156               BLX     R0
00157               LDR     R0, = __main
```

```
00158                          BX      R0
00159                          ENDP
```

对应上面的中断向量表,我们可以看到复位中断服务函数 Reset_Handler 与复位中断向量对应。中断向量表中的其他中断向量也是通过这种方法确定其中断服务函数的,比如 PendSV 中断服务函数就被我们换成了任务上下文切换函数 MDS_PendSvContextSwitch。

从上述代码可以看出,复位中断服务函数很简单,它首先调用了 SystemInit 函数,然后又调用了 __main 函数就结束了。SystemInit 函数是处理器自带的库函数,其功能是对处理器所使用的各种时钟进行初始化,由于数字器件工作完全靠时钟驱动,因此时钟初始化工作越靠前越好,当然,也可以将它放在 main 函数中执行。__main 函数单从函数名来看,似乎与 main 函数有关系,事实上也确实有关系,正是 __main 函数实现了对 C 语言运行环境的初始化,包括将目标程序从存储区搬移到运行区、初始化全局变量等内存段的初值、建立堆栈、初始化 C 语言库函数等操作,最后跳转到 main 函数,我们才能够使用 C 语言。

接下来就进入到 main 函数了,这是我们熟悉的 C 语言入口函数,只需要按照 C 语言语法编程就可以了。在前面章节设计的多任务虽然改变了 C 语言运行的顺序,但却是符合 C 语言语法的,二者之间没有冲突。

不过有一点需要说明一下:SystemInit 是 C 语言函数,但它却在 __main 函数之前就被调用了,也就是说在 C 语言环境未初始化时就调用了 C 函数,这会出问题么?答案当然是不会出问题,这是因为该函数比较简单,编译后的目标代码只使用处理器中的寄存器和栈便可以完成该函数的工作,而栈会在系统上电时由硬件自动从中断向量表中的第一个位置取出 __initial_sp 进行初始化,至于其他的全局变量、堆、C 语言库函数,都没有使用到,因此不需要初始化 C 语言环境就可以使用该函数。

7.2　使用单进程模拟多进程

使用 Keil 建立的工程可以编译出一个目标文件,这个目标文件需要使用仿真器或其他工具烧写到处理器内部的 FLASH 程序空间,处理器上电后会通过复位中断向量自动执行这个目标文件,一个进程就开始运行了。

STM32F103VCT6 处理器的程序空间占据 0x08000000～0x0803FFFF 共 256 KB 的空间,目标文件会从 0x08000000 地址开始烧写,向量表被安排在目标文件的开始位置,因此复位中断向量位于 0x08000004 这个地址。处理器上电后会直接从这个地址读取复位中断函数的地址,跳转到复位中断函数开始运行目标文件,运行 main 函数,运行用户编写的代码。

对于 PC 机来说,目标文件存放在硬盘上,硬盘上可以存储多个目标文件,需要执行哪个目标文件,只需要在硬盘上找到该目标文件然后执行它就可以启动一个进程了。对于我们所使用的开发板来说，程序空间只存放了一个目标文件，一般情况下都是存放在程序空间的低端，剩余的程序空间并没有使用。能否仿照 PC 机那样，在未使用的程序空间中再存储其他目标文件？然后也像 PC 机那样希望执行哪个目标文件就跳转到哪个目标文件去执行，这样不就可以实现多进程了么？

我可以告诉你，这个设想是可以实现的，但需要解决一些技术问题，而且即使能运行多进程也存在一些局限性。

首先需要解决的，是可以在程序空间不同地址运行目标文件的方法。我们虽然可以将目标文件烧写到程序空间的任意位置，但目标文件链接时默认的程序空间是从 0x08000000 地址开始的，如果只是简单地将目标文件烧写到其他地址，会导致目标文件中某些链接时确定的地址与目标文件实际运行时的地址对应不上，目标文件运行时就找不到正确的地址，会发生错误，因此这种方法一般是行不通的。不过我们可以在程序链接阶段将链接地址修改为我们希望存放的地址，这可以使目标文件的烧写地址与目标文件运行时所涉及到的地址对应上，通过这种方法就可以在所希望的程序空间地址运行目标文件了。

可以通过 others 目录下的链接文件 STM3210E - EVAL. sct 修改程序的链接地址，如下所示：

```
LR_IROM1 0x08000000 0x00040000   {    ; load region size_region
  ER_IROM1 0x08000000 0x00040000   {   ; load address = execution address
   *.o (RESET, +First)
   * (InRoot $ $ Sections)
   .ANY ( + RO)
  }
  RW_IRAM1 0x20000000 0x0000C000   {   ; RW data
   .ANY ( + RW + ZI)
  }
}
```

上述语句指定程序的存放地址和运行地址都是从 0x08000000 开始(暂不区分这 2 种地址)，长度是 0x00040000，即 256 KB。内存空间是从 0x20000000 开始，长度是 0x0000C000，即 48 KB，程序空间和内存空间正好占满了 STM32F103VCT6 处理器的内部 FLASH 和 RAM 的全部空间。

如果希望目标文件使用的程序空间首地址在 0x08030000，长度为 0x10000，使用的内存空间首地址在 0x20004000，长度为 0x2000，则可以将 STM3210E - EVAL. sct 文件修改为如下数据：

```
LR_IROM1 0x08030000 0x00010000   {    ; load region size_region
  ER_IROM1 0x08030000 0x00010000   {   ; load address = execution address
   *.o (RESET, +First)
   * (InRoot $ $ Sections)
```

```
    .ANY ( + RO)
  }
RW_IRAM1 0x20004000 0x00002000  {  ; RW data
    .ANY ( + RW + ZI)
  }
}
```

修改部分使用了黑斜体字。但无论如何修改,修改地址的程序空间和内存空间都不允许超出程序空间和内存空间的物理地址范围。在 STM32F103VCT6 处理器上,程序空间和内存空间的物理地址范围分别是 0x08000000 ～ 0x0803FFFF 和 0x20000000～0x2000BFFF,并且需要保证不同程序的程序空间不能重叠,内存空间也不能重叠。

修改程序空间后,就可以将重新编译链接后的目标文件烧写到对应的程序空间地址了,然后需要做的就是让处理器上电,从这个目标文件的复位中断向量中取出复位中断服务函数的地址,并跳转到这个函数运行目标文件。

不过此处我们又遇到了一个问题。STM32F103VCT6 处理器的 FLASH 地址是从 0x08000000 开始的,处理器默认向量表就存放在这个地址,处理器上电后会自动从复位中断向量 0x08000004 读取复位中断服务函数的地址。如果我们将程序空间更改到其他地址,比如说 0x08030000,那么 0x08000004 地址就没有数据,处理器也就无法通过复位中断向量找到程序入口,程序也就无法运行了。不过我们可以想一个办法,使用 2 个工程分别编译出 2 个目标文件,将第一个目标文件的程序空间设置在默认的 0x08000000 地址,将第二个目标文件的程序空间设置在 0x08030000 地址,并将这 2 个文件一起烧入处理器的 FLASH 中。当处理器上电时就会自动执行第一个目标文件,一直运行到 main 函数。在 main 函数里我们编写代码从 0x08030004 地址中读取第二个目标文件的复位中断服务函数的地址,并跳转到这个地址,这样就会运行第二个目标文件了。这个过程相当于做了一个二级跳,先由处理器上电,自动跳转到第一个目标文件的复位中断服务函数,进入到第一个目标文件的 main 函数,再从第一个目标文件的 main 函数中使用软件方式跳转到第二个目标文件的复位中断服务函数,运行第二个目标文件。以此类推,第二个目标文件还可以跳转到第三个目标文件……使用这个方法就可以运行多个位于不同程序空间中的目标文件,也就实现了多进程运行。

但这种方法只能串行地执行多个进程,也就是说第一个进程启动第二个进程后就无法再回到第一个进程,第二个进程启动第三个进程后就无法回到第二个进程……无法跳回到前一个进程的原因,是前一个进程在跳转到后一个进程时没有保存当时的寄存器值和栈内数据,也就没有办法还原现场了。但不要忘了,我们在这本手册里主要讲的就是任务调度,就是如何保存现场数据,如何恢复现场数据,我们完全可以将每个进程认为是 Mindows 操作系统中的一个任务,创建任务时将进程的复位中断服务函数作为任务函数,创建任务就会启动一个进程,这样利用 Mindows 操作系统就可以在不同进程间切换了。

　　每个进程由复位中断服务函数启动后都会重新初始化 C 语言环境、堆栈等内存区域,因此除了进程的程序空间需要分开,进程所使用的内存空间也需要分开,避免不同进程之间产生冲突。修改进程内存空间的方法我们在前面已经介绍过,可以在 STM3210E - EVAL. sct 文件中修改。

　　下面我们就编写代码,利用 Mindows 操作系统实现同时运行多个进程的例子。这个例子由 4 个进程组成,1 个主进程＋3 个子进程,主进程用来初始化硬件,3 个子进程用来向串口打印数据,用于验证进程运行正常。

　　首先,划分出进程所使用的空间,如表 7.1 所列。

表 7.1　多个进程的空间划分

进　程	程序空间	数据空间
主进程	0x08000000～0x0800FFFF	0x20000000～0x20007FFF
子进程 1	0x08010000～0x08011FFF	0x20008000～0x20008FFF
子进程 2	0x08012000～0x08013FFF	0x20009000～0x20009FFF
子进程 3	0x08014000～0x08015FFF	0x2000A000～0x2000AFFF

　　其次,来说明一下为什么要使用 1 个主进程＋3 个子进程的结构,而不是直接使用 3 个子进程向串口打印数据。子进程使用串口打印数据就需要初始化串口,而不同进程间彼此是相互独立的,因此需要每个进程独立对串口进行初始化,才能使用串口功能。但这就使得同一个硬件被重复初始化,虽然可以使用信号量等手段使不同进程对串口硬件的操作保持串行性,避免硬件时序出问题,但一个进程初始化串口就会使其他进程对串口的初始化失效,导致其他进程无法正常使用串口。这点与单进程多线程系统是不同的,单进程系统不管拥有多少个线程,线程间都是共享空间的,串口被一个线程初始化后其他线程就可以直接使用,多线程彼此配合实现共同的目标。而多进程系统中每个进程的空间都是独立的,每个进程都认为自己独占系统所有资源,包括串口,自己可以任意使用系统资源,但系统资源只有一份,当多个进程同时使用时就会产生冲突。

　　为解决这个问题,多进程操作系统会由操作系统统一安排一些系统进程对系统资源进行管理,避免因多个用户进程同时控制系统资源产生冲突。操作系统会直接管理系统中的硬件,并在其上封装出一层软件结构,使用软件将物理资源进行虚拟化,并提供使用系统资源的接口函数供进程调用。当进程对系统资源进行操作时,只是对这层软件结构进行操作,之后再由操作系统根据软件结构统一对硬件进行操作,这样就可以解决多进程同时操作同一物理资源可能会产生的冲突问题。在本节这个例子中主进程就相当于系统进程,专门用来初始化串口,使用了一个简单的软件结构将串口硬件进行虚拟化,并提供串口接口函数供其他进程使用串口功能。3 个子进程相当于是用户进程,无需对串口进行初始化,只需要直接使用主进程提供的串口接口函数就可以对串口进行操作了。

使用 1 个主进程＋3 个子进程这种结构还有一个非常重要的原因,就是从系统安全性角度考虑。如果每个进程都可以直接对硬件进行操作,那么系统就太容易被破坏了,如果有人希望破坏系统,只需要编写一个修改硬件配置的进程就可以了,或者是程序有 bug,不小心破坏了硬件配置就会导致整个系统出错。因此,从系统安全性的角度考虑,不但要求每个用户进程不需要自己初始化硬件,而且每个用户进程无法初始化硬件,不给它们这个权限,不给它们破坏硬件的机会。但不管我们允不允许,硬件就在那里,如何限制用户进程操作硬件的权限呢? 别忘了,Mindows 操作系统在进入到用户任务 MDS_RootTask 之前,在 MDS_SystemHardwareInit 函数里将处理器置为 Thread 用户级模式,降低了程序的硬件权限,这就会限制用户任务对硬件操作的一些权力,从硬件上保证了 Thread 模式下的任务不能修改部分重要硬件的配置,这对系统安全性起到了一定的保护作用。而且在进入到用户任务 MDS_RootTask 之前,在 MDS_SystemHardwareInit 函数里将软件权限设置为 GUEST 用户权限,从软件控制方面也降低了用户任务的权限,通过硬件＋软件两方面的保护,就可以对系统安全性有一个较好的保护了。对于多进程系统来说,由于进程空间的独立性以及硬件提供了更加严格的保护机制,会使这种软件＋硬件的保护更加可靠。

系统收回了配置硬件的权限,但需要通过接口函数提供操作硬件的服务,拿本节例子来说,主进程对串口硬件进行初始化,并提供向串口发送数据的接口函数,在子进程中调用这个接口函数就可以向串口发送数据了。考虑到多个进程可能会同时调用这个串口发送接口函数,我们需要在主进程中设计一个串口 buffer 结构,子进程调用接口函数向串口发送数据时,数据只是被写到 buffer 中,将 buffer 中的数据打印到串口的硬件操作则是由主进程来完成,这样做就保证了始终只有一个进程在对硬件设备进行管理。

不单是串口需要这样做,在多进程操作系统中,其他外设也需要这样做,尤其是中断。由于中断服务函数运行时具有硬件特权级的权限,因此可以修改所有寄存器的配置,如果让用户进程自己编写中断服务程序,那么用户进程就可以通过配置寄存器使用户进程获取最高硬件权限,可以访问处理器所有的空间,进而可以获取到最高的软件权限。这是很致命的,这等于操作系统被破解了,就像 IOS 越狱了安卓获取到了 ROOT 权限,用户进程就可以抛开所有限制,为所欲为了。操作系统通过用户账户来管理进程的权限,用户账户可以分为管理员、普通用户等多个用户等级。对于低等级的用户来说,他们具有低硬件权限和低软件权限;对于高等级的用户来说,他们具有高等级的软件权限,并可以通过高等级的软件服务取得高等级的硬件权限。下面以几个例子来说明这种管理方式,比如,在设计串口中断打印数据的功能时,多进程操作系统可以设计一个类似 5.7 节的环形发送缓冲结构,如果串口中断服务函数只提供将缓冲中的数据发送到串口的服务,那么对于所有进程来说,它们就都无法通过串口中断服务来修改寄存器的配置了。再比如 Mindows 操作系统中的软中断服务函数 SVC_Handler,可以提供不同的中断服务,目前代码如下:

```
00112    void SVC_Handler(U32 uiSwiNo)
00113    {
00114        /* 软中断产生的任务调度 */
00115        if(SWI_TASKSCHED == (SWI_TASKSCHED & uiSwiNo))
00116        {
00117            /* 触发 PendSv 中断, 在该中断中调度任务 */
00118            MDS_IntPendSvSet();
00119        }
00120        /* 其他软中断服务 */
00121        else
00122        {
00123
00124        }
00125    }
```

只提供了一个 SWI_TASKSCHED 服务,这个服务是用来触发操作系统进行内核调度的服务。在 00121～00124 行可以增加其他服务,比如说增加了一个 A 服务用来提升程序的硬件权限,用户就可以在它的进程中通过申请 A 服务来提高其操作硬件的权限。如果我们使用软件对 A 服务的申请作一个限制:必须具有 ROOT 权限的用户才可以使用该服务,那么只具有普通软件权限的 GUEST 用户就无法在它的进程中使用该服务了,这样就可以管理用户进程的权限了。

从这几个例子可以看到,操作系统通过控制硬件＋软件权限的方式来控制进程的权限,低等级的用户会被设置为较低的硬件权限和软件权限以保证系统的安全性,它所运行的进程同样只能拥有较低的硬件和软件权限。如果具有低硬件权限和软件权限的进程想获取到系统的更高权限,最直接的方法就是直接修改硬件寄存器提升自己的权限,但是,具有低硬件权限的进程访问受限的硬件寄存器会产生错误,这是由硬件决定的,因此这条路是行不通的。另一个方法是通过操作系统提供的软件接口函数提升自己的权限,但仍然是不行的,操作系统不会为低软件权限的用户提供这种服务,因此这条路也是行不通的。一种合法的方法是通过输入用户名和密码进入到高等级用户来提升用户权限。

支持多进程的处理器会拥有 MMU,这是一种硬件机构,它可以对进程可访问的空间加以限制。从理论上讲,使用软件权限＋硬件权限＋MMU 的方式保护系统安全是无懈可击的,IOS 系统无法越狱,安卓系统无法获取到 ROOT 权限。但凡事就怕万一,万一软件服务有 bug,万一硬件设计上有 bug,万一通过某种方法获取到了软件管理员权限,万一……这样用户进程就可以通过“不正当”的手段提升自己的权限了。

上述有关串口打印的软件结构就是设备驱动管理的雏形,用户进程需要用到硬件时并不是直接对硬件进行操作,而是由操作系统构建一层驱动层,用户进程通过接口函数直接对驱动层进行操作,将数据写入驱动层,再由驱动层直接对硬件进行操作。可以说设备驱动管理的出现不单是为了构建一个良好的软件架构,也有着一丝的无奈,是为了解决众多进程与唯一硬件资源之间的矛盾。

下面来设计一下串口打印缓冲的结构。3 个子进程将数据打印到这个缓冲中,主进程从这个缓冲中取出数据打印到串口。为了使代码简单些,更容易理解,缓冲的设计没有过多考虑多进程并行操作,没有使用信号量等手段保证对缓冲操作的串行性,但进程的优先级可以保证对缓冲的操作不会出现问题。缓冲结构如下:

```
typedef struct msg_buf
{
    U32 flag;                /* 缓冲标志 */
    U8 buf[BUF_LEN];         /* 缓冲 */
}MSG_BUF;
```

其中 flag 变量是缓冲的标志,表明 buf 数组中是否有可打印的数据,buf 数组用来保存需要打印的字符串,以\0 作为字符串结束符。

利用该结构体定义了一个数组,如下所示:

```
MSG_BUF gtx_buf[TEST_PROCESS_NUM];
```

其中 TEST_PROCESS_NUM 宏的数值为 3,每个子进程使用一个缓冲。子进程打印数据时将数据写入到对应的缓冲中,并将对应的 flag 标志更改为有消息需要发送的状态,主进程不断轮询 3 个缓冲标志,如果发现有消息需要发送,则从 buffer 中取出数据打印到串口,打印完毕再将缓冲标志更改为没有消息需要发送的状态。

主进程将缓冲中数据打印到串口的代码如下所示:

```
00108    void tx_thread(void * pdata)
00109    {
00110        U32 i;
00111
00112        while(1)
00113        {
00114            /* 延时 0.2 s */
00115            MDS_TaskDelay(20);
00116
00117            /* 寻找需要发送的缓冲 */
00118            for(i = 0; i < TEST_PROCESS_NUM; i + + )
00119            {
00120                if(MSG_FLAG_NEED_SEND = = gtx_buf[i].flag)
00121                {
```

```
00122                        /* 发送端口号 */
00123                        put_string("[PORT ");
00124                        put_char('1' + i);
00125                        put_string("]: ");
00126
00127                        /* 发送缓冲中的字符串 */
00128                        put_string(gtx_buf[i].buf);
00129
00130                        /* 置为没有消息标志 */
00131                        gtx_buf[i].flag = MSG_FLAG_NONE;
00132                  }
00133            }
00134      }
00135  }
```

tx_thread 是主进程中的一个任务,其中的 put_string 函数可以直接向串口打印一个字符串,put_char 函数可以直接向串口打印一个字符。

由于不同进程间的内存空间是完全独立的,因此子进程无法看到主进程中的 gtx_buf 缓冲数组,无法直接将打印数据存入到 gtx_buf 缓冲内。不过我们可以在主进程中提供一个 print_msg 函数,由该函数实现向 gtx_buf 缓冲存入数据的功能,子进程只需要调用该函数就可以了,该函数就相当于是操作系统提供的驱动接口函数,代码如下所示:

```
00143  void print_msg(U32 port, U8 * pstring)
00144  {
00145      /* 复制消息 */
00146      strcpy(gtx_buf[port - 1].buf, pstring);
00147
00148      /* 置为有消息标志 */
00149      gtx_buf[port - 1].flag = MSG_FLAG_NEED_SEND;
00150  }
```

其中 port 入口参数是子进程的编号,1～3 分别对应子进程 1～3,子进程调用该函数时输入自己的进程编号。pstring 入口参数是需要打印的字符串指针,以 \0 结尾。

不同进程间不单内存空间是完全独立的,程序空间也是完全独立的,3 个子进程同样都看不到主进程中的 print_msg 函数,这就需要我们在主进程编译后使用人工方式从 map 文件中找到 print_msg 函数的地址,并将该地址写入子进程代码中,由子进程直接调用该地址,具体的实现方法在后面介绍子进程时再详细说明。

打印数据的相关结构已经介绍完毕,下面来看看主进程的整体流程。

主进程起来后,需要创建 rx_thread 任务和 tx_thread 任务,代码如下所示:

```
00013  void MDS_RootTask(void)
```

```
00014    {
00015        U32 i;
00016
00017        /* 串口初始化 */
00018        uart1_init();
00019
00020        put_string("main process is running!!! \r\n");
00021
00022        /* 初始化消息发送缓冲，将标志置为没有消息状态 */
00023        for(i = 0; i < TEST_PROCESS_NUM; i++)
00024        {
00025            gtx_buf[i].flag = MSG_FLAG_NONE;
00026        }
00027
00028        /* 设置优先级轮转时间为 0.5 s */
00029        MDS_TaskTimeSlice(50);
00030
00031        /* 创建 rx_thread 线程 */
00032        (void)MDS_TaskCreate(NULL, rx_thread, NULL, NULL, TASK_STASK_LEN, 2,
                 NULL);
00033
00034        /* 创建 tx_thread 线程 */
00035        (void)MDS_TaskCreate(NULL, tx_thread, NULL, NULL, TASK_STASK_LEN, 3,
                 NULL);
00036    }
```

00018 行，初始化串口，初始化为轮询模式，115 200 波特率。

00020 行，主进程向串口打印字符串，以表明主进程已经运行了。

00023～00026 行，初始化缓冲标志。

00029 行，设置同等优先级任务轮转时间。Mindows 是优先级抢占式操作系统，如果 3 个子进程采用不同的优先级，则只有最高优先级的子进程可以运行，除非子进程调用 MDS_TaskDelay 等可以产生延迟的函数，但子进程又看不到主进程中的这些函数，故为简化代码，将 3 个子进程设计为同等优先级，并开启同等优先级任务轮转调度，使每个子进程都可以轮流运行。

00032 行，创建 rx_thread 任务。该任务用来从串口接收子进程发来的数据，下面会有详细的介绍。

00035 行，创建 tx_thread 任务。该任务用来向串口发送子进程需要打印的数据，上面已经介绍过了。

在主进程中需要创建 3 个子进程，这里采用从串口输入数据的方式创建子进程，通过串口工具输入数据 1～3，主进程会分别创建子进程 1～3，这个创建过程就是在

rx_thread 任务中实现的,代码如下:

```
00056    void rx_thread(void * pdata)
00057    {
00058        M_TCB * pprocess_tcb[TEST_PROCESS_NUM] = {NULL, NULL, NULL};
00059        VFUNC process_addr;
00060        U32 reset_vector_addr;
00061        U16 cmd;
00062
00063        while(1)
00064        {
00065            /* 延时 0.2 s */
00066            MDS_TaskDelay(20);
00067
00068            /* 没接收到数据 */
00069            if(RESET == USART_GetFlagStatus(USART1, USART_FLAG_RXNE))
00070            {
00071                continue;
00072            }
00073
00074            /* 接收数据 */
00075            cmd = USART_ReceiveData(USART1);
00076
00077            /* 接收到合法的命令 */
00078            if((cmd >= '1') && (cmd <= '0' + TEST_PROCESS_NUM))
00079            {
00080                /* 换算成十六进制数 */
00081                cmd -= '1';
00082
00083                /* 该进程已经执行则直接返回 */
00084                if(NULL != pprocess_tcb[cmd])
00085                {
00086                    continue;
00087                }
00088
00089                /* 根据接收到的命令确定测试进程的复位向量地址 */
00090                reset_vector_addr = TEST_PROCESS_ADDR + TEST_PROCESS_MAX_SIZE
                                        * cmd
00091                                        + RESET_VECTOR_ADDR;
00092
00093                /* 根据复位向量获取测试进程的第一条指令所在的地址 */
00094                process_addr = (VFUNC)(*(U32 *)reset_vector_addr);
```

嵌入式操作系统内核调度——底层开发者手册

```
00095
00096                /* 执行对应的测试进程 */
00097    pprocess_tcb[cmd] = MDS_TaskCreate(NULL, process_addr, NULL,
         NULL,
                                TASK_STASK_LEN, 4, NULL);
00098
00099          }
00100       }
00101    }
```

00066 行,每个 while 循环延迟 0.2 s,避免具有最高优先级的主进程占有全部 CPU 资源。

00069~00072 行,采用串口轮询方式判断主进程是否从串口接收到了数据,如果没有接收到数据则退出本次操作。

00075 行,程序运行到此行说明已经接收到数据,本行代码将接收的 1 个字节数据存入到 cmd 变量中。

00078 行,对接收到的数据进行判断,只有接收到 ASCII 码为 1~3 的数据才进行处理。

00081 行,将 ASCII 码 1~3 换算成十六进制数 0~2。

00084~00087 行,如果接收到的数字对应的子进程已经运行则直接返回。pprocess_tcb 数组变量中分别保存着 3 个子进程的 TCB。

00090~00091 行,计算接收到的数字对应的子进程的复位向量地址,其中的宏定义如下:

```
#define TEST_PROCESS_ADDR        0x08010000    /* 测试进程存放的起始地址 */
#define RESET_VECTOR_ADDR        0x04          /* 复位向量地址 */
#define TEST_PROCESS_MAX_SIZE    0x2000    /* 测试进程所占最大空间,单位:字节 */
```

3 个子进程的空间分配如前面表 7.1 所列。

00094 行,从子进程复位向量中读取复位中断服务函数地址,里面存放着该子进程的第一条可执行指令。

00097~00098 行,创建子进程。将子进程复位中断服务函数作为任务函数创建任务。

到此为止,主进程代码已经全部介绍完毕。按照我们的设计,在主进程运行后,从串口工具中输入数字 1~3,就会分别创建子进程 1~3,如果主进程接收到了子进程的打印数据,主进程就会将数据打印到串口。

子进程代码非常简单,3 个子进程的代码也几乎相同,不同之处在于子进程 1 会打印"process 1 is running!!!",子进程 2 会打印"process 2 is running!!!",子进程 3 会打印"process 3 is running!!!"。

子进程 1 的代码如下:

```
00010   S32 main(void)
00011   {
00018       PRINT_FUNC print_msg;
00019
00020       print_msg = (PRINT_FUNC)PRINT_FUNC_ADDR;
00021
00022       while(1)
00023       {
00024           print_msg(1, "process 1 is running!!! \r\n");
00025
00026           time_delay();
00027       }
00028   }
```

00018 行,在子进程中使用 print_msg 变量定义主进程中的 print_msg 函数。PRINT_FUNC 宏与 print_msg 函数是相同类型的,如下所示:

```
typedef void                     ( * PRINT_FUNC)(U32 port, U8 * pstring);
```

由于子进程无法看到主进程空间,因此链接器也就无法将主进程中的函数链接到子进程中,需要我们采用人工的方式从主进程的 map 文件(\outfile\mindows.map)中查找出 print_msg 函数的地址,将其写入子进程。在这里,子进程中 print_msg 变量与主进程中 print_msg 函数的名字虽然相同,但并不是必须的,只是巧合而已。

00020 行,将主进程中 print_msg 函数的地址读入到子进程的 print_msg 变量中。其中 PRINT_FUNC_ADDR 宏定义的数值就是 print_msg 函数在主进程中的地址,需要我们在主进程 map 文件中查找并将子进程中的 PRINT_FUNC_ADDR 宏修改为该值。需要注意的是,主进程中 print_msg 函数的地址每次编译后可能会有所不同,如有变化则需要在子进程中同步修改。

00022~00027 行,子进程循环打印数据。其中 print_msg 变量中保存的是主进程中 print_msg 函数的地址,子进程执行 print_msg 变量就相当于是执行了主进程的 print_msg 函数,将子进程需要打印的消息写入到 gtx_buf 缓冲中。time_delay 函数使用死循环的方式延迟一段时间,避免子进程频繁打印数据。

由于子进程没有使用堆,因此我们可以将子进程 startup_stm32f10x_hd.s 文件中的 Heap_Size 修改为 0。由于是由主进程对硬件进行初始化,因此可以去掉子进程复位中断向量函数 Reset_Handler 中用来初始化硬件时钟的 SystemInit 函数。

在主进程+3 个子进程的结构中,由主进程对串口硬件进行配置,子进程只需要使用主进程提供的串口打印函数 print_msg 就可以直接打印数据了。在这个结构里,将 3 个子进程看作是线程,它们与主进程中的接收线程 rx_thread 和发送线程 tx _thread 一起参与操作系统的调度,其中 rx_thread 和 tx_thread 线程的优先级高于 3 个子进程,使得它们可以抢占 3 个子进程来发送数据。3 个子进程采用了相同的优先级,操作系统开启了同等优先级任务轮转调度,使得它们之间可以轮流运行,输出各自的打印信息。

使用单进程模拟多进程的主要内容到这里就介绍完毕了,编译本节 4 个工程的代码并全部烧写进 FLASH 中,按下单板复位按钮复位单板,从串口打印来看,此时只有主进程在运行,在串口工具软件中分别输入数字 1~3,就可以看到串口中有子进程 1~3 的打印输出了,输出的串口数据截图如图 7.1 所示。

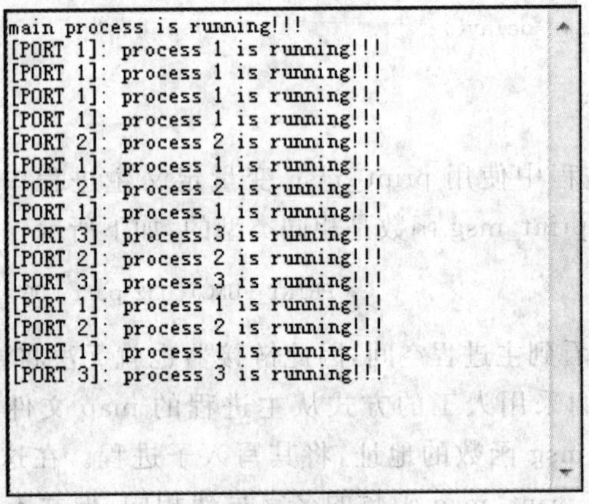

```
main process is running!!!
[PORT 1]: process 1 is running!!!
[PORT 1]: process 1 is running!!!
[PORT 1]: process 1 is running!!!
[PORT 1]: process 1 is running!!!
[PORT 2]: process 2 is running!!!
[PORT 2]: process 2 is running!!!
[PORT 1]: process 1 is running!!!
[PORT 3]: process 3 is running!!!
[PORT 3]: process 3 is running!!!
[PORT 2]: process 2 is running!!!
[PORT 3]: process 3 is running!!!
[PORT 1]: process 1 is running!!!
[PORT 2]: process 2 is running!!!
[PORT 1]: process 1 is running!!!
[PORT 3]: process 3 is running!!!
```

图 7.1　单进程模拟多进程的打印信息

从图 7.1 可以看到,我们实现了使用单进程模拟多进程运行的功能。

下面再来简单讨论几个概念。

(1) 目录结构

本节我们编写了 4 个程序,每个程序存放在不同的空间,并可以通过输入 1、2、3 来分别执行其中 3 个不同的程序。如果系统中有很多程序,那么使用这种方法管理程序就会显得非常混乱。在大型操作系统中是使用目录来管理这些程序的,将程序划分到不同的目录下,通过目录＋程序名找到不同的程序。本节我们只是简单地使用 1、2、3 来找到不同的程序,为了也能使用目录＋程序名那种结构,可以将 FLASH 空间作一个简单划分,如表 7.2 所列。

表 7.2　程序目录划分

程序空间	目录结构	进程
0x08000000~0x0800FFFF	C:\	主进程
0x08010000~0x08011FFF	D:\process\	子进程 1
0x08012000~0x08013FFF		子进程 2
0x08014000~0x08015FFF	E:\	子进程 3

将程序空间中 0x08000000 ~ 0x0800FFFF 的范围认为是"C：\"目录，0x08010000 ~ 0x08013FFF 范围认为是"D：\process\"目录，0x08014000 ~ 0x08015FFF 范围认为是"E：\"目录。为了支持这个目录结构，我们需要同时修改主进程中的 rx_thread 任务，将其修改为能接收字符串，并可以根据字符串执行对应的进程，当接收到"D：\process\1"时执行子进程 1，接收到"D：\process\2"时执行子进程 2，接收到"E：\3"时执行子进程 3。

可以说这只是目录结构的雏形，真正的目录结构要比这复杂得多，在此基础上再增加对文件读写等管理操作，就可以扩展到文件系统。

（2）进程间通信

前面介绍过，子进程向主进程发送消息时，需要借用主进程中的 print_msg 函数以及封装在其内部的 gtx_buf 内存空间传递数据，这就涉及到了进程间通信。由于每个进程只能看到自己的空间而看不到其他进程空间，这就使得在进程间通信时无法像单进程中线程间通信那样定义一个数组或申请一块内存就可以传递数据了，而是必须指定一个绝对地址的内存空间作为存放数据的缓冲。这就有点类似本节例子在子进程中指明 print_msg 函数的绝对地址，再通过 print_msg 函数找到存放数据的缓冲的绝对地址。

（3）静态链接和动态链接

单进程软件系统在编译生成中间目标文件之后，会直接将它们链接成最终目标文件，最终目标文件中的指令在链接时会全部链接到一起，之后就不会变化了，是静态的，这就是静态链接。而本节例子中，主进程的目标文件和子进程的目标文件不是直接链接在一起的，主进程链接完自己的目标文件之后，子进程又通过人工指定地址的方法将主进程中的 print_msg 函数链接进子进程的目标文件。print_msg 函数的指令仅存在于主进程中，子进程若要执行该函数则必须跳转到主进程的目标文件中执行。这样做的一个好处是可以减少目标文件大小，print_msg 函数无需同时存在于多个目标文件之中，而且这样也方便修改 print_msg 函数的功能，只需要在主进程中修改就可以影响到所有使用该函数的子进程。

这种方法类似动态链接，真正的动态链接是在进程运行时才进行链接，找出运行进程所需要的动态链接库，在运行过程中先链接再执行，这个过程是动态。动态链接与本节中使用 print_msg 函数的相似之处，是都使用了目标文件之外的函数，节省了程序空间，但本节链接 print_msg 函数时仍是在编译链接时静态链接的，并不是在运行时动态链接的。

（4）多进程调度

本节实现单进程模拟多进程时借用了 Mindows 操作系统的调度机制，在主进程中既创建了主进程中的任务，也创建了 3 个子进程任务。从 Mindows 操作系统的角度来看，所有创建的任务都是单进程中的线程；但从进程的角度来看，主进程中的 2 个任务是进程中的线程，3 个子进程则是与主进程平等的另外 3 个进程，其地位要比线程高。

　　Mindows 操作系统只实现了线程级别的调度,本节例子为了实现单进程模拟多进程运行而临时使用 Mindows 操作系统充当了多进程调度,真正的多进程操作系统会对进程以及进程中的线程有更完善的调度机制。

7.3　多进程工作原理

　　每个进程都认为自己独占系统空间,为了达到这个目的,上节我们为每个进程划分了彼此间完全独立的空间。但这样做有明显的弊端,这样做对运行程序的人来说要求非常高,试想一下,如果我们在 Windows 上双击鼠标运行一个程序前需要为这个程序指定运行的空间,这将是多么难以想象的事情,而且我们又无法明确知道该进程需要使用多少空间,有哪些空间可以使用,这种复杂的操作会使得操作系统无法使用。将整个空间划分成若干块分配给固定的进程,这种方法也极大地浪费了空间,即使程序没有运行,这些已划分给进程的空间也是被占用着而无法使用,从技术层面上来讲,这种方法也是不可行的。

　　真正的多进程系统会使用 MMU 来解决上述问题。MMU 是 Memory Management Unit 的缩写,即内存管理单元,它是一种硬件机构,可以实现对处理器空间进行映射、保护等功能,可以说没有 MMU 就没有真正的内存管理,也无法实现多进程功能。

　　到目前为止,我们访问处理器空间所使用的地址都是物理地址,软件访问的地址就是实际的物理地址。而 MMU 可以作地址映射,在物理地址和虚拟地址之间进行转换,软件使用虚拟地址,MMU 再将虚拟地址对应到物理地址上。这样做的好处是可以将不连续的物理地址映射为连续的虚拟地址,从软件角度来看地址始终是连续的,即使是支离破碎无法使用的物理地址,也可以形成连续的虚拟地址供软件使用,而且虚拟地址的地址范围可以根据需要随意安排,不像物理地址那样每个地址都是唯一的,这就可以为每个进程都映射出一个从 0 地址开始到 0xFFFFFFFF 地址结束的虚拟地址空间,让每个进程认为自己都独占了所有空间。

　　MMU 映射地址如图 7.2 所示。

　　图 7.2 中物理地址的范围是 0x00000000~0xFFFFFFFF,已经使用和没有使用的物理地址混杂在一起,但经过 MMU 映射后,不连续的物理地址就可以形成连续的虚拟地址提供给多个进程使用了。当一个进程需要增加它的虚拟地址时,MMU 就会继续将没有使用的物理地址映射为该进程的虚拟地址。

　　MMU 会为每个进程映射从 0 地址开始的虚拟空间,使所有进程都认为自己是从 0 地址开始的,这就解决了需要为不同进程分配不同物理空间的问题。所有进程都认为自己独占整个空间,而 MMU 通过地址映射也可以实现这一点,以 32 位机来说,MMU 会将 32 位机所能访问的 4 GB 空间全部映射为一个进程单独使用的空间,

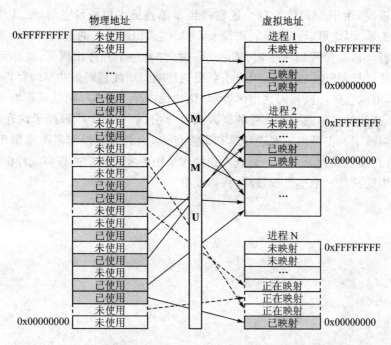

图 7.2　MMU 为多进程映射地址空间

对每个进程都是如此,这样在编写进程程序时无需考虑其他进程会占用自己的空间。但这样做你可能会有疑问,不要说多个进程中每个进程都可以单独享有 4 GB 空间,实际配置的硬件空间可能连一个进程所使用的 4GB 虚拟空间都无法提供,是如何使用少量的物理空间生成大量虚拟空间的呢?

　　进程在运行时所需的内存是不断变化的,内存不够时,MMU 就会为进程新分配一些;有不再需要的内存,MMU 就会回收;有长时间不使用的内存,MMU 可能就会将其写入硬盘虚拟的内存中,以换取速度更快的物理内存供其他进程使用。总之,进程所拥有的 4 GB 虚拟空间并不是同时提供的,物理空间会动态地提供给不同的进程,需要时分配,不需要时回收,打了时间差,这就好比是银行存款,银行里准备的现金远远不够我们的存款,银行的现金流只是用来满足我们少量的现金周转。

　　单进程系统中软件指令是直接访问物理地址的,速度非常快,在多进程系统中需要经过 MMU 映射才能在虚拟地址和物理地址之间转换,多了一道操作。那么这会不会对软件的执行速度造成影响呢? 这个大可放心,速度不会受到影响。这是因为 MMU 是硬件单元,地址映射过程完全由硬件实现,不需要执行软件指令实现映射过程,因此映射速度是非常快的,对于软件来说根本感觉不到这个过程所花费的时间,MMU 将这其中的细节完全屏蔽在其内部,软件丝毫觉察不到它的存在,与独享整个物理空间没什么两样。正是由于 MMU 的存在,才使每个进程认为自己独享整个系统空间,才得以实现多进程功能。

　　通过本章的介绍可以看出,进程间的独立性要大于线程间的独立性。当一个进程出现错误时，由于 MMU 为每个进程提供了单独的虚拟地址空间，使其与其他进程不发生关系，因此可以将错误隔离开来，可以结束出现错误的进程而不会影响其他进程的运行。这就像我们在使用 Windows 时，如果一个程序出错了，操作系统往往还可以继续运行，其他的程序一般也不会受到影响。而线程间则共享内存，一个线程出了问题，可能会破坏线程间共用的资源，比如说内存、寄存器等，从而影响到其他线程的运行，这就像在单进程多线程的嵌入式系统中，如果一个线程踩了内存，往往整个系统就崩溃了。正是由于多进程具有诸多优点，因此大型操作系统都采用多进程机制，只有在功能较为简单的小型嵌入式操作系统中才采用单进程多线程机制，更简单的系统中则只是一个单进程，连线程都没有。

附录 A

Wanlix 操作系统接口函数

Wanlix 操作系统对常用的数据类型作了重新定义,如下所示:

```
typedef char              U8;
typedef unsigned short    U16;
typedef unsigned int      U32;
typedef signed char       S8;
typedef short             S16;
typedef int               S32;
typedef void              ( * VFUNC)(void * );
```

A.1 接口函数列表

W_TCB * WLX_TaskCreate(VFUNC vfFuncPointer, void * pvPara, U8 * pucTaskStack, U32 uiStackSize)

void WLX_TaskSwitch(W_TCB * pstrTcb)

U8 * WLX_GetWalixVersion(void)

A.2 接口函数说明

◆ W_TCB * WLX_TaskCreate(VFUNC vfFuncPointer, void * pvPara, U8 * pucTaskStack, U32 uiStackSize)

入口参数:

vfFuncPointer:创建任务所使用函数的指针。

pvPara:任务入口参数指针。

pucTaskStack:任务所使用栈的最低起始地址。

uiStackSize:栈大小,单位:字节。

返回值:

NULL:创建任务失败。

其他:创建任务成功,返回任务的 TCB 指针。

函数说明：

调用该函数将会创建一个任务，使用入口参数 vfFuncPointer 传递进来的任务函数创建任务，使用入口参数 pvPara 作为任务函数的入口参数，使用入口参数 pucTaskStack 作为任务栈，入口参数 uiStackSize 指明了任务栈大小。

其中 VFUNC 类型定义如下，使用它定义任务函数，

```
typedef void                    ( * VFUNC)(void * );
```

如果入口参数 pucTaskStack 的值为 NULL，则表明将由该函数从堆中自行申请任务栈，否则将由调用该函数的父函数提供 pucTaskStack 任务栈供任务使用。

W_TCB 是 TCB 类型，如果任务创建成功，该函数就会返回任务的 TCB 指针，返回 NULL 代表任务创建失败。

Wanlix 中的任务不能结束运行，因此任务函数必须拥有一个死循环结构或其他机制，保证任务函数不能正常退出运行。

◆ void WLX_TaskSwitch(W_TCB * pstrTcb)

入口参数：

pstrTcb：即将运行的任务的 TCB 指针。

返回值：

无。

函数说明：

调用该函数将发生任务切换，入口参数 pstrTcb 指明了需要运行的任务。

该函数不能在中断中使用。

◆ U8 * WLX_GetWalixVersion(void)

入口参数：

无。

返回值：

存储 Wanlix 操作系统版本号的字符串地址。

函数说明：

调用该函数可以获取 Wanlix 操作系统的版本号，版本号以字符串形式存在，该函数返回值为存储 Wanlix 操作系统版本号的字符串地址。

Mindows 操作系统接口函数

Mindows 操作系统对常用的数据类型作了重新定义,如下所示:

```
typedef char                    U8;
typedef unsigned short          U16;
typedef unsigned int            U32;
typedef signed char             S8;
typedef short                   S16;
typedef int                     S32;
typedef void                    ( * VFUNC)(void * );
```

B.1　接口函数列表

M_TCB * MDS_TaskCreate(U8 * pucTaskName, VFUNC vfFuncPointer, void * pvPara, U8 * puc-
TaskStack,

　　　　　　　　　U32 uiStackSize, U8 ucTaskPrio, M_TASKOPT * pstrTaskOpt)

U32 MDS_TaskDelete(M_TCB * pstrTcb)

void MDS_TaskSelfDelete(void)

U32 MDS_TaskDelay(U32 uiDelayTick)

U32 MDS_TaskWake(M_TCB * pstrTcb)

M_SEM * MDS_SemCreate(M_SEM * pstrSem, U32 uiSemOpt, U32 uiInitVal)

U32 MDS_SemTake(M_SEM * pstrSem, U32 uiDelayTick)

U32 MDS_SemGive(M_SEM * pstrSem)

U32 MDS_SemFlush(M_SEM * pstrSem)

U32 MDS_SemDelete(M_SEM * pstrSem)

M_QUE * MDS_QueCreate(M_QUE * pstrQue, U32 uiSemOpt)

U32 MDS_QuePut(M_QUE * pstrQue, M_DLIST * pstrQueNode)

U32 MDS_QueGet(M_QUE * pstrQue, M_DLIST * * ppstrQueNode, U32 uiDelayTick)

U32 MDS_QueDelete(M_QUE * pstrQue)

U8 * MDS_GetMindowsVersion(void)

U32 MDS_GetSystemTick(void)

M_TCB * MDS_GetCurrentTcb(void)

M_TCB * MDS_GetRootTcb(void)

```
M_TCB * MDS_GetIdleTcb(void)

M_DLIST * MDS_GetTaskLinkRoot(void)

U32 MDS_IntLock(void)

U32 MDS_IntUnlock(void)

void MDS_TaskTimeSlice(U32 uiTimeSlice)

U32 MDS_TaskStackCheck(M_TCB * pstrTcb)

U32 MDS_GetCpuShare(M_TCB * pstrTcb)

void MDS_TaskCreateHookAdd(VFHCRT vfFuncPointer)

void MDS_TaskCreateHookDel(void)

void MDS_TaskSwitchHookAdd(VFHSWT vfFuncPointer)

void MDS_TaskSwitchHookDel(void)

void MDS_TaskDeleteHookAdd(VFHDLT vfFuncPointer)

void MDS_TaskDeleteHookDel(void)
```

B.2 接口函数说明

◆ M_TCB * MDS_TaskCreate (U8 * pucTaskName, VFUNC vfFuncPointer, void * pvPara,
　　　　　　　　　　　　U8 * pucTaskStack, U32 uiStackSize, U8 ucTaskPrio,
　　　　　　　　　　　　M_TASKOPT * pstrTaskOpt)

入口参数：

pucTaskName：指向任务名称的指针。

vfFuncPointer：创建任务所使用函数的指针。

pvPara：任务入口参数指针。

pucTaskStack：任务所使用栈的最低起始地址。

uiStackSize：栈大小，单位：字节。

ucTaskPrio：任务优先级。

pstrTaskOpt：任务参数指针。

返回值：

NULL：创建任务失败。

其他：创建任务成功，返回任务的 TCB 指针。

函数说明：

调用该函数将会创建一个任务。存放任务名称的字符串将通过入口参数 puc-TaskName 传递给该函数，入口参数 vfFuncPointer 传递进来的是任务函数，使用入口参数 pvPara 作为任务函数的入口参数，使用入口参数 pucTaskStack 作为任务栈，入口参数 uiStackSize 指明了任务栈大小，入口参数 ucTaskPrio 指明了任务的优先级，入口参数 pstrTaskOpt 指明了创建任务的选项。

其中 VFUNC 类型定义如下，使用它定义任务函数，

```
typedef void                    ( * VFUNC)(void * );
```

如果入口参数 pucTaskName 的值为 NULL,则表明任务没有名称。

如果入口参数 pucTaskStack 的值为 NULL,则表明将由该函数从堆中自行申请任务栈,否则将由调用该函数的父函数提供 pucTaskStack 任务栈供任务使用。

任务优先级 ucTaskPrio 只能在用户最高优先级 USERHIGHESTPRIO 和用户最低优先级 USERLOWESTPRIO 之间,任务优先级越高数值越小,其中 USER-HIGHESTPRIO 的值始终为 1,而 USERLOWESTPRIO 的值则由用户在 mds_userdef.h 文件中定义的 PRIORITYNUM 宏决定,PRIORITYNUM 宏可以为 8、16、32、64、128、256,分别支持 0~7、0~15、0~31、0~63、0~127 和 0~255 个优先级,USERLOWESTPRIO 的值为最低优先级数值-2。

可以通过 pstrTaskOpt 入口参数指明任务创建时的状态,如果该参数为 NULL,则表明任务默认使用 ready 状态,如果不为 NULL,则由该变量指明任务创建时的状态,该变量为 M_TASKOPT * 类型,M_TASKOPT 结构定义如下:

```
typedef struct m_taskopt           /* 任务参数 */
{
    U8 ucTaskSta;                  /* 任务运行状态 */
    U32 uiDelayTick;               /* 延迟时间 */
}M_TASKOPT;
```

其中 ucTaskSta 为任务创建时的状态,可以为 TASKREADY 或 TASKDE-LAY,前者为 ready 态,后者为 delay 态。若为后者,则还需要通过 uiDelayTick 指明任务创建后 delay 的时间,单位为系统 tick,若为 DELAYWAITFEV 则表明任务永久 delay。

M_TCB 是 TCB 类型,如果任务创建成功,则该函数就会返回任务的 TCB 指针,返回 NULL 代表任务创建失败。

创建任务后,操作系统会自动产生一次任务调度。

◆ U32 MDS_TaskDelete(M_TCB * pstrTcb)

入口参数:

pstrTcb:需要删除的任务的 TCB 指针。

返回值:

RTN_SUCD:任务删除成功。

RTN_FAIL:任务删除失败。

函数说明:

调用该函数会删除入口参数 pstrTcb 指定的任务,如果任务栈是由任务创建函数 MDS_TaskCreate 申请的,则同时会将任务栈释放回堆中。

注意,被删除的任务如果已经获取到了信号量,那么任务被删除时不会释放该信号量。

如果任务删除成功该函数就会返回 RTN_SUCD,返回 RTN_FAIL 代表任务删除失败。

删除任务后,操作系统会自动产生一次任务调度。

◆ void MDS_TaskSelfDelete(void)

入口参数:

无。

返回值:

无。

函数说明:

调用该函数将删除任务自身,如果任务栈是由任务创建函数 MDS_TaskCreate 申请的,则同时会将任务栈释放回堆中。

注意,被删除的任务如果已经获取到了信号量,那么任务被删除时不会释放该信号量。

删除任务后,操作系统会自动产生一次任务调度。

◆ U32 MDS_TaskDelay(U32 uiDelayTick)

入口参数:

uiDelayTick:任务需要延迟的时间,单位:tick。若为 DELAYNOWAIT,表示任务不延迟,仅发生任务切换;若为 DELAYWAITFEV,表示任务将永久延迟;其他值表示任务需要延迟的时间。

返回值:

RTN_SUCD:任务延迟成功。

RTN_FAIL:任务延迟失败。

RTN_TKDLTO:任务延迟时间耗尽,超时返回。

RTN_TKDLBK:延迟任务被其他任务使用 MDS_TaskWake 函数唤醒,延迟状态被中断,任务返回。

函数说明:

任务调用该函数将进入 delay 态,延迟指定的时间。

函数返回 RTN_SUCD 会发生在任务延迟 0 tick 的情况下,也就是说该函数只触发了一次任务调度,并没有进入 delay 态。函数返回 RTN_FAIL 说明任务延迟失败;函数返回 RTN_TKDLTO 说明任务已经成功地实现了延迟,并且超过了延迟时间,函数超时返回;函数返回 RTN_TKDLBK 说明任务在延迟过程中被其他任务使用 MDS_TaskWake 函数唤醒,任务结束延迟状态提前返回。

调用此函数后,操作系统会自动产生一次任务调度。

◆ U32 MDS_TaskWake(M_TCB * pstrTcb)

入口参数：

pstrTcb：被唤醒任务的 TCB 指针。

返回值：

RTN_SUCD：任务唤醒操作成功。

RTN_FAIL：任务唤醒操作失败。

函数说明：

可以通过该函数唤醒一个处于 delay 态的任务，结束其 delay 态将其转换为 ready 态。

函数返回 RTN_SUCD 说明唤醒任务成功，返回 RTN_FAIL 说明唤醒任务失败。

调用此函数后，操作系统会自动产生一次任务调度。

◆ M_SEM * MDS_SemCreate(M_SEM * pstrSem, U32 uiSemOpt, U32 uiInitVal)

入口参数：

pstrSem：需要创建的信号量指针，需要是 M_SEM * 类型，若为 NULL 则由该函数自行申请内存创建。

uiSemOpt：创建信号量所用的选项。

　　　　　优先级：

　　　　　　　SEMPRIO：信号量采用优先级调度方式，释放信号量时先激活被该信号量所阻塞的最高优先级任务。

　　　　　　　SEMFIFO：信号量采用先进先出调度方式，释放信号量时先激活最先被该信号量阻塞的任务。

　　　　信号量类型：

　　　　　SEMBIN：创建二进制信号量。

　　　　　SEMCNT：创建计数信号量。

　　　　　SEMMUT：创建互斥信号量。

　　　　任务优先级继承：

　　　　　　SEMPRIINH：使用任务优先级继承功能。该参数只可用在 SEMMUT 信号量 SEMPRIO 模式下。

uiInitVal：信号量的初始值。SEMEMPTY 表示信号量创建时为空状态，不可获取，不可用在 SEMMUT 信号量中；SEMFULL 表示信号量创建时为满状态，可获取；其他值为信号量创建时的初始计数值，只可用在 SEMBIN 信号量中。

返回值：

NULL：创建信号量失败。

其他：创建信号量成功，返回值为创建的信号量的指针。

函数说明：

该函数将创建一个信号量，存放信号量的内存空间由入口参数 pstrSem 指明，其中 M_SEM 是信号量类型。由入口参数 uiSemOpt 指明创建信号量所使用的选项，由入口参数 uiInitVal 指明信号量的初始值。

如果入口参数 pstrSem 的值为 NULL，则表明将由该函数从堆中自行申请信号量的内存空间，否则将由调用该函数的父函数提供内存空间供信号量使用。入口参数 uiSemOpt 指明了创建信号量所使用的选项，拥有优先级、信号量类型和任务优先级继承这 3 种类型选项，不同类型之间可以使用"或"运算符号"|"进行连接。入口参数 uiInitVal 指明了信号量的初始值。

如果信号量创建成功，则该函数就会返回信号量指针，返回 NULL 代表信号量创建失败。

◆ U32 MDS_SemTake(M_SEM * pstrSem, U32 uiDelayTick)

入口参数：

pstrSem：需要获取的信号量指针。

uiDelayTick：获取信号量被阻塞时等待的最长时间，单位：tick。SEMNOWAIT 代表不等待时间，无论是否获取到信号量都继续执行当前任务。SEMWAITFEV 代表永久等待，若获取不到信号量，则将任务切换为 pend 状态一直等待。其他数值为无法获取到信号量时任务等待的最长时间。

返回值：

RTN_SUCD：在延迟时间内获取到信号量。

RTN_FAIL：获取信号量失败。

RTN_SMTKTO：等待信号量的时间耗尽，超时返回。

RTN_SMTKRT：使用不等待时间参数没有获取到信号量，函数立刻返回。

RTN_SMTKDL：信号量被删除。

RTN_SMTKOV：互斥信号量计数值溢出。

函数说明：

该函数试图获取信号量 pstrSem，并可指定获取不到信号量时所等待的最长时间 uiDelayTick。如果暂时获取不到信号量，则任务会被阻塞转为 pend 态，当获取到信号量时又会转换为 ready 态。如果在指定的等待时间内获取到了信号量，函数返回 RTN_SUCD；返回 RTN_FAIL 代表获取信号量的操作出现错误；如果等待信号量的时间耗尽还没有获取到信号量，则返回 RTN_SMTKTO；如果使用不等待时间参数没有获取到信号量，函数会立刻返回 RTN_SMTKRT；如果在等待信号量的时间内信号量被删除了，则返回 RTN_SMTKDL。对于互斥信号量来说，如果同一个任务反复获取信号量的次数太多，超过了 0xFFFFFFFF，这将会使互斥信号量的计数溢出，返回 RTN_SMTKOV。

　　如果任务因获取不到信号量进入 pend 态,操作系统会自动产生一次任务调度,因此在中断中使用该函数不能有等待时间,并且不能在中断中使用该函数针对互斥信号量进行操作。

◆ U32 MDS_SemGive(M_SEM * pstrSem)

入口参数:

pstrSem:需要释放的信号量指针。

返回值:

RTN_SUCD:释放信号量成功。

RTN_FAIL:释放信号量失败。

RTN_SMGVOV:释放信号量溢出。

函数说明:

　　调用该函数会释放信号量 pstrSem。如果释放信号量的操作成功,则该函数返回 RTN_SUCD;如果释放信号量的操作失败,则该函数返回 RTN_FAIL;如果释放信号量的操作导致信号量的计数值超出了最大值 0xFFFFFFFF,则返回 RTN_SMGVOV。

　　使用该函数释放信号量时若有任务被该信号量阻塞,则产生一次任务调度。

　　不能在中断中使用该函数针对互斥信号量进行操作。

◆ U32 MDS_SemFlush(M_SEM * pstrSem)

入口参数:

pstrSem:需要释放的信号量指针。

返回值:

RTN_SUCD:释放信号量成功。

RTN_FAIL:释放信号量失败。

函数说明:

　　调用该函数会释放信号量 pstrSem,并会一次性激活被该信号量所阻塞的所有任务,且将该信号量置为空状态。若释放信号量成功,则函数返回 RTN_SUCD,若失败则返回 RTN_FAIL。

　　该函数不能对互斥信号量进行操作。

　　调用此函数后,操作系统会自动产生一次任务调度。

◆ U32 MDS_SemDelete(M_SEM * pstrSem)

入口参数:

pstrSem:需要删除的信号量指针。

返回值:

RTN_SUCD:删除信号量成功。

RTN_FAIL：删除信号量失败。

函数说明：

该函数会删除信号量 pstrSem，若删除成功，则函数返回 RTN_SUCD，若失败则返回 RTN_FAIL。

如果删除的是二进制信号量或者是计数信号量，该函数会调用 MDS_SemFlush-Value 函数激活被该信号量所阻塞的所有任务，操作系统会自动产生一次任务调度。

如果存储信号量的内存空间是由信号量创建函数 MDS_SemCreate 申请的，则同时会将其释放回堆中。

◆ M_QUE * MDS_QueCreate(M_QUE * pstrQue, U32 uiSemOpt)

入口参数：

pstrQue：需要创建的队列指针，需要是 M_QUE * 类型，若为 NULL 则由该函数自行申请内存创建。

uiQueOpt：创建队列所用的选项。QUEPRIO 表示采用优先级队列，发送消息时先激活队列中被阻塞的最高优先级任务；QUEFIFO 表示采用先进先出队列，发送消息时先激活最先被队列阻塞的任务。

返回值：

NULL：创建队列失败。

其他：创建队列成功，返回值为创建的队列的指针。

函数说明：

该函数将创建一个队列，存放队列结构的内存空间由入口参数 pstrQue 指明，其中 M_QUE 是队列类型，由入口参数 uiQueOpt 指明创建队列的选项。

如果入口参数 pstrQue 的值为 NULL，则表明将由该函数从堆中自行申请队列结构的内存空间，否则将由调用该函数的父函数提供内存空间供队列使用。入口参数 uiQueOpt 指明了创建队列所使用的选项，指明了激活被队列所阻塞的任务的顺序。

如果队列创建成功，该函数就会返回队列指针，返回 NULL 代表队列创建失败。

◆ U32 MDS_QuePut(M_QUE * pstrQue, M_DLIST * pstrQueNode)

入口参数：

pstrQue：队列指针。

pstrQueNode：需要加入的队列节点指针。

返回值：

RTN_SUCD：节点加入队列成功。

RTN_FAIL：节点加入队列失败。

RTN_QUPTOV：加入的节点过多，导致队列溢出。

函数说明：

该函数将节点 pstrQueNode 加入到队列 pstrQue 中。如果节点加入队列成功，则该函数返回 RTN_SUCD；如果节点加入队列失败，则该函数返回 RTN_FAIL；如果加入队列的操作导致队列信号量的计数值超出了最大值 0xFFFFFFFF，则返回 RTN_QUPTOV。

若有任务被该队列阻塞，调用该函数则会产生一次任务调度。

◆ U32 MDS_QueGet(M_QUE * pstrQue, M_DLIST * * ppstrQueNode, U32 uiDelayTick)

入口参数：

pstrQue：队列指针。

ppstrQueNode：存放队列节点指针的指针。

uiDelayTick：从队列中获取消息所等待的最长时间，单位：tick。QUENOWAIT 表示不等待，无论从队列中能否取出节点都不等待，直接返回该函数继续执行。QUEWAITFEV 表示永久等待，若从队列中无法取出节点，则调用该函数的任务切换为 pend 状态，一直等待，期间若能获取到节点则转换为 ready 态。其他值表示若从队列中无法取出节点，则调用该函数的任务切换为 pend 状态；若在等待时间内获取到节点，则结束任务的 pend 状态，返回 RTN_SUCD；若在等待时间内获取不到节点，则结束任务的 pend 状态，返回 RTN_SMTKTO。

返回值：

RTN_SUCD：从队列取出节点成功。

RTN_FAIL：从队列取出节点失败。

RTN_QUGTTO：等待队列消息的时间耗尽，超时返回。

RTN_QUGTRT：使用不等待时间参数没有获取到队列消息，直接返回。

RTN_QUGTDL：队列被删除。

函数说明：

该函数试图从队列 pstrQue 中获取队列节点，并将其存入 ppstrQueNode 中，可指定获取不到队列节点时所等待的最长时间 uiDelayTick。如果暂时获取不到队列节点，则任务会被阻塞转为 pend 态，当获取到队列节点时再转换为 ready 态。如果在指定的等待时间内获取到了队列节点，则函数返回 RTN_SUCD，返回 RTN_FAIL 代表获取队列节点的操作出现错误。如果等待时间耗尽还没有获取到队列节点，则返回 RTN_QUGTTO；如果使用不等待时间参数没有获取到队列节点，函数会立刻返回 RTN_QUGTRT；如果在等待的时间内信号量被删除了，则返回 RTN_QUGTDL。

如果任务因获取不到队列节点进入 pend 态，操作系统会自动产生一次任务调度。

◆ U32 MDS_QueDelete(M_QUE * pstrQue)

入口参数：

pstrQue:需要删除的队列指针。

返回值:

RTN_SUCD:删除队列成功。

RTN_FAIL:删除队列失败。

函数说明:

该函数会删除队列 pstrQue。若删除成功,则函数返回 RTN_SUCD;若失败则返回 RTN_FAIL。

删除队列时该函数会调用 MDS_SemFlushValue 函数激活被队列中信号量所阻塞的所有任务,操作系统会自动产生一次任务调度。

如果存储队列结构的内存空间是由队列创建函数 MDS_QueCreate 申请的,则同时会将其释放回堆中。

◆ U8 * MDS_GetMindowsVersion(void)

入口参数:

无。

返回值:

存储 Mindows 操作系统版本号的字符串地址。

函数说明:

通过该函数可以获取 Mindows 操作系统的版本号,版本号以字符串形式存在,函数返回值为存储 Mindows 操作系统版本号的字符串地址。

◆ U32 MDS_GetSystemTick(void)

入口参数:

无。

返回值:

操作系统当前的 tick。

函数说明:

调用该函数可以获取操作系统当前的 tick。

◆ M_TCB * MDS_GetCurrentTcb(void)

入口参数:

无。

返回值:

操作系统当前正在运行的任务的 TCB 指针。

函数说明:

通过该函数可以获取到操作系统当前正在运行的任务的 TCB 指针。

◆ M_TCB * MDS_GetRootTcb(void)

入口参数：

无。

返回值：

操作系统根任务的 TCB 指针。

函数说明：

通过该函数可以获取到操作系统根任务的 TCB 指针。

◆ M_TCB * MDS_GetIdleTcb(void)

入口参数：

无。

返回值：

操作系统空闲任务的 TCB 指针。

函数说明：

通过该函数可以获取到操作系统空闲任务的 TCB 指针。

◆ M_DLIST * MDS_GetTaskLinkRoot(void)

入口参数：

无。

返回值：

任务链表根节点指针。

函数说明：

该函数返回任务链表根节点指针。任务在创建时会使用 TCB 中的 strTaskQue 变量将任务添加到任务链表上，任务在删除时会从任务链表上删除，因此，通过任务链表就可以遍历操作系统中存在的所有任务。

strTaskQue 变量的类型 M_TCBQUE 定义如下：

```
typedef struct m_tcbque                  /* TCB 队列结构 */
{
    M_DLIST strQueHead;                  /* 连接队列的链表 */
    struct m_tcb * pstrTcb;              /* TCB 指针 */
}M_TCBQUE;
```

使用其中的 strQueHead 变量挂接到任务链表中，pstrTcb 指针指向任务 TCB。

该函数返回任务链表的根节点指针，通过任务链表根节点就可以依次找到操作系统中存在的各个任务，通过 M_TCBQUE 结构可以找到任务链表上每个任务的 TCB。

◆ U32 MDS_IntLock(void)

入口参数：

无。

返回值：

RTN_SUCD：锁中断成功。

RTN_FAIL：锁中断失败。

函数说明：

锁中断函数，调用该函数会禁止中断产生。该函数通过设置处理器总中断标志位禁止所有中断产生，该函数可嵌套使用，只有在中断硬件未被禁止时才会对硬件进行操作，禁止中断产生。如果在中断已被禁止的情况下调用该函数，则只会在其内部使用软件对锁/解锁中断的次数进行计数，并没有真正对中断硬件进行锁操作。

该函数需要与解锁中断函数 MDS_IntUnlock 成对使用。

◆ U32 MDS_IntUnlock(void)

入口参数：

无。

返回值：

RTN_SUCD：解锁中断成功。

RTN_FAIL：解锁中断失败。

函数说明：

调用该函数会允许中断产生。该函数通过设置处理器总中断标志位使能所有中断产生，该函数可嵌套使用，只有在其内部软件计数为 1 时才对中断硬件进行解锁操作，允许中断产生。除此之外，调用该函数只会在其内部使用软件对锁/解锁中断的次数进行计数，并没有真正对中断硬件进行解锁操作。

该函数需要与锁中断函数 MDS_IntLock 成对使用。

◆ void MDS_TaskTimeSlice(U32 uiTimeSlice)

入口参数：

uiTimeSlice：同等优先级任务轮转调度周期值，单位：Tick。若为 0 则代表不执行同等优先级任务轮转调度。

返回值：

无。

函数说明：

该函数用来设置同等优先级任务轮转调度的周期值，入口参数 uiTimeSlice 用来指定该数值。操作系统启动后将同等优先级任务轮转调度周期值默认设置为 0，代表不进行同等优先级任务轮转调度，用户可以使用该函数设置一个非 0 的周期值以开启该功能。

注意，该功能是可裁剪的功能，使用该功能的前提，是需要在 mds_userdef. h 文件中打开 MDS_TASKROUNDROBIN 宏定义，重新编译代码后才具有该功能。

◆ U32 MDS_TaskStackCheck(M_TCB * pstrTcb)

入口参数：

pstrTcb：需要检查的任务 TCB 指针。

返回值：

任务栈剩余未用的长度，单位：字节。

函数说明：

该函数可以检查任务运行过程中任务栈已经使用的最大长度，该函数的返回值即是这一数值。

注意，该功能是可裁剪的功能，使用该功能的前提，是需要在 mds_userdef.h 文件中打开 MDS_DEBUGSTACKCHECK 宏定义，重新编译代码后才具有该功能。

◆ U32 MDS_GetCpuShare(M_TCB * pstrTcb)

入口参数：

pstrTcb：需要获取 CPU 占有率的任务 TCB 指针。

返回值：

任务的 CPU 占有率，单位：1%。

函数说明：

Mindows 操作系统会 1 s 统计一次 CPU 占有率，调用该函数可以获取任务 pstrTcb 当前时刻的 CPU 占有率。

注意，该功能是可裁剪的功能，使用该功能的前提，是需要在 mds_userdef.h 文件中打开 MDS_CPUSHARE 宏定义，重新编译代码后才具有该功能。

◆ void MDS_TaskCreateHookAdd(VFHCRT vfFuncPointer)

入口参数：

vfFuncPointer：添加的钩子函数。

返回值：

无。

函数说明：

可以使用该函数添加任务创建钩子函数，在任务创建时会执行添加的钩子函数。其中 VFHCRT 是任务创建钩子函数的类型，定义如下：

```
typedef void    ( * VFHCRT)(M_TCB * );
```

注意，该功能是可裁剪的功能，使用该功能的前提，是需要在 mds_userdef.h 文件中打开 MDS_INCLUDETASKHOOK 宏定义，重新编译代码后才具有该功能。

◆ void MDS_TaskCreateHookDel(void)

入口参数：

无。

返回值：

无。

函数说明：

可以使用该函数删除任务创建钩子函数，在任务创建时不再执行任务创建钩子函数。

注意，该功能是可裁剪的功能，使用该功能的前提，是需要在 mds_userdef. h 文件中打开 MDS_INCLUDETASKHOOK 宏定义，重新编译代码后才具有该功能。

◆ void MDS_TaskSwitchHookAdd(VFHSWT vfFuncPointer)

入口参数：

vfFuncPointer：添加的钩子函数。

返回值：

无。

函数说明：

可以使用该函数添加任务切换钩子函数，在任务切换时会执行添加的钩子函数。其中 VFHSWT 是任务切换钩子函数的类型，定义如下：

```
typedef void    ( * VFHSWT)(M_TCB * , M_TCB * );
```

注意，任务切换钩子函数在中断中执行，需要满足在中断中执行的条件。

该功能是可裁剪的功能，使用该功能的前提，是需要在 mds_userdef. h 文件中打开 MDS_INCLUDETASKHOOK 宏定义，重新编译代码后才具有该功能。

◆ void MDS_TaskSwitchHookDel(void)

入口参数：

无。

返回值：

无。

函数说明：

可以使用该函数删除任务切换钩子函数，在任务切换时不再执行任务切换钩子函数。

注意，该功能是可裁剪的功能，使用该功能的前提，是需要在 mds_userdef. h 文件中打开 MDS_INCLUDETASKHOOK 宏定义，重新编译代码后才具有该功能。

◆ void MDS_TaskDeleteHookAdd(VFHDLT vfFuncPointer)

入口参数：

vfFuncPointer：添加的钩子函数。

返回值：

无。

函数说明：

可以使用该函数添加任务删除钩子函数，在任务删除时会执行添加的钩子函数。其中 VFHDLT 是任务删除钩子函数的类型，定义如下：

```
typedef void    (*VFHDLT)(M_TCB*);
```

注意，该功能是可裁剪的功能，使用该功能的前提，是需要在 mds_userdef.h 文件中打开 MDS_INCLUDETASKHOOK 宏定义，重新编译代码后才具有该功能。

◆ void MDS_TaskDeleteHookDel(void)

入口参数：

无。

返回值：

无。

函数说明：

可以使用该函数删除任务删除钩子函数，在任务删除时不再执行任务删除钩子函数。

注意，该功能是可裁剪的功能，使用该功能的前提，是需要在 mds_userdef.h 文件中打开 MDS_INCLUDETASKHOOK 宏定义，重新编译代码后才具有该功能。

参考文献

［1］ ARM 公司. ARM Architecture Reference Manual, 2005.

［2］ ARM 公司. ARMv7-M Architecture Application Level Reference Manual, 2007.

［3］ ARM 公司. Procedure Call Standard for the ARM Architecture, 2008.

［4］ Joseph Yiu. The Definitive Guide to the ARM Cortex-M3, 2008.

［5］ ARM 公司. Cortex-M3 Technical Reference Manual (TRM), 2007.

［6］ ST 公司. RM0008: STM32F101xx、STM32F102xx、STM32F103xx、STM32F105xx
和 STM32F107xx, ARM 内核 32 位高性能微控制器, 2014.